Excel VBA の教科書

古川順平 著

効率化と自動化を実現する
本気で学ぶ「基礎」と「実践」

SB Creative

本書に関するお問い合わせ

この度は小社書籍をご購入いただき誠にありがとうございます。小社では本書の内容に関するご質問を受け付けております。本書を読み進めていただきます中でご不明な箇所がございましたらお問い合わせください。なお、お問い合わせに関しましては下記のガイドラインを設けております。恐れ入りますが、ご質問の際は最初に下記ガイドラインをご確認ください。

ご質問の前に

小社Webサイトで「正誤表」をご確認ください。最新の正誤情報をサポートページに掲載しております。

▶ **本書サポートページ**

URL https://isbn.sbcr.jp/96980/

上記ページの「正誤情報」のリンクをクリックしてください。なお、正誤情報がない場合、リンクをクリックすることはできません。

ご質問の際の注意点

- ご質問はメール、または郵便など、必ず文書にてお願いいたします。お電話では承っておりません。
- ご質問は本書の記述に関することのみとさせていただいております。従いまして、○○ページの○○行目というように記述箇所をはっきりお書き添えください。記述箇所が明記されていない場合、ご質問を承れないことがございます。
- 小社出版物の著作権は著者に帰属いたします。従いまして、ご質問に関する回答も基本的に著者に確認の上回答いたしております。これに伴い返信は数日ないしそれ以上かかる場合がございます。あらかじめご了承ください。

ご質問送付先

ご質問については下記のいずれかの方法をご利用ください。

▶ **Webページより**

上記のサポートページ内にある「この商品に関する問い合わせはこちら」をクリックすると、メールフォームが開きます。要綱に従って質問内容を記入の上、送信ボタンを押してください。

▶ **郵送**

郵送の場合は下記までお願いいたします。

〒106-0032
東京都港区六本木2-4-5
SBクリエイティブ　読者サポート係

はじめに

本書は、Excelを基本とした業務改善・システム作成を行おうと考えている方に向けた、VBAの解説書です。社内SEとして開発を行う方や、外注としてシステム作成を請け負うVBAプログラマーを目指す方等を対象に、VBAの基礎から実践的なコーディングまでをご紹介します。

Excelをプログラムから操作する仕組みであるVBAは、他のプログラミング言語や開発環境とは、少し異なる2つの特徴が存在します。

1つ目は、「開発・実行環境が『Excel』であること」です。VBAでは主に、「Excelの機能」をプログラムから利用します。そのため、まずは「元となるExcelの仕組みとクセ」を知っておかないと、ちょっと意味がわからなくて戸惑う場面に遭遇します。一から計算方法や表示画面を組み上げるのではなく、「Excelのあの機能を利用する」方法や、「あの動作をキャンセルする」方法、といった視点でプログラムを作成していくこととなります。そこで、Excelの機能をVBAから利用する方法や仕組み、そして、対応するVBAのコードの調べ方をご紹介します。

2つ目は、「長い歴史を持つ言語のため、わりとゴチャゴチャしている」点です。普通、プログラミング言語の学習というと、スッと1本筋の通ったルールを提示し、そのルールに従って理路整然と解説・学習を行いたいところですが、VBAはわりといいかげんで、長い歴史の中で方針がちょっとずつ変更されたり、機能自体が追加・削除されたりといった箇所がちょこちょこあります。正直なところ、他言語を知る方には「なんで？」と思うような箇所もあります。本書では、この「スッキリはしてないけど、そういうものなんです」という部分にも触れながら、実際のコードをご紹介します。

もちろん、上記2つの特徴紹介ばかりに終始するつもりはありません。それではただの「VBAをテーマにした豆知識本」になってしまいます。大前提として、VBAの基本的な仕組みや条件分岐・ループ処理等のプログラム的な流れの作り方はしっかり押さえていますのでご安心を。

筆者は、もうVBAとは20年にもなる長い付き合いになります。日々活用している大好きな仕組みですが、「ちょっと付き合いづらいなあ」という面もよく知っています。その辺りを包み隠さず赤裸々に、気楽に読んでいただきながらVBAへの理解を深めていただける書籍へとしてみました。もちろん、きちんと業務の役に立つ知識もご提供させていただいております。是非、手に取って学習に役立ててください。

Contents

Chapter6 そのマクロ、いつ実行するの？

Contents

Chapter10 目的のセルへアクセスする

Contents

■サンプルファイルのダウンロード

本書内に掲載したサンプルマクロならびにワークブックは、下記のサポートページよりダウンロードすることができます。

URL https://isbn.sbcr.jp/96980/

ダウンロード後は、ローカル環境の任意のフォルダーに保存してご利用ください。

基礎
編

Chapter1

VBAを始めるための準備と仕組み

本章ではExcelのマクロ機能の内容を記述するプログラミング言語である、「VBA(Visual Basic for Applications)」についての基本的な情報と、ExcelでVBAを利用するための環境構築について解説します。
環境構築とは言っても、VBAはExcelに標準で組み込まれているため、利用できる環境を用意するのも本当に簡単です。それでは、VBAの世界に踏み込んでいきましょう。

1-1 VBAで何ができるのか、あるいは何をしたいのかの整理

それではExcelを使ったVBAの学習を開始しましょう。VBAとは「**Visual Basic for Applications**」を略したものです。ひらたく言うと、「Excel(Office製品)をプログラムで操作するためのプログラミング言語」がVBAです。

Excelは長い歴史を持つ表計算ソフトなので、実に多彩な機能が備わっています。その用途も、表計算の仕組みを使ったデータの管理や分析、グラフを含むレポートの作成、さらには日々のメモやアイデアノート代わりに利用している方もいらっしゃるでしょう。「使う人の数だけの用途がある」というとちょっと言い過ぎですが、さまざまな用途に利用されていることは間違いありません。Excelをよく知る方であればあるほど、「Excelで何ができるの？」という質問の答えに悩むことでしょう。本当にいろいろなことが「できてしまう」のです。

VBAはそんな多彩な機能を持つExcelの操作を「**プログラムで自動化できる仕組み**」です。Excelに用意されている機能であれば、ほぼ全てをプログラムから操作できます。つまり、上述のようにいろいろな用途で利用していても、普段Excel上で行っている作業であれば、その作業はVBAによって自動化することができるのです。普段の作業を、より手軽に進められるようになるはずです。

もちろん、自動化の醍醐味である「**大量の作業を一瞬で終わらせるための仕組み**」である繰り返し処理(ループ処理)や、「**セルの値やその他の条件を判断してプログラムの流れを変更する仕組み**」である条件分岐(If文やSelect文)も用意されています。

さらに、ファイルのリネームやフォルダーの作成・削除等、Excel単体の機能というよりは、Windowsの機能というような処理もVBAで行うことが可能です。これらの「普段Excel単体ではやらないような作業」の場合には、その都度、利用したい機能を追加呼び出しして利用する形を取ります。いわゆるオートメーションと呼ばれる仕組みですね。

最後にもう1つ、VBAには「ボタン」や「リストボックス」「チェックボックス」等、「**ユーザーの操作を助ける仕組み**」であるUI(ユーザーインターフェイス)を作成するための各種のパーツ(コントロール)も用意されています。

▶VBAに用意されている仕組みの整理

仕組み	用途と概要
Excelの機能のプログラム化	普段Excelで行っている業務をプログラムとして記述し、実行するだけですぐに終えられるようにする仕組み
プログラムに流れを付ける仕組み	「100回繰り返す」「全シート繰り返す」「全ブック繰り返す」といった作業を繰り返したり、「セルの値に応じて実行するプログラムを変更」「目で見て判断していた部分の自動化」等、条件に応じて行う作業に変化を付けられるようにする仕組み
Excelだけでは実現できない機能のプログラム化	ファイルの操作やフォルダーの操作、その他、Accessのデータベースの操作や正規表現の利用等、Excelだけでは実行できない作業を、機能拡張する形で実行する仕組み
UI作成用の仕組み	シート上にボタンやチェックボックスを配置したり、専用のフォーム画面を作成してExcelから利用できる仕組み

VBAもExcelに負けず劣らずいろいろなことができますが、まずは、「**自分がプログラム化したいのは、どのような処理なのか**」を整理して考えてみましょう。そのうえで、「**どの仕組みを重点的に学習するのか**」を意識をしておくと、目的のプログラムの完成にスムーズにたどり着けることでしょう。

Column 「マクロ」と「VBA」

Excelの自動化というテーマでは、「マクロ」という言葉と「VBA」という言葉をよく見かけます。「マクロ」というのはExcelの機能の1つで、「複数手順の操作をひとまとまりの操作として登録し、再実行するための機能」です。Excelに限らず、他のアプリケーションでもこの手の「複数手順の操作を記録し、再実行する機能」は、マクロ機能と呼ばれます。

Excelでは、このマクロ機能で実行する内容をプログラムとして自由に記録・編集できますが、その際に用いる記述ルール(プログラム言語)が「VBA」です。つまり、「VBAはマクロの内容を記述するための言語」という関係になっています。とはいえ、一般的には「マクロ」も「VBA」も同じように、「Excelを自動化する仕組み」くらいのニュアンスで用いられています。文脈にもよりますが、この2つの言葉を見かけたら、「ああ、自動化のことを言っているんだな」というような認識をしておけばOKでしょう。

1 2 3 4 5 6 7 8 9 10 11 12 13 14 15 16 17 18 19

1-2 VBAの概要と使うための準備

さて、これからVBAの学習を始めるわけですが、あらかじめ頭に入れておいていただきたいVBAの「特徴」があります。

・「Excelを操作するため」の言語です。
・基本はオブジェクト指向です。
・でも、オブジェクト指向ではない箇所もあります(特に古い時代の遺産)。
・良い意味でも悪い意味でも、「わりといいかげん」に書いても動きます。

最大の特徴は、ExcelのVBAは「Excelありき」で、Excelを操作するための言語である点です。Excelの各機能を**オブジェクト**という「その機能の操作担当者」とでも言うようなイメージで捉え、「担当者を指定し、仕事を依頼する」ような形で実行したい**命令**を記述していきます。この仕組みさえ押さえれば、わりとスッキリと目的の機能が利用できるようになっています。

▶オブジェクトに対して命令を記述する

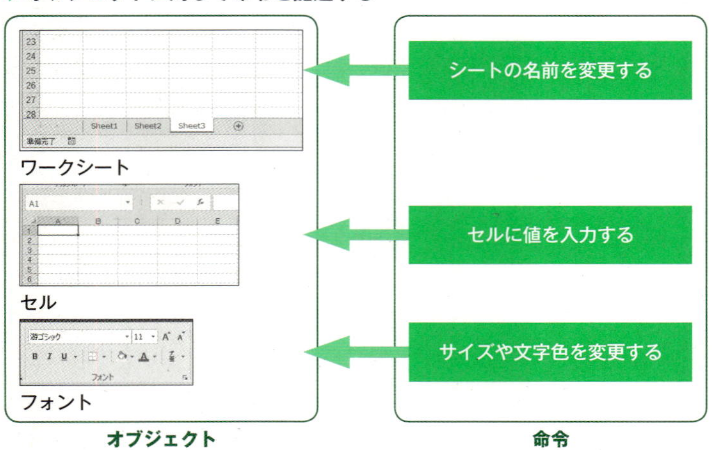

ただし、Excelはとても長い間にわたって利用され続けているアプリケーションであり、何回もバージョンアップを繰り返し、いろいろな機能が追加されたり、時に

は削除されたりしてきました。それに合わせて、VBAの方も少しずつ追加・削除を伴うバージョンアップが行われています。言ってみれば、少しずつ増改築を繰り返してきた家のようなもので、多少でこぼこしています。そのため、VBAは他の言語に比べると、いろいろと整理されていない点もあります。

例えば、シート上のデータを並べ替える処理（ソート処理）にしても、抽出する処理（フィルター処理）にしても、対応する命令が2通りあったり、バージョンによって利用できない設定が混在していたりします。何と言っても、もう20年以上も利用されている言語ですものね。

そのため、VBAの学習を進めていくと、特に几帳面な方は、「いったいどちらが『正しい』のだろう」「いったいどういうルールに『整理・統一』されているのだろう」と悩むような事態にぶつかってしまうことがあります。しかし、これらの答えは「どっちでもできる」「その命令を追加した時代が異なるのでルールは整理しきれてない」というのが実情です。学習を進める際には、「昔に作成され、長い間継ぎ足してきた言語」ということを頭の片隅に置いておき、「そういうものなんだな」という感覚で臨んでいただけると、スムーズに学習を進めていただけるかと思います。

また、VBAは、良い意味でも悪い意味でも「わりといいかげんに書いてもそれなりに動く」言語です。そして、「きっちりと書くと速く動く」言語でもあります。学習スタートの敷居は低く、そこそこ奥深くまでチューンナップできるような作りになっています。まずは「いいかげん」な書き方から学習をスタートし、とりあえずは希望の操作ができるようになりましょう。そのうえで「きっちり」した書き方を意識していくと、目的のプログラムを記述できるところまでたどり着けることでしょう。

ExcelでVBAを使うための準備

Excelには、あらかじめVBAが利用できる仕組みが用意されています。よりスムーズに開発作業を進めるには、リボンに**「開発」タブ**を追加しておくのがよいでしょう。「開発」タブは、VBAによる開発作業を行う際に便利な機能がまとめられています。

ファイル→オプションを選択して表示される「Excelのオプション」ダイアログの画面左端のメニューから**リボンのユーザー設定**を選択します。すると、ダイアログ右側にリボンに表示する項目一覧が表示されるので、**開発**にチェックを入れて**OK**ボタンを押せば完了です。

▶「開発」タブ

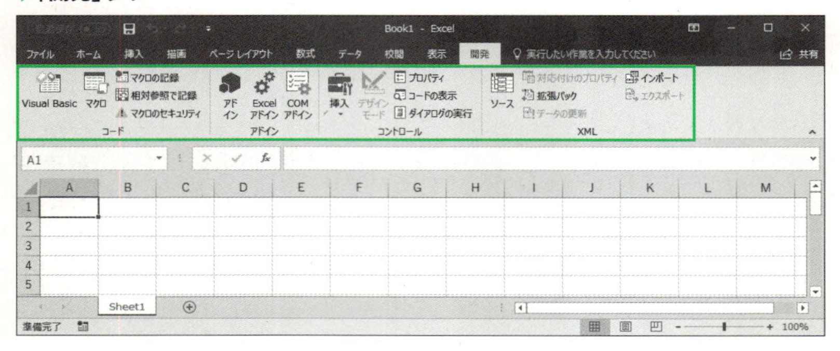

▶「Excelのオプション」ダイアログ

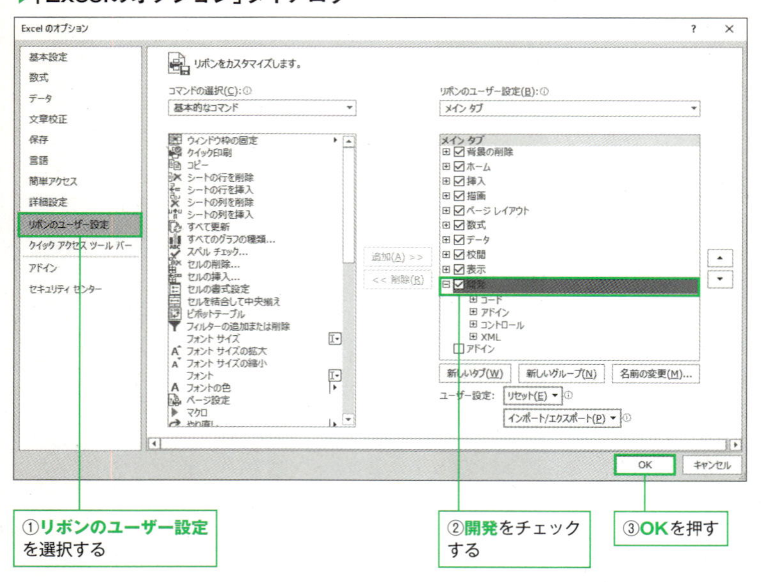

一度追加した「開発」タブは、Excelを終了しても追加されたままの状態となります。つまり、最初に1回追加作業を行えば、あとはそのままでOKというわけですね。

マクロの実行（VBAで記述したプログラムはマクロとして保存されます）、そしてプログラムの記述・確認にいたるまで、VBAがらみの機能を利用する時には、この「開発」タブを選択すればそこに目的の機能が揃っています。

1-3 VBEの使い方

マクロの確認・編集を行うには、専用の**VBE（Visual Basic Editor）**を利用します。VBE画面は、「開発」タブの一番左端にある、**Visual Basic**ボタンを押すと表示されます。

▶VBE画面

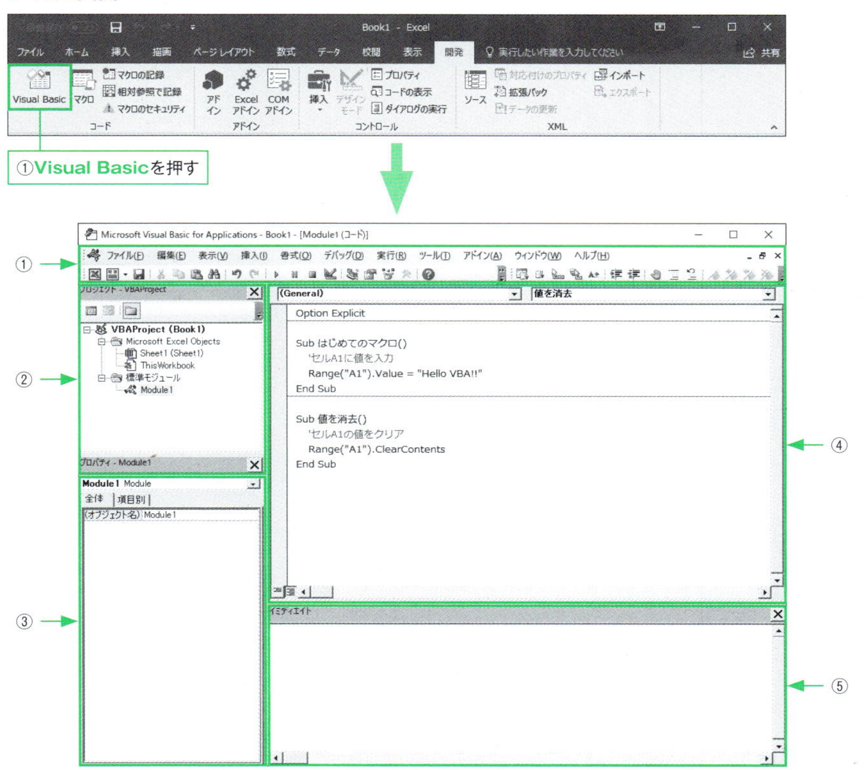

VBE画面は、大まかに以下の5つの部分に分かれています。各ウィンドウの境目は、マウスでドラッグすると大きさを変更できます。

▶VBE画面の各エリアの用途

場所	用途
①メニューとツールバー	VBEの各種機能を呼び出す
②プロジェクトエクスプローラー	ブック内の「モジュール」の構成を確認・編集する
③プロパティウィンドウ	選択したオブジェクトやコントロールの設定を行う（主にユーザーフォーム作成時に利用）
④コードウィンドウ	プログラムを確認・設定するVBEのメインのウィンドウ
⑤イミディエイトウィンドウ	デバッグ時に値の確認を行ったり、簡単なコードをそのまま記述して実行できる場所。いわゆるコンソール

表示したVBE画面からExcelの画面に戻るには、VBE画面右上の**×**ボタンを押して閉じるか、ツールバー左端の**Excelアイコン**のボタンを押します。また、**Alt**+**F11**キーを押すことで、VBEとExcel画面の表示を切り替えられます。

メニューとツールバー

VBE画面の上端にはExcelと同じようにメニューが表示され、その下のツールバーに、よく使う機能に対応した各種のボタンが配置されています（VBEはExcel等のOffice製品に採用されているリボンインターフェイスではなく、昔ながらのツールバーです）。

その下の画面は4つのウィンドウに分割されています。

プロジェクトエクスプローラー

VBE画面の左上には、プロジェクトエクスプローラーがあります。現在開いているExcelのブック内の**モジュール**（プログラムを書く場所）の構成がどうなっているのかを確認・編集するために利用します（モジュールについては24ページで解説します）。

プロパティウィンドウ

VBE画面の左下には、プロパティウィンドウがあります。選択中のオブジェクトの**プロパティ**を確認・設定するためのウィンドウなのですが、マクロを作成するだけであれば、ほぼ利用しません。では、どんな時に利用するかと言うと、ユーザーフォームを作成する際に、配置したボタンやテキストボックス等の**コントロール**の大きさや位置や各種設定を確認・設定する際に利用します。オブジェクトとプロパティについては45ページ、ユーザーフォームについては490ページで解説します。

コードウィンドウ

VBE画面の右上には、コードウィンドウがあります。マクロ作成時のメインウィンドウで、プロジェクトエクスプローラーで選択したモジュールの内容がここに表示されます。「メモ帳」等のテキストエディタのように、プログラムのテキスト(以降、**コード**と呼びます)を確認・編集できます。

イミディエイトウィンドウ

VBE画面の右下には、イミディエイトウィンドウがあります。マクロの作成中にちょっとした状態や「変数」の値の確認等を行いたい際に、ここに出力できます。また、プログラムの実行結果を表示することも可能です。つまりは、ちょっとした値とコードの確認ができる、プログラミング環境でよくある「コンソール」として利用できる場所です。

1-4 一番小さなマクロの構成

それではVBEを利用して、一番小さな構成のマクロ作成を体験してみましょう。

まずはExcelを起動し、新規ブックを作成します。続いて、「開発」タブの**Visual Basic**ボタンを押してVBEを表示します。

標準モジュールを追加する

VBEのメニューから、**挿入→標準モジュール**を選択すると、プロジェクトエクスプローラー内の「**標準モジュール**」フォルダーに、「**Module1**」という名前の標準モジュールが追加されます。そして、コードウィンドウに「Module1」の内容が表示されます。この状態では、追加したてなのでModule1は空白です。

ここで初めてVBAに触れる方は、「モジュールって何？」と思われるかと思いますが、とりあえずは「マクロを書く場所」くらいに考えておいて次の作業に進みましょう。

▶「標準モジュール」の挿入

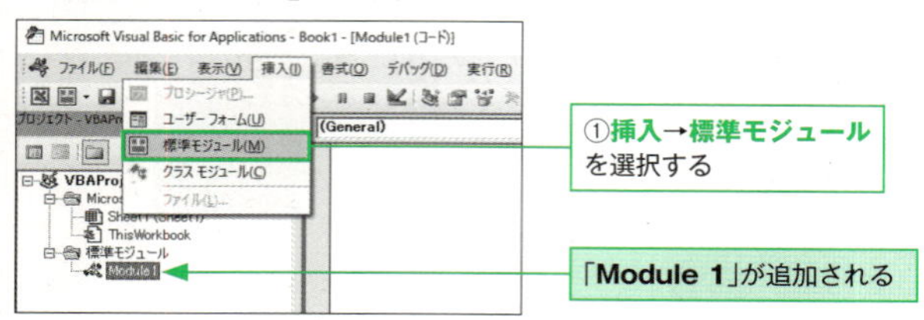

Column ツールバーから標準モジュールを追加する

ツールバーの「標準モジュール」ボタンを押すことでも、標準モジュールを追加することができます。なお、ツールバーのボタン表示は、追加したモジュールの種類に合わせて変更されます。

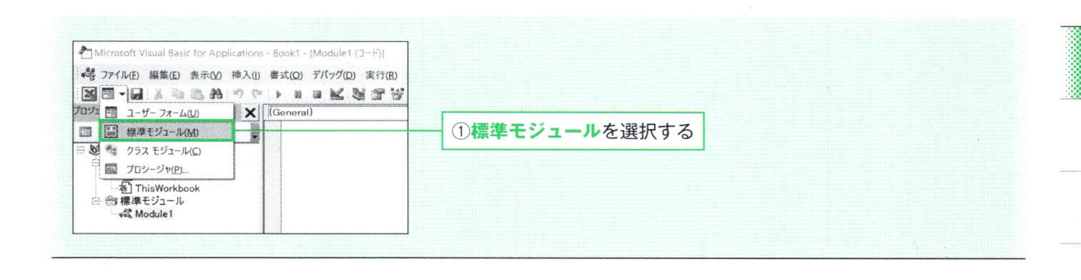

コードを入力する

コードウィンドウの適当な位置に、次のようにコードを入力します。

```
sub macro1
```

コードを入力する時は、日本語入力はオフにしておいてください。大文字・小文字はどちらでも構いません。「sub」と「macro1」の間は**半角スペース**を入力してください。また、入力の際はプロジェクトエクスプローラーで先ほど追加した**Module1**が選択されていることか確認してください。

入力できたら、Enterキーを押しててください。すると、次図のように自動的に「()」と「End Sub」というコードが追加された状態になります。

▶タイトルの入力

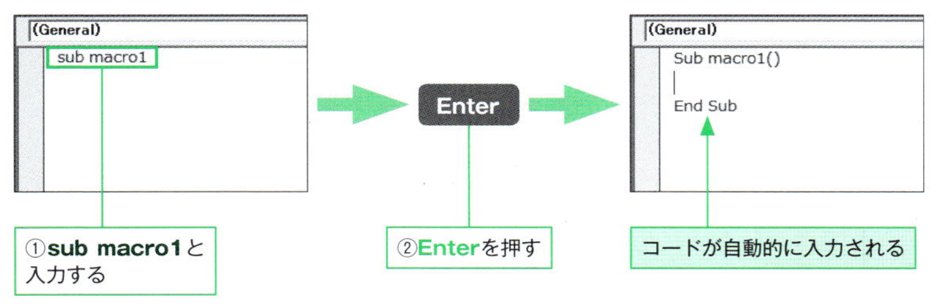

この時、文字入力位置を示す**カレット**(点滅する縦棒)は、「Sub」と「End Sub」の間の行に表示されているかと思います。そこで、Tabキーを1回押して**字下げ(インデント)**を行い、次のようにコードを入力します。

```
MsgBox "Hello VBA!!"
```

「MsgBox」と「"Hello VBA!!"」の間には**半角スペース**を入力してください。なお、デフォルトの設定では、インデントは半角スペースが4つ入力されます。

入力できたら完成です。1行分の命令が記述されたマクロが作成できました。

このマクロは、メッセージボックス内に「Hello VBA!!」という文字列を表示するものです。内容については後ほど解説いたします。

マクロ1-1

```
Sub macro1()
    MsgBox "Hello VBA!!"
End Sub
```

▶小さなマクロの完成

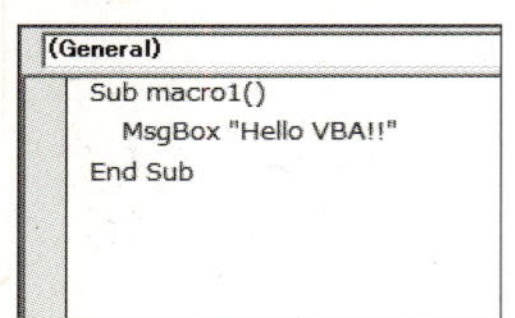

マクロを実行する

作成できたところで実行してみましょう。「Sub」から「End Sub」の間の任意の行にカレットが表示されていることを確認してください。もし、範囲外の箇所を選択してしまっているようであれば、「Sub」から「End Sub」の間の任意の行をクリックして選択し直しましょう。

この状態で、ツールバーの**Sub/ユーザーフォームの実行**ボタンを押します。すると、作成したマクロが実行されます。今回のマクロでは、Excel画面に切り替わり、「Hello VBA!!」と書かれたメッセージボックスが表示されます。

なお、マクロの実行は、メニューバーの**実行→Sub/ユーザーフォームの実行**を選択することでも行えます。

▶マクロの実行

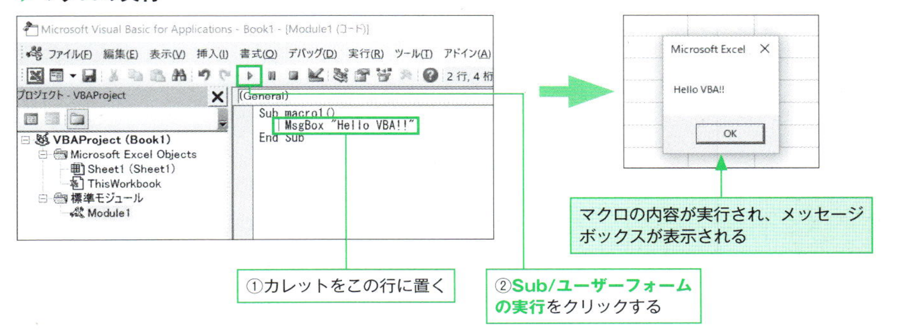

Column 「マクロ」ダイアログから実行する

「Sub」から「End Sub」の間の任意の行にカレットがいない状態で「Sub/ユーザーフォームの実行」ボタンを押すと、「マクロ」ダイアログが表示されます。ダイアログ内に実行可能なマクロの一覧が表示されるので、実行するマクロを選択して、「実行」ボタンを押します。

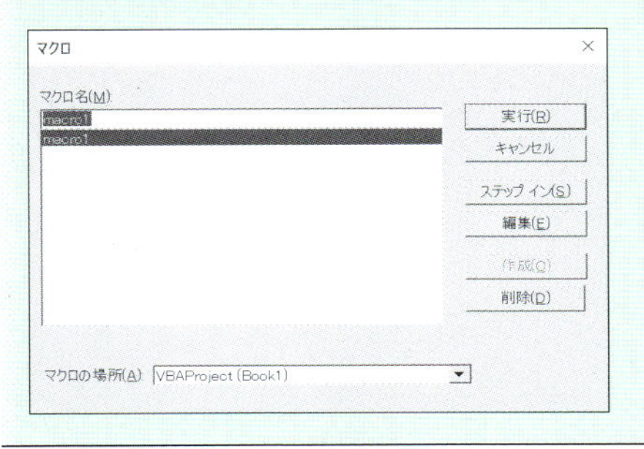

マクロを作成する作業

以上の一連の作業がマクロを作成する際の典型的な作業となります。順番にポイントを整理しましょう。

●マクロの「入れ物」を用意する

VBAのコードは**モジュール**という場所に記述します。通常のマクロを作成するためのモジュールは**標準モジュール**と呼ばれ、ブック内に自由に追加/削除できます。

多くの場合、マクロを作成する際には、この標準モジュールを準備するところから作業を始めることになります。

標準モジュール以外にも「オブジェクトモジュール」や「クラスモジュール」というものも用意されています。オブジェクトモジュールについては次のColumnを、クラスモジュールについては248ページで解説します。

Column あらかじめ用意されている「オブジェクトモジュール」

標準モジュールを追加する際、「Sheet1」と「ThisWorkbook」というの2つのモジュールが既に用意されていることに気づいた方も多いでしょう。

この「Sheet1」や「ThisWorkbook」は「オブジェクトモジュール」と呼ばれるモジュールです。オブジェクトモジュールも標準モジュールと同じように、ダブルクリックすることでコードウィンドウにその内容が表示し編集できます。

オブジェクトモジュールの用途は、主に「イベント処理(188ページ)」を記述する際に利用します。「ブックを開いた時に任意の処理を実行したい」「Sheet1のセルの内容を変更した時に任意の処理を実行したい」というような場合、それぞれ対応するオブジェクトモジュールを選択し、そこにコードを記述していきます。

なお、このオブジェクトモジュールは、Excelにブックやシートを追加/削除することで、自動的に対応するモジュールが追加/削除されます。

●マクロの「外枠」を作成する

1つの標準モジュール上には、複数のマクロを作成できる仕組みになっています。そのため、個々のマクロのコードが、「どこからどこまでなのか」を規定するために、マクロの「外枠」を作成します。

■ マクロの外枠

```
Sub マクロ名()
    この部分に記述したコードがマクロの実行内容
End Sub
```

「Sub」の後ろには**半角スペース**を1つ空け、他のマクロと区別できる**マクロ名**を記述します。マクロ名は英語・日本語問わずに自由に名付けられますが、「数値から始めてはいけない」「_(アンダーバー)以外の記号は使用できない」等の制限があります。

VBAでは、「**1つのマクロは『Sub』から始まり、『End Sub』で終わる**」というルールとなっています。つまり、この間に記述したコードが、そのマクロの実行内容となります。

ちなみに、先ほど体験していただいたように、「Sub マクロ名」まで打ち込んで「Enter」キーを押せば、マクロ名の後ろのカッコと「End Sub」の部分は自動的に入力されます。もっと言うと、「Sub」の部分は、「sub」と小文字で打ち込んでも、「Ｓｕｂ」と全角で打ち込んでも、自動的に「Sub」へと補正してくれます。便利ですね。

▶ **1つの標準モジュールに複数のマクロを作成できる**

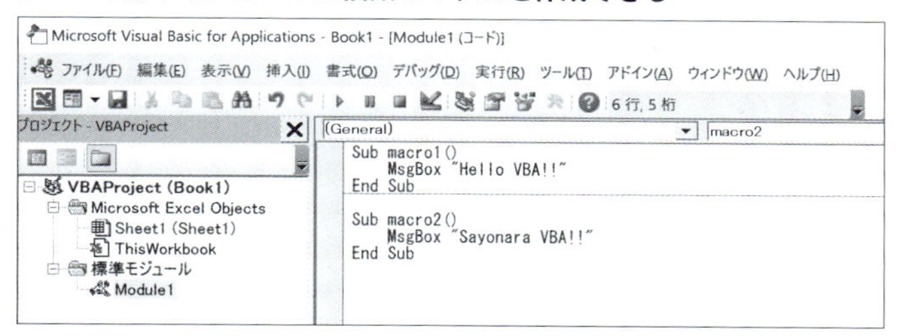

なお、標準モジュール内に複数のマクロを作成した場合、「Sub/ユーザーフォームの実行」ボタンで実行されるのは、カレットが置かれたマクロになります。どのマクロにもカレットが置かれていない場合は、「マクロ」ダイアログが表示されるので、一覧から実行するマクロを選択します。

●マクロの内容を記述する

外枠が固まったら、あとは「Sub」〜「End Sub」の間にコードを記述していくだけです。先ほどのマクロは1行だけのコードでしたが、もちろん複数行のコードを記述できます。記述されたコードは、基本的には上の行から順番に実行されていきます。

このように、**標準モジュールの準備→マクロ名決定と『外枠』の確保→マクロの内容を記述**といった流れでプログラムを作成していきます。

Column マクロ名は「マクロ」ダイアログに表示される

マクロ名には英数字に加え日本語も利用できますが、既に何らかのプログラミング経験のある方は、日本語のような全角文字を利用するのに抵抗があるかもしれません。その場合はもちろん半角英数字のみでマクロ名を付けていただいて構いません。

ただ、VBAの場合にはこんな事情もあります。VBEで作成したマクロは、Excelの「開発」リボンの「マクロ」ボタンを押して表示される、「マクロ」ダイアログから任意のものを選択して実行することができるようになっています(「Sub/ユーザーフォームの実行」ボタンで表示されるダイアログと同じものです)。

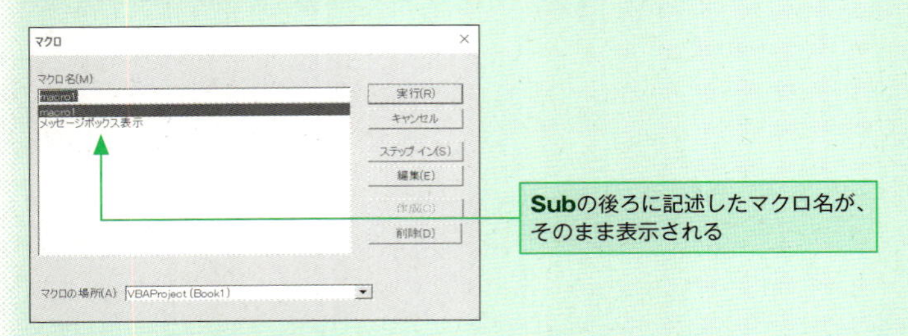

この際に表示されるマクロ名は、「Sub」の後ろに記述したものとなります。そのため、「用途がわかりやすい日本語名を付ける」というスタイルの方が、マクロを利用する人にとってはわかりやすい場合もあるのです。このあたりは、「誰が、どのように利用するのか」まで視野に入れてマクロ名を付けてみてください。

便利な「コメント」の付け方と改行の仕方

ここで、VBAのマクロを作成したり、学習のためのサンプルコードを読んだりする時に便利な仕組みを2つご紹介します。

●コメント

VBAでは、「'(シングルクォーテーション)」を入力すると、それ以降の部分は**コメント**として扱われます。コメントは、プログラムの結果に影響を与えない。単なる「メモ」のように機能します。このコメント部分は、VBEでは緑色で表示されます。

コメントの用途はいろいろあります。「マクロの内容や意図のメモ」「開発途中ではToDo項目のメモ」等に積極的に利用していきましょう。

▶コメント機能

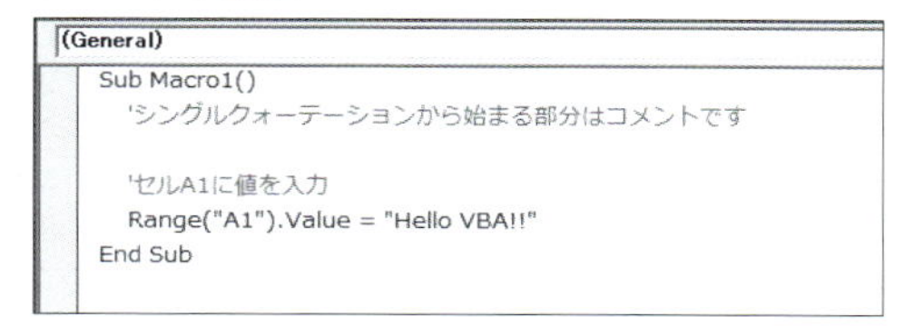

```
(General)
Sub Macro1()
    'シングルクォーテーションから始まる部分はコメントです

    'セルA1に値を入力
    Range("A1").Value = "Hello VBA!!"
End Sub
```

ちなみに、コードの説明を行う場合には、「コメントを上に配置し、下にあるコードの説明を記述」派と、「コメントを下に配置し、上にあるコードの説明を記述」派がありますが、本書では「上に書く」スタイルで解説を行います。

また、コメントは、行の途中から作成することも可能です。変数をまとめて宣言する際に、その用途のコメントを記述しておきたい場合には、このスタイルが利用できるでしょう。

▶行の途中からコメントに

```
'変数の宣言
Dim nameStr As String   '氏名を扱う文字列
Dim birthDay As Date    '誕生日を扱う日付値
```

Column 複数行をまとめてコメントにする

複数行をまとめてコメントにする際、1行ずつ「'」を入力するのは面倒です。「コメントブロック」機能を利用すれば、複数行を一発でコメントにできます。

コメントにしたい行を選択した状態で、メニューバーから書式→ツールバー→編集を選択します。「編集」ツールバーが表示されるので、コメントブロックボタンを押します。コメントを外す場合は、非コメントブロックボタンを押します。

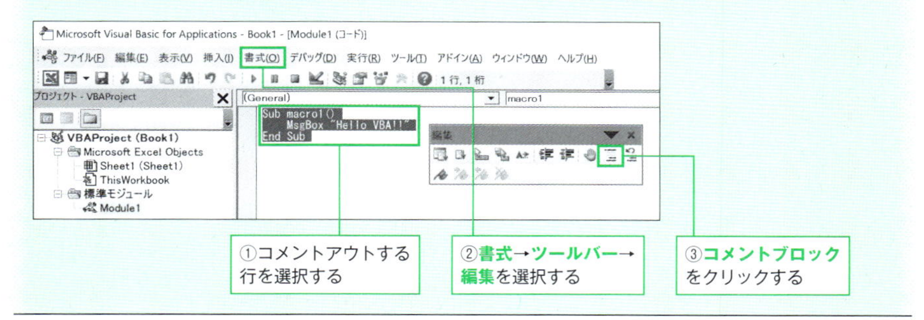

●行をまたぐ場合の記述方法

VBAのコードは基本的に、「1行でひとかたまり」という形で扱います。このコードの固まりを**ステートメント**と呼びます。1行の長さが長くなってしまう場合には、単語の切れ目で**改行**を挟むことも可能です。

改行を挟む場合には、「 _(半角スペース・アンダーバー)」を利用します。例えば、次のように少々長めのコードがあるとします。

```
Set rng = Application.InputBox(Prompt:="処理対象セルを選択", Type:=8)
```

このコードは、次のように2行に分けて記述可能です。

```
Set rng = _
    Application.InputBox(Prompt:="処理対象セルを選択", Type:=8)
```

もしくは、次のように3行以上にも分割して記述することも可能です(ちょっと極端な例ですが)。

```
Set rng = Application.InputBox( _
    Prompt:="処理対象セルを選択", _
    Type:=8 _
    )
```

VBAは、引数によっていくつかのパラメータを渡す仕組みが用意されています。上記のコードでも2つの引数を利用しています。このような場合、改行の仕組みを利用すると、1つひとつの引数と渡すパラメータの値をわかりやすく整理できます。つまりは、後から見直した時にコードを見やすくする意図で、1行のステートメントに改行を入れているわけですね。そういった理由で「スペース・アンダーバー」を挟んで記述することもよくあります。また、VBAを解説する「書籍」に特有な理由として、「1行のコードが長いとページの端で桁折れしてしまう」ために、その対策として利用されます(本書籍でもよく利用しています)。

行の末尾に「アンダーバー」があるコードを見かけた場合には、「ああ、ここは次の行に続くコードなんだな」という認識で読み進めてください。

1-5 作ったマクロはどう保存する？

マクロを作成したブックを保存する際には、通常のブックとはちょっと異なる手順が必要です。

ブックを保存する際には、「ファイルの種類」を**Excelマクロ有効ブック(*.xlsm)**にしたうえで保存します。

▶ファイルの種類を指定する

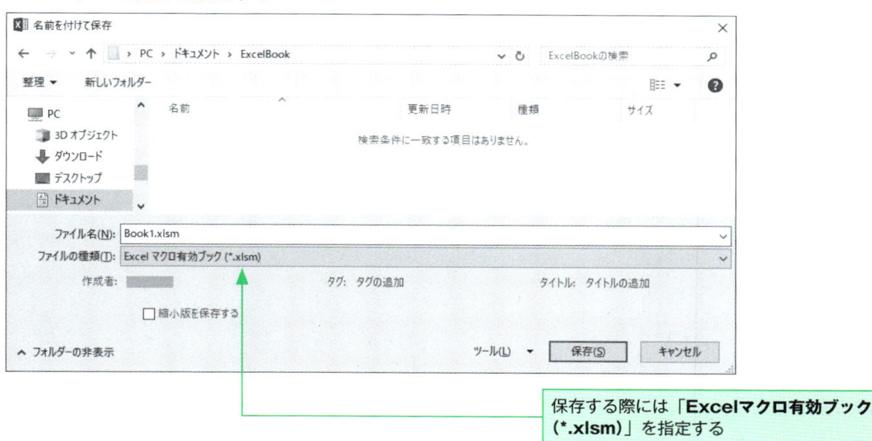

保存されたブックは、拡張子「*.xlsm」形式のファイルとして保存され、通常のExcelのアイコンの上に、「!」が付加された状態で表示されます。

▶「*.xlsm」形式のブック

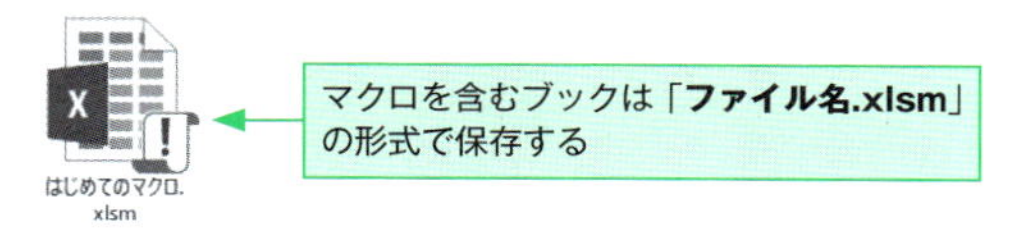

なぜ、このような手順が必要なのかと言うと、このブックを第三者が利用する際に、「このブックはマクロを含んでいますよ。むやみに実行すると、ひょっとしたら悪意

のあるプログラムが含まれているかもしれませんよ」という注意喚起ができるためです。

実は一時期、インターネットを介して悪意のあるコードが含まれたファイルを開かせてPCに被害を与える、いわゆる「マクロウイルス」が大流行しました（今もよく見かけます）。Excelもマクロ機能が利用できるアプリの代表格ですので標的となり、大きな問題となった経緯があります。

そこで、セキュリティ面を強化する施策の1つとして、「全てのマクロを含むファイルは、通常のブックとは異なる拡張子で保存する」「マクロを含むブックを開く際にはセキュリティのチェックを行う」という仕組みが付け加えられたのです。

なお、このような仕組みのため、既存のブックにマクロを付け加えた際には、元のブックとは別に、新たに「*.xlsm」形式のブックとして別名保存しなくてはいけません。この点には注意しましょう。

Column マクロは自動化したブック1つひとつに作成しなくてはいけない？

「マクロはブックに標準モジュールを追加して作成する」わけですが、このルールを聞いて不安になった方もいるのではないでしょうか。「じゃあ、マクロで自動化したいブックが複数あったら、その数だけ標準モジュールを追加してマクロを書いて、さらに『*.xlsm』形式で別名保存しなくちゃいけないの？」と。

その答えは「はい」でもあり「いいえ」でもあります。実はマクロの書き方によっては、「マクロを記述した以外のブック」を対象に操作を行うこともできます。さらに、「どのブックでも共通して利用したいマクロ」を保存するための「個人用マクロブック」という仕組みも用意されています。

Column マクロを含むブックの開き方

マクロを含むブックを開いた際には、警告ダイアログが開いたり、ブックは開いたものの、数式バーの下に警告メッセージが表示される場合があります。いきなりマクロが実行されてしまわないようになっているわけですね。信頼できる出所のブックであれば、「マクロを有効にする」ボタンや、「コンテンツの有効化」ボタンを押して、マクロを有効にしてから利用しましょう。

基礎
編

Chapter2

オブジェクトでExcelの機能にアクセスする

本章ではVBAによるプログラミングの基本概念である「オブジェクト指向」とExcelの各機能の関連性についてご紹介します。オブジェクト指向形式のプログラミングではおなじみの「ドットシンタックス」の仕組みや、Excelの各種機能ごとに割り当てられたオブジェクトへのアクセス方法の基本的なルールを学習しましょう。

2-1 イミディエイトウィンドウの使い方

VBAの学習を始めましょう。それにあたって覚えておくと便利なものが、「イミディエイトウィンドウの使い方」です。イミディエイトウィンドウは、VBEの画面右下に表示されているウィンドウです。イミディエイトウィンドウが表示されていない場合は、メニューバーから**表示→イミディエイトウィンドウ**を選択して表示します。

▶イミディエイトウィンドウ

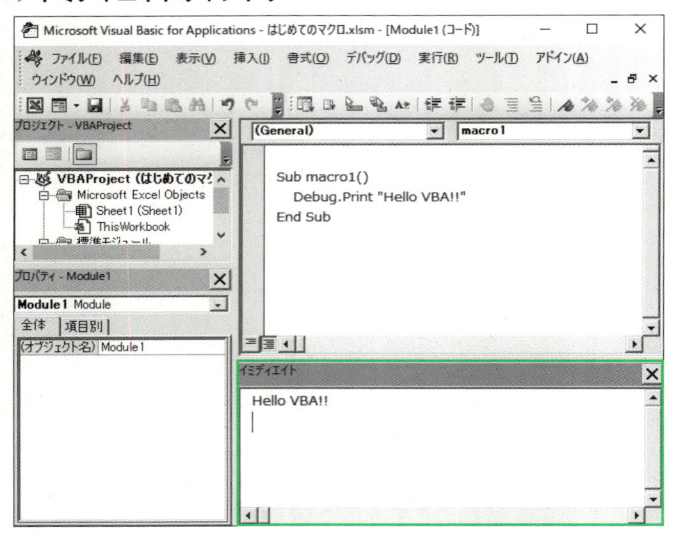

マクロの実行結果を表示する

このイミディエイトウィンドウには、次のコードで値を出力できます。

■値の表示

```
Debug.Print 値
```

また、出力したい値が複数ある時には「,(カンマ)」で区切って列記できます。

■複数の値の表示

```
Debug.Print 値1, 値2, …
```

例えば、次のようなマクロを作成して実行すると、イミディエイトウィンドウに実行結果として値が表示されます。マクロの実行方法は26ページを参照してください。

マクロ2-1

```
Sub Macro2_1()
    Debug.Print "Hello VBA"
End Sub
```

▶結果(値)の表示

ちょっとしたコードをテストしたい場合や、マクロ実行中に気になるセルや変数の値をチェックしたい場合にとても便利です。

直接コードを入力して実行する

さらにイミディエイトウィンドウは、値の出力だけではなく、「1行分のコードをその場で入力して実行する」ことも可能です。

例えば、イミディエイトウィンドウへ次のようなコードを記述したとします。

```
ActiveCell.Clear
```

このコードの内容は、「アクティブセルの値を消去する」というものです。このように、イミディエイトウィンドウに直接コードを記述してEnterキーを押すと、その場で入力したコードが実行されます。

▶イミディエイトウィンドウで直接実行

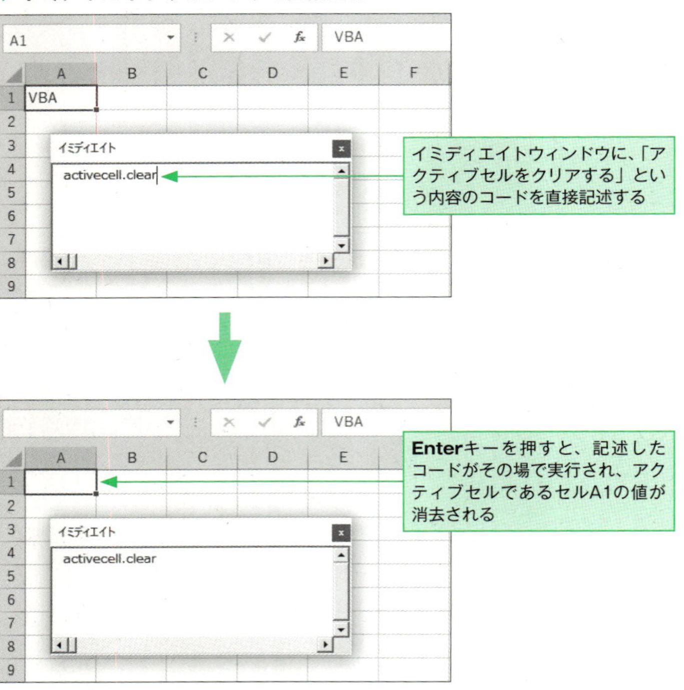

VBAの学習段階では、ちょっとしたコードの動作を確認したいケースが多々出てきますが、イミディエイトウィンドウで直接コードを実行する仕組みを利用すれば、手軽にどんどんテストができます。積極的に利用していきましょう。

また、イミディエイトウィンドウを利用する際に知っておくと便利なのが、「**？**（エクスクラメーションマーク）」を利用した記述方法です。「？」はイミディエイトウィンドウ内において、先述の「Debug.Print」の簡易的な構文（**糖衣構文**/**シンタックスシュガー**）として機能します。「？」に続けて半角スペースを1つ入れ、イミディエイトウィンドウへと出力したい内容を記述すれば、その値が出力されます。

いちいち「Debug.Print」と記述せずとも「?」だけですむため、その場でパッと気になる値をチェックしたり、コードの結果出力される内容をチェックできます。こちらもあわせて覚えておきましょう。

▶「？」を利用したシンタックスシュガー

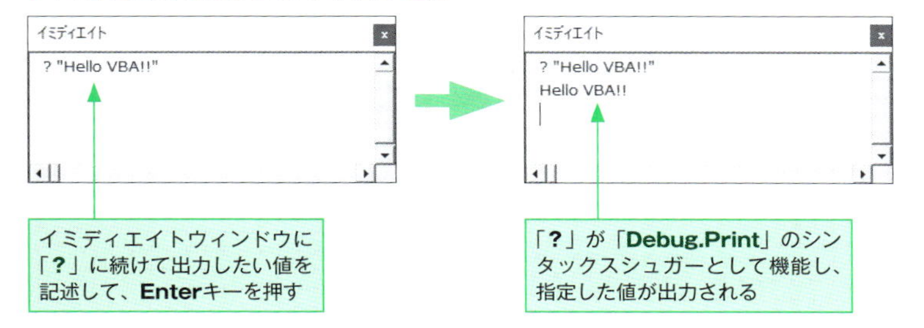

Column VBAは大文字・小文字を区別「しない」言語

本文中で、「ActiveCell.Clear」というアクティブセルの内容を削除するコードを紹介しましたが、ここで前ページの図をもう一度見てみてください。イミディエイトウィンドウには、「activecell.clear」と、全て小文字でコードが入力されていますね。にもかかわらず、「Enter」キーを押すと問題なくコードが実行されます。

実はVBAは、「大文字・小文字を区別しない言語」なのです。VBAにとっては、「ActiveCell」も「activecell」も同じなのです。特にイミディエイトウィンドウを利用してちょっとしたテストをしたい場合には、大文字・小文字を気にせずに入力できるため、とても楽ちんですね。

Column VBEはわりと自動整形してくる

VBEでは、コードウィンドウに入力したコードを自動修正します。例えば、全て小文字で入力したコードがVBAのキーワード（VBAの記述ルールで意味で定められたもの）である場合には、そのキーワードに合わせて、大文字・小文字を自動修正します。また、引数をカンマ区切りで列記した場合にも、1つひとつのカンマの後ろに半角スペースを入れてきたりもします。

行頭のインデントや途中の何も入力していない空白行等は、VBAの記述ルールでは特に特別な意味を持たないために修正を行いませんが、その他はわりと自動修正してくるのです。

この仕組みを利用して、「キーワードをわざと全て小文字で入力し、VBEに修正されなかったら、何かスペルミスをしているかもしれないと疑う」なんていうスタイルでコードを記述していくこともできたりします。

2-2 セルの値を操作する

手軽にコードをテストできる方法を覚えたところで、いよいよVBAの基本文法の学習に入りましょう。まずは実際のコードと結果をご覧いただき、その後に仕組みの解説を行います。ここでのテーマは、VBAの基本とも言える「セルの値の操作」としてみましょう。

各コードは、それぞれイミディエイトウィンドウへと直接入力して実行可能です。また、本書のサポートページ(http://isbn.sbcr.jp/96980/)では、サンプルファイルを配布しております。そちらからコピー＆ペーストして実行・確認を行うこともできます。

セルに値を入力する

最初に、セルに値を入力するコードを見てみましょう。次のコードは、セルA1に「Hello VBA!!」という値(文字列)を入力します。

マクロ2-2

```
Range("A1").Value = "Hello VBA!!"
```

実行例 セルA1に「Hello VBA!!」と入力

	A	B	C	D
1				
2				
3				
4				
5				

→

	A	B	C	D
1	Hello VBA!!			
2				
3				
4				
5				

次のコードは、2行目・1列目のセルに「1000」という値(数値)を入力します。

マクロ2-3

```
Cells(2, 1).Value = 1000
```

実行例 2行目・1列目のセルに「1000」と入力

	A	B	C	D
1				
2				
3				
4				
5				

→

	A	B	C	D
1				
2	1000			
3				
4				
5				

次のコードは、セル範囲A1：B2に「2018/6/5」という値(日付)を入力します。

マクロ2-4

```
Range("A1:B2").Value = #2018/6/5#
```

実行例 セル範囲A1：B2に「2018/6/5」と入力

	A	B	C	D
1				
2				
3				
4				
5				

→

	A	B	C	D
1	2018/6/5	2018/6/5		
2	2018/6/5	2018/6/5		
3				
4				
5				

3つのコードはそれぞれ少しずつ異なりますが、どれも、

・操作対象を指定している箇所
・操作する特徴を指定している箇所
・入力する値を指定している箇所

の3箇所に分けて記述されています。

▶操作対象を指定している箇所

```
Range("A1").Value = "Hello VBA!!"
Cells(2, 1).Value = 1000
Range("A1:B2").Value = #2018/6/5#
```

1 2 3 4 5 6 7 8 9 10 11 12 13 14 15 16 17 18 19

▶操作する特徴を指定している箇所

```
Range("A1").Value = "Hello VBA!!"
Cells(2, 1).Value = 1000
Range("A1:B2").Value = #2018/6/5#
```

▶入力する値を指定している箇所

```
Range("A1").Value = "Hello VBA!!"
Cells(2, 1).Value = 1000
Range("A1:B2").Value = #2018/6/5#
```

それぞれ、後述する「オブジェクトの指定」「プロパティの指定」「値の代入」という処理を行っているのですが、とりあえず「**操作対象を指定し、特徴を指定し、値を指定する**」というように、「どの対象に対して操作を行うのか」という視点からスタートする形でコードを記述していくというルールを押さえておきましょう。

入力する値の種類

また、この3つのコードは全て「セルへ値を入力する」ものですが、入力する値は「**文字列**」「**数値**」「**日付**」の3種類となっています。これらは記述方法によって使い分けます。ついでと言っては何ですが、この3種類の「値」をVBAで扱う際の記述をまとめておきましょう。また、VBAのコード内で扱う値(後述する「変数」とは異なる「値そのもの」)を、**リテラル値**と呼びます。

▶3種類の「値(リテラル値)」の記述方法

値の種類	記述方法	記述例
文字列	ダブルクォーテーションで囲む	"Excel"　"VBA"　"エクセル"
数値	そのまま記述	100　1500　-50
日付・時刻	シャープで囲む	#2018/1/10#　#14:00#

後ほどもう少し詳しくご紹介しますが、

・文字列は「" "」で囲む
・数値はそのまま
・日付や時刻は「# #」で囲む

というルールで記述します。

入力した値を消去する

セルへの値を入力するコードを見たところで、今度は入力した値を消去（クリア）するコードを見てみましょう。

次のコードは、セルB2の値を消去します。

マクロ2-5

```
Range("B2").ClearContents
```

実行例 セルB2の値を消去

	A	B	C	D
1				
2		VBA		
3				
4				
5				

→

	A	B	C	D
1				
2				
3				
4				
5				

値を削除するコードは、入力を行うコードと構成が少し異なっていますね。「Range("B2")」という「操作対象を指定する」部分は同じですが、その後ろは「ClearContents」というコードのみが記述されています。この「ClearContents」という部分は、「セルの値のみをクリアする」という、Excelの一般機能で言うと、「Delete」キーを押した時の動作（もしくはリボンの「ホーム」→「クリア」→「値と数式のクリア」を選択した際の動作）をプログラム化したものです。VBAではこのように、Excelの一般機能が、特定の対象（オブジェクト）の**メソッド**として整理され、割り当てられています。

Excelに用意されている機能を「実行」するような操作の場合には、「**操作対象を指定後に、実行したい機能（メソッド）を指定**」します。

この場合でも、「まずは操作対象を指定」して「機能を指定する」という、「どの対象に対して操作を行うのか」という視点からスタートする形でコードが記述されていますね。

繰り返しになりますが、「**操作対象を指定**」するところからコードを記述する、というルールを頭に入れたうえで、次のテーマへと進みましょう。

Column 日付リテラルの自動修正

シャープで囲んだ日付値をコードウィンドウ内に記述すると、「#月/日/年#」形式に自動的に修正されます。例えば、「#2018/9/3#」は「#9/3/2018#」という表記となります(詳しくは136ページで解説します)。

2-3 Excelの各機能はオブジェクトごとに整理されている

VBAからExcelの機能を利用するためのコードは、「操作対象を指定」するところからスタートします。この「操作対象」を**オブジェクト**と呼びます。

▶代表的なオブジェクト

オブジェクト	用途
Range	セルに対する操作
Worksheet	シートに対する操作
Workbook	ブックに対する操作
Application	Excel全体の設定や機能に対する操作
Font	フォントに対する操作
Interior	セルの書式に対する操作
Sort	並べ替え（ソート）設定に対する操作
AutoFilter	フィルター設定に対する操作

例えば、VBAでセルに関する操作を行う場合には**Rangeオブジェクト**を利用し、シートに関する操作を行うには**Worksheetオブジェクト**を利用します。

また、オブジェクト（物）と言うと、「目に見える物」という印象を持ちますが、「フォントを扱うための**Fontオブジェクト**」や、「セルの見た目に関する設定を行う**Interiorオブジェクト**」、さらには「ソートの設定を行うための**Sortオブジェクト**」「フィルターの各列の設定を取得する**Filterオブジェクト**」等も用意されています。どちらかと言うと、「物」というよりは「者」というイメージで捉え、「Excelの各パーツや機能に対する担当者」のような感覚で接するのがよいでしょう。

Excelという膨大な機能を持つアプリケーションを操作するためには、まず「自分の操作したいパーツや機能を扱う窓口である担当者（オブジェクト）を探し、その担当者を通じて操作をしてもらう」というようなイメージです。

オブジェクトとプロパティ・メソッド

各オブジェクトには、**プロパティ**と**メソッド**が用意されています。プロパティは値や状態といった「特徴・状態」を扱いたい際に利用し、メソッドはオブジェクトに応じた「機能・命令」を扱いたい際に利用します。

以下に、セルを扱うRangeオブジェクトの主なメソッドとプロパティを示します。

▶Rangeオブジェクトのプロパティ(抜粋)

プロパティ	用途
Value	セルの値を取得/設定する
Width	セルの幅を取得する
Interior	セルの書式情報に関するInteriorオブジェクトへアクセスする

▶Rangeオブジェクトのメソッド(抜粋)

メソッド	用途
Clear	セルをクリアする
ClearContents	セルの値や式のみをクリアする
Delete	セルを削除する

プロパティやメソッドを利用する場合には、オブジェクトの指定に続けて「.(ドット)」を記述し、利用したいプロパティやメソッド名を記述します。いわゆる**ドットシンタックス方式**ですね。

■プロパティの指定

```
オブジェクト.プロパティ
```

■メソッドの指定

```
オブジェクト.メソッド
```

プロパティの値を設定・取得する

オブジェクトの状態を変更したい場合は、「プロパティを指定して変更後の値を設定」します。値の設定は、プロパティ名に続けて「**= 新しい値**」という形で記述します。

■ プロパティの値の設定

```
オブジェクト.プロパティ = 新しい値
```

次のコードは、セルA1の値を管理する「Valueプロパティ」に「Hello VBA!!」という値を設定します。結果として、セルA1に「Hello VBA!!」という値が入力されます。

マクロ2-6

```
Range("A1").Value = "Hello VBA!!"
```

実行例 セルA1の「Valueプロパティ」に「Hello VBA!!」を設定

	A	B	C	D
1	Hello VBA!!			
2				
3				

また、「セルに入力されている値が知りたい」「シート名が知りたい」等、プロパティの値を取得して利用したい場合には、「オブジェクトを指定し、取得したいプロパティ名を記述」します。

次のコードは、イミディエイトウィンドウにセルA1の幅を出力します。

マクロ2-7

```
Debug.Print Range("A1").Width
```

実行例 イミディエイトウィンドウにセルA1の幅を出力

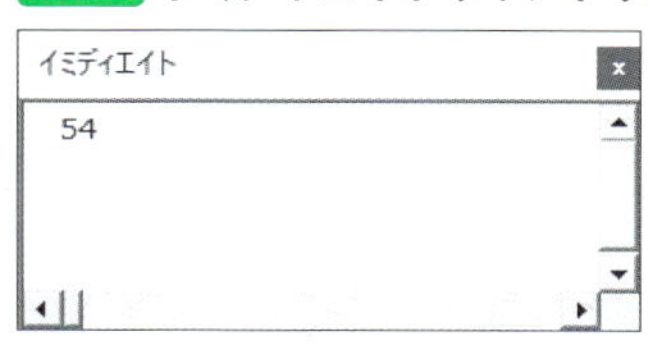

1
2
3
4
5
6
7
8
9
10
11
12
13
14
15
16
17
18
19

メソッドを実行する

オブジェクトに関する機能を利用したい場合には、「オブジェクトを指定してメソッドを実行」します。

メソッドを実行するには、オブジェクト名に続けて、「**.メソッド**」とメソッド名を記述します。

■ メソッドの実行

```
オブジェクト.メソッド
```

次のコードは、ClearContentsメソッドを実行して、セルB2の値を消去します。結果として、セルB2の値が消去されます。なお、消去されるのは値だけで、書式はそのままとなります。

マクロ2-8

```
Range("B2").ClearContents
```

実行例 セルB2の値を消去

	A	B	C	D
1				
2		VBA		
3				
4				
5				

	A	B	C	D
1				
2				
3				
4				
5				

引数を指定してプロパティやメソッドを利用する

プロパティの一部や多くのメソッドでは、**引数**が利用できます。プロパティやメソッドを実行する際の引数は、主にそれぞれの機能の「オプション設定」を指定できる仕組みです。

「セルを削除する」メソッドである、Rangeオブジェクトの**Deleteメソッド**を例に、引数の利用方法を見てみましょう。

まずは引数なしの通常のDeleteメソッドです。結果は、セルB2が削除され、残ったセルが「上方向に」詰められます。

マクロ2-9

```
Range("B2").Delete
```

実行例 Deleteメソッドの実行結果

	A	B	C	D
1	1	2	3	
2	4	5	6	
3	7	8	9	
4				

→

	A	B	C	D
1	1	2	3	
2	4	8	6	
3	7		9	
4				

続いて、セル削除後のシフト方向を引数を利用して指定する方法をご覧ください。結果は、セルB2の削除後にセルが左方向に詰められます。

マクロ2-10

```
Range("B2").Delete Shift:=xlShiftToLeft
```

実行例 引数Shiftを指定したDeleteメソッドの実行結果

	A	B	C	D
1	1	2	3	
2	4	5	6	
3	7	8	9	
4				

→

	A	B	C	D
1	1	2	3	
2	4	6		
3	7	8	9	
4				

上記コードの「Delete」に続く「Shift:=xlShifToLeft」が引数の部分です。引数の指定方法は、引数名と指定する値を「**:=**（コロン・イコール）」で繋いで、「**引数名:=値**」のセットで記述します。

■ メソッドの引数

```
オブジェクト.メソッド 引数名:=値
```

引数が複数ある場合には、このセットを「,(カンマ)」で区切って列記します。

■ 複数の引数を利用する場合

```
オブジェクト.メソッド 引数名1:=値1, 引数名2:=値2
```

プロパティやメソッドごとに、指定できる引数の数と引数名はさまざまです。これればかりは覚えるしかありません。ただし、VBEではメソッド名を入力後にスペースを1つ入れると、引数の**ポップアップヒント**が表示されるので、それほど厳密に覚えなくても大丈夫です。

▶引数のポップアップヒント

また、引数には、「必ず設定しなくてはいけない引数」と「設定しなくてもよいが、その場合には既定の設定で実行される引数(省略可能な引数)」の2種類が用意されています。例に挙げたDeleteメソッドの場合は後者ですね。

必須の引数を省略した場合は、エラーとなります。肝心な設定の「指定し忘れ」が起きない仕組みになっているわけですね。半面、省略可能な引数の指定し忘れは、気づきにくい仕組みとも言えますので、ご注意を。ちなみに、ポップアップヒントの表示も、省略可能な引数は「[](角カッコ)」で囲まれて表示されます。

なお、本書内でプロパティやメソッドの構文を示す際には、省略可能な引数は使用頻度の高いものに絞って掲載させていただくことがあります。その他の引数の詳細は、後述のヘルプ機能(67ページ)等を利用して調査していただければと思います。

「定数」を管理する「列挙」の仕組み

プロパティやメソッドの引数の多くは、「Excelに用意されている機能のオプション設定を指定するため」に利用します。例えば、先ほどから例に挙げているDeleteメソッドは、Excelが持つ「削除」機能をVBAから利用するものです。それを確認するために、手作業でセルの削除を行う際に表示されるオプション設定ダイアログを見てみましょう。

▶セルの削除機能のオプション

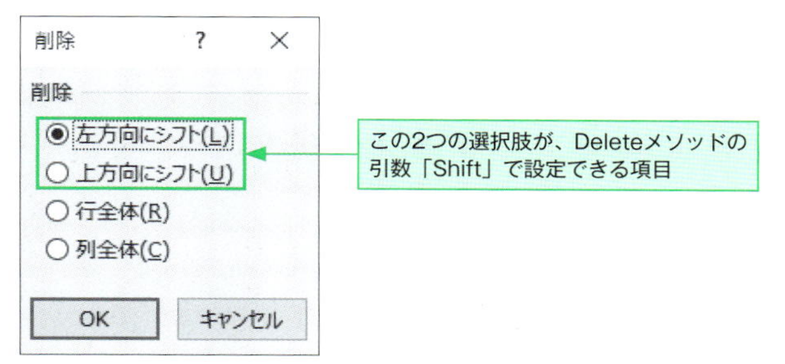

リボンの**ホーム→削除→セルの削除**等の操作で表示される「削除」ダイアログには、4つのオプションが表示されています。このうち上の2つである「左方向にシフト」「上方向にシフト」の選択肢が、Deleteメソッドの引数「Shift」で指定できるオプションとなります。

つまり、メソッドに「どんな引数が指定できるのか」「どんな用途なのか」、そして「どんな値が設定できるのか」を知るためには、実際に対応する機能をExcel側で実行してみて、その際に表示されるダイアログを眺めてみれば大体わかるというわけです。

また、「削除」のような、「いくつかの選択肢の中からオプションを選択する方式」の機能の場合、各オプションの選択肢には、それぞれ対応する**定数**が設定されています。

▶引数Shiftに設定できる定数

定数名	意味
xlShiftToLeft	左方向にシフト
xlShiftToUp	上方向にシフト

「左方向にシフト」には**xlShiftToLeft**、「上方向にシフト」には**xlShiftToUp**という定数が割り当てられています。これらの「オプション項目設定用等のためにあらかじめ用意されている定数」を、特に**組み込み定数**と呼びます。

組み込み定数の多くは、接頭詞として「xl」や「vb」が付加されており、その後に定数の用途に合わせた判別しやすい名前が付けられています……と言っても名前の多くは英単語を組み合わせたものなので、残念ながら非英語圏の開発者にとっては、あまり意味がわからない場合も多いのがつらいところです。ともあれ、「**オプション選択式の引数には組み込み定数を設定する**」というルールを押さえておきましょう。また、この仕組みを知っていると、サンプルのコードや他の方が書いたコードを見る際にも、「『英単語:=xl○○』という箇所は、オプション設定をしている」という見当がつけられます。

Column 組み込み定数をグループ化した「列挙」

組み込み引数は、各機能のオプションごとに「列挙」と呼ばれるひと塊のグループとして定義されています。先ほどのDeleteメソッドの引数Shiftに設定できる2つの組み込み定数は、「XlDeleteShiftDirection列挙」としてグループ化されています。

初めて使用するようなプロパティやメソッドの場合、サンプルのコードや自動記録されたコード内で見つけた組み込み定数をキーワードに「列挙」を調べてみると、その他の設定項目に対応した組み込み定数を知ることができます。

手抜きして引数を指定できる仕組みも用意されている

VBAの引数は、2種類の指定方法が用意されています。例えば、セル範囲にフィルターをかける**AutoFilterメソッド**では、「どの列にフィルターをかけるのか」「フィルターの内容はどんなものか」という2つの情報を、2つの引数を利用して指定します。

次の2つのコードは、ともにセル範囲B2:D20に「2列目」が「りんご」という抽出条件でフィルターをかけます。

マクロ2-11

```
'名前付き引数形式のコード
Range("B2:D20").AutoFilter Field:=2, Criteria1:="りんご"
```

マクロ2-12

```
'引数の順番を利用した形式のコード
Range("B2:D20").AutoFilter 2, "りんご"
```

2つのコードの実行結果は同じものとなります。

VBAでは、「引数が定義されている場合、引数名を省略して値のみを列記すると、定義されている順番に当てはまるように値が指定されたものとして処理する」という仕組みになっています。

前述のAutoFilterメソッドの場合には、1つ目の引数が「フィルターをかける列番号を指定する**Field**」であり、2つ目の引数が「フィルターの抽出条件を指定する**Criteria1**」と定義されています。そのため、「引数名:=値」のペアを列記した形式のコードと、メソッド名の後ろに順番に値のみを列記した形式のコードの結果が同じものとなったわけです。

この時、最初のコードのように、引数名と値のペアをきっちり記述する方式を特に、**名前付き引数形式**と呼びます。引数名を特に指定しない形式は、特に名称はありません(「標準引数形式」等と呼ばれることが多いようです)。

名前付き引数形式を用いる場合は、「どういった用途の引数に、どういった値が設定されているのか」が見た目にわかりやすくなるというメリットがありますが、入力が面倒というデメリットもあります。

引数を順番に指定する形式を用いる場合は、入力が簡単というメリットがありますが、「どういう意図や用途で引数の値を設定しているのかがわかりにくい」というデメリットもあります。

どちらを利用するかは、正直言って「好み」です。実際に利用してみて、フィットする方を選んでください。

Column 「途中から名前付き引数形式」での記述も可能

引数の指定は、標準引数形式で始め、途中から名前付き引数形式を混在させることも可能です。例えば、本文中でも利用したAutoFilterメソッドを、「1つ目の引数『Field』は引数を指定せずに記述し、2つ目の引数『Criteria1』は引数を指定して記述する」という形で記述することができます。

マクロ2-13

```
Range("B2:D20").AutoFilter 2, Criteria1:="りんご"
```

この記述でも、「『2』列目を『りんご』で抽出だな」と読み取ることができそうですね。標準引数形式では、設定したい引数の指定順が遅いと、そこまでたどり着くために、空の値を指定しなくてはいけない場合がありますが、これなら後半の引数をピンポイントで指定することも可能です。なお、いったん名前付き引数で指定を行ったら、それ以降の引数の設定は、全て名前付き引数で指定する必要があります。

自分で採用するかどうかは別として、このような書き方でもOKだということは頭に入れておきましょう。

2-4 目的のオブジェクトへアクセスする

VBAからExcelの機能を利用するためのコードは「操作対象であるオブジェクトを指定」するところからスタートし、「プロパティやメソッドを利用する」という仕組みをご紹介しましたが、そもそも、オブジェクトを指定するにはどうすればよいのでしょうか。その方法は大きく分けて2パターン用意されています。

▶2つのオブジェクト指定パターン

方法	概要
コレクションからアクセス	「コレクション」という仕組みを利用してオブジェクトを特定する仕組み
任意のオブジェクトの階層構造からアクセス	オブジェクト同士の階層構造を利用して指定する仕組み

コレクション経由でオブジェクトを指定する

VBAでは、同じ種類のオブジェクトをまとめて扱うために**コレクション**という仕組みが用意されています。コレクションの多くは、「オブジェクト名＋複数形の『s』」という名前となっています。

▶コレクションの例

コレクション	概要
Worksheetsコレクション	シートを扱うWorksheetオブジェクトがまとめられたもの
Workbooksコレクション	ブックを扱うWorkbookオブジェクトがまとめられたもの

例えば、シートを扱うオブジェクトは「Worksheet」ですが、ブック内の全てのシートをひとまとめにした「Worksheet**s**」というコレクションが用意されています。

そして、個別のシートにアクセスするには、このWorksheetsコレクションの後ろにカッコを付け、その中にコレクションのメンバー（個々のオブジェクト）を指定するための**インデックス番号**もしくは**名前**を指定します。

1 2 3 4 5 6 7 8 9 10 11 12 13 14 15 16 17 18 19

■コレクション経由でオブジェクトを指定

```
コレクション(インデックス番号/名前)
```

例えば、下図のような構成のブックがあったとします。ブック内には3枚のシートがあり、それぞれのシート名は「Sheet1」「Sheet2」「Sheet3」です。

▶ブックの構成

この時、1枚目のシートである「Sheet1」には、次のいずれかのコードでアクセスできます。

```
'インデックス番号を使ってアクセス
Worksheets(1)

'シート名を使ってアクセス
Worksheets("Sheet1")
```

どちらもWorksheetsコレクション経由で、「**コレクション内の○○**」という形でコードが記述されていますね。

また、コレクション内のメンバーのインデックス番号は、通常は追加された順番に自動的に振られます。シートであれば、一番左にあるシートがインデックス番号「1」となり、以降、右側に向かって「2」「3」と1つずつ増えていきます。ブックの場合は、最初に開いたブックがインデックス番号「1」となり、以降、開いた順に「2」「3」とインデックス番号が振られていきます。

ちなみに、コレクションの中にはインデックス番号が変化するものもあります。例えばシートの場合は、シートの順番を入れ替えたり移動したりした際には、移動後の状態から見て一番左が「1」で、以下連番が振り直されます。

ともあれ、「**VBAで操作するオブジェクトを指定する際には、コレクション経由で指定可能**」というルールとなっています。

オブジェクトの階層構造から指定する

コレクションの仕組みと並んで操作対象のオブジェクトを指定する際によく使う方法が、「あるオブジェクトに関連する他のオブジェクトを、対応するプロパティ経由で指定する方法」です。典型的なのが、「あるセルを元に、関連するオブジェクトへアクセスする」コードです。

VBAのオブジェクトは階層構造でたどれるようになっており、アプリケーション(Excel自体)を管理する**Applicationオブジェクト**を頂点として、「**Workbook→Worksheet→Range→Font**」等のように親子関係が設定されています。そして、親オブジェクトには、子オブジェクトに対応したプロパティが用意されていて、それを通じて子オブジェクトにアクセスできるようになっています。

▶**セル経由で他のオブジェクトを取得するプロパティ(抜粋)**

プロパティ	アクセス対象
Interior	セルに関連するInteriorオブジェクト(書式)
Font	セルに関連するFontオブジェクト(フォント)
Borders	セルに関連するBordersコレクションオブジェクト(罫線)
Validation	セルに関連するValidationオブジェクト(条件付き書式)

次の2つのコードはともに、セルA1を起点とし、書式情報を管理する**Interiorオブジェクト**や、フォント情報を管理する**Fontオブジェクト**へとアクセスします。結果として、セルA1の背景色やフォントサイズを変更します。

マクロ2-14

```
'書式情報へアクセスして背景色を変更
Range("A1").Interior.Color = RGB(255,0,0)
```

マクロ2-15

```
'フォント情報へアクセスしてサイズを変更
Range("A1").Font.Size = 14
```

この形式では、たいていは目的のオブジェクト名と同名のプロパティが用意されているので、基準となるオブジェクトを指定し、「**○○オブジェクトを起点とした××オブジェクト**」という階層構造を連想するような形式で意図したオブジェクトが指定できますね。

このように、「**VBAで操作するオブジェクトを指定する際には、あるオブジェクトを基準として、階層構造をたどっても指定可能**」というルールとなっています。

「Range」でセルを指定する

「オブジェクトを指定するにはコレクション経由/階層構造から」という説明をしたばかりですが、実はセル(Rangeオブジェクト)だけは異なります。

Rangeオブジェクトの場合は、「Rangesコレクション」というような仕組みは用意されていません。単体のセルでもセル範囲でも、全て「Rangeオブジェクト」です。操作対象とするセルを取得する仕組みはさまざまに用意されているのですが、その代表格が**Rangeプロパティ**です。

■ Rangeを利用してセル/セル範囲を指定

```
Range(アドレス文字列)
```

セル/セル範囲を指定する場合には、引数として、セル番地を表す**アドレス文字列**を指定します。このアドレス文字列はシート上で関数式等に用いるのと同じ形式です。つまり、単一のセルの場合は「A1」のように指定し、セル範囲の場合は「A1:C5」のように、セル範囲の左上のセルと右下のセル番地を「:(コロン)」で結んだ形式で指定します。次のコードは、セルA1とセル範囲C1:E3にアクセスして、値を入力します。

マクロ2-16

```
'セルA1に値を設定
Range("A1").Value = 100

'セル範囲C3:E3に値を設定
Range("C1:E3").Value = "VBA"
```

実行例 セルへアクセス

	A	B	C	D	E	F
1	100		VBA	VBA	VBA	
2			VBA	VBA	VBA	
3			VBA	VBA	VBA	
4						

Range(レンジ)という言葉が表す通り、もともと「セル範囲をまとめて指定できる」ことが前提として作られたような仕組みとなっています。そのうえで、単一セルの場合には「セルが1つだけのセル範囲」というような、まるでアーティストやお笑い芸人の「ひとりユニット」のような状態で指定できるようになっているのです。

Column Rangeプロパティ

ここまでセルを指定する際に「Range("A1")」のようにコードを記述してきました。ここで注意すべきなのは、ここで記述した「Range」はオブジェクトではなく「プロパティ」だということです。ちょっとややこしい話ですが、「Rangeプロパティに、扱いたいセル範囲を指定する『A1』という引数を渡し、その結果として、セルA1が扱えるRangeオブジェクトを取得している」という意味となります。

同様に、「セルA1」を扱うRangeオブジェクトを取得する方法としては、「Cells(1, 1)」と、Cellsプロパティで指定する方法もあります(次項参照)。「Range("A1")」と「Cells(1, 1)」は、利用しているプロパティは異なりますが、取得できるのはどちらもセルA1を扱う「Rangeオブジェクト」というわけですね。

また、Rangeプロパティは、1枚目のシート上のセルA1を指定する、「Worksheets(1).Range("A1")」や、アクティブシートのフィルターがかかっているセル範囲を指定する、「ActiveSheet.AutoFiler.Range」のように、いろいろなオブジェクト経由でアクセスできます。これは、「どんなオブジェクトでも、関連するセルを取得したい場合に利用するプロパティの名前は『Range』に統一しておこうか」というルールで、多くのオブジェクトに「Rangeという名前のプロパティ」が用意されているためです。いちいち違う名前のプロパティを覚えずにすむ便利なルールですね。

ちなみに、いきなり「Range("A1")」のように記述した場合には、「グローバル」と呼ばれる特殊なオブジェクトのプロパティと見なされ、「目の前にあるシート上のセルを取得できるプロパティ」として機能します。Range以外の「グローバル」なプロパティやメソッド(関数)を知りたい場合には、オブジェクトブラウザーの「クラス」ペインの一番上の「<グローバル>」に用意されているメンバーを確認してみましょう（オブジェクトブラウザーについては、68ページを参照してください）。

「Cells」を使ってセルを指定する

単一セルを指定する方法として、Rangeの他に**Cellsプロパティ**というものが用意されています。名前を聞くと、「Cell**s**プロパティ？ ということは単一セルを扱う『Cellオブジェクト』があって、それを集めたコレクションなんじゃないの？」と思うかもしれませんが、VBAには「Cellオブジェクト」なるものは存在しません。セルを管理するのは、あくまでもRangeオブジェクトです。

さて、ちょっと脱線しましたが、Cellsプロパティの利用方法を見てみましょう。CellsはWorksheetオブジェクト等が持つプロパティで、引数として「行番号」「列番号」の2つを指定すると、その位置にあるセルを扱うRangeオブジェクトへとアクセスできます。

■Cellsプロパティを利用してセルを指定

```
Cells(行番号, 列番号)
```

列番号を指定するに際には、数値の他にもシート上の列見出しに表示されている列番号に対応したアルファベットでもOKです。次のコードはそれぞれ、セルB3とC3にアクセスして、値を入力します。

マクロ2-17

```
'3行目・2列目のセル(セルB3)に値を入力
Cells(3, 2).Value = "Excel"

'3行目・C列目のセル(セルC3)に値を入力
Cells(3, "C").Value = "VBA"
```

実行例 Cellsプロパティを利用して値を入力

	A	B	C	D	E
1					
2					
3		Excel	VBA		
4					
5					

ループ処理等を組み合わせて複数のセルに対して処理を行いたい場合には、Rangeプロパティよりも Cellsプロパティを利用した方が便利な場合もあります(102ページ)。

この他にも、セルを扱うRangeオブジェクトを指定する方法はさまざまなものが用意されています(Chapter10でご紹介します)。さすがExcelにおけるメインの操作対象と言ったところですね。とりあえずは、「セルの指定方法は、いろいろある」ということを覚えておいてください。

目の前にあるものと目の前にないものへのアクセス

RangeやWorksheet等の仕組みを利用して操作したいオブジェクトを指定できることをご紹介しました。今まで紹介してきた方法は、「目の前にあるもの(アクティブなもの)を基準に対象を選択する」方法となります。

例えば、次のコードは、「セルA1」に値を入力するものです。

```
Range("A1").Value = "VBA"
```

このコードは、ブック内に複数シートがある場合、「Sheet1」がアクティブな状態で実行すると「Sheet1のセルA1」が操作対象となり、「Sheet2」がアクティブな状態では「Sheet2のセルA1」が操作対象となります。

同様に、次のコードは、「1枚目のシート」のシート名をイミディエイトウィンドウ出力するものです。

```
Debug.Print Worksheets(1).Name
```

このコードは、複数ブックを開いている場合、「現在アクティブなブックの1枚目のシート」が操作対象となります。つまり、これらは「アクティブなものを操作するコード」であり、「**アクティブなものが変わると、それに応じて操作対象も変わる可能性があるコード**」となります。

では、「アクティブではないシート上のデータを扱いたい」場合にはどうすればよいのでしょうか。この場合にはオブジェクトの階層構造の仕組みを利用して、「どのシートのセルを扱うのか」までを指定してあげます。

■ **対象シートを含めて対象セルを指定**

```
対象シート.対象セル
```

次のコードは、現在アクティブなシートがどのシートであるかに関わらず、「集計」シートのセルA1へと値を入力します。

マクロ2-18

```
Worksheets("集計").Range("A1").Value = "当期売上集計"
```

同じように、「どのブックのデータを扱うのか」までを含めて対象を指定することも可能です。

■ **対象ブック・対象シートを含めて対象セルを指定**

```
対象ブック.対象シート.対象セル
```

次のコードは、複数ブックを開いている場合、どのブックがアクティブであるかに関わらず、「東京本店.xlsx」の1枚目のシートのセル範囲A1:C5をコピーします。

マクロ2-19

```
Workbooks("東京本店.xlsx").Worksheets(1).Range("A1:C5").Copy
```

このように、「アクティブではないもの」を操作対象として扱いたい場合には、階層構造の仕組みを利用して指定してあげればOKです。

操作対象を指定する場合には、「**それが目の前にあるかどうかによって、コードの記述方法も変わってくる**」という点を覚えておいてください。

「アクティブ」と「選択しているもの」を対象にする

マクロを開発していると、「現在選択しているセルに対して処理を行いたい」「現在アクティブなシートに対して処理を行いたい」というケースが出てきます。このような場合には、以下のプロパティを利用するのが便利です。

▶「現在アクティブな○○」を操作対象に指定できるプロパティ

プロパティ	操作対象
ActiveCell	アクティブなセル
Selection	選択しているセル範囲。もしくは、図形を選択している場合には選択している図形
ActiveSheet	アクティブなシート
ActiveWorkbook	アクティブなブック
ActiveWindow	アクティブなウィンドウ

このうち、**ActiveCell**と**Selection**は、ともに選択しているセルを操作対象に指定する仕組みですが、ActiveCellは「単一セル」のみを扱い、Selectionは「セル範囲」も扱えるという点が異なります。

例えば、セルB2からドラッグを開始し、セル範囲B2:D5を選択した状態で次の2つのコードを実行すると、結果はそれぞれ次の図のように異なります。

マクロ2-20

```
'ActiveCellを使ってアクティブな単一セルを操作対象に指定
ActiveCell.Value = "VBA"

'Selectionを使って選択セル範囲全体を操作対象に指定
Selection.Value = "VBA"
```

▶ActiveCellとSelectionの違い

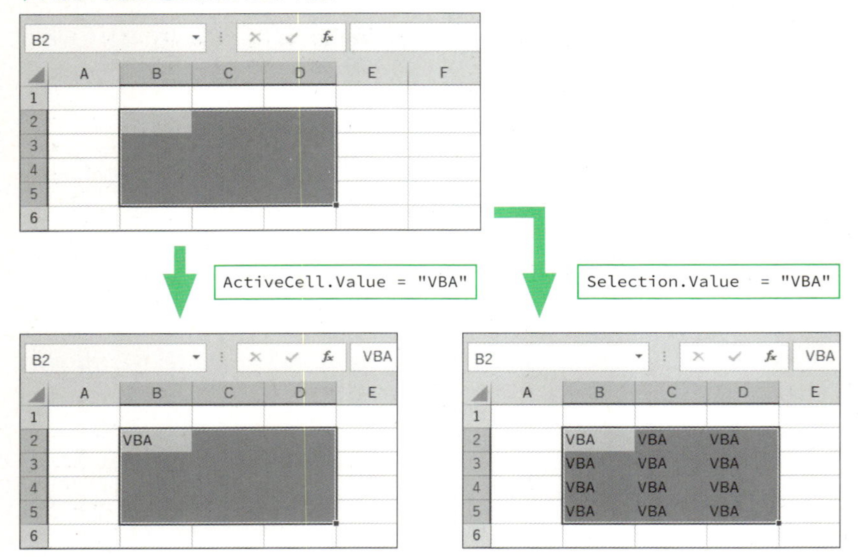

これらのプロパティは、特に「選択対象に対して定番の処理を行いたい」というようなマクロの作成に役立ちます。また、マクロを記述したブック「ではない」ブック内のオブジェクトを対象に操作を行いたい場合にも、「操作したい対象を手作業で選択・指定してからマクロを実行する」というパターンで作業を行う際に役に立ちます。

2-5 どの機能がどのオブジェクト？

1 2 3 4 5 6 7 8 9 10 11 12 13 14 15 16 17 18 19

「Excelの各機能を利用するにはオブジェクトにアクセスする」というルールをご紹介してきましたが、肝心の問題が残っていますね。「では、私が使いたい機能は何オブジェクトに割り当てられているの？」という点です。

こればかりは自分の手で調べるしかありません。しかし、VBAにはこの「目的のオブジェクトを調べる」ために便利な機能が用意されています。

最強の先生は「マクロの記録」機能

「開発」リボンの左端の「コード」エリアには、「**マクロの記録**」ボタンが用意されています。この「マクロの記録」は、「自分が行った操作を、VBAのプログラムとして記録する」機能です。

▶「マクロの記録」ボタン

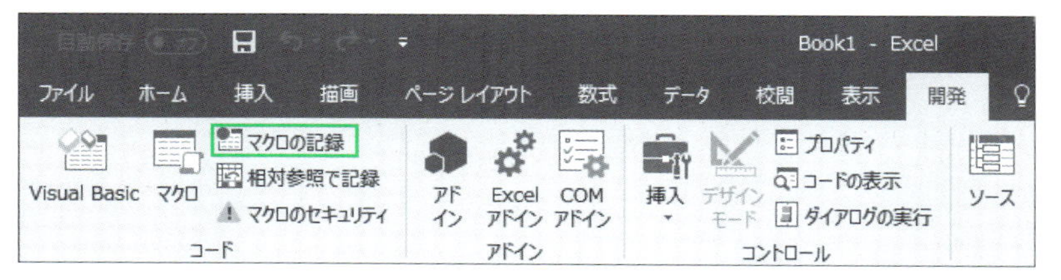

この機能は、実際に自分が行った操作を後で再現する用途に利用できますが、それ以外にも、「**自分が行った操作は、いったいコードで書くとどうなるのか**」を知るための手がかりとすることもできます。

「マクロの記録」機能を実行中に行った操作に対応したマクロ（VBAのコード）が作成されるので、自分が行った操作がどのようなコードになるのかを確認することができます。記録を開始するには、**マクロの記録**を押します。すると、「マクロの記録」ダイアログが表示されます。

記録中に行った操作は、「マクロ名」欄に入力された名前で、「マクロの保存先」に指定されたブックにマクロとして記録されます。コードを調べる用途であれば、名前はそのままで、保存先は「作業中のブック」にしておけばよいでしょう。

▶「マクロの記録」ダイアログ

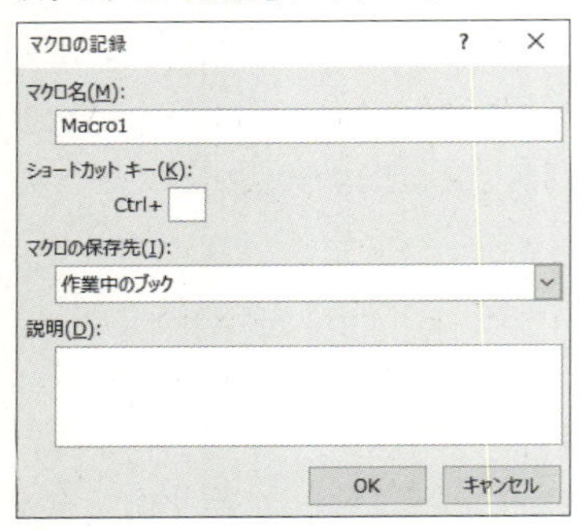

OKを押すと、「開発」リボンの「マクロの記録」ボタンが、「記録終了」ボタンに変わります。以降、「記録終了」ボタンを押すまでに行った操作が、マクロとして記録されます。

▶「記録終了」ボタン

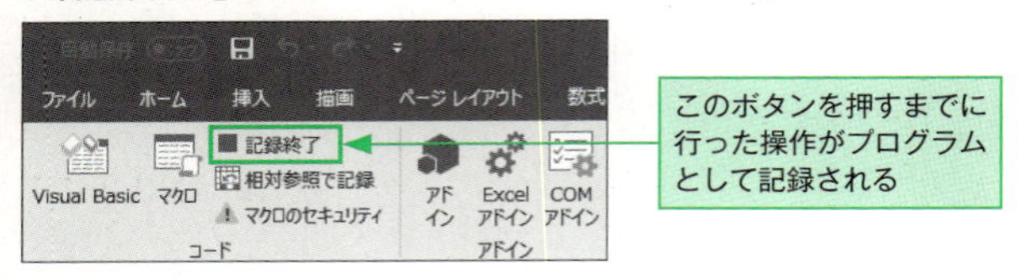

マクロは、下図のように記録されます。

▶記録されたマクロ

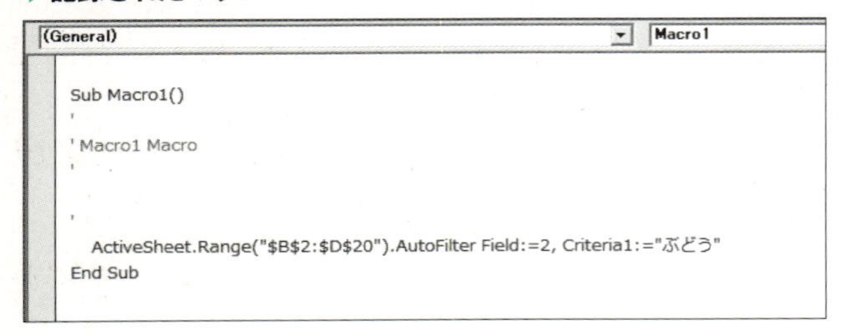

このマクロは、「セル範囲B2:D20のデータに、『2列目が"ぶどう"』という条件でフィルターをかける」操作を記録したものです。

記録されたマクロを見ると、なんとなく目的の操作を行うコードの見当がついてきますね。セル範囲を指定している「ActiveSheet.Range("セル番地")」の部分に続く「AutoFilter」がおそらくフィルター機能に当たるメソッドで、その後の「Field:=2」等の部分が、表記のスタイルから名前付き引数とその設定値だろうという「あたり」をつけられます。

このようにして、実際の操作を記録し、ざっくりとあたりをつけ、さらに以降の解説で紹介するヘルプやオブジェクトブラウザーを活用すれば、目的のコードの記述方法が突き止められるというわけです。

ただし、この「マクロの記録」機能は便利なのですが、記録される内容が「やや実況中継的で過剰」という弱点があります。例えば、「セルA1に値を入力」という操作を記録しようとすると、「セルA1を選択」「セルA1に値を入力」「セルA1の値入力確定後に選択セルを1つ下に移動する」というような、余計な操作まで記録されてしまいます。

目的の機能のコードを知る用途で利用する場合には、できるだけ、「その目的の機能を実行するだけでマクロの記録を終了する」ように心がけましょう。そうすれば、自動記録されたコードの中から、自分の目的にあった部分を見つけ出す作業が簡単になります。

また、207ページで紹介している「ステップ実行」機能も、自動記録したマクロの内容を確認する際に役に立ちます。

ヘルプでリファレンスを確認する

自動記録されたコードやサンプル等に記述されているコードの意味を知りたい場合には、VBEの上で意味を知りたい部分を選択して**F1**キーを押します。すると、Webブラウザーが起動し、選択部分に対応した**リファレンス**が表示されます。
この機能を利用すれば、「辞書を引きながら意味を調べる」感覚で、プログラムの内容を調べることも可能です。

1
2
3
4
5
6
7
8
9
10
11
12
13
14
15
16
17
18
19

▶ヘルプを表示

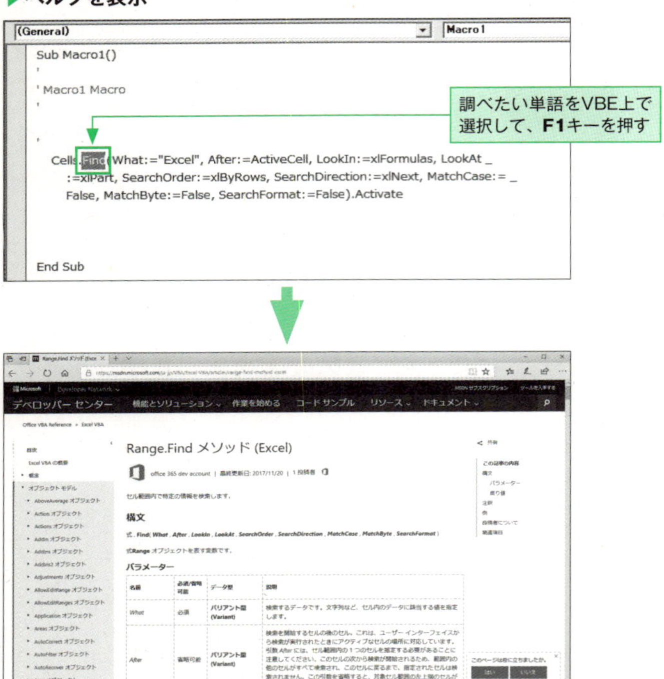

ただし表示されるリファレンスは、VBE側で「たぶん、これかな？」と自動的に判断したページなため、ちょっと的外れな場合もあります。また、表示される内容は、こういったリファレンスを読み慣れている人にとっては見やすい構成とも言えますが、慣れてない方にとっては冗長でわかりにくいと感じるかもしれません。

ともあれ、「**とりあえず初めて見る単語（プロパティやメソッド）は選択して『F1』キーを押す**」という習慣を身につけておくと、いろいろなコードの意味を知ることができますね。

より専門的な辞書である「オブジェクトブラウザー」

VBEには、オブジェクトのことを知るツールとして、**オブジェクトブラウザー**という機能も用意されています。

オブジェクトブラウザーを表示するには、VBEのツールバー上の**オブジェクトブ**

1 2 3 4 5 6 7 8 9 10 11 12 13 14 15 16 17 18 19

ラウザーボタンを押します。使い方は、Webブラウザの検索エンジンに似ています。まず、左上から2番目の**検索文字列**に調べたい単語を入力し、その右隣の**検索**を押します。

▶オブジェクトブラウザーの表示と利用

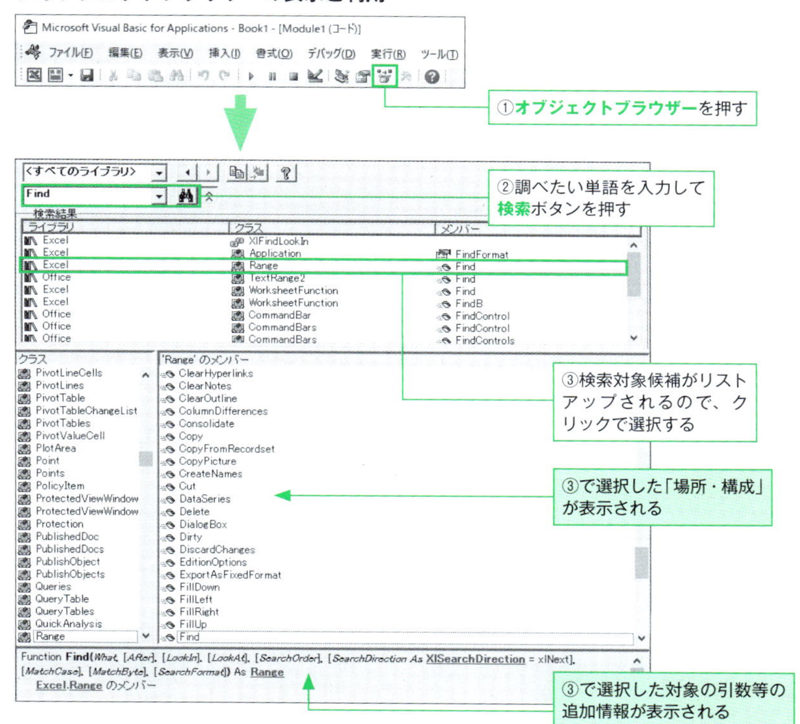

すると、画面下の3分割されたペインのうち、上部のペインに、入力した単語を持つオブジェクト名・プロパティ名・メソッド名・定数名・関数名等の候補が表示されます。

表示された候補をクリックすると、今度は下部の2つのペインに、選択した対象の情報が表示されます。左下は選択した対象の属するオブジェクト等の分類が、右下はプロパティやメソッド、定数や関数といった分類が表示されます。

さらに、選択した対象が引数を持つような場合には、下端のスペースにその情報(というか定義)も表示されます。また、このスペースに表示される情報のうち、緑色で表示される部分は、その対象へのリンクとなっており、クリックすることでその情報がオブジェクトブラウザーに表示されます。ちなみに、オブジェクトブラウザー内で調べたい項目を選択して「F1」キーを押しても、選択対象のリファレンスが表示されます。

慣れないとなかなか見難いのですが、「えーっと、確かオブジェクトで『Vaなんとか』というのは…」というようなケースや、「メッセージボックスに使う定数で『vbなんとか』だと思うんだけど…」というような曖昧な情報で検索を行い、表示されるリストを見たりたどったりして「ああ、これこれ！」というように目的のコードを突き止める際に非常に役に立ちます。

また、特定のオブジェクトをオブジェクトブラウザーで検索し、そのプロパティやメソッドの一覧を確認したい、といった用途にも利用できます。

このオブジェクトブラウザーは、うろ覚えでコーディングを開始してしまう筆者のようなスタイルのコーダーにとっては何よりも助かるツールです。ぜひ活用してください。

Column とはいえ、やっぱり初手は書籍やWeb

さて、VBAで自分が利用したい機能に対応するオブジェクトを調べる方法をいくつかご紹介してきましたが、VBAに関して学習や調査を始めたばかり方の場合は、これらのツールを使うよりも、まずは1冊リファレンス系の書籍やWebをざっと眺めるのがお勧めです。

ぱらぱらと目を通しておけば、そのものズバリの記述方法がある場合もありますし、「ああ、こういう命令もあるのね」と、予備的な知識を蓄えることもできます。そして数多くのVBAのコードに触れることで、「なんとなくVBAのコードの雰囲気がつかめる」という効果があります。

この「なんとなく雰囲気がつかめる」というのは、どのプログラミング言語を学習する際にも意外と重要な感覚であり、しかも、数多くのコードに触れなくては獲得できない感覚でもあります。

「まずは雰囲気に慣れろ」というような、ずいぶんとアナログなノウハウになってしまいますが、VBAのコードの雰囲気・文法・慣例等に慣れておくのは、コードを書くうえで有効な知識となります。ぜひお試しを。

Chapter3

もっとプログラムらしく 〜VBAの基礎文法〜

本章では、変数や制御構造（条件分岐・ループ処理）といった、よりプログラムらしい仕組みをVBAで実現する際のルールを紹介します。これらの仕組みを利用すれば、単にExcelの機能を順次実行するだけではなく、よりきめ細やかな操作や、大量の作業を一括して処理する仕組みも作成可能となります。

3-1 VBAにおける変数の使い方

多くのプログラミング言語と同じように、VBAでも**変数**を利用できます。まずはざっと利用方法のダイジェストをご覧ください。

宣言と値の代入・再代入の方法

最初に、変数を宣言して、値を代入する例を見てみましょう。変数「foo」を**宣言**し、「10」という値を**代入**しています。

```
Dim foo As Long     '変数の宣言
foo = 10            '変数へ代入
```

続けて変数「foo」へ元の値に「5」を乗算した値を再代入して、結果を表示します。

```
foo = foo * 5                     'fooの値に「5」を乗算した値を再代入
Debug.Print "fooの値：", foo      '変数の値を出力して確認
```

▶変数を利用した計算の結果を表示

イミディエイト

fooの値：　50

なお、ここで紹介したVBAのコードを実行するためには、Chapter1に掲載したようにマクロの外枠を作成し（28ページ）、マクロ内に必要なコードを記述したうえで実行してください（26ページ）。本書のサンプルページ（http://isbn.sbcr.jp/96980）では、それぞれのマクロのコードを配布しております。そちらをダウンロードしてご利用ください。

例えば、ここで紹介した処理を実行するためには、次のようなマクロを作成します。

マクロ3-1

```
Sub macro3_1()
    Dim foo As Long                    '変数の宣言
    foo = 10                           '変数へ代入
    foo = foo * 5                      'fooの値に「5」を乗算した値を再代入
    Debug.Print "fooの値：", foo       '変数の値を出力して確認
End Sub
```

変数でオブジェクトを扱う

次のコードは、オブジェクト型の変数「rng」を宣言し、セル範囲（Rnageオブジェクト）を代入して操作します。変数「rng」にセル範囲A1:C3を代入して、代入したセル範囲に値を入力します。

マクロ3-2

```
Dim rng As Range               'Rangeの固有オブジェクト型で変数を宣言
Set rng = Range("A1:C3")       '変数へオブジェクトを代入
rng.Value = "VBA"              '変数を通じてオブジェクトを操作
```

実行例 変数を利用して値を入力

	A	B	C	D
1	VBA	VBA	VBA	
2	VBA	VBA	VBA	
3	VBA	VBA	VBA	
4				

上記のように、「**変数を宣言し、その後で値やオブジェクトを代入したり再代入したりする**」というのがVBAの変数の基本的な使い方になります。では、もう少し詳しく利用方法を見ていきましょう。

VBAの変数はわりといいかげんに使える

変数を宣言するには、**Dimステートメント**を利用します。「Dim」に続けて変数名を記述すると、以降、その変数に値やオブジェクトを代入して扱えるようになります。

■ **変数の宣言**

```
Dim 変数名
```

変数名は英数字の他にも、日本語のような2バイト文字も利用できます。

```
Dim foo        '「foo」を変数として宣言
Dim 売り掛率    '「売り掛率」を変数として宣言
```

かなり自由に名前が付けられますが、マクロ名と同じように、「数値から始まる変数名はNG」「アンダーバー以外の記号はNG」等の制限もあります。

VBAの変数は、用途を示す**データ型**を指定せずとも利用できますが、以下のように、**Asキーワード**を併用すると、データ型を明示して宣言が行えます。

■ **データ型を明示して変数を宣言**

```
Dim 変数名 As データ型
```

データ型を明示すると、変数を利用するたびにPCが値の種類のチェックをする必要がなくなり、処理速度の向上が期待できます。また、VBEで変数を扱う際に、宣言したデータ型に応じたコードヒントが表示されるようになったり、異なるデータ型の値を代入しようとした場合には警告メッセージが表示されるというメリットもあります。

▶ **データ型を宣言しておくとコードヒントが表示される**

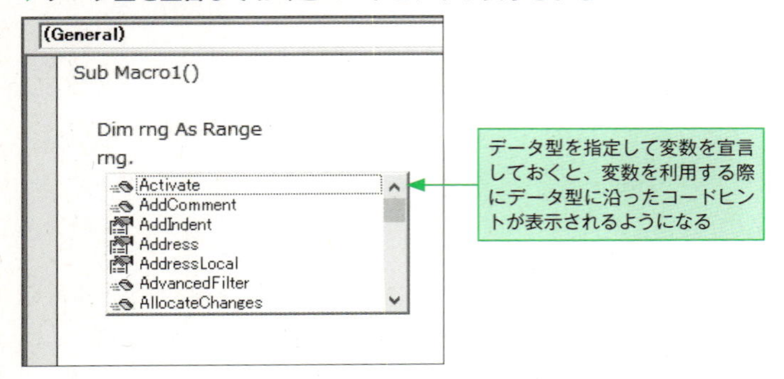

よく利用するデータ型

VBAでよく利用するデータ型には、以下のようなものが用意されています。

▶よく利用するデータ型

データ型	用途
String	文字列型
Integer	整数型。-32,768 ~ 32,767の範囲の整数
Long	長整数型。-2,147,483,648 ~ 2,147,483,647の範囲の整数
Single	単精度浮動小数点型。正の値：1.401298E-45~3.4028235E+38/負の値：-3.4028235E+38 ~ -1.401298E-45
Double	倍精度浮動小数点数型。正の値：4.94065645841246544E-324 ~ 1.79769313486231570E+308/負の値：-1.79769313486231570E+308 ~ -4.94065645841246544E-324
Date	日付型。年月日・時分秒を扱う。西暦100年1月1日~西暦9999年12月31日
Boolean	真偽値型。正の場合はTrue、偽の場合はFalse
Object	汎用オブジェクト型。どんなオブジェクトでも代入可能
Variant	バリアント型。どんな値・オブジェクトでも代入可能
固有オブジェクト	RangeやWorksheet等、特定の種類のオブジェクト

また、VBA以外のプログラミング言語には、変数の宣言と同時に初期値を代入できるものもありますが、VBAでは同時に行えません。下記のコードはエラーとなります。

```
Dim foo As Long = 10      'エラー
```

なお、複数の変数を宣言する場合には、下記のように1行のDimステートメント内で、変数名とデータ型の定義を「,(カンマ)」区切りで列記してもOKです。次のコードは、文字列型の変数「foo」と、長整数型の変数「bar」を宣言します。

```
Dim foo As String, bar As Long
```

宣言なしで変数を利用する

さて、ざっと変数の宣言方法をご説明してきましたが、実は、VBAでは「宣言なし」でも変数が利用できます。次のコードは、宣言なしでいきなり変数「foo」に「10」を代入して、値をイミディエイトウィンドウに表示するものですが、きちんと機能します。

マクロ3-3

```
foo = 10
Debug.Print "fooの値：", foo
```

実行例 変数を宣言せずに利用

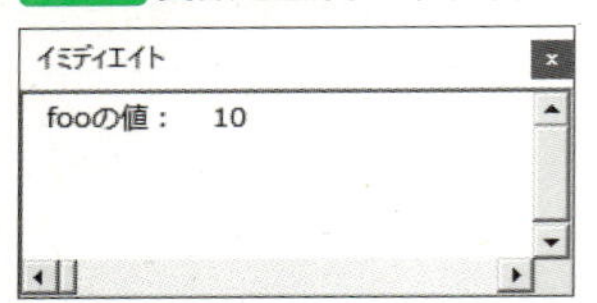

また、宣言を行う場合でも、Asキーワードによるデータ型の指定は「行わなくてもよい」仕組みになっています。データ型の指定を行わなかった変数は、**Variant型**と呼ばれる「何でも格納できるデータ型」として扱われます。

このように、VBAの変数はわりといいかげんに使えます。宣言せずに利用できたり、データ型の指定をせずに利用できる点に関しては、「簡単でいいね」と感じる方もいれば、「これは危険だ」と感じる方もいることでしょう。実際、この仕組みは、以下のようなミスを引き起こしやすくなります。

マクロ3-4

```
Dim num As Long                  '数値を扱うつもりの変数「num」を宣言
num = 10                         '値「10」を代入
nun = num * 5                    '元の値に「5」を乗算した値を再代入
Debug.Print "numの値：", num     '結果を表示
```

実行例 うっかりスペルミスをした結果

イミディエイト

numの値： 10

上記のコードは、変数「num」を利用して「10掛ける5」の計算を行い、その結果を表示する意図で記述したものです。しかし、出力結果は「10」となってしまっています。これは、コードの3行目冒頭で、「num」と書くところを「nun」と記述ミスしているために起きた現象です。

変数を宣言せずにいきなり利用できるため、VBEにとって3行目のコードは「『nun』という新たな変数を用意し、そこに『num』と『5』を乗算した値を代入」という意味となってしまっているのです。VBAでは、このようなミスが発生するケースが多くあります。

しかしご安心を。VBEでは、この手のスペルミスを防ぐための仕組みが用意されています。モジュールの先頭に「**Option Explicit**」の一文を記述しておくと、そのモジュール内では変数の宣言が強制され、宣言していない変数を利用できなくなります。上記のようなスペルミスをした場合でも、「変数が定義されていません」というエラーが表示されるようになります。

▶変数の宣言は強制することもできる

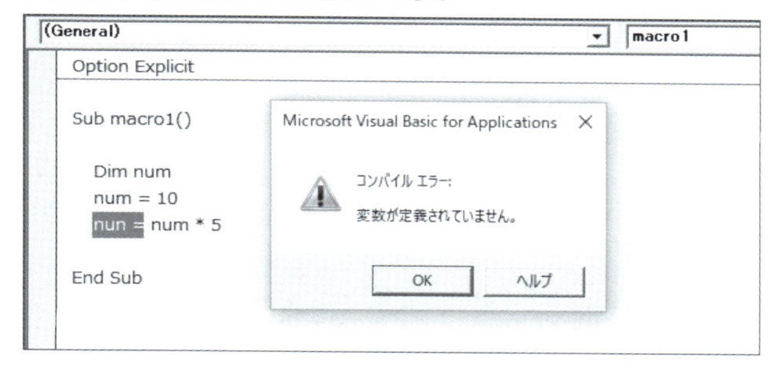

この設定は、VBEのメニューバーで**ツール→オプション**を選択して表示される、「オプション」ダイアログでも行えます。「編集」タブ内の、**変数の宣言を強制する**にチェックを入れておくと、以降、新規作成される標準モジュールには、自動的に

「Option Explicit」が記述されるようになります。

変数宣言の強制設定は、一度行えばExcelを終了しても引き継がれます。最初に設定しておいた方が、以降の無用のミスを防げるでしょう。

▶「オプション」ダイアログからの設定

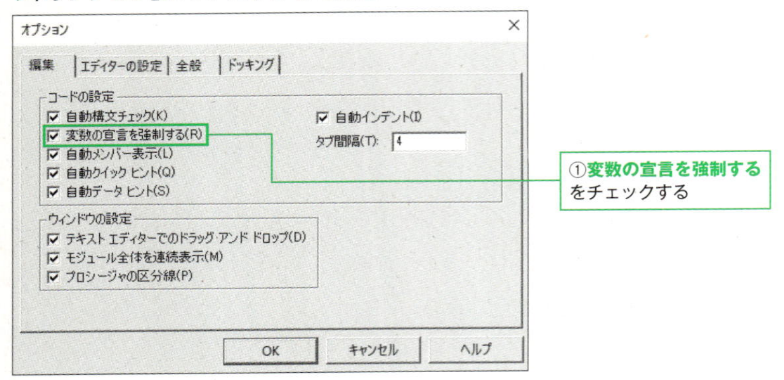

変数に値を代入する

宣言した変数へと値を代入・再代入するには、「＝(イコール)」演算子を利用します。次のコードは、変数fooに「10」という値を代入という意味となります。

```
Dim num As Long      '数値を扱う変数「num」を宣言
num = 10             '変数numに「10」を代入
```

文字列や日付といった値(リテラル値)を代入する際にも、同様にイコールを利用します。次のコードは、文字列型の変数「str」と日付型の変数「dateVal」を宣言し、それぞれに文字列と値を代入して表示します。

マクロ3-5

```
Dim str As String, dateVal as Date     '文字列と日付を扱う変数を宣言
str = "指定日："                        '変数strに文字列を代入
dateVal = #10/05/2018#                  '変数dateValに日付を代入
Debug.Print str, dateVal               '変数の値を表示
```

実行例 文字列と日付の代入

```
イミディエイト
指定日：　2018/10/05
```

また、他言語ではよくある方法ですが、VBAでは利用できない記述方法としては、**インクリメント**や**デクリメント**の記法があります。

```
num++      'これはエラー
num--      'これもエラー
```

変数の値を1ずつ**カウントアップ**したい場合には、次のように記述する必要があります。

```
Dim num As Long     '変数を宣言
num = 1             '初期値を代入
num = num +1        '1だけ加算（インクリメント）
```

加算代入や**乗算代入**を行う場合、他言語のような以下の記述はエラーとなります。

```
num += 10     'これはエラー
num *= 5      'これもエラー
```

こちらも次のように記述します。

```
Dim num As Long     '変数を宣言
num = 1             '初期値を代入
num = num + 10      '元の値に10加算した値を再代入（加算代入）
num = num * 5       '元の値に5乗算した値を再代入（乗算代入）
```

変数にオブジェクトを代入する

オブジェクトを変数で扱いたい場合には、そのオブジェクトの型で変数を宣言します。さらに、変数へとオブジェクトを代入（セット）するには、値のようにイコールだけで代入するのではなく、**Setステートメント**を利用します。

1 2 3 4 5 6 7 8 9 10 11 12 13 14 15 16 17 18 19

■ **変数にオブジェクトを代入**

```
Set オブジェクト変数 = セットしたいオブジェクト
```

次のコードは、変数「rng」に「セル範囲A1:C3」をセットします。

```
Dim rng As Range               'Rangeの固有オブジェクト型で変数を宣言
Set rng = Range("A1:C3")       '変数へオブジェクトを代入（セット）
```

値（リテラル値）を扱う変数とは少し違いますね。

また、慣れないうちは変数を宣言する際に、対応するデータ型がわからない場合もあるかと思います。その場合には、**Object型**で宣言しておくと、「値ではなく、オブジェクトを扱う汎用的な変数」として扱われるようになります。

```
Dim rng As Object              'とりあえずオブジェクト型で変数を宣言
Set rng = Range("A1:C3")       '変数へRangeオブジェクトを代入（セット）
```

Object型の変数には、どのオブジェクトでも代入できます。ただし、どのオブジェクトを扱うかをVBEでは判断できないので、きっちり型指定した時のようなコードヒントは表示されません。

Column オブジェクトは「Set」、リテラルは「Let」

「オブジェクトを扱う時はSetステートメントを使うのに、値を扱う時は単にイコールだけでよいのは何かバランスが悪くて気持ち悪い」と思う方もいらっしゃるかもしれません。実は、値の代入をきっちり記述すると、次のように「Letステートメント」を利用した記述となります。

```
Let num = 10      '変数numに10という値を代入
```

値の代入の場合には、この「Let」を省略してもOKというルールになっているのです。VBAでは、イコール演算子は「等しい」かどうかを判定する比較演算子としても利用するので（88ページ）、「ここは比較ではなく値を代入しているんだ」ということを明示したい場合には、こちらの記述方法を利用するのもよいでしょう。

なお、他言語では「Let」は変数の宣言として利用されることもありますが、VBAではあくまでも「値の代入」のためのものです。

Column　変数の宣言と初期値の代入をセットで記述する苦肉の策

本文中でも説明したように、VBAではDimステートメントで変数を宣言する際に初期値を代入することはできません。宣言と代入は2行に分けて記述する必要があります。

```
Dim foo As Long
foo = 10
```

しかし、この仕組みはやや煩雑であり、初期値のセットし忘れというケアレスミスが起きやすい仕組みでもあります。できることなら変数の宣言と初期値の代入は、セットで行うようにしたいと思う方も多いようです。

そこで、苦肉の策として、以下のような記述方法を考えてみました。以下の例は、変数「foo」を宣言し、初期値に「10」を代入します。

```
Dim foo As Long: foo = 10
```

実はVBAでは、「:(コロン)」をステートメント中に挟むことで、通常、2行に分けて記述する内容を1行で記述することができます。上記のコードは、前述の2行のステートメントを、コロンを使って1行に整形したものです。

これであれば、1行で宣言と初期値の代入を「同時」に、忘れずに記述できます。ただ、VBAの記述としては特殊でかえって見づらいというのも本当のところです。ご自分の記述スタイルに合わせ、こちらの方が違和感なく利用できそうだという場合には採用してみるのもよいでしょう。

変数のスコープは基本的にマクロ内にある

VBAの変数は、基本的に「**1つのマクロ内で宣言された変数は、そのマクロの中のみで有効**」というルールになっています。同じ変数名でも、異なるマクロの中でそれぞれ宣言された変数であれば、異なるものとして扱われます。

複数のマクロでも共有して変数を利用したい場合には、マクロの外側でDimステートメントを記述します。

▶マクロ内で宣言された変数はそのマクロ内のみで有効

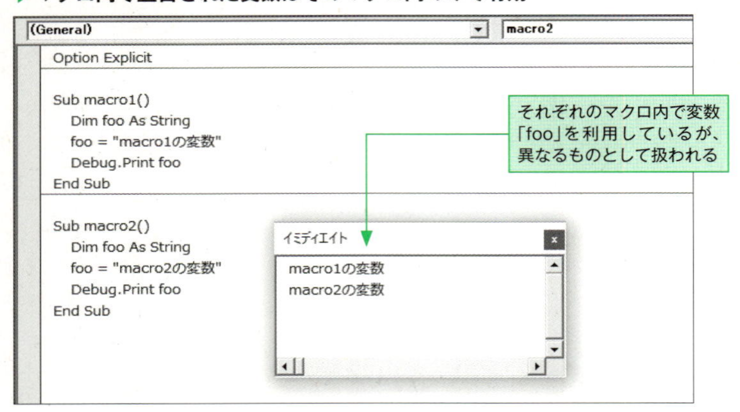

次のコードでは、マクロ外で変数「foo」を宣言し、2つのマクロ「macro1」と「macro2」内で変数fooを利用しています。

マクロ3-6

```
Dim foo As Long         'マクロ外で変数fooを宣言

Sub macro1()
    foo = 10            'マクロ内では宣言していない変数fooを利用
    Debug.Print "macro1:", foo
End Sub

Sub macro2()
    foo = foo + 15      'マクロ内では宣言していない変数fooを利用
    Debug.Print "macro2:", foo
End Sub
```

この時、macro1→macro2の順番で実行すると、次のような結果となります。

実行例 複数のマクロで変数を共有

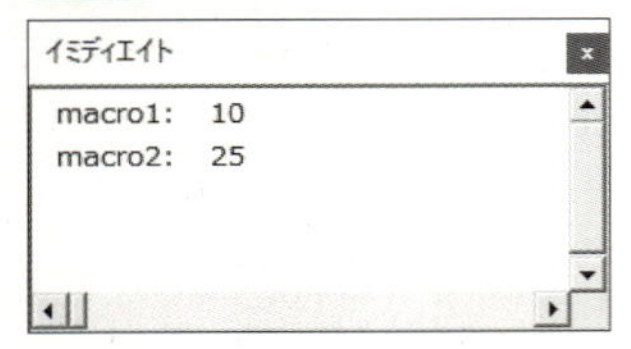

このようなマクロ外でDimステートメントにより宣言された変数は、**モジュールレベル変数**と呼びます。モジュールレベル変数は、「マクロが停止されるまで」値を保持します。

この「マクロが停止されるまで」というのは、エラーによりマクロが停止した場合や、VBE上のリセットボタンが押された時を指します。ちなみに、VBAのマクロは、わりと「停止」する機会が多いので、モジュールレベル変数を「Excel起動中に、永続的に値を保持する仕組み」として利用するのは現実的ではありません。注意しましょう。

Column 値を永続的に保持する仕組み候補は？

モジュールレベル変数は、「値を永続的に保持する仕組みに向いていない」のですが、では「向いている」仕組みはあるのでしょうか。

最も単純な候補は、「シート上のセルに値を書き込んでしまう」ことです。保持しておきたい値をまとめて管理するシートを用意し、そこに集中的に保持したい値を書き込んでおくことで、一種の「設定確認用シート」としても機能します。このシートは、非表示に設定しておいてもよいでしょう。

また、「SaveSettingステートメント」と「GetSetting関数」を利用して、レジストリに値を保存する方法も考えられます。本書ではご紹介しませんが、興味のある方はヘルプやWebで調べてみましょう。

定数を利用する

VBAでユーザー定義の**定数**を利用するには、**Constステートメント**を利用します。

■ **定数の定義**

```
Const 定数名 As データ型 = 値
```

例えば、消費税率である「0.08」という値を、「TAX」という名前の定数で扱う場合には、次のようにコードを記述します。

マクロ3-7
```
'消費税率を扱う定数を宣言
Const TAX As Double = 0.08
'定数を利用して計算
Debug.Print "1000円の商品の消費税額:", 1000 * TAX
```

実行例 **定数の利用**

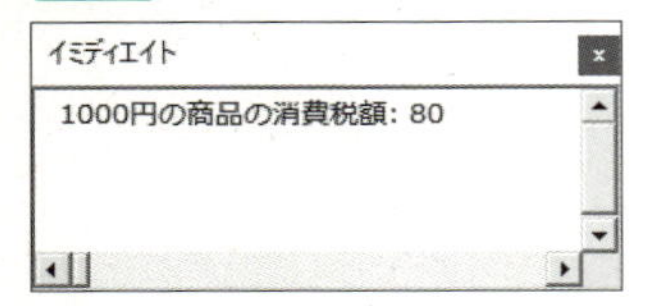

定数は、宣言時に設定した値から、値を変更できない仕組みになっています。つまりは、「固定した値を、わかりやすい名前で扱いたい」場合に利用できる仕組みです。

変数の命名ルールを決めておく

変数を利用する際には、あらかじめ自分なりの命名ルールを決めておくのがお勧めです。よくある変数の名付けルールには、以下のような例があります。

▶**変数の名付けルールの例**

変数名	意図・理由
str、num、等	文字列（String）、数値（Number）といった値を扱う変数。扱うデータ型がわかるように、データ型を短くした変数名
tmp、buf、等	一時的なデータを扱う際の変数名。英単語の「temporary（テンポラリ）」や「buffer（バッファ）」が元になっている
rng、sh、bk、等	それぞれ、Range、Worksheet、Workbookを扱う際の変数名。扱うオブジェクト名を短くした変数名。ちなみに、shやbk等は、イベント処理（188ページ）の引数名としても利用されている
i、j、k	ループ処理（95ページ）の際に利用する変数名。伝統的に「i」や「j」が利用される場合が多い
arr、strList、numList、等	配列（148ページ）を扱う際の変数名。「Array（配列）」の短縮や「List（リスト）」を変数名に組み込んで、配列であることをわかりやすく示す意図がある

scoreNumber、targetRange、等	「用途＋データ型」という形式で、用途とデータ型をわかりやすく示す意図の変数名。意図を示すことを優先し、特に元の単語を短縮しないで名付ける
売上、売掛率、等	日本語等の2バイト文字で変数名を付ける
myStr、myNum、等	全ての変数に統一した接頭詞を付けておき、「これは変数ですよ」と見た目にわかりやすい意図の変数名

他にもさまざまなルールがありますが、意識しておくのは、「自分なりのルール」を決めておくことです。チームで開発を行う場合にも、チーム内での変数名の名付けルールを統一しておくと、プログラムを見直した際に、「どの部分が変数なのか」「どういった用途で用意された変数なのか」あるいは、「誰が用意した変数なのか」等の情報を、変数名から読み取ることができるようになります。

なお、他言語経験者の方に注意していただきたいのは、「**VBAでは大文字・小文字は区別されない**」点です。つまり、「String型の変数だから、小文字で『string』にしよう」というように、オブジェクト名（クラス名）を小文字にした変数名とするという名付けはできないということです。

また、変数名には「_（アンダーバー）」も利用できますが、「**先頭がアンダーバーの変数名はNG**」となっています。いわゆるプライベートな値を扱いたい変数の先頭にアンダーバーを付ける、「_name」「_price」等の名付けはできません。注意しましょう。

Column 「変数？ セルがあるじゃないか」というExcelならではの仕組み

変数は「値を保持し、プログラム内で利用する」ための仕組みでもありますが、他のプログラミング開発環境と違い、Excelには値を保持しておく場所がもう1つありますね。そう、セルです。特定シートの特定セルに値を書き込んでおき、プログラム内で必要になった場合には、そのセルの値を参照するという仕組みを作ることもできます。

この方法は、いわゆるコンフィグ設定や、プログラムのパラメータ的な調整等をプログラマ以外のユーザーにも行ってもらえる仕組みにもなり得ます。また、値を変更してブックを保存すれば、次回起動時にもその設定を引き継ぐことも可能です。

保守・運用的にちょっと不安であったり、速度的に不安であったりする面もありますが、用途によっては、とても有効で、何より手軽な仕組みにもなります。「セルに値を保存することができる」という手法も頭の片隅に入れておくと、より快適にVBAでの開発を進められるでしょう。

3-2 プログラム内で完結する計算を行う演算子

Excelは表計算アプリなので、シート上で計算を行うことができますが、もちろんプログラム中で直接計算を行う方法も用意されています。

プログラム中で直接計算を行うためには、さまざまな演算子を利用します。

計算を行う算術演算子

四則演算を始めとした算術計算を行う**算術演算子**には次のものが用意されています。

▶VBAの算術演算子

演算	演算子	使用例	結果
加算	+	5 + 2	7
減算	-	5 - 2	3
乗算	*	5 * 2	10
除算	/	5 / 2	2.5
除算の商の整数部分	¥	5 ¥ 2	2
剰余	Mod	5 Mod 2	1
累乗（べき乗）	^	5 ^ 2	25

演算子は、「数値1・演算子・数値2」の順番で記述して利用します。

■算術演算子の使い方

```
数値1　演算子　数値2
```

以下に、算術演算子を利用した計算の例を示します。

```
Range("E3").Value = 5 + 2       '加算
Range("E4").Value = 5 - 2       '減算
Range("E5").Value = 5 * 2       '乗算
Range("E6").Value = 5 / 2       '除算
Range("E7").Value = 5 ¥ 2       '除算の商
Range("E8").Value = 5 Mod 2     '剰余
Range("E9").Value = 5 ^ 2       '累乗
```

▶算術演算子を利用した計算

演算	演算子	使用例	結果
加算	+	5 + 2	7
減算	-	5 - 2	3
乗算	*	5 * 2	10
除算	/	5 / 2	2.5
除算の商の整数部分	¥	5 ¥ 2	2
剰余	Mod	5 Mod 2	1
累乗(べき乗)	^	5 ^ 2	25

文字列連結演算子とメタ文字定数

2つの文字列を連結して1つの文字列にするには、「**&**」演算子を利用します。実は「+」演算子でも文字列を連結できますが、加算演算とまぎらわしいので、&演算子のみを利用するのがよいでしょう。

なお、Excelでは、セルに値を入力する際に、「Alt」+「Enter」キーでセル内改行ができますが、このセル内改行をVBAから行うには、ラインフィードを表すメタ文字定数である「**vbLf**」を利用します。

以下に、文字列を連結する例を示します。それぞれ、「Excel」と「VBA」という文字列を連結します。

```
Range("C3").Value = "Excel" & "VBA"
Range("C4").Value = "Excel" + "VBA"
Range("C5").Value = "Excel" & vbLf & "VBA"
```

結果は以下のようになります。なお、ここでは結果がわかりやすいように、結果を表示するセル以外にも文字等を入力してあります。

▶文字列連結演算子を利用した結果

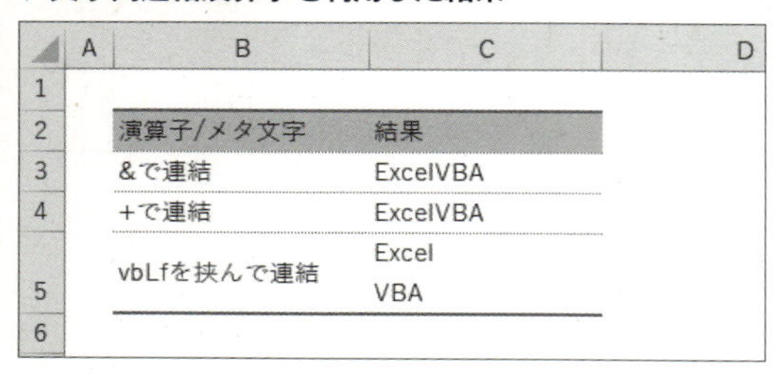

演算子/メタ文字	結果
&で連結	ExcelVBA
＋で連結	ExcelVBA
vbLfを挟んで連結	Excel VBA

Column 数値と文字列を&演算子で連結

数値と文字列、あるいは日付と文字列を&演算子で連結すると、数値や日付は自動的に文字列に変換されて連結されます。以下の例は、文字列と数値を&演算子で連結して表示します。

```
MsgBox "在庫数：" & 15
```

比較演算子も基本はイコール

Ifステートメント等の条件式（96ページ）にも利用する**比較演算子**には、次のものが用意されています。「**＝**（イコール）」と「**<**」「**>**」の2つの不等号を組み合わせて利用します。

比較演算子は、「**左辺・比較演算子・右辺**」という形で利用し、演算の結果が成り立つ「真」の場合には「True」を、成り立たない「偽」の場合には「False」を返します。いわゆる**真偽値**ですね。真偽値のデータ型は、**Boolean型**となります。

■比較演算子使い方

```
値1 演算子 値2
```

▶VBAの比較演算子

判定の種類	演算子	使用例	結果
等しい	=	5 = 2	False
等しくない	<>	5 <> 2	True
より小さい	<	5 < 2	False
以下	<=	5 <= 2	False
より大きい	>	5 > 2	True
以上	>=	5 >= 2	True

以下に比較演算子による値の判定の例を示します。

```
Range("E3").Value = 5 = 2      '等しい
Range("E4").Value = 5 <> 2     '等しくない
Range("E5").Value = 5 < 2      'より小さい
Range("E6").Value = 5 <= 2     '以下
Range("E7").Value = 5 > 2      'より大きい
Range("E8").Value = 5 >= 2     '以上
```

▶比較演算子を使った計算

	A	B	C	D	E	F
1						
2		演算	演算子	使用例	結果	
3		等しい	=	5 = 2	FALSE	
4		等しくない	<>	5 <> 2	TRUE	
5		より小さい	<	5 < 2	FALSE	
6		以下	<=	5 <= 2	FALSE	
7		より大きい	>	5 > 2	TRUE	
8		以上	>=	5 >= 2	TRUE	
9						
10						

1つ注意したい点は、「等しい」かどうかを判定するイコールの扱いです。イコールは変数へ値を代入する代入演算子としても機能します。まったく同じ演算子ですが、2つの用途がある点に注意しましょう。

オブジェクトを比較する

値ではなく、2つのオブジェクトが等しいかどうかを判定するには、「**Is**」演算子を利用します。

■オブジェクトの比較

```
オブジェクトA　Is オブジェクトB
```

左辺のオブジェクトと右辺のオブジェクトが等しい場合には「True」を、等しくない場合には「False」を返します。

例えば、「1枚目のシート」と「Sheet1」をIs演算子で比較すれば、当たり前ですが「True」という結果が得られます。

```
MsgBox Worksheets(1) Is Worksheets("Sheet1")
```

▶オブジェクトの比較

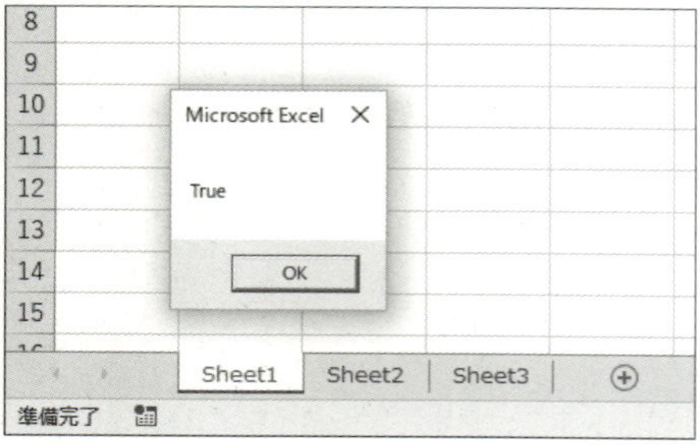

また、Is演算子とセットで覚えておくと便利なキーワードが「**Nothing**」です。VBAでは「Nothing」は「オブジェクトが存在しない状態」を示す値となります。

例えば、RangeオブジェクトのFindメソッドは、指定セル範囲を検索して検索値が見つかった場合にはそのセルへの参照を返し、見つからなかった場合には「Nothing」を返します。つまり、戻り値が「Nothingであるかどうか」で、「検索値が見つかったかどうか」を判定できます。

次のコードは、キーワード「Nothing」を使って対象セルの有無の判定を行うものです。なお、ここではCellsプロパティを引数なしで利用して「シート上のセル全体」を扱うRangeオブジェクトにアクセスしています。

```
If Cells.Find("VBA") Is Nothing Then
    Debug.Print "「VBA」という値のセルは見つかりませんでした"
End If
```

また、「任意のセル範囲の値を変更した際にマクロを実行する」という仕組みを作成したい場合にも、このNothingを利用したオブジェクトの比較を利用します(193ページ)。

「**オブジェクトがない場合の判定は、『○○ Is Nothing』**」というパターンを覚えておきましょう。

Column Rangeの比較は要注意

Is演算子はオブジェクトの比較に利用しますが、セル(Rangeオブジェクト)同士の比較に利用する際には注意が必要です。例えば、次のセルA1とセルA1を比較する意図のコードの結果は「True」でしょうか「False」でしょうか。

```
Range("A1") Is Range("A1")
```

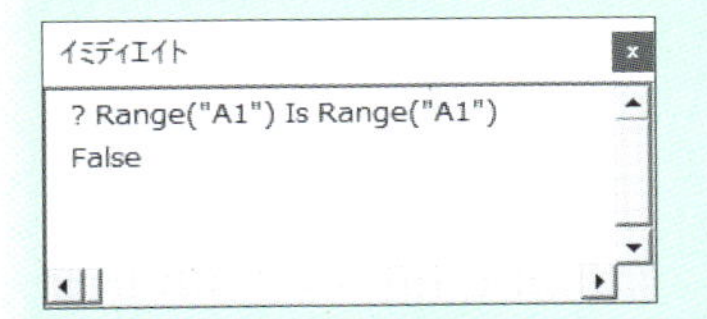

結果は「False」となります。「セルA1とセルA1を比較してFalse ってどういうこと？」と思いますが、これはExcel特有の仕組みのためです。「Range(セル番地)」のような形でRangeオブジェクトを取得する場合には、「その都度、指定されたセル番地のセル/セル範囲を扱えるようにしたオブジェクト」を生成するような動きとなります。そのため、1つ目の「Range("A1")」は2つ目の「Range("A1")」とは別のものとして判断されてしまうのです。言ってみれば、「その都度、担当者を1人呼び、その担当者ごとに扱うセル範囲を指示している」ようなイメージです。扱う対象は同じでも、担当者が異なるので「別もの」というわけですね。

ともあれ、「同じセルかどうかを判定したい」というケースでは、Is演算子の利用はあまりお勧めできません。対象セルのAddressプロパティ(セル番地)の値を比較する等、別の方法でチェックを行うようにしましょう。

```
Range("A1").Address = Range("A1").Address
```

論理演算子で条件式を拡張する

複数の条件を「ともに満たす場合」や「いずれかを満たす場合」等、組み合わせて判定したい場合には**論理演算子**を利用します。

▶VBAの論理演算子

判定の種類	演算子	使用例	結果
論理積(ともにTrue)	And	`a = a And b = b`	True
論理和(いずれかがTrue)	Or	`a <> a Or b = b`	True
論理否定(論理値を反転)	Not	`Not a = a`	False

※a、bは任意の値とする

日本語で考えるなら、**And演算子**は「○○、かつ、××」、**Or演算子**は「○○、もしくは、××」という判定となります。

次のコードは、「セルA1に値が入力されており、かつ、セルA1の値が数値である」場合にTrueを返します。1つ目の条件式は、比較演算子を使い、セルの値(Value)が空白("")と等しくない(<>)という判定を行っています。また、2つ目の条件式の**IsNumeric**は、引数に指定した値を関数に変換できるかどうかを判定する判定する関数です。

```
Range("A1").Value <> "" And IsNumeric(Range("A1").Value)
```

「And」より左の部分が1つ目の条件式、右の部分が2つ目の条件式です。

次のコードは、「セルA1の値が『Excel』、もしくは、セルA2の値が『VBA』である」場合にTrueを返します。

```
Range("A1").Value = "Excel" Or Range("A2").Value = "VBA"
```

さらに、論理値を反転した値を得たい場合には、**Not演算子**が利用できます。日本語で考えるのであれば、「○○じゃない場合」というケースですね。

次のコードは、セルA1の値が『Excel』ではない場合にTrueを返します。

```
Not Range("A1").Value = "Excel"
```

Not演算子は、「オブジェクトを返すメソッド」の結果の判定によく利用されます。例えば、RangeオブジェクトのFindメソッドは、Excelの「検索」機能を実行するメソッドですが、検索対象のセルがある場合にはそのセルを扱うRangeオブジェクトを返し、見つからない場合には「Nothing」を返します。

この仕組みを利用して、検索結果が見つかった場合に任意の処理を実行したい場合、次のように「メソッドの結果が『Nothing』ではない場合」というような書き方をします。

```
Not Cells.Find("Excel") Is Nothing
```

この「**Nothingではない**」という書き方は、いろいろな場面で利用できますので、頭の片隅に入れておきましょう。

Column 関数・メソッド・ステートメント

「関数と一部のメソッドは、ともに戻り値を返す仕組みですが、どのように呼び分ければいいんですか？」と質問をいただく場合があります。

一般的に、「オブジェクトに依存せずに呼び出せるのが関数」「オブジェクトに定義されているので、オブジェクト経由で呼び出すのがメソッド」として呼び分けられます。また「Callステートメント（236ページ）等の一部のステートメントは、関数のような書き方をしますが、関数ではないのですか？」との質問をいただく場合もあります。ステートメントは、関数やメソッドとは異なり、VBAの文法的な仕組みとして定義されているという違いがあります。

また、関数やメソッドは、オブジェクトブラウザーで調べられる定義のされ方で分類する、という方法もあります。VBAでは一般的にオブジェクトブラウザーにおいて、単なる「モジュール」に定義されていれば「関数」、「オブジェクト」に定義されていれば「メソッド」や「プロパティ」です（ただ、この見方はあくまでも分類方法の1つです）。

3-3 プログラムの醍醐味。条件分岐とループ処理

多くのプログラミング言語に用意されている、プログラムの流れを変化させる、「制御構造」の仕組み、いわゆる**条件分岐**と**ループ処理**の仕組みはVBAにも用意されています。まずはざっと利用方法のダイジェストをご覧ください。

処理を分岐する

最初は**Ifステートメント**による条件分岐の例です。次のコードは、セルA1の値が「10」の場合にのみメッセージを表示します。

マクロ3-8

```
If Range("A1").Value = 10 Then
    MsgBox "セルA1の値は「10」です"
End If
```

次のコードは、セルA1の値が「10」の場合と、それ以外の場合に表示するメッセージを変更します。

マクロ3-9

```
If Range("A1").Value = 10 Then
    MsgBox "セルA1の値は「10」です"
Else
    MsgBox "セルA1の値は「10」ではありません"
End If
```

実行例 Ifステートメントの結果

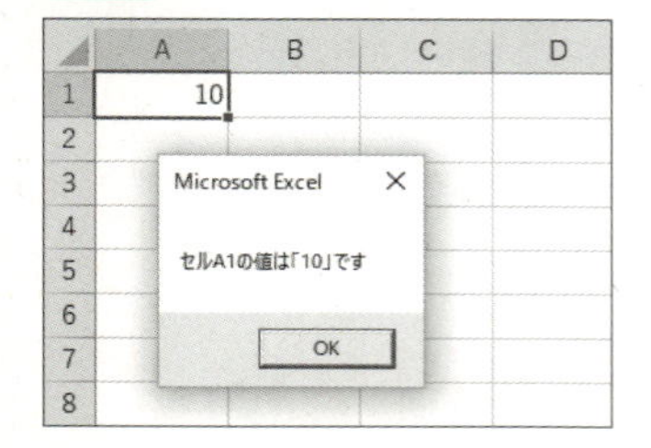

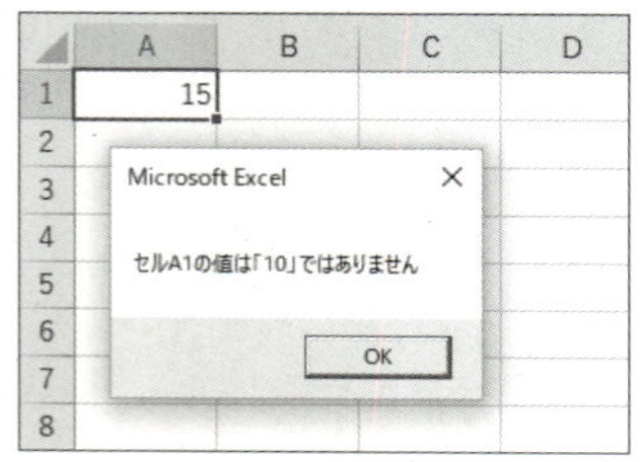

指定の回数だけ繰り返す

次は**Forステートメント**によるループ処理（繰り返し）です。次のコードは、カウンタ用変数を用意し、5回処理を繰り返して変数の値を表示します。

マクロ3-10

```
Dim i As Long      'カウンタ用変数
For i = 1 To 5
    Debug.Print "処理回数：", i
Next
```

実行例 Forステートメントによる処理

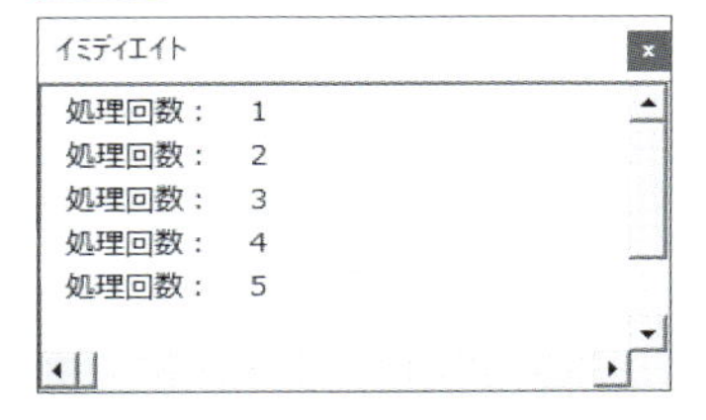

For Eachステートメントを利用して、指定したリストのメンバー全てに対する繰り返し処理を行います。ここでは、セル範囲B3:B7に入力されたリストに対して文字列を連結（名前の末尾に「 様」を付ける）します。

マクロ3-11

```
Dim rng  As Range
For Each rng In Range("B3:B7")
    'セルの値の末尾に「 様」を付け加える
    rng.Value = rng.Value & " 様"
Next
```

実行例 For Eachステートメントによる処理

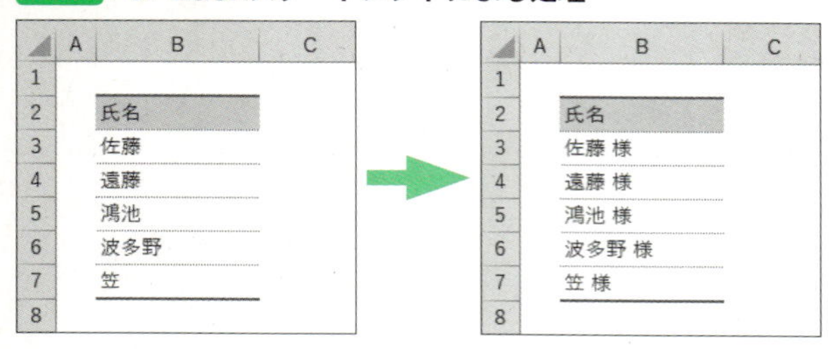

制御構造の仕組みを利用する際のポイントは、分岐やループの範囲を特定のキーワードで「**挟み込んで指定する**」ことです。もう少し詳しく見てみましょう。

Ifステートメントによる条件分岐

VBAは記述したコードを上の行から1行ずつ順番に実行していきます。この流れを特定の条件を満たす場合に分岐させるには、**Ifステートメント**や**Selectステートメント**を利用します。

●Ifステートメント

Ifステートメントは次のように記述します。

■Ifステートメント

```
If 条件式 Then
    条件式がTrueの時に実行するコード
End If
```

ポイントは、「**If**」で始め、**条件式**を満たす場合に実行する処理を「**Then**」以降の行に記述し、最後に「**End If**」で挟んで範囲を指定する点です。また、条件式は各種の比較演算子（88ページ）を利用して作成します。次のコード例は、セルA1が空白の場合はメッセージを表示します。

マクロ3-12

```
If Range("A1").Value = "" Then
    MsgBox "セルA1に値を入力してください"
End If
```

分岐を条件式がTrueの場合とFalseの場合に振り分けるには、**Elseキーワード**を併用します。「**Then ~ Else**」に挟まれた行が条件式が「True」の場合に実行される箇所、「**Else ~ End If**」に挟まれた行が条件式が「False」の場合に実行される箇所です。

■Ifステートメント(Elseキーワード)

```
If 条件式 Then
    条件式がTrueの時に実行するコード
Else
    条件式がFalseの時に実行するコード
End If
```

次のコードは、セルA1の値が空白かどうかで処理を分岐して、表示するメッセージを切り替えます。

マクロ3-13

```
If Range("A1").Value = "" Then
    MsgBox "セルA1に値を入力してください"
Else
    MsgBox "セルA1に値が入力されています"
End If
```

また、異なる条件式を設定して流れを分岐したい場合には、**ElseIfキーワード**も利用可能です。

■Ifステートメント(ElseIfキーワード)

```
If 条件式1 Then
    条件式1がTrueの時に実行するコード
ElseIf 条件式2 Then
    条件式2がTrueの時に実行するコード
Else
    全ての条件式がFalseの時に実行するコード
End If
```

ElseIfを利用する場合には、「**ElseIf 新たな条件式 Then**」の形式で条件式を設定します。さらにElseIf句を重ねれば、条件式を3つ以上設定することも可能です。条件式を複数設定した場合、条件式は上から順番に評価され、最初にTrueとなった条件式のブロックのコードのみを実行し、処理を抜けます。

また、ElseIfを利用した場合でも、Elseキーワードを利用可能です。Else句内の処理が実行されるのは、「**全ての条件式が『False』の場合**」となります。

●Exit Subステートメント

Ifステートメントを利用した条件分岐を行う場合、特定の条件を満たした場合にはそれ以降のマクロの内容を実行せずに、その時点でマクロを終了させたいことがあります。その場合に利用できるのが、**Exit Subステートメント**です。

次のコードは、セルA1の値が「完了」ではない場合には、メッセージを表示し、マクロの実行を終了します。

マクロ3-14

```
If Range("A1").Value <> "完了" Then
    MsgBox "入力を完了させてからマクロを実行してください"
    Exit Sub
End If
'以降、セルA1の値が「完了」である場合の処理を記述
```

特に、マクロを実行する前提条件として、「特定のセルへの値の入力が必要な場合」や「必要なブックやシートの有無のチェックを行いたい場合」には、マクロの冒頭にこの手の処理を入れておくと便利です。

Column 三項演算子の代わりのIIF関数

プログラミング言語の中には、判定式に応じて2種類の値のいずれかを返す「三項演算子」という仕組みを持っているものも多くありますが、VBAには三項演算子の仕組みは用意されていません。

似た用途として利用できるのが、「IIF関数」です。IIFは3つの引数を取る関数であり、1つ目の引数に条件式を、2つ目の引数には条件式がTrueの場合に返す値を、3つ目の引数には条件式がFalseの場合に返す値を指定します。

■ IIF関数

```
IIF(条件式, True時の値, False時の値)
```

次のコードは、現在時刻が12:00より小さければ「午前」という文字列を、そうでなければ「午後」という文字列を出力します。

マクロ3-15

```
Debug.Print IIF(Time<#12:00#,"午前","午後")
```

三項演算子を利用した式に慣れている方は、覚えておくと代替として利用できますね。また、ワークシート関数に慣れ親しんでいる方であれば、「IFワークシート関数」のような使い方でコードを記述できるでしょう。

Select Caseステートメントによる条件分岐

特定の値に注目して細かく処理の流れを分岐したい場合には、**Select Caseステートメント**が利用できます。Select Caseステートメントは、最初に「**Select Case**」の後ろに注目したい値を指定します。その後、「**Case 値1**」という形式で特定の値を指定し、その後ろの行に「値1」だった場合に実行する処理を記述します。さらに、「**Case 値2**」「**Case 値3**」…と、チェックしたい値のリストと、その値であった場合に実行する処理をセットで追加していきます。

また、「**Case Else**」を記述すると、リストアップした値に当てはまらなかった場合の処理を指定できます。

最後に、「**End Select**」を記述して、Select Caseステートメントを「閉じ」ます。

■ Select Caseステートメント

```
Select Case 注目したい対象
    Case 値1
        対象が値1だった場合の処理
    Case 値2
        対象が値2だった場合の処理
    Case Else
        対象がリストアップした値以外だった場合の処理
End Select
```

次のコードは、セルA1の値に注目し、「編集中」だった場合、「完了」だった場合、その他の場合の3パターンのケースに応じて、3通りのメッセージを表示します。

マクロ3-16

```
Select Case Range("A1").Value
    Case "編集中"
        MsgBox "必要項目を入力してください"
    Case "完了"
        MsgBox "入力したデータを元に計算を開始します"
    Case Else
        MsgBox "予期せぬ値が入力されています。確認をお願いします"
End Select
```

また、リストアップする値を指定する際には、次のように範囲を指定することも可能です。

▶Case句で利用できる範囲を指定する記述

範囲	記述	内容
特定の値	`Case 1`	値が「1」
複数の値のいずれか	`Case 1, 3, 5`	値が「1」「3」「5」のいずれか
範囲指定①	`Case Is < 5`	値が「5」より下
範囲指定②	`Case 1 To 5`	値が「1」～「5」
リストアップした値以外	`Case Else`	リストアップした値以外

次のコードは、セルA1の値に注目し、その値が特定の範囲かどうかをチェックし、メッセージを表示します。

マクロ3-17

```
Select Case Range("A1").Value
    Case 1
        MsgBox "値が1です"
    Case Is < 5
        MsgBox "値が1ではなく、5より下です"
    Case 6, 8, 10
        MsgBox "値が6・8・10のいずれかです"
```

```
    Case 15 To 20
        MsgBox "値が15~20の間です"
    Case Else
        MsgBox "上記の範囲に当てはまらない値です"
End Select
```

Select Caseステートメントは、上から順にCase句に指定した値に当てはまるかをチェックし、当てはまる場合にはその部分のステートメントを実行し、そこでSelectステートメント内の処理を抜けます。

例えば、上記のケースではセルA1に「1」という値が入力されていた場合、まず、最初のCase句である「`Case 1`」の部分がチェックされ、これに当てはまるため「`MsgBox "値が1です"`」というコードを実行し、以降の処理はまったく実行されません。条件だけを見ると、次の「`Case Is < 5`」も当てはまりますが、この部分は実行されません。

Column　1行で完結するIfステートメント

Ifステートメントは通常、「If ~ End If」という形で条件式に対応するコードブロックを区切りますが、次のように1行だけで完結させる記述方法も用意されています。

```
If num<10 Then Debug.Print "numの値が10より下です"
```

「Then ~ End If」に挟んで記述する部分のコードがごく短く、1行ですむものであれば、そのまま「Then」の後ろに記述するだけでOKです。この場合、「End If」は不要です。

条件式に応じた処理部分がやや探しづらくなるので、利用するのはそんなにはお勧めできませんが、「1行で書けるものは1行で書く」というワンライナーな記述ポリシーにする場合には、この方法が利用できるでしょう。

3種類の繰り返し・ループ処理

プログラムの醍醐味と言えばループ処理です！ 手作業では気の遠くなるような時間のかかる作業を、本当に一瞬で終わらせることさえできます。VBAには、3つの方式のループ処理用の仕組みが用意されています。

●「数」を指定するFor ～ Nextステートメント

1つ目の仕組みは、**For ～ Nextステートメント**です。ループ処理を行う「数」「回数」を指定するタイプの仕組みとなっています。

■For ～ Nextステートメント

```
For カウンタ用変数 = 開始値 To 終了値
    繰り返したい処理
Next
```

処理を繰り返す際には、「**For**」で始まる先頭行において**カウンタ用変数**を1つ用意し、**開始値**と**終了値**を指定します。この行から「**Next**」で挟んだ間にあるコードが、開始値から終了値までの数の分だけ繰り返し実行されます。

例えば、5回処理を繰り返したい場合には、次のようにコードを記述します。開始値として「1」、終了値として「5」を指定し、1 ～ 5の5回分の処理（セルに繰り返しの回数を表示）を行います。

マクロ3-18

```
Dim i As Long       'カウンタ用変数
'カウンタ用変数「i」を1 ～ 5に変化させながら処理を繰り返す
For i = 1 To 5
    Cells(i, 1).Value = i & "回目の処理"
Next
```

実行例 処理を5回繰り返す

	A	B	C	D
1	1回目の処理			
2	2回目の処理			
3	3回目の処理			
4	4回目の処理			
5	5回目の処理			
6				

カウンタ用変数は、「For ～ Next」に挟まれた部分のコードが実行されるたびに「1」だけ加算され、終了値を超えるまで繰り返されます。そのため、ループ処理内でカウンタ用変数の値を利用することで、処理の内容に変化がつけられるようになっています。

特にVBAでは、「Cells(行番号, 列番号)」という形式で操作対象のセルを指定できるので、**「○行目から×行目のセルに対してループ処理をしたい」**というようなケースと非常に相性がよい仕組みです。上記のマクロでは、開始値を「1」、終了値を「5」とすることで、セルA1～セルA5を操作します。このマクロの開始値を「6」、終了値を「10」とすれば、今度はセルA6～セルA10が操作対象となります。

●Stepキーワードで増減の方向や間隔を指定

For ～ Nextステートメントに**Stepキーワード**を併用すると、カウンタ用変数の増減の方向や間隔を指定することができます。

例えば、開始値を「5」、終了値を「1」とし、「1」ずつ減算しながらループ処理を行いたい場合には、次のようにコードを記述します。

マクロ3-19

```
Dim i As Long
For i = 5 To 1 Step -1
    Debug.Print "カウンタ変数の値：", i
Next
```

実行例 減算しながら処理を繰り返す

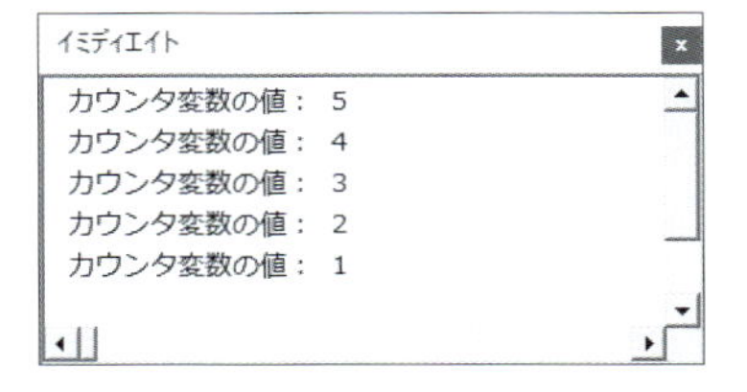

次のコードは、セル範囲B2:D2を基準に、3行ごとに下線を引きます。また、ステートメントが長くなるため、途中で改行しています(32ページ)。

マクロ3-20

```
Dim i As Long
For i = 0 To 10 Step 3
    Range("B2:D2").Offset(i). _
        Borders(xlEdgeBottom).LineStyle = xlContinuous
Next
```

実行例 特定の行だけに処理を行う

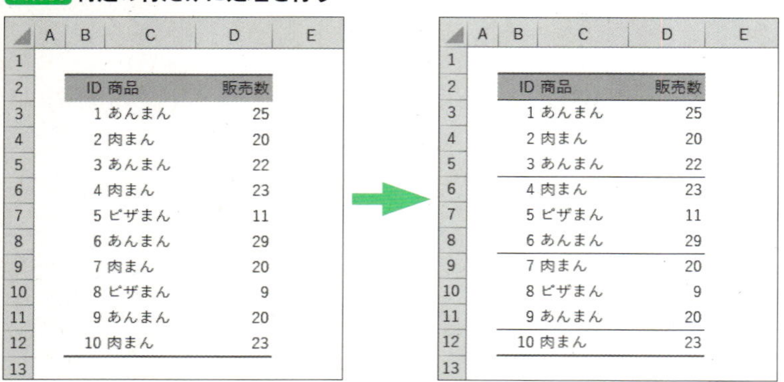

	A	B	C	D	E
1					
2		ID	商品	販売数	
3		1	あんまん	25	
4		2	肉まん	20	
5		3	あんまん	22	
6		4	肉まん	23	
7		5	ピザまん	11	
8		6	あんまん	29	
9		7	肉まん	20	
10		8	ピザまん	9	
11		9	あんまん	20	
12		10	肉まん	23	
13					

	A	B	C	D	E
1					
2		ID	商品	販売数	
3		1	あんまん	25	
4		2	肉まん	20	
5		3	あんまん	22	
6		4	肉まん	23	
7		5	ピザまん	11	
8		6	あんまん	29	
9		7	肉まん	20	
10		8	ピザまん	9	
11		9	あんまん	20	
12		10	肉まん	23	
13					

こちらの仕組みは、「3行ごとに罫線を引きたい」だとか、「10レコードずつ転記・集計したい」というような、「**まとまった数ごとに何らかの処理を繰り返したい**」という場合に便利ですね。

●リストを走査するFor Eachステートメント

2つ目の仕組みは、**For Eachステートメント**です。特定のリストを元に、そのリスト内の全てのメンバーに対して処理を繰り返したい場合には、この仕組みを利用します。

■For Eachステートメント

```
For Each メンバー用変数 In リスト
    個々のメンバーに対する処理
Next
```

ループの対象となるリストは、セル範囲を指定したり、Worksheetsコレクション(シート全体)等の各種コレクションや配列を指定します。

次のコードは、セル範囲B3:B7をループ対象のリストとして処理(名前の末尾に「様」を付ける)を繰り返します。

マクロ3-21

```
Dim rng As Range
For Each rng In Range("B3:B7")
    'セルの値の末尾に「 様」を付け加える
    rng.Value = rng.Value & " 様"
Next
```

実行例 **リストに対して処理を繰り返す**

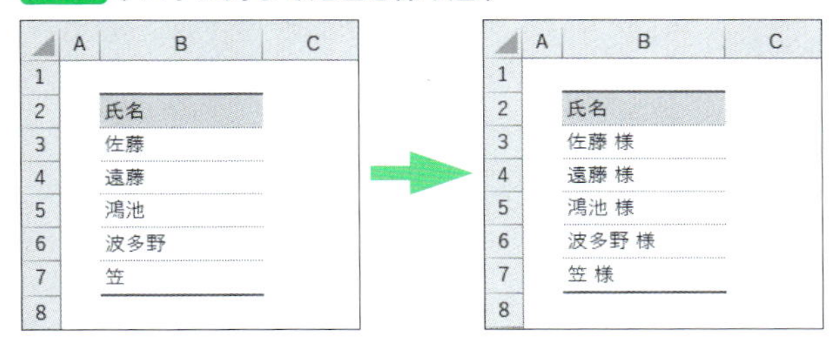

	A	B	C
1			
2		氏名	
3		佐藤	
4		遠藤	
5		鴻池	
6		波多野	
7		笠	
8			

	A	B	C
1			
2		氏名	
3		佐藤 様	
4		遠藤 様	
5		鴻池 様	
6		波多野 様	
7		笠 様	
8			

For Eachステートメントでは、まず、処理対象をまとめた**リスト**と、そのリスト内の個々のメンバーを扱うための変数(以降、**メンバー用変数**)を用意します。そのうえで「**For Each メンバー用変数 In リスト**」の形式でコードを記述すると、「**Next**」に挟まれた部分の処理をリスト内のメンバー数分だけ繰り返します。

この際、メンバー用変数には、リスト内の任意の1メンバーが代入されるので、変数を通じて個別のメンバーに対して行いたい処理を実行できる仕組みとなっています。上記のコードでは、個別のセルに対して「元の値の末尾に『 様』を付加する」という処理を実行しています。結果として、指定したセル範囲内のセル全ての値の末尾に「 様」を付加できていますね。

また、ちょっとしたリストを作成し、その全ての値についてループ処理を行いたい場合には、Array関数(163ページ)との組み合わせがお手軽です。次のコードは、Array関数を利用して配列を作成し、配列の要素を順番に表示していきます。

マクロ3-22

```
'リスト格納用の変数とメンバー用変数を両方Variant型で用意する
Dim tmpList As Variant, tmp As Variant

'Array関数を利用して値やオブジェクトの簡易リスト(配列)を作成
tmpList = Array("巨人", "阪神", "広島", "ヤクルト", "中日", "横浜")

'リストの個々のメンバーについてループ処理
For Each tmp In tmpList
    Debug.Print tmp
Next
```

実行例 Array関数と組み合わせて処理を繰り返す

```
イミディエイト
巨人
阪神
広島
ヤクルト
中日
横浜
```

VBAでは、「配列の作成が面倒なうえに操作が手軽じゃない」という弱点がありますが、Array関数を利用すると比較的お手軽に「**リスト内の全てをループ処理したい**」という処理が作成できます。この時の注意点は、リストを格納する変数と、メンバー用変数の双方を**Variant型**(汎用型)で宣言しておく点です。

実は、For Eachステートメントでは、メンバー用変数にVariant型オブジェクト、もしくはオブジェクト型(Object型、Rangeオブジェクト等の特定のオブジェクトのデータ型の双方)しか使用できません。文字列のリストを扱いたい場合でも、メンバー用変数はVariant型にしておく必要があります。ちょっとクセがありますが、頭の中に入れておきましょう。

Column Continueステートメントはありません

プログラミング言語の中には、「ループ処理の途中で残りの部分をスキップする」用途に利用する「Continue文」が用意されているものが多くありますが、VBAには「Continueステートメント」は用意されていません。

似たような用途として、「ループ処理の途中で、ループ処理全体をスキップする」用途に利用できる「Exit Forステートメント」というものはありますが、これはループの残り回数が何回残っていようと問答無用でループ処理全体から抜けてしまいます。

「残り部分をスキップしたい」という場合には、Ifステートメントを駆使して、特定の値の場合は「残り部分」を実行しないような仕組みにしてみましょう。

●条件式を満たす間は実行を続けるDo Loopステートメント

3つ目の仕組みは、**Do Loopステートメント**です。ループ処理の終了条件を決めておき、終了条件を満たしている間(あるいは満たさない間)はループ処理を続けたい場合には、この仕組みを利用します。

■Do Loopステートメント

```
Do While 条件式
    繰り返したい処理
Loop
```

Do Loopステートメントは、「**Do While 条件式**」の形式でコードを記述し、「**Loop**」に挟まれた間にあるコードを繰り返し実行します。ループは、指定した条件式が「True」である限り繰り返されます。この時気をつけるのは、繰り返すコード内で、条件式の結果が変更されるような仕組みを用意しておくことです。

次のコードは、アクティブセルの隣のセルに「○」を入力する処理を、「アクティブセルに何か値が入力されている間」という条件で実行します。

マクロ3-23

```
Do While ActiveCell.Value <> ""
    ActiveCell.Next.Value = "○"
    'アクティブセルを1つ下のセルに更新
    ActiveCell.Offset(1).Select
Loop
```

実行例 アクティブセルに値がある間だけ繰り返す

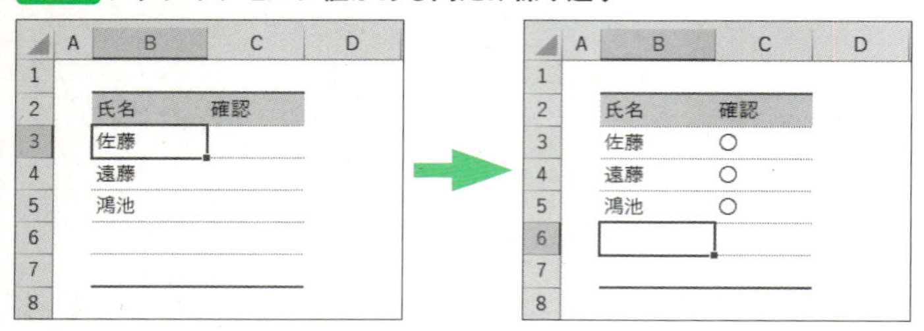

ループ処理内では、「ActiveCell.Offset(1).Select」というコードで、「アクティブセルを1行下に変更する」という動作を行い、終了条件が満たされるようにしています。

また、ループの終了条件を指定する際には、Whileキーワードの代わりに**Untilキーワード**も利用できます。Untilキーワードを利用した場合には、「**条件式の結果が『False』である間は実行**」されるループ処理となります。

■ **Do Loopステートメント(Until)**

```
Do Until 条件式
    繰り返したい処理
Loop
```

●条件式の位置を変更することで「最低1回保証」のループ処理も可能

Do Loopステートメントの条件式は、先頭のDoキーワードの後ろではなく、末尾のLoopキーワードの後ろに配置することも可能です。この場合、まずは「Do」～「Loop」に挟まれた部分の処理が1回実行され、その後で条件式が評価されます。つまり、「**最低でも1回はループ処理内のコードが実行されるループ処理**」となります。

例えば、次のコードは、サイコロのように1～6のランダムな数値を発生させ、「6」が出るまで処理を繰り返します。

マクロ3-24

```
Dim diceNum As Long
'擬似サイコロを振って「6」が出るまで処理を繰り返す
Do
    '1 ～ 6の値をランダムに生成して出力
    diceNum = Int(Rnd * 6) + 1
    Debug.Print "サイコロの目:", diceNum
Loop Until diceNum = 6
```

実行例 最低1回は処理を行う繰り返し処理

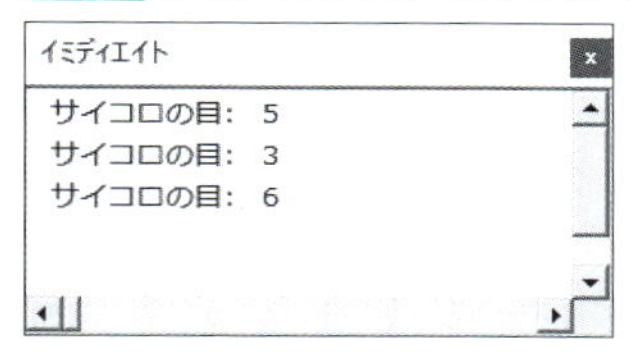

ループ処理の終了条件である「Until diceNum = 6」をDo Loopステートメントの末尾の方に記載しているため、最低でも1回は擬似サイコロを振って結果を出力する処理が実行されます。

Column ループ処理と画面更新の関係

ループ処理内で大量のセルの値を書き換えたり、シートやブックの構成を操作するような場合には、画面更新の設定や再計算の設定等、Excel独特の設定を調整することで処理速度や「見やすさ」を向上できます（462ページ）。こちらもあわせて確認しておきましょう。

3-4 実行時にユーザーと対話する

マクロ実行時にユーザーに確認を取りたくなるケースはありませんか？「不可逆な処理だけど本当に実行してよいの？」「バックアップは取ってる？」というような確認から、「売り掛率はどれくらいの値でシミュレーションする？」「集計したいセル範囲ってどこ？」というような必要な情報の問い合わせ、さらには、「どのブックを集計するんだい？」「どのフォルダー内のブックを扱えばいいの？」というような扱うファイルの指定等、さまざまなケースに遭遇することでしょう（ファイル選択に関しては、388ページを参照）。

そういった、ユーザーとの「対話」ができる仕組みをいくつかピックアップしてご紹介します。

メッセージボックスでメッセージを表示する

メッセージボックスを表示するには、**MsgBox関数**を利用します。MsgBox関数は引数に指定した文字列をダイアログ表示します。

■ **MsgBox関数**

```
MsgBox 表示する文字列
```

以下のコードは、メッセージボックスに「Hello VBA!!」というメッセージを表示します。

マクロ3-25

```
MsgBox "Hello VBA!!"
```

実行例 **メッセージボックスを表示する**

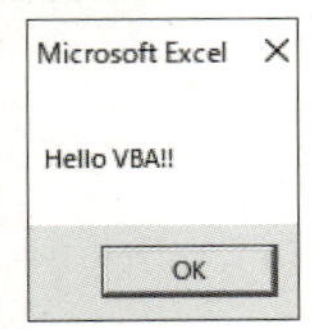

「OK」ボタン付きのメッセージボックスのダイアログが表示されますね。このMsgBox関数の特徴は、「ダイアログを表示している間は、以降のコードの実行はされない」という点にあります。

例えば、次の2行のコードを持つマクロがあるとします。1行目はMsgBox関数でメッセージボックスを表示するコード、2行目はセルF3に値を入力するコードです。

```
MsgBox "計算の結果を考えましょう。答えは出ましたか？"
Range("F3").Value = 35
```

このコードを実行すると、まず、1行目によりメッセージボックスが表示され、その時点でマクロの実行がストップします。ユーザーにより「OK」ボタンが押されるとメッセージボックスが消え、その時点から2行目のコードが実行されます。

▶メッセージボックスの表示中は処理を停止する

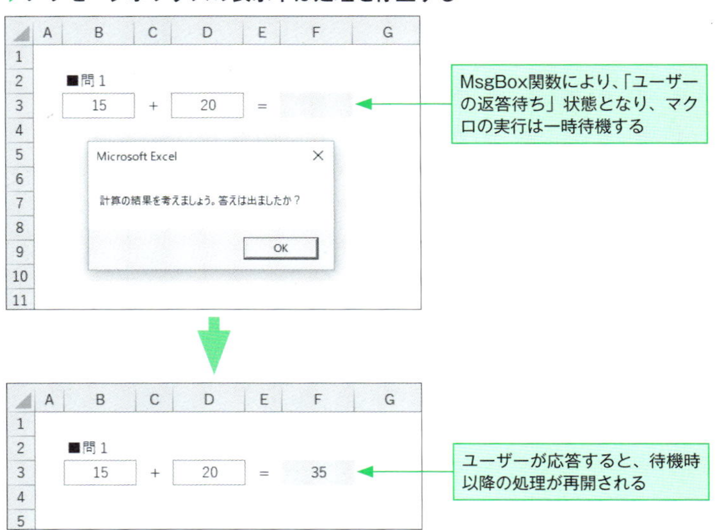

「ユーザーと対話しながら処理を進める」と言うとちょっと大げさな気もしますが、手軽に「**反応を待って処理を進める**」仕組みが作成できるようになっているわけですね。

●選択肢付きのメッセージを表示して反応を受け取るには？

「はい」「いいえ」「キャンセル」等のボタンを持つメッセージボックスを表示したい場合には、MsgBox関数の引数を利用します。

▶MsgBox関数の3つの引数

引数	指定できる内容
Prompt	表示する文字列
Buttons	ボタン。表示するボタンの種類を定数で指定（省略可能）
Title	タイトル。ダイアログ上端に表示するタイトル文字列（省略可能）

■MsgBox関数（ボタンやタイトル）

```
MsgBox 表示する文字列[, ボタン][, タイトル]
```

例えば、「はい」「いいえ」ボタンを持つメッセージボックスを、タイトルまで指定して表示するには、次のようにコードを記述します。

マクロ3-26

```
MsgBox Prompt:="犬よりも猫が好きですか?", _
       Buttons:=vbYesNo, Title:="ワンニャン調査"
```

実行例 表示するボタンやタイトルを指定する

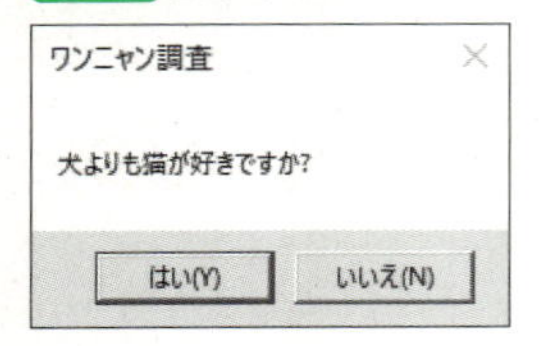

表示するボタンの組み合わせは、引数**Buttons**へ、対応する**VbMsgBoxStyle列挙**の定数を指定して決定します。どんな定数があるかは、114ページの表をご覧ください。

さて、ボタンの種類が指定できるからには、「ユーザーがどのボタンを押したのか」を知る方法も用意されているはずですね。これは、MsgBox関数の戻り値で判定できるようになっています。戻り値は、ボタンに応じた値が、**VbMsgBoxResult列挙**の定数(115ページ)のいずれかの形で返されます。

次のコードは、ユーザーが押したボタンの種類を表す戻り値を変数「result」で受け取り、その結果によって処理を分岐します。

マクロ3-27

```
Dim result As VbMsgBoxResult
'「はい」「いいえ」ボタンを持つメッセージボックスを表示して選択結果を取得
result = MsgBox("犬よりも猫が好きですか？", Buttons:=vbYesNo)

'結果により処理を分岐
If result = vbYes Then
    MsgBox "猫の方がお好きなんですね"
Else
    MsgBox "犬の方がお好きなんですね"
End If
```

実行例 **ボタンに応じて処理を分岐**

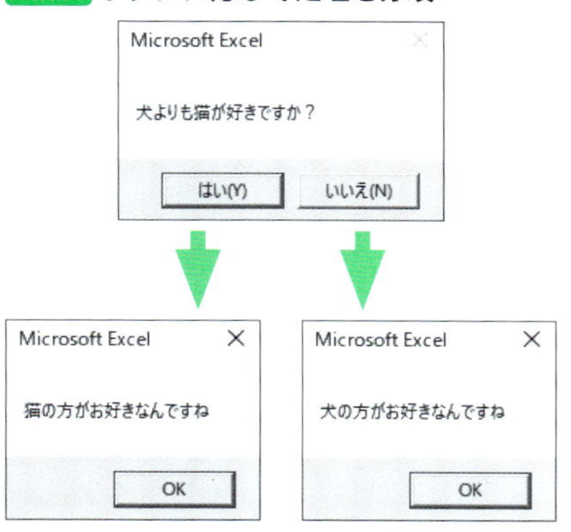

この処理のポイントは2つあります。1つ目は、「**変数 = Msgbox(各引数)**」のように「MsgBox関数の引数全体をカッコで囲む」点です。

VBAでは、関数やメソッドの戻り値を変数に格納したり、利用する場合には、その引数全体をカッコで囲みます。単にメッセージボックスを表示するだけであれば、引数全体を囲むカッコは必要ありません。この違いに注意しましょう。

2つ目は、変数resultで受け取った戻り値を、ボタンの種類に対応した定数と比較して条件分岐を行っている点です。今回は、「はい」「いいえ」の2つのボタンを表示させましたが、「はい」を押した場合には戻り値として「vbYes」が格納され、「いいえ」を押した場合には戻り値として「vbNo」が格納されます。

▶VbMsgBoxStyle列挙の定数

名前	説明	値
表示ボタンの組み合わせに関する項目		
vbOKOnly	「OK」ボタン(既定値)	0
vbOKCancel	「OK」「キャンセル」ボタン	1
vbAbortRetryIgnore	「中止」「再試行」「無視」ボタン	2
vbYesNoCancel	「はい」「いいえ」「キャンセル」ボタン	3
vbYesNo	「はい」「いいえ」ボタン	4
vbRetryCancel	「再試行」「キャンセル」ボタン	5
表示アイコンに関する項目		
vbCritical	警告メッセージアイコン	16
vbQuestion	問い合わせメッセージアイコン	32
vbExclamation	注意メッセージアイコン	48
vbInformation	情報メッセージアイコン	64
デフォルトボタンに関する項目		
vbDefaultButton1	1番目のボタンをデフォルトにする(既定値)	0
vbDefaultButton2	2番目のボタンをデフォルトにする	256
vbDefaultButton3	3番目のボタンをデフォルトにする	512
vbDefaultButton4	4番目のボタンをデフォルトにする	768
その他		
vbApplicationModal	アプリケーションモーダルに指定(既定値)	0
vbSystemModal	システムモーダルに指定	4096
vbMsgBoxHelpButton	「ヘルプ」ボタンを表示	16384
VbMsgBoxSetForeground	最前面のウィンドウとして表示	65536

vbMsgBoxRight	右寄せで表示	524288
vbMsgBoxRtlReading	右から左へ表示(アラビア語圏用)	1048576

▶VbMsgBtnResult列挙

名前	説明	値
vbOK	「OK」ボタン	1
vbCancel	「キャンセル」ボタン	2
vbAbort	「中止」ボタン	3
vbRetry	「再試行」ボタン	4
vbIgnore	「無視」ボタン	5
vbYes	「はい」ボタン	6
vbNo	「いいえ」ボタン	7

同じ項目に関する設定は、項目内のうちの1つしか指定できません。「その他」の設定は同時に指定できます(ただし、環境によって機能しない定数もあります)。また、列挙等の定数には、定数に対応する値が設定されています。定数名と同様に、この値を使って指定することもできます。

インプットボックスで値を入力してもらう

インプットボックスを表示してユーザーに任意の値を入力してもらい、その値をマクロで利用するには、**InputBox関数**を利用します。

■InputBox関数

```
変数 = InputBox(表示する文字列)
```

次のコードは、ユーザーに「商品名」を入力してもらい、その値を出力して確認します。

1
2
3
4
5
6
7
8
9
10
11
12
13
14
15
16
17
18
19

マクロ3-28

```
Dim result As String
result = InputBox("商品名を入力してください")
Debug.Print "入力値：", result
```

実行例 **インプットボックスを表示する**

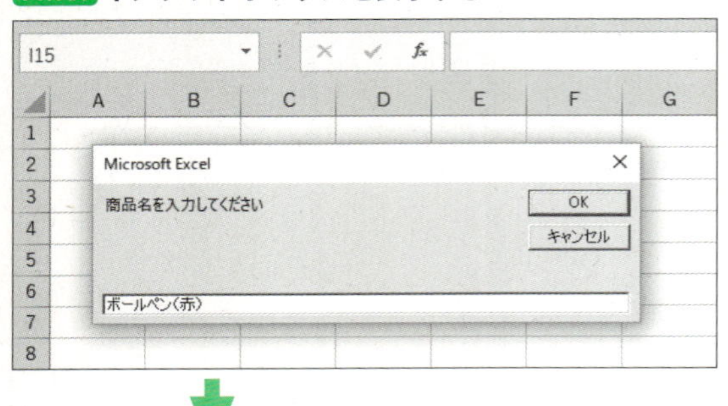

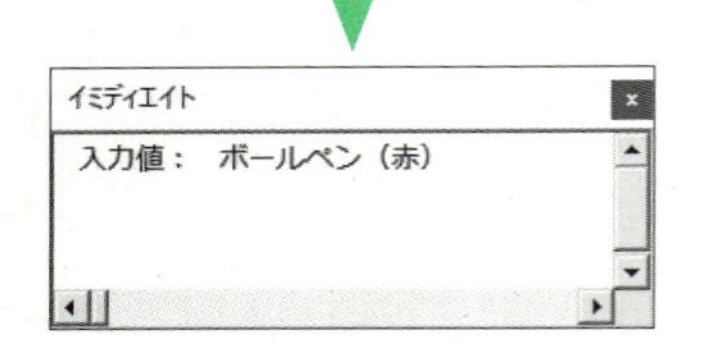

InputBox関数は、マクロ実行途中で手軽に必要な値を入力してもらう場合にとても便利な仕組みです。また、引数を指定することで、タイトルやデフォルト値として表示しておく値等を指定することも可能です。

▶**InputBox関数の引数（抜粋）**

引数名	説明
Prompt	表示する文字列
Title	タイトル。ダイアログ上端に表示するタイトル文字列（省略可能）
Default	デフォルト値。入力欄に最初から入力されている文字列を指定（省略可能）

■ **InputBox関数(ボタンやタイトル)**

```
InputBox 表示する文字列[, タイトル][, デフォルト値]
```

●セル範囲を選択してもらうには

Excel独特のオペレーションとして、マクロの実行途中で、マクロに利用するセル範囲を選択してもらいたい場合があります。この場合には、ApplicationオブジェクトのInputBoxメソッドを利用します。

InputBoxメソッドは、InputBox関数よりも「少し機能が追加されたインプットボックス」です。同じ名前なのでややこしいですが、セル範囲の選択をしてもらいたい場合には、InputBoxメソッドの方を利用します。その際には、扱う対象のデータ型を指定する引数**Type**に、セル参照(Range型)を表す数値である「8」と指定します。

■ **InputBoxメソッド**

```
Set Range型変数 = _
    Application.InputBox("表示文字列", Type:=8)
```

次のコードは、InputBoxメソッドによりインプットボックスを表示し、ユーザーが選択したセル範囲の隣のセルに「○」を入力します。

マクロ3-29

```
'選択セル範囲を受け取る変数を宣言
Dim selectedRange As Range, rng As Range

'セル選択ダイアログを表示
Set selectedRange = _
    Application.InputBox("対象セル範囲を選択してください", Type:=8)

'選択セル範囲に対してループ処理
For Each rng In selectedRange
    rng.Next.Value = "○"
Next
```

1 2 3 4 5 6 7 8 9 10 11 12 13 14 15 16 17 18 19

実行例 セル範囲を選択するインプットボックス

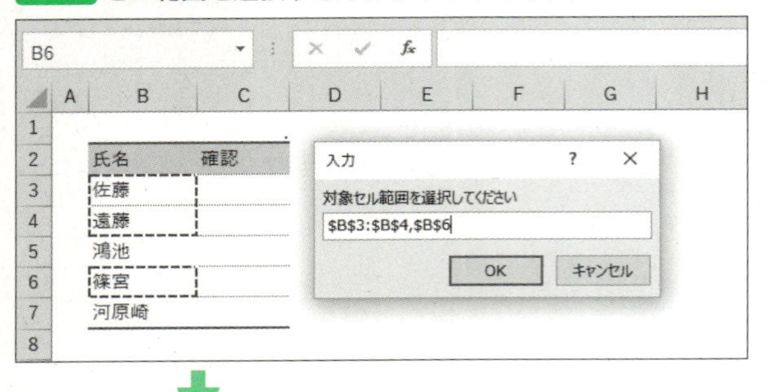

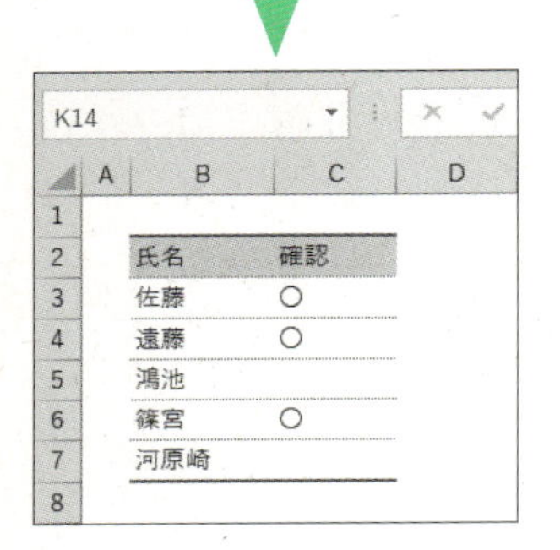

Column シートとユーザーフォームという選択肢

メッセージボックスやインプットボックスは、マクロの途中で手軽に必要な情報をユーザーに指定してもらえる仕組みですが、単に必要な値をあらかじめ入力しておいてもらうだけであれば、何もダイアログを表示せずとも、特定のセルに値を入力してもらっておく、という方法もあります。

また、より詳細な自作ダイアログを作成して利用したい場合には、ユーザーフォームの仕組み（490ページ）を利用する方法もあります。目的に合わせて使い分けてみましょう。

Chapter4

「文字列」と「日付」と「時間」の扱い方

Excelでは「文字列」や「日付」「時間」等のデータを取り扱うことが多くあります。本章では、VBAでの文字列や数値・日付の扱い方をご紹介します。基本的な記述の方式のおさらいから、それぞれの値を扱う際に知っておくと便利な関数を見ていきましょう。

4-1 人にとって大切な文字列の扱い方

文字列、テキスト、これらはアプリケーションを扱ううえで、「人にとっては」とても大切な要素です。逆に言うと、コンピュータにとっては「わりとどうでもいい」仕組みです。

でも、われわれはコンピュータではなく人間です。ExcelやVBAの行った計算結果をわかりやすく伝えたり、整理するために文字列はかかせません。そのため、VBAにも文字列を扱うためのさまざまな仕組みが用意されています。

文字列の基本はダブルクォーテーションで「囲む」

既にご紹介していますが、VBAで文字列を扱う際には、「""(ダブルクォーテーション)」で文字列を囲みます。

次のコードは、セルA1に「文字列」を入力するコードですが、セル番地を表す文字列である「A1」と、入力する値である「VBA」部分はダブルクォーテーションで囲まれています。

```
Range("A1").Value = "VBA"
```

さらに復習となりますが、文字列を連結するには**&演算子**を利用します。次のコードは、セルA1に「Excel」と「VBA」を連結した文字列である「ExcelVBA」が入力されます。

```
Range("A1").Value = "Excel" & "VBA"
```

そしてもう1つ、Excel特有の「セル内改行」を扱うには、定数**vbLf**を利用します。次のコードは、セルA1に「Excel(改行)VBA」が入力されます。

```
Range("A1").Value = "Excel" & vbLF & "VBA"
```

その他にも、特殊な文字列を表す定数としては、次表のものが用意されています。

▶特殊な文字列を表す定数（抜粋）

定数	値（Chr関数）	内容
vbCr	Chr(13)	キャリッジリターン
vbLf	Chr(10)	ラインフィード
vbCrLf	Chr(13) & Chr(10)	キャリッジリターンとラインフィード
vbNewLine	Chr(13) & Chr(10) またはChr(10)	Win、Macのプラットフォームに応じた標準改行文字
vbTab	Chr(9)	タブ

※Chr関数はキャラクターコードに応じた文字列を返す関数

文字列の情報や一部分を取り出す関数

続いて、文字列を扱う関数を見ていきましょう。文字数を調べたり、ある文字列から特定の部分を取り出すといった処理を行うために、次のような関数が用意されています。

▶文字列を扱う関数

関数	説明
文字数を調べたい	
Len	文字数を調べる
任意の文字列がある位置を調べたい	
InStr	文字列内の指定した文字列のある場所を調べる
InStrRev	文字列内の指定した文字列のある場所を逆から調べる
任意の文字列を抜き出したい	
Right	文字列の右から指定した文字数だけ取り出す
Left	文字列の左から指定した文字数だけ取り出す
Mid	文字列の指定した位置から指定した文字数だけ取り出す

▶文字列を扱う関数とその結果

関数	コード	結果
Len	Len("VBA")	3
Instr	InStr("168.0.0.1", ".")	4
InstrRev	InStrRev("168.0.0.1", ".")	8
Right	Right("Excel VBA", 3)	VBA
Left	Left("Excel VBA", 3)	Exc
Mid	Mid("Excel VBA", 3, 3)	cel

●文字列の長さを調べる

文字列の長さ(文字数)を調べるには、**Len関数**を利用します。文字は1バイト文字(半角英数字等)、2バイト文字(全角文字等)を問わずに、「**1文字は『長さ1』**」として数えます。

■Len関数

```
Len(調査対象文字列)
```

次のコードは、「VBA」という文字列の長さを数えます。

```
Len("VBA")        '結果は「3」
```

なお、ここで紹介する関数の結果を確認するためには、次のようなマクロを作成するとよいでしょう。これは、結果を変数に代入して、イミディエイトウィンドウに表示するものです。

マクロ4-1

```
Sub Macro4_1()
    Dim str As String
    str = Len("VBA")
    Debug.Print str
End Sub
```

あるいは、以下のようにイミディエイトウィンドウに記述することもできます(36ページ)。

```
Debug.Print Len("VBA")
```

●文字の位置を調べる

任意の文字が含まれている位置を知るには、**InStr関数**を利用します。InStr関数は、1つ目の引数に**調査対象文字列**を、2つ目の引数に**任意の文字列**を指定します。すると、2つ目の引数に指定した文字列が「初めて現れる位置」を返します。なお、位置を表す値は「1文字目が『1』」です。

■ InStr関数

```
InStr(調査対象文字列, 任意の文字列)
```

「最後に現れる位置」を取得したい場合には、**InStrRev関数**を利用します。

■ InStrRev関数

```
InStrRev(調査対象文字列, 任意の文字列)
```

次のコードは、「192.168.0.1」という文字列から「.」が現れる位置を調べています。

```
InStr("192.168.0.1", ".")        '結果は「4」
InStrRev("192.168.0.1", ".")     '結果は「10」
```

なお、両関数とも、2つ目の引数に指定した文字が見つからない場合には「0」を返します。このため、「戻り値が0であるかどうか」をチェックすることで、「**特定の文字が含まれているかどうか**」の判定に利用できます。次のコードは、変数strに「VBA」が含まれている場合はメッセージボックスを表示します。

マクロ4-2

```
Dim str As String
str = "VBA"

If InStr(str, "VBA") > 0 Then
    MsgBox "変数strに「VBA」という文字列が含まれています"
End If
```

実行例 特定の文字列を含むか？

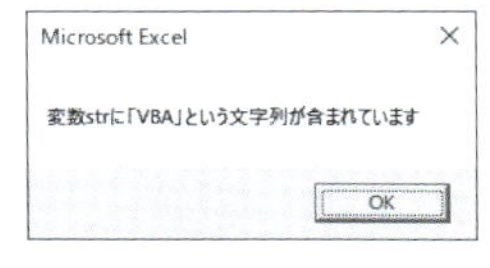

●文字列を抜き出す

任意の文字列の、「右から○文字」「左から○文字」を抜き出した値を取得するには、それぞれ**Right関数**と**Left関数**を利用します。

■ **Right関数**

```
Right(対象文字列, 任意の文字数)
```

■ **Left関数**

```
Left(対象文字列, 任意の文字数)
```

次のコードは、「Excel VBA」という文字列から前後「3」文字を抜き出します。

```
Right("Excel VBA", 3)     '結果は「VBA」
Left("Excel VBA", 3)      '結果は「Exc」
```

「○文字目から、文字数△文字分だけ抜き出したい」という場合には、**Mid関数**を利用します。

■ **Mid関数**

```
Mid(対象文字列, 開始文字位置[, 文字数])
```

次のコードは、「Excel VBA」という文字列の「3」文字目から「3」文字文を抜き出します。

```
Mid("Excel VBA", 3, 3)     '結果は「cel」
Mid("Excel VBA", 3)        '結果は「cel VBA」
```

なお、第3引数である「文字数」の指定は任意です。省略した場合は、第2引数で指定した開始位置以降の文字列全てを返します。

Column 関数に変数を利用する

LenやRight等の関数には、引数として文字列を指定します。この際、文字列の指定に変数を利用することも可能です。以下の例では、文字列(String型)の変数を宣言して、調査対象文字列を代入しています。

マクロ4-3

```
Dim  str1 As String, str2 As String
str1 = "Excel VBA"
str2 = Right(str1, 3)
Debug.Print str2, Len(str2) '結果は「VBA 3」
```

文字列を変換する関数

文字列を整えたり、任意の値を元に「型にはめた文字列」を作成する関数も用意されています。計算の結果求められた数値を、ユーザーにわかりやすい形に加工して表示する際に便利な仕組みです。

▶文字列を加工・変換する関数

関数	説明
余分なスペースを取り除きたい	
Trim	文字列左右の余分なスペースを取り除く
Ltrim	文字列左側の余分なスペースを取り除く
Rtrim	文字列右側の余分なスペースを取り除く
任意の文字列を置き換えたい	
Replace	文字列内の任意の文字列を置き換える
文字列の形式を統一したい	
StrConv	大文字・小文字・ひらがな・カタカナ・全角・半角を統一する
指定した表示形式に変換したい	
Format	指定した値を任意の表示形式で表示した文字列を返す

▶文字列を加工する関数とその結果

関数	コード	結果
Trim	Trim(" Excel VBA ")	Excel VBA
Ltrim	LTrim(" Excel VBA ")	Excel VBA
Rtrim	RTrim(" Excel VBA ")	Excel VBA
Replace	Replace("Excel VBA", "Excel", "エクセル")	エクセル VBA
StrConv	StrConv("えくセルvba", vbKatakana + vbUpperCase)	エクセルVBA
Format	Format(18, "VBA-000")	VBA-018
	Format(150000, "#,###")	150,000
	Format(#7/9/2018#, "ggge年m月d日")	平成30年7月9日

●余分なスペースを取り除く

文字列から余分なスペースを取り除くには、**Trim関数・LTrim関数・RTrim関数**を利用します。それぞれ、左右・左側・右側のスペースを取り除いた結果を返します。

■Trim関数

```
Trim(調査対象文字列)
```

■LTrim関数

```
LTrim(調査対象文字列)
```

■RTrim関数

```
RTrim(調査対象文字列)
```

次のコードは、「 Excel VBA 」という文字列の左右にある不要なスペースを取り除きます。

```
Trim(" Excel VBA ")       '結果は「Excel VBA」
LTrim(" Excel VBA ")      '結果は「Excel VBA 」
RTrim(" Excel VBA ")      '結果は「 Excel VBA」
```

文字列を置き換える

文字列中の任意の文字列を別の文字列に置き換えたい場合には、**Replace関数**を利用します。引数は、「置き換え対象文字列」「検索文字列」「置換え後の文字列」を順番に指定します。

■ Replace関数

```
Replace(置き換え対象文字列, 検索文字列, 置き換え後の文字列)
```

次のコードは、「Excel VBA」という文字列の、「Excel」を「エクセル」に置き換えます。

```
Replace("Excel VBA", "Excel", "エクセル")    '結果は「エクセル VBA」
```

文字列の形式を統一する

文字列中の、「ひらがな/カタカナ」「全角/半角」「大文字/小文字」等の表記を統一したい場合には、**StrConv関数**を利用します。

■ StrConv関数

```
StrConv(置き換え対象文字列, 変換ルール)
```

StrConv関数の第2引数には、変換ルールを以下の定数で指定します。互いに矛盾しないルールであれば、複数の定数を「+」で繋げて指定可能です。その際には、第2引数に各ルールに応じた定数を加算(Or演算)した値を指定することも可能です。

▶ StrConv関数の第2引数に指定する定数

定数	値	形式
vbUpperCase	1	大文字に変換
vbLowerCase	2	小文字に変換
vbProperCase	3	先頭の文字を大文字に変換
vbWide	4	全角文字に変換
vbNarrow	8	半角文字に変換
vbKatakana	16	カタカナに変換

vbHiragana	32	ひらがなに変換
vbUnicode	64	既定のコードページからUnicodeに変換
vbFromUnicode	128	Unicodeから既定のコードページに変換

次のコードは、「えくセルvba」という文字列を「カタカナ・大文字」に統一します。

```
StrConv("えくセルvba", vbKatakana + vbUpperCase)    '結果は「エクセルVBA」
```

Column 定数の値を加算する

StrConv関数では、「変換ルール」として複数の定数を指定することが可能です。上記のコードでは、「カタカナに変換(vbKatakana)」と「大文字に変換(vbUpperCase)」を指定しています。

```
StrConv("えくセルvba", vbKatakana + vbUpperCase)
```

これは、定数の「値」を使って、次のように指定することもできます。

```
StrConv("えくセルvba", 16 + 1)
```

関数や列挙等の定数には、それぞれ対応する値が設定されています。そして、引数に定数を指定する場合は、それぞれ対応する値として扱われるのです。ここで指定した「vbKatakana + vbUpperCase」は文字列を連結するのではなく、「2つの定数の値を加算する」という意味なります。また、加算した結果を指定することも可能です。上記のコードは、次のように記述することが可能です。

```
StrConv("えくセルvba", 17)
```

次のコードのように、定数名と値を混在する形でも指定可能です。ここからも、定数が値として扱われていることが見て取れます。

```
StrConv("えくセルvba", vbKatakana + 1)
```

表示形式を変換する

文字列を変換するのではなく、任意の値を**プレースホルダー**(後で値をはめ込みたい場所に、仮に置かれている文字列)を利用して作成した定型書式へとはめ込んだ結果を得たい場合には、**Format関数**を利用します。

第1引数に値を、第2引数に定型書式を表す文字列(以降、書式文字列)を指定します。書式文字列は、ワークシート上で設定できる「書式設定」機能とほぼ同じ形で設定可能です。

■ Format関数

```
Format(値[, 書式文字列])
```

次のコードは、「18」という数値を、「VBA-000」という書式にはめ込んだ文字列を作成します。

```
Format(18, "VBA-000")        '結果は「VBA-018」
```

例えば、「VBA-000」という書式文字列は「000」という部分がプレースホルダーです。ここに「18」という値をはめ込むと、「018」となります。プレースホルダー以外の部分はそのまま文字列として出力されるので、結果は「VBA-018」となります(プレースホルダーとして利用できる文字列の種類に関しては309ページをご覧ください)。

同じ仕組みで、数値を元に3桁区切りの文字列を作成したり、日付値を元に和暦の文字列を作成したりといったことも可能です。

```
Format(150000, "#,###")               '結果は「150,000」
Format(#7/9/2018#, "ggge年m月d日")    '結果は「平成30年7月9日」
```

一度、書式文字列のルールを覚えてしまえば、かなり自由に値の表記を変換できます。例えば、「ブックを保存する時にブック名の末尾に日付値を付けて保存したい」という場合には、実行時の日付が得られる**Dateプロパティ**と組み合わせて、次図のような書式文字列でFormatしてあげるのが楽です(図では、簡易表記(38ページ)を使って結果を表示しています)。

▶実行時の日付値をはめ込んだFormat

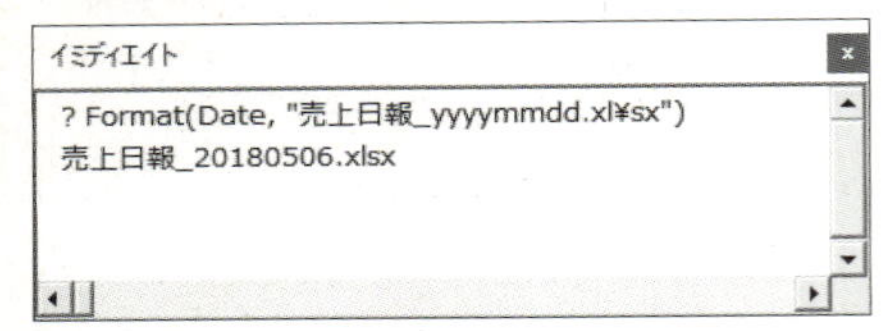

「2018年5月6日」を変換すれば、得られる文字列は「売上日報_20180506.xlsx」となります。この値をブック名として別名保存すればよいわけですね。

正規表現を利用するには

VBAで正規表現を利用したい場合には、**RegExpオブジェクト**という外部ライブラリ(228ページ)の仕組みを利用します。ちょっとややこしい話になりますので、本項の以降のトピックは、興味のある方以外は読み飛ばしてくださって構いません。

RegExpオブジェクトを利用するには、**CreateObject関数**の引数に**VBScript.RegExp**を指定して実行します。

▶RegExpオブジェクトのプロパティ/メソッド(抜粋)

プロパティ/メソッド	用途
Globalプロパティ	全体を対象にする(True)か、最初の1つが見つかった時点で終了する(False)かを真偽値で指定。既定値はFalse
Patternプロパティ	パターン文字列を指定
Executeメソッド	マッチングを行う。結果をMatchesコレクションの戻り値として返す
Replaceメソッド	Patternプロパティに指定したパターンの箇所を、任意の文字列に置き換えた結果を返す
Testメソッド	マッチングするものがあるかどうかをテストし、結果を真偽値で返す

●マッチングと結果の取得

基本的な使用方法は、**Patternプロパティ**にパターン文字列を指定し、**Executeメソッド**でマッチングを行います。パターン文字列として利用できるメタ文字には、以下のものがあります。

▶RegExpオブジェクトで利用できるメタ文字(抜粋)

メタ文字	マッチする要素
.	改行を除く任意の1文字
[ABC]	指定された任意の1文字(AかBかC)
[^ABC]	指定されていない任意の1文字(A・B・Cを除く文字)
?	直前パターンの0～1回までの繰り返し
+	直前パターンの1回以上の繰り返し
*	直前パターンの0回以上の繰り返し
^	文字列の先頭
$	文字列の末尾
¥n	改行
¥r	キャリッジリターン
¥t	タブ文字
¥d	数字
¥D	数字以外
¥s	スペース文字
¥S	スペース文字以外
¥	メタ文字のエスケープ文字。「¥?」は「?」にマッチ
( )	後方参照時のグループを指定
$1 $2 …	後方参照時の各グループ文字

マッチングの結果は、**Matchesコレクション**の形で返され、そこから個々のマッチング結果へとアクセスします。

以下にマッチングを行う例を示します。

マクロ4-4

```
Dim regExp As Object, matchList As Object
Dim str As String, patternStr As String
```

1 2 3 4 5 6 7 8 9 10 11 12 13 14 15 16 17 18 19

```
'マッチング対象の文字列
str = "0123-4567"
'パターン文字列(「連続する数値」)
patternStr = "¥d+"
'正規表現オブジェクトを生成してマッチング
Set regExp = CreateObject("VBScript.RegExp")
With regExp
    'マッチング設定
    .Global = True
    .Pattern = patternStr
    'マッチングを行い、結果を取得
    Set matchList = .Execute(str)
End With

'結果を出力
Debug.Print "対象文字列：", str
Debug.Print "パターン：", patternStr
Debug.Print "マッチ数：", matchList.Count
Debug.Print "マッチ結果1：", matchList(0).Value
Debug.Print "マッチ結果2：", matchList(1).Value
```

実行例 **正規表現によるマッチング**

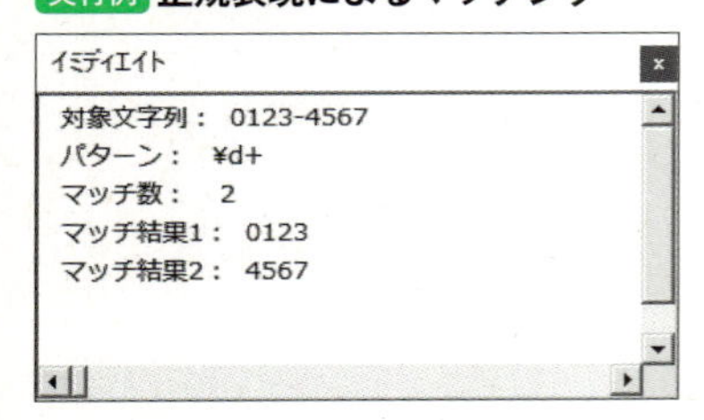

マッチング結果であるMatchesコレクションは、**Countプロパティ**でマッチング数が得られます。また、個々のマッチング箇所に関しては、「**Matchesコレクション(インデックス番号)**」でアクセスできます。この際のインデックス番号は「0」から始まります。

個々のマッチング箇所は、**Matchオブジェクト**として管理されており、**Valueプロパティ**でマッチした文字列全体が得られます。

また、カッコを使った後方参照を行っている場合には、さらに、**SubMatches**

プロパティ経由で、カッコ内の文字列を取り出せます。例えば、「静岡県富士市永田町1-100」という文字列から「県」「市」「それ以降の数値を除く文字部分」「さらにそれ以降」という後方参照を行いたい場合には、マッチング文字列を「(.+県)(.+市)(¥D+)(.+)」のように、4つの後方参照を持つ文字列として指定します。

```
'マッチング対象の文字列
str = "静岡県富士市永田町1-100"
'パターン文字列
patternStr = "(.+県)(.+市)(¥D+)(.+)"
```

この場合、各カッコ内にマッチした文字列は、MatchオブジェクトのSubMatchesプロパティ経由で以下のような形で取り出せます。

```
Debug.Print "後方参照1：", matchList(0).SubMatches(0)
Debug.Print "後方参照2：", matchList(0).SubMatches(1)
Debug.Print "後方参照3：", matchList(0).SubMatches(2)
Debug.Print "後方参照4：", matchList(0).SubMatches(3)
```

実行例 マッチングの結果(後方参照)

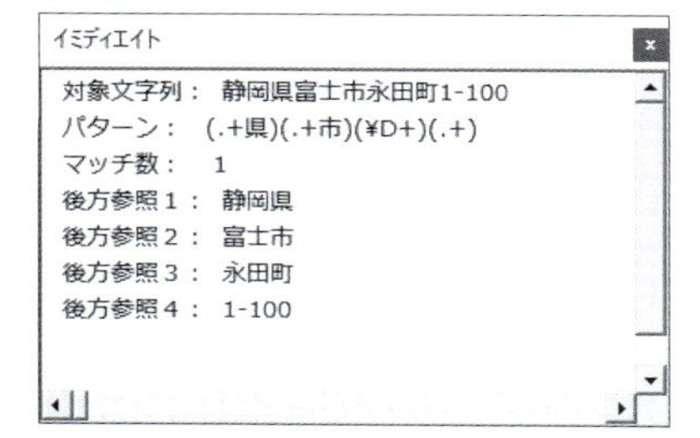

●正規表現を利用した置換

置換処理にRegExpオブジェクト(130ページ)を利用する場合には、**Replaceメソッド**を利用します。次のコードは、セル範囲B3:B7に入力されている値に対して、「数値以外(¥D)」というパターンでマッチングを行い、当てはまる文字を「""(空白文字列)」に一括で置換した値を隣のセルへと入力します。つまり、「数値を残して消去」します。

マクロ4-5

```
Dim rng As Range
'正規表現オブジェクトを生成
With CreateObject("VBScript.RegExp")
    '「数字以外」をマッチング設定
    .Global = True
    .Pattern = "¥D"
    'セル範囲B3:B7についてループ処理
    For Each rng In Range("B3:B7")
        '「数字以外」を空白文字列に置換した値を隣のセルに入力
        rng.Next.Value = .Replace(rng.Value, "")
    Next
End With
```

実行例 **正規表現を利用した置換**

	A	B	C	D
1				
2		元の値	置換後	
3		￥1,234	1234	
4		＄1234	1234	
5		1234円	1234	
6		1,234ドル	1234	
7		1234ユーロ	1234	
8				

後方参照を利用した値の入れ替えを行いたい場合は、メタ文字である「()」と「＄番号」を組み合わせます。次のコードは、「Jyunpei FURUKAWA」という文字列を、正規表現を利用して「FURUKAWA Jyunpei」の順番へと入れ替えます。

マクロ4-6

```
'正規表現オブジェクトを生成
With CreateObject("VBScript.RegExp")
    .Global = True
    'スペースの入った文字列の、前後を入れ替えた値を出力
    .Pattern = "(¥S+)¥s(¥S+)"
    Debug.Print .Replace("Jyunpei FURUKAWA", "$2 $1")
End With
```

実行例 文字列の順番を入れ替える

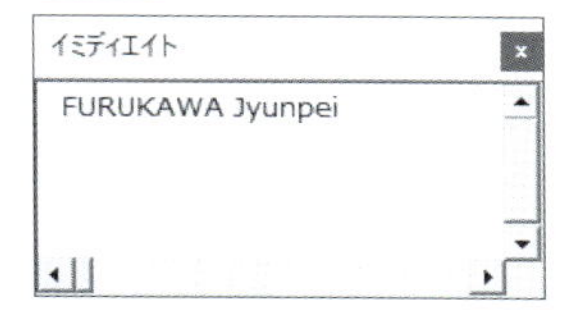

正規表現が利用できると、「置換」機能や、Replace関数、RangeオブジェクトのReplaceメソッドだけでは面倒な文字列操作も、一気に処理を行える場面が増えてきます。興味のある方は「正規表現」をキーワードに調べてみたり、MSDNのRegExpオブジェクトのリファレンス(https://msdn.microsoft.com/ja-jp/library/cc392487.aspx)等を見てみてください。

4-2 日付や時間の扱い方

日付や時間をVBAで扱う場合には、**シリアル値**の仕組みを頭に入れておくのがよいでしょう。さらに、シリアル値から「年」「月」「日」等、特定の要素を取り出す関数や、日付の計算に利用できる関数を見ていきましょう。

日付データはシリアル値で管理される

さて、おさらいです。VBAでは、**日付リテラル**を入力する場合は、「#2018/01/05#」のように、「**#**(シャープ)」で挟んで記述します。入力後は、「#1/5/2018#」というように「**#月/日/年#**」の形式に自動変換されます。日本では見かけない表記になってしまうので余計なお世話なのですが、これはVBAの仕組みなので仕方ありません。

▶日付リテラルの入力

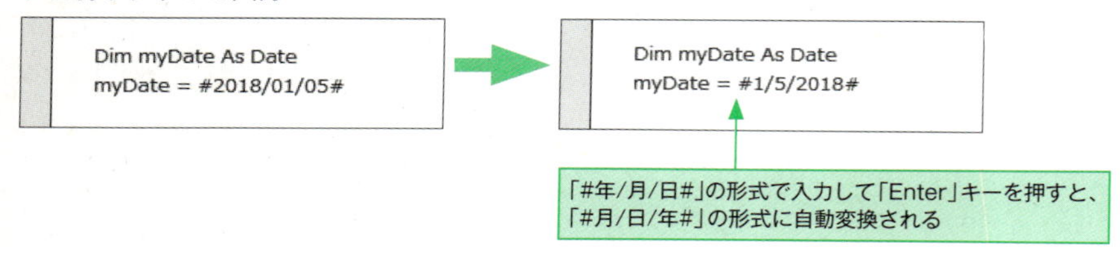

この日付値は、PC内部では**シリアル値(日付シリアル値)**として管理されます。VBAのシリアル値は、「1899/12/31 0:00:00」を「1.0」とし、以降、「1日」が経過するごとに「1」を加算するルールで定義されています。つまりは、VBAにとっては、「1」は「1899年12月31日」であり、「2」は次の日である「1900年1月1日」です。「1.5」であれば、「1」から半日分だけ進んだ「1899年12月31日のお昼の12時」です。整数部分が日付、小数部分は時間を扱う仕組みになっています。

試しに、「2018年10月5日」という日付値を数値に変換してみると、「43378」という値になります(図中のCDbl関数は、引数に指定した値を小数の扱えるDouble型へと変換する関数です)。

▶日付値を数値に変換する

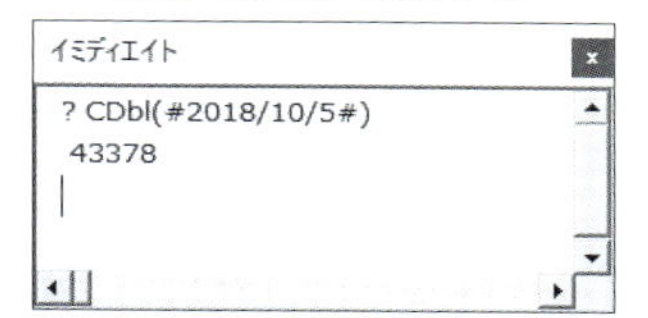

この数値を覚える必要はもちろんありませんが、「**日付データは、内部ではシリアル値という仕組みで管理されている**」ということだけは、きちんと押さえておきましょう。

日付に変換する関数

文字列や年月日等を表す文字列や数値を、シリアル値に変換できる関数も用意されています。

▶シリアル値に変換する関数

関数	説明
DateValue	日付形式の文字列を日付シリアル値に変換する
TimeValue	時刻形式の文字列を日付シリアル値に変換する
DateSerial	引数に渡した「年」「月」「日」のシリアル値に変換する
TimeSerial	引数に渡した「時」「分」「秒」のシリアル値に変換する

日付形式の文字列をシリアル値に変換するには、**DateValue関数**を利用します。

■DateValue関数

```
DateValue(日付形式の文字列)
```

次のコードは、「2018年5月1日」という文字列をシリアル値に変換します。

```
DateValue("2018年5月1日")        '結果は「2018/05/01」の日付を表すシリアル値
```

時刻形式の文字列をシリアル値に変換するには、**TimeValue関数**を利用します。

■ **TimeValue関数**

```
TimeValue(時刻形式の文字列)
```

次のコードは、「12時30分」という文字列をシリアル値に変換します。

```
TimeValue("12時30分")      '結果は「12:30:00」の時刻を表すシリアル値
```

引数に渡した日付の数値を元にシリアル値を作成するには、**DateSerial関数**を利用します。

■ **DateSerial関数**

```
DateSerial(年, 月, 日)
```

次のコードは、「年, 月, 日」の要素に「2018, 10, 5」と指定してシリアル値を作成します。

```
DateSerial(2018, 10, 5)     '結果は「2018/10/05」の日付を表すシリアル値
```

引数に渡した時刻の値を元にシリアル値を作成するには、**TimeSerial関数**を利用します。

■ **TimeSerial関数**

```
TimeSerial(時, 分, 秒)
```

次のコードは、「時, 分, 秒」の要素に「14, 25, 30」と指定してシリアル値を作成します。

```
TimeSerial(14, 25, 30)     '結果は「14:25:30」の時刻を表すシリアル値
```

実行例 **シリアル値の作成結果**

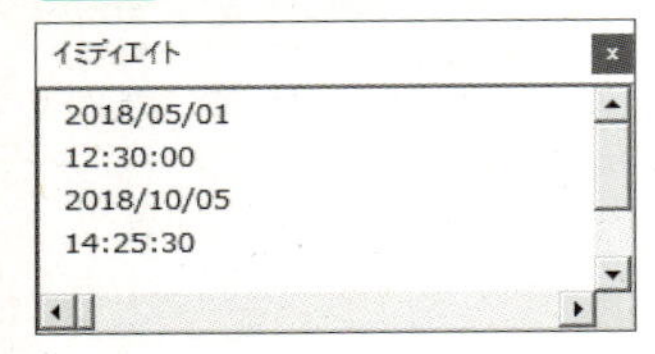

シャープで囲む形式の日付リテラルが読みにくい場合には、これらの関数を利用した方が可読性の面でよいコードになるかもしれませんね。

●日付の繰り越し

DateSerial関数とTimeSerial関数は、それぞれ3つの引数として「年」「月」「日」と「時」「分」「秒」を指定しますが、これらの値は、自動的に「繰り越し」をしてくれます。具体例を見てみましょう。次のコードでは、「年」に「2018」を指定し、「月」の値として「12+5」と、12月をオーバーする「17」を指定しています。

```
DateSerial(2018, 12 + 5, 1)      '結果は「2019/05/01」の日付を表すシリアル値
```

この場合、返される日付値は、自動的に「17月」を「1年5か月」と解釈し、年の部分に繰り上げて計算し、「2019年5月1日」のシリアル値となります。覚えておくと、月や年をまたいだ計算を行う際に便利な仕組みです。

日付の特定要素を取り出す関数

シリアル値から「年」「月」「日」の部分のみを数値として取り出すには、以下の関数が用意されています。

▶シリアル値から特定の要素を取り出す関数

関数	説明
Year	「年」を取り出す
Month	「月」を取り出す
Day	「日」を取り出す
Hour	「時」を取り出す
Minute	「分」を取り出す
Second	「秒」を取り出す

▶シリアル値から値を取り出す

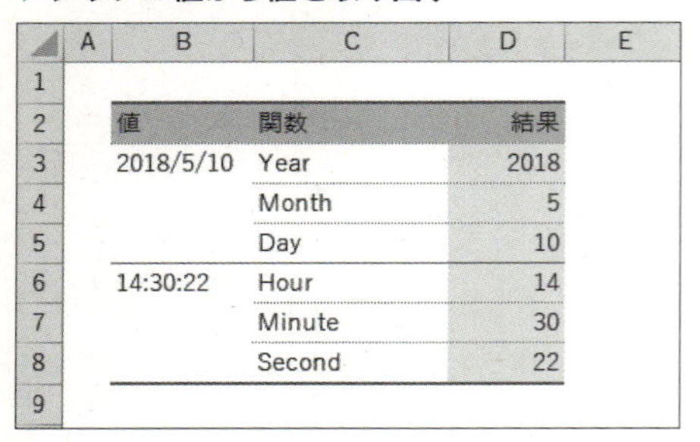

値	関数	結果
2018/5/10	Year	2018
	Month	5
	Day	10
14:30:22	Hour	14
	Minute	30
	Second	22

シリアル値から「年」「月」「日」に該当する値を取り出すには、**Year関数**、**Month関数**、**Day関数**を利用します。

■ **Year関数**

```
Year(日付のシリアル値)
```

■ **Month関数**

```
Month(日付のシリアル値)
```

■ **Day関数**

```
Day(日付のシリアル値)
```

次のコードは、「2018/5/10」というシリアル値から「年」に該当する値を取り出すものです。

```
Year(#2018/05/10#)      '結果は「2018」
```

Column 実は日付形式の文字列からも取得できる

Year関数等に指する引数は、実は「"2018/05/10"」のような日付と見なせる文字列を指定しても、年・月・日の値を取り出せます。

曜日を取り出す関数

曜日の情報を取り出したい場合には、**Weekday関数**を利用します。戻り値は、日曜が「1」で土曜が「7」です。また、Weekday関数の戻り値に対応した曜日の文字列を取得したい場合には、**WeekDayName関数**が利用できます。セットで覚えておくのがよいでしょう。

▶曜日の情報を扱う関数

関数	説明
Weekday	曜日を表す数値を返す。第2引数を指定しない場合は、日曜が「1」となり土曜が「7」となる
WeekdayName	数値に対応した曜日の文字列を返す

●Weekday関数

Weekday関数は、以下のように記述します。

■Weekday関数

```
Weekday(日付[, 最初の曜日])
```

例えば、木曜日である「2018/5/10」をWeekday関数の引数に渡すと、「5」という戻り値を返します。

```
Weekday(2018/5/10)      '結果は「5」
```

次のように、第2引数に月曜日を表す「2」を最初の曜日として指定した場合は、「4」を返します。

```
Weekday(2018/5/10, 2)      '結果は「4」
```

最初の曜日は、以下の定数で指定します。

▶Weekday関数の定数

定数	値	曜日
vbUseSystem	0	システムの言語設定に応じた曜日
vbSunday	1	日曜日（既定値）
vbMonday	2	月曜日
vbTuesday	3	火曜日
vbWednesday	4	水曜日
vbThursday	5	木曜日
vbFriday	6	金曜日
vbSaturday	7	土曜日

●WeekdayName関数

WeekdayName関数は、以下のように記述します。

■WeekdayName関数

```
WeekdayName(曜日を表す数値[, 曜日を省略するか][, 最初の曜日])
```

例えば、WeekdayName関数の引数に「5」を渡すと、「木曜日」という文字列を返します。

```
WeekdayName(5)     '結果は「木曜日」
```

第2引数に「True」を指定すると、結果から「曜日」を省略します（引数を省略すると「False」が指定されたものと見なされます）。第3引数は、Weekday関数と同様に基準となる最初の曜日を指定します。

▶曜日を扱う関数

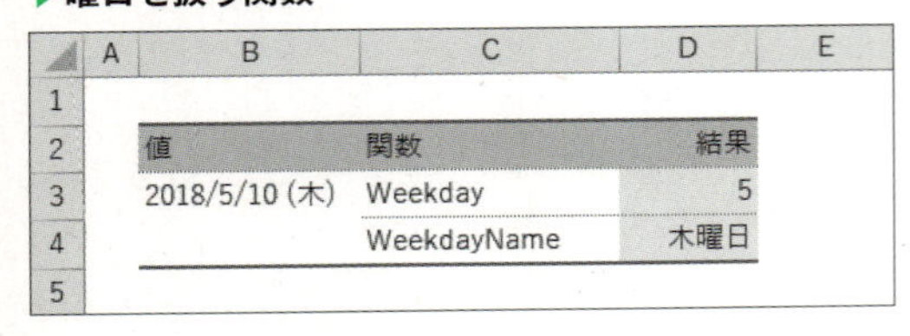

日付から曜日に応じた値を取り出したい場合には、Weekday関数が便利です。WeekdayName関数も便利と言えば便利なのですが、曜日の文字列は書式設定やFormat関数（129ページ）を利用しても表示や取得はできます。どちらを利用するのかは、好みで決めてしまいましょう。

日付を使った計算を行う計算

日付を使った計算をする際に利用できる関数が、**DateAdd関数**と**DateDiff関数**です。DateAdd関数は、特定のシリアル値から「10日後」「2月後」等、指定期間だけ経過後の日付の計算に利用できます。それに対して、DateDiff関数は、2つの日付の差分が得られます。

▶日時の計算に便利な関数

関数	説明
DateAdd	特定の日付から、指定日時経過後の日付を返す
DateDiff	2つの日付の差分を返す

●DateAdd関数

DateAdd関数は引数を3つ取ります。

■DateAdd関数

```
DateAdd(要素の指定, 加算値, 基準シリアル値)
```

第1引数には、計算する要素に対応する文字列を指定します。

▶計算の要素を指定する文字列

文字列	対象
yyyy	年
m	月
d	日

h	時間
n	分
s	秒

第2引数には加算する値を、第3引数には基準となる日付(シリアル値)を指定します。例えば、「2018年1月1日」から、「15」「日」後の日付を計算したい場合には、次のようにコードを記述します。

```
DateAdd("d", 15 , #2018/01/01#)      '結果は「2018/01/16」
```

実行例 日付の計算結果

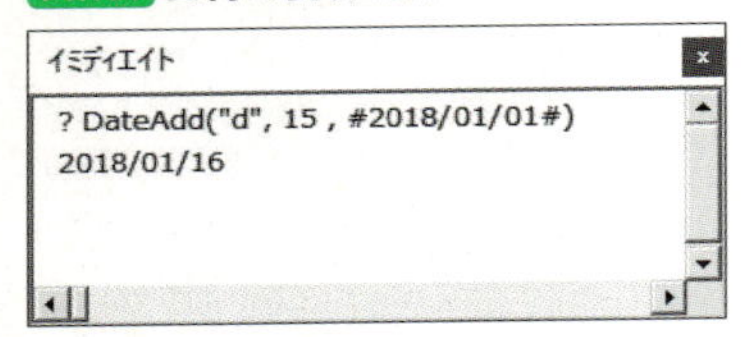

年度や月度の繰り越し計算がある場合でも、シリアル値ベースで計算を行ってくれる便利な関数です。

●DateDiff関数

DateDiff関数は、引数を3つ取ります。

■DateDiff関数

```
DateDiff(要素の指定, 日付1, 日付2)
```

第1引数には、DateAdd関数同様に、どの要素を基準に比較するかを対応する文字列(143ページ)で指定します。第2引数と第3引数には、それぞれ比較したい日付を指定します。例えば、「2018年1月1日」から「2018年3月1日」までの、「日数」を知りたい場合には、次のようにコードを記述します。

```
DateDiff("d", #2018/01/01#, #2018/03/01#)      '結果は「59」
```

▶日付の差分を取得する

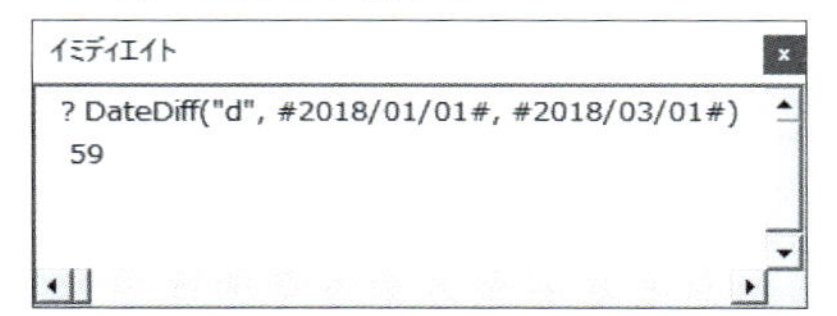
```
? DateDiff("d", #2018/01/01#, #2018/03/01#)
59
```

2018年はうるう年ではないので、1月分の「31」プラス2月分の「28」で「59」という日数が得られます。

●月末日を求める計算

また、日付を使った計算でよく使われるのが、「月末日」を求める計算です。何パターンかの方法がありますが、ポピュラーなのが「次月の1日から『1』だけ減算する」という方法です。

シリアル値は、「1日の長さを『1』とする」というルールで管理されているため、「次月の月初日の1日前」を計算することで、該当月の月末日を求めているわけですね。この考え方に沿うと、次のようなコードで指定した月の月末日を求めることができます。基準日として「2018年12月10日」を指定し、その当月と2か月後の月の月末日を算出しています。

マクロ4-7

```
Dim tmpDate As Date
'基準日を設定
tmpDate = #12/10/2018#
'当月の月末日
Debug.Print "当月末：", DateSerial(Year(tmpDate), _
    Month(tmpDate) + 1, 1) - 1
'2か月後の月末日
Debug.Print "2か月後：", DateSerial(Year(tmpDate), _
    Month(tmpDate) + 3, 1) - 1
```

実行例 月末日を算出

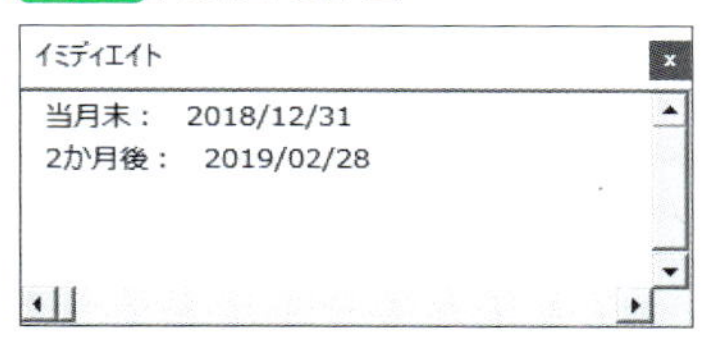
```
当月末：　2018/12/31
2か月後：　2019/02/28
```

まず、**Year関数**と**Month関数**で基準日の「年」「月」の値を取り出します。この値を基準に**DateSerial関数**で年・月・日を指定し、「該当月の次月の月初日」を計算します。「年」はそのまま、「月」は求めたい月末日に応じた値を加算し、「日」は月初日ですので「1」を指定します。これで、「月末日を求めたい次月の月初日」のシリアル値が求められます。あとは「1」だけ減算してあげれば、目的の月の月末日が求められるというわけです。

マクロ実行時の日付や時間を求めるには

マクロ実行時の時間や日付を求めるには、次の関数を利用します。

▶マクロ実行時に日付や時間を求める関数

関数	説明
Now	現在の日時を取得できる
Date	現在の日付を取得できる
Time	現在の時刻を取得できる

これらの関数は、ダイレクトに「Now」「Date」「Time」のように記述して使用します。

マクロ4-8

```
Debug.Print "日時：", Now
Debug.Print "日付：", Date
Debug.Print "時刻：", Time
```

実行例 実行時の時間・日付を求める

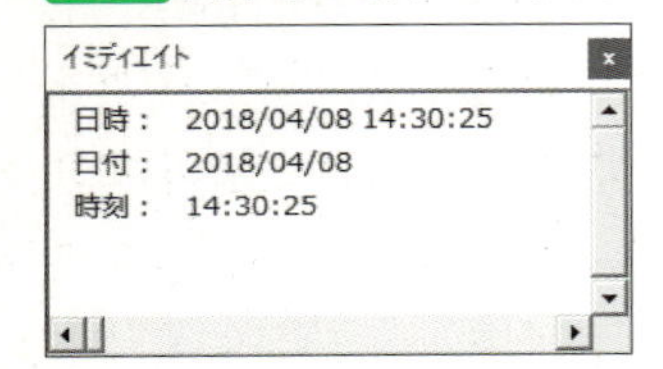

基礎
編

Chapter5

リストを一気に処理
～配列･コレクションの仕組み～

本章では、VBAでの配列の使い方をご紹介します。先に言っておきますが、VBAの配列は他言語に比べても手軽さがなく、使うのが面倒です。それでも、やはり便利でいろいろと役に立つのが配列なのです。そこで、手軽な代替手段も交えながら、VBAで「リスト」を扱う際の方法をいろいろとご紹介させていただきます。

5-1 めんどくさいけど効果は抜群な配列の使い方

いくつかの値やオブジェクトをグループ化・リスト化して扱いたい場合に便利な仕組みが「配列」です。もちろんVBAにも用意されていますが、あまり使い勝手がよくありません。少々面倒です。ただ、それでも凄く便利で効果があるのが配列です。

配列が特に威力を発揮するのが、セルとの値のやり取りの場面です。セルは「行・列」という2次元のグリッドで位置と値を管理していますが、これが「2次元配列」の仕組みと非常に相性がよいのです。大量の値の出し入れを行う場合には、もの凄く効果的です。「少々面倒だけど覚えると効果が凄い」、それがVBAの配列なのです。

VBAの配列はカッチリしていてめんどくさい

VBAで配列を扱うには、基本的に、「**配列のサイズ（要素数・長さ）を指定して宣言**」します。配列のインデックスは「0」から始まります。サイズを「2」とした場合は、「0、1、2」で3個の要素を持つ配列が宣言されます。

■配列の宣言

```
Dim 配列名(サイズ) As データ型
```

例えば、3個の文字列のリストを扱う配列「strList」を宣言するには、次のようにコードを記述します。

```
Dim strList(2) As String
```

宣言した配列に値を代入するには、配列名の後ろのカッコの中に「0」から始まる**インデックス番号**を指定し、代入します。

```
strList(0) = "りんご"
strList(1) = "みかん"
strList(2) = "ぶどう"
```

配列に格納した値を取り出すには、代入時と同じように、インデックス番号を利用した連番で指定します。

```
Debug.Print strList(0), strList(1), strList(2)
```

▶配列の値を表示

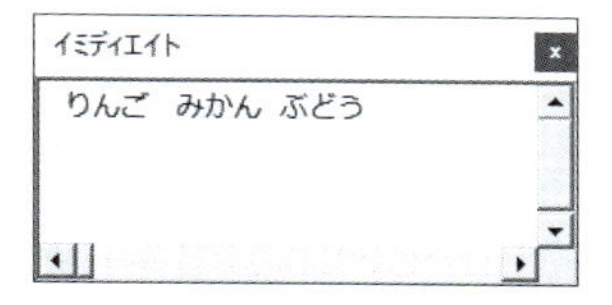

　また、このような形の配列は、セルの列方向(横方向)での値の入力に対応しており、同じサイズのセルであれば、いっぺんに配列の持つ値をセルへと入力できます。

　次のコードは、3個の文字列リストの配列を宣言し、それぞれの要素の値をセル範囲B2:D2に入力します。なお、入力先のセルには、あらかじめ書式を設定してあります。

マクロ5-1

```
'3個の文字列リストを持つ配列を宣言
Dim strList(2) As String
'配列の要素の値を代入
strList(0) = "りんご"
strList(1) = "みかん"
strList(2) = "ぶどう"
'値をセルに入力
Range("B2:D2").Value = strList
```

実行例 配列の値をセルへと展開

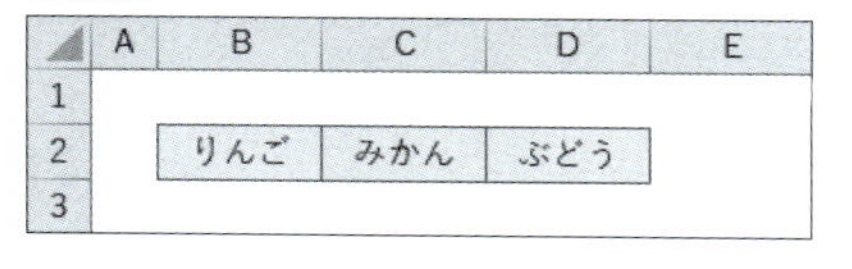

	A	B	C	D	E
1					
2		りんご	みかん	ぶどう	
3					

　これが基本的な配列の利用方法です。なお、「配列の宣言」と「初期値の入力」は同時に行うことはできません。また、値を取り出す際、他言語で言うところのPopやShiftのような、キューやスタックとして配列を利用するための仕組みは用意されていません。地道にインデックス番号で指定していきます。

Column インデックス番号の先頭値と末尾値を指定

配列を宣言する際には、「To」キーワードを利用して、「先頭のインデックス番号と末尾のインデックス番号を指定して宣言」することも可能です。次のコードは、インデックス番号「1」～「3」を持つ、要素数「3」の配列「numList」を宣言します。

```
Dim numList(1 to 3) As Long
```

VBAから学習を始めた方にとっては、セルの行・列番号やコレクションのインデックス番号は「1」から始まりますので、配列の先頭が「0」というのに違和感を覚える方もいらっしゃるかと思います。その場合には、こちらの方法で「1」はじまりで配列を宣言するのがよいでしょう。

また、全ての配列のインデックス番号を「1」から始めるようにする「Option Base 1」ステートメントという仕組みも用意されています。詳しくはリファレンス(https://msdn.microsoft.com/ja-jp/vba/language-reference-vba/articles/option-base-statement)を参照してください。

配列の情報を得る関数

配列の最初のインデックス番号、末尾のインデックス番号等を知るためには、専用の関数を利用します。

▶配列の情報を取得する関数

関数	説明
LBound	先頭のインデックス番号を取得
UBound	末尾のインデックス番号を取得

LBound関数は配列の先頭のインデックス番号を、**UBound関数**は配列の末尾のインデックス番号を取得します。第2引数には、調べる配列の次元数を指定します(省略した場合は「1」が指定されます)。

■LBound関数

```
LBound(配列名[, 次元数])
```

■ **UBound関数**

```
UBound(配列名[, 次元数])
```

次のコードは、配列「tmpStr」の先頭・末尾のインデックス番号を取得し、その値を利用してループ処理を行って値を取り出しています。

マクロ5-2

```
'インデックスが「1～3」の配列の宣言
Dim tmpList(1 To 3) As String, i As Long
'値の代入
tmpList(1) = "りんご"
tmpList(2) = "みかん"
tmpList(3) = "ぶどう"
'情報取得
Debug.Print "先頭：", LBound(tmpList)
Debug.Print "末尾：", UBound(tmpList)
'ループで走査
For i = LBound(tmpList) To UBound(tmpList)
    Debug.Print i, tmpList(i)
Next
```

実行例 インデックス番号を取得して表示

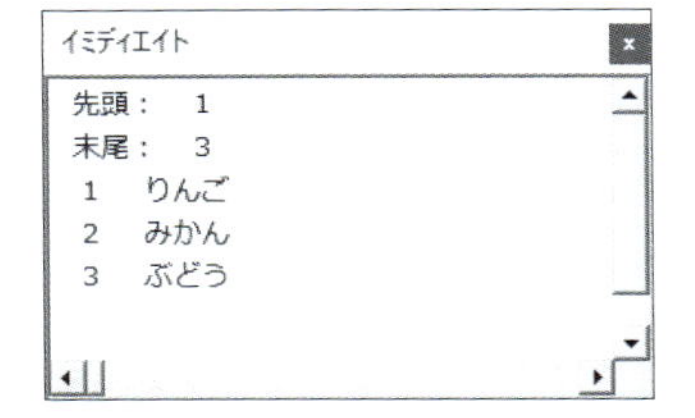

ちなみに、VBAには、「配列の長さ(要素数・メンバー数)」を取得する関数や仕組みは用意されていません。要素数を知りたい場合には、UBound関数で取得した末尾のインデックス番号から、LBound関数で取得した先頭のインデックス番号を減算し、さらに「1」だけ加算した数で求めます。「配列を宣言した時点でメンバー数は固定なんだからわかってるだろ？」というスタイルなのです。

なお、「インデックス番号は1始まり」というルールに決めておくと、UBound関数の値をそのままメンバー数と見なせて便利になります。

Column VBAで2次元配列を宣言する

VBAでも、2次元や3次元等の配列を宣言することは可能です。VBAで2次元配列を宣言するためには、以下のようにコード記述します。「2行×3列」の要素を持った配列が宣言されます。

```
Dim strList(1, 2) As String
```

Toキーワードを使用することもできます。

```
Dim strList(1 To 2, 1 To 3) As String
```

それぞれの要素に値を代入するには、次のように記述します(Toキーワードを使用しない場合です)。

```
strList(0, 0) = "りんご"
strList(0, 1) = "みかん"
strList(0, 2) = "ぶどう"
strList(1, 0) = "いちご"
strList(1, 1) = "メロン"
strList(1, 2) = "スイカ"
```

次のように記述することで、代入した値を取り出すことができます。

```
Debug.Print strList(0, 0)
```

また、上記のような2次元配列のそれぞれの次元の末尾のインデックス番号を取得したい場合には、UBound関数の第2引数に、対象とする次元を指定する値を追記します。

```
UBound(tmpList, 1)      '結果は「1」(1次元目は0～1)
UBound(tmpList, 2)      '結果は「2」(2次元目は0～2)
```

要素数を途中で変えたい場合には

配列の要素数をプログラム実行途中で変更することはできないのでしょうか？答えは、「条件付きでできる」です。

実行途中で要素数を変更可能な**動的配列**は、宣言時に要素数を指定せずに、カッコのみで宣言します。

■動的配列の宣言

```
Dim 配列名() As データ型
```

次のコードは、文字列型の動的配列tmpListを宣言します。

```
Dim tmpList() As String
```

そのうえで、初めて配列を利用する際には、**ReDimステートメント**を利用して配列のサイズ(要素数)を定義したうえで値を入力します。

■ReDimステートメント

```
ReDim 配列名(サイズ)
```

次のコードは、配列のサイズを「2」(インデックス番号0～2の要素の配列)に定義したうえで、各要素に値を代入しています。

```
ReDim tmpList(2)
tmpList(0) = "りんご"
tmpList(1) = "みかん"
tmpList(2) = "ぶどう"
```

また、既に値を代入してある配列に対して、さらに要素数を増やしたい場合には、**ReDim Preserveステートメント**を利用します。

■ReDim Preserveステートメント

```
ReDim Preserve 配列名(サイズ)
```

次のコードは、値を持った配列(上記のコードで代入したもの)に対し、元の値を保ったままサイズを「3」(インデックス番号0～3の要素の配列)に増加して、増加した要素に値を代入しています。

```
ReDim Preserve tmpList(3)
tmpList(3) = "いちご"
```

「現在の配列に新たに1つ要素を追加したい」という場合には、次のコードのように、UBound関数と組み合わせて末尾のインデックス番号を取得したうえで配列を拡張し、あらためて末尾のインデックスに値を代入します。

1 2 3 4 5 6 7 8 9 10 11 12 13 14 15 16 17 18 19

```
ReDim Preserve tmpList(UBound(tmpList) + 1)
tmpList(UBound(tmpList)) = "メロン"
```

Redim Preserveステートメントで現在の要素数よりも少ない要素数へと変更した場合には、指定した要素数のメンバーのみが残され、残りは廃棄されます。次のコードは、元の配列(tmpList)の値を保ったまま長さを「1」(インデックス番号0～1の要素の配列)に短縮するものです。

```
ReDim Preserve tmpList(1)
```

▶要素の値の変化

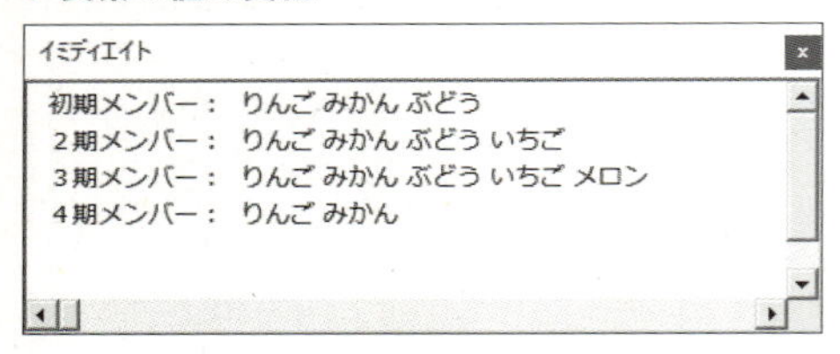

特定のメンバーのみを「削除」して要素数を詰める、といった仕組みは用意されていません。できるのはあくまでも「要素数を減らす」ことのみです。

いかがですか？ 率直に言って「しんどい」ですよね。VBAの配列は、「途中で要素数を変更しながら処理する」のに向いていないのです。もし、皆さんが「リストを増減させながら、処理対象のメンバーを管理していきたい」という処理をお考えでしたら、「配列」の仕組みではなく、コレクション(169ページ)や連想配列(173ページ)を利用した方が、目的の処理をスムーズに作成できるかもしれません。

ともあれ、VBAでは、動的な配列を利用するには、**「宣言時には要素数は定義しない」「要素数変更時には、Redim、Redim Preserveで変更」**というルールでコードを記述していきます。

お手軽に配列を作成・確認できる2つの関数

Excelで既存のデータを扱う場合、データが「りんご,みかん,ぶどう」のようにカンマ区切りの文字列(CSV形式)で提供される場合があります。このようなデータを配列に分割するには、**Split関数**を利用します。逆に、既存の配列をこのようなカンマ区切りの文字列として出力・表示したい場合には、**Join関数**が便利です。

▶配列⇔文字列変換に利用できる関数

関数	用途
Split	文字列を配列に変換。第1引数に文字列を指定し、第2引数に区切り文字を指定する。第2引数を省略した場合は、スペース区切りとなる
Join	配列を文字列に変換。第1引数に配列を指定し、第2引数に区切り文字を指定する。第2引数を省略した場合は、スペース区切りとなる

■Split関数

```
Split(文字列[, 区切り文字])
```

■Join関数

```
Join(文字列[, 区切り文字])
```

次のコードは、カンマ区切りの文字列から、配列を作成します。

マクロ5-3

```
Dim str As String, arr() As String
'カンマ区切りの文字列から配列を作成
str = "りんご,みかん,ぶどう"
arr = Split(str, ",")
Debug.Print arr(0), arr(1), arr(2)
```

実行例 カンマ区切りの文字列から配列を作成

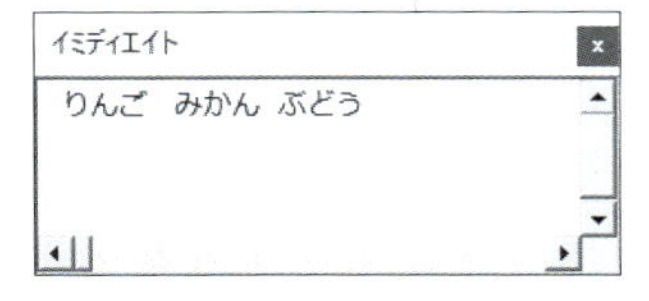

次のコードは、前述のコードで作成した配列を「：」を区切り文字にして連結した文字列を作成し、出力します。

マクロ5-4

```
Dim str As String, arr() As String
'カンマ区切りの文字列から配列を作成
str = "りんご,みかん,ぶどう"
```

```
arr = Split(str, ",")
Debug.Print Join(arr, ":")
```

実行例 配列から「：」区切りの文字列を作成

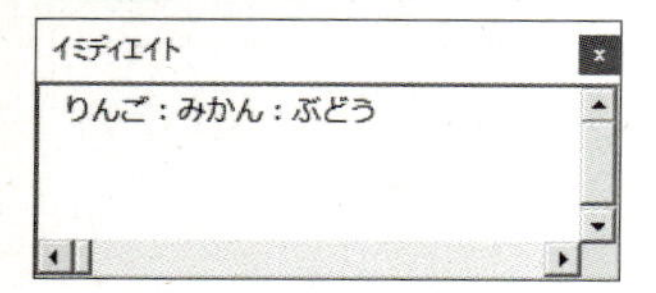

特にJoin関数は、開発中に配列の中身を出力して確認したり、メッセージボックスにまとめて表示する場合に重宝します。メッセージボックスに表示する場合には、区切り文字を「**vbCrLF**」（改行文字）にすれば、綺麗に改行して表示されます。以下のコードは、配列の中身をメッセージボックスに改行しながら表示します。

マクロ5-5

```
Dim str As String, arr() As String
'カンマ区切りの文字列から配列を作成
str = "りんご,みかん,ぶどう"
arr = Split(str, ",")
MsgBox Join(arr, vbCrLf)
```

実行例 配列の中身をメッセージボックスに表示

Join関数を利用する際に1つ注意しなくてはいけない点は、「基本、文字列を含む配列専用」の関数ということです。数値のみからなる配列を連結しようとしてもエラーとなってしまいます。その場合は面倒ですが、ループ処理で連結したり、Variant型の配列としたり、いったんセルに展開して、TextJoin関数（167ページ）で連結する等の運用で切り抜けましょう。

Column 配列をソートする仕組みは「ありません」

VBAには配列をソートするための仕組みは用意されていません。自前でなんとかするしかありません。幸いにも(?)、同じ悩みに直面した多くの方が、既にさまざまなソート方法を公開してくださっています。Webで検索したり、書籍で調べたりしてみましょう。

一例として、以下にいわゆる「バブルソート」で並べ替える場合のサンプルをご紹介します。

マクロ5-6

```
Dim arr(4) As Long, i As Long, j As Long, tmpNum As Long
'5個の適当な数を持つ配列を作成
For i = 0 To 4
    arr(i) = Int(Rnd * 90) + 10
Next
Debug.Print "ソート前：", arr(0), arr(1), arr(2), arr(3), arr(4)
'配列をソート
For i = LBound(arr) To UBound(arr)
    For j = UBound(arr) To i Step -1
        If arr(i) < arr(j) Then
            tmpNum = arr(i)
            arr(i) = arr(j)
            arr(j) = tmpNum
        End If
    Next
Next
Debug.Print "ソート後：", arr(0), arr(1), arr(2), arr(3), arr(4)
```

サンプルでは、適当に作成した5つの数値を、降順(大きい順)にソートします。

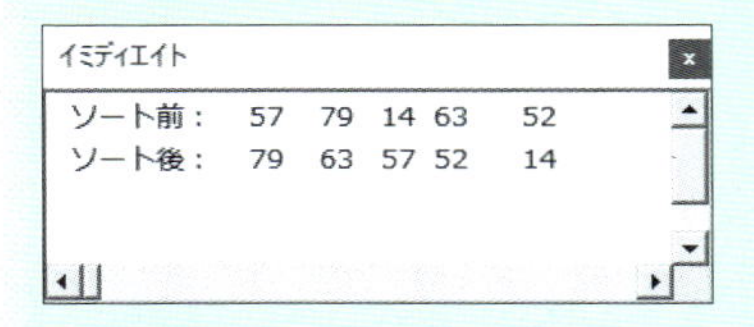

ソートの方法・アルゴリズムはいろいろな種類がありますので、自分の業務・データに合ったものを探してみるのもよいですね。

5-2 配列でセルの値の操作を速くする

ちょっと盛ったトピックタイトルにしてみました。とはいえ、実際に配列を使ったセルへの値の一括入力は、1つひとつのセルへと値を入力する処理に比べ、とても高速です。わざわざ面倒な配列の使い方を覚えるのであれば、是非とも活用していただきたい仕組みです。

2次元配列を使ったセルへの値入力

セルへと値をまとめて入力する際に抑えておきたいのが、**2次元配列**の仕組みです。例えば、「タテ3行･ヨコ5列」のセルへと値をまとめて入力したいのであれば、「3×5」の大きさを持つ配列が必要です。

まずは実際のサンプルをご覧ください。以下のコードは、「3×5」の2次元配列を準備し、配列の値をセル範囲B2:F4に入力しています。

マクロ5-7

```
'インデックス管理用の変数を宣言
Dim rowIndex As Long, colIndex As Long
'3行×5列分の値を格納するつもりの2次元配列を準備
Dim tmpValue(1 To 3, 1 To 5) As Variant
'2次元配列に値を入力
For rowIndex = 1 To UBound(tmpValue)
    For colIndex = 1 To UBound(tmpValue, 2)
        tmpValue(rowIndex, colIndex) = rowIndex & "・" & colIndex
    Next
Next
'入力した値をセルへと展開
Range("B2:F4").Value = tmpValue
```

実行例 2次元配列を使った入力

	A	B	C	D	E	F	G
1							
2		1・1	1・2	1・3	1・4	1・5	
3		2・1	2・2	2・3	2・4	2・5	
4		3・1	3・2	3・3	3・4	3・5	
5							

2次元配列とは、その名の通り「次元」が「2」つある配列です。次元と言うと難しそうですが、ちょうどExcelのセルのグリッドをイメージしていただければよいでしょう。例えば、「1次元目が『3』、2次元目が『5』の2次元配列」であれば、「3×5で15個のデータを扱える配列」となります。

この2次元配列を宣言するには、Dimステートメントでの宣言時に各次元の要素数をカンマ区切りで指定します。

■ 2次元配列の宣言

```
Dim 配列名(1次元目の要素数, 2次元目の要素数)
```

2次元配列に値を入力するには、次の形でコードを記述します。

■ 2次元配列に値を代入

```
配列名(1次元目のインデックス番号, 2次元目のインデックス番号) = 値
```

値を取り出すには、同じように2つの次元のインデックス番号を指定します。既にVBAのコードに慣れている方であれば、「**Cells(行番号, 列番号)**」で任意のセルへとアクセスできる仕組みをイメージしていただければ、同じように扱えるでしょう。

さて、この仕組みを踏まえたうえで、最初に提示したサンプル（マクロ5-7）のコードを見てみましょう。まず、「3行5列」のデータを扱える大きさの2次元配列を宣言します。

```
'インデックス管理用の変数を宣言
Dim rowIndex As Long, colIndex As Long
'3行×列分の値を格納するつもりの2次元配列を準備
Dim tmpValue(1 To 3, 1 To 5) As Variant
```

要素数を宣言する際、あらかじめ「3×5」個のように要素数がわかっている場合は、インデックス番号を「0」から始める方式の「tmpValue(2, 4)」よりも、「1」から始める方式の「tmpValue(1 To 3, 1 To 5)」の方がわかりやすいかもしれま

せん。このあたりは、好みです。

続いて、2次元配列に値を入力していきます。規則性のある値を入力する際には、2次元配列の次元ごとにインデックス番号を管理する変数を用意し、ループ処理を2重にして(ネストして)入力するのが簡単です。

```
'2次元配列に値を入力
For rowIndex = 1 To UBound(tmpValue)
    For colIndex = 1 To UBound(tmpValue, 2)
        tmpValue(rowIndex, colIndex) = rowIndex & "-" & colIndex
    Next
Next
```

サンプルでは、1次元目(行方向)のインデックス番号を「rowIndex」、2次元目(列方向)のインデックス番号を「colIndex」で管理し、各要素に「行番号-列番号」という値を入力しています。この時、**UBound関数**を利用して2時限目の要素の最大インデックス番号を得たい場合には、「UBound(tmpValue, 2)」と、第2引数に次元数を指定する引数として「2」を指定します。

こうして作成した2次元配列の値をセルへと入力するには、同じ大きさ(範囲)のセルのValueプロパティへと配列をまるごと代入すればOKです。

```
'入力した値をセルへと展開
Range("B2:F4").Value = tmpValue
```

この時、セルの行・列と配列の次元の対応は、「1次元目が行番号、2次元目が列番号」となります。

Column 配列と同じ大きさのセル範囲がわからない場合は

配列の値をまるごと入れるセル範囲の大きさがわからない場合には、入力の基準となるセルを指定し、そこから配列の各要素の大きさの分だけ「Resizeプロパティ」でサイズ変更したセル範囲を取得するのが便利です。

```
Range("B2").Resize( _
    UBound(tmpValue, 1),UBound(tmpValue, 2) _
    ).Value = tmpValue
```

上記のコードは、セルB2を起点とし、2次元配列tmpValueの値を入力セル範囲までリサイズしたセル範囲に対して値を入力しています。

なお、2次元配列tmpValueのインデックス番号は「1」から開始しています。

セルの値を2次元配列に取り出す

既にセルに入力されている値を修正する場合でも、実は値をいったん2次元配列へ取り出してまとめて修正し、一括入力した方が速度が向上します。

これだけ聞くと、かなりめんどくさそうに思えますが、実は2次元配列にセルの値を取り出すのはとても簡単です。要素数を指定せずに宣言した変数へ、セル範囲のValueプロパティの結果を代入するだけです。取り出した値は、インデックス番号「1」から始まる2次元配列として格納されます。

マクロ5-8

```
Dim tmpArr() As Variant
tmpArr = Range("B2:F4").Value      '2次元配列に値を取り出す
'配列の値を確認
Debug.Print "(1, 1)", tmpArr(1, 1)
Debug.Print "(2, 3)", tmpArr(2, 3)
Debug.Print "(3, 5)", tmpArr(3, 5)
```

実行例 セルの値を2次元配列に取り出す

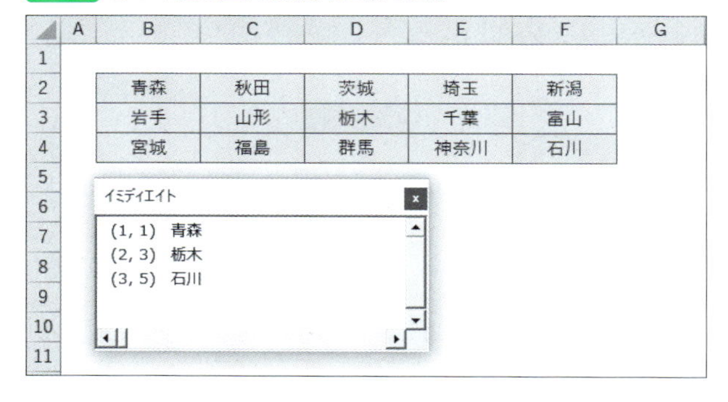

取り出した値を走査したい場合には、元のセル範囲の行数や列数を元にループ処理を行うか、**UBound関数**を利用して配列の各要素の最大インデックス番号を取得して利用します。

次のコードは、セル範囲B2:F4の値をいったん2次元配列に格納し、「末尾に『県』を付ける」という処理を行ってからセルへと値を戻すものです。

マクロ5-9

```
Dim tmpArr() As Variant, _
    rowIndex As Long, colIndex As Long, tmp As Variant
'2次元配列に値を取り出す
tmpArr = Range("B2:F4").Value
'値を走査
For rowIndex = 1 To UBound(tmpArr)
    For colIndex = 1 To UBound(tmpArr, 2)
        '値の末尾に「県」を付加
        tmp = tmpArr(rowIndex, colIndex) & "県"
        tmpArr(rowIndex, colIndex) = tmp
    Next
Next
'修正後の値を入力
Range("B2:F4").Value = tmpArr
```

実行例 セル範囲の値を2次元配列に格納して加工

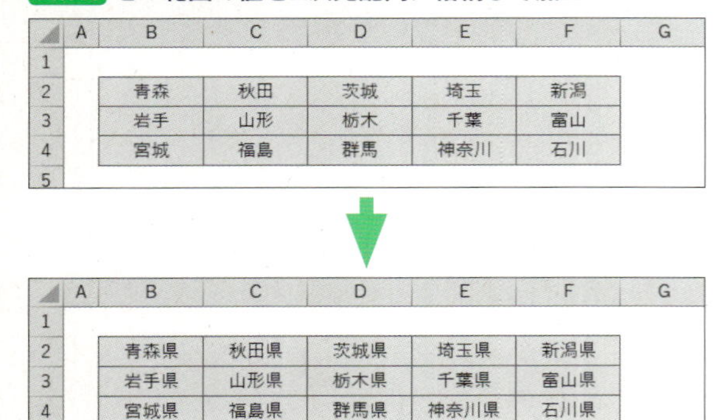

	A	B	C	D	E	F	G
1							
2		青森	秋田	茨城	埼玉	新潟	
3		岩手	山形	栃木	千葉	富山	
4		宮城	福島	群馬	神奈川	石川	
5							

	A	B	C	D	E	F	G
1							
2		青森県	秋田県	茨城県	埼玉県	新潟県	
3		岩手県	山形県	栃木県	千葉県	富山県	
4		宮城県	福島県	群馬県	神奈川県	石川県	
5							

このサンプルでは「3行×5列」の15個のセルに対する処理なので、速度は実感できませんが、筆者の環境で「セル範囲A1:Z10000」の260,000個のセルの値を修正する場合、個々のセルをFor Eachステートメントで走査して値を修正する処理が「平均55秒」ほどかかるのに対し、2次元配列を利用する場合には「平均3秒」と、大きな差が出ました。

大量のセルへと値を書き込む処理を検討している方は、是非ともこの2次元配列を利用した仕組みをマスターしてください。

5-3 簡易リストなら Array関数がおすすめ

VBAのカチカチの配列を利用したコードを紹介してきたわけですが、正直言ってめんどくさいですよね。そこで、「もっと手軽に値やオブジェクトのリストを扱う方法」という視点でVBAに用意されている仕組みをご紹介します。

まずご紹介するのは、**Array関数**です。

簡単に配列が作成できるArray関数

Array関数は引数に値やオブジェクトをカンマ区切りで列記すると、その値を要素に持つVariant型の配列を返す関数です。

■ Array関数

```
Array(要素1, 要素2, …)
```

配列に格納する要素は、「"りんご", "みかん", "ぶどう"」のようにカンマ区切りで指定します。

次のコードは、「"りんご", "みかん", "ぶどう"」という値を格納した配列を作成します。

マクロ5-10

```
Dim arr() As Variant
'Array関数で配列作成
arr = Array("りんご", "みかん", "ぶどう")
'値を取り出す
Debug.Print arr(0), arr(1), arr(2)
```

実行例 Array関数で配列を作成

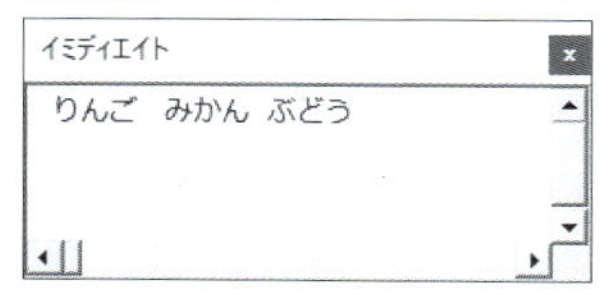

これなら手軽に値のリストを扱えますね！ Array関数の戻り値である配列を変数で受け取る際には、変数を「要素数を指定しないVariant型の配列」で宣言しておきましょう。なお、Array関数で作成される配列のインデックス番号は、「0」から始まります。

1つ注意が必要なのは、「Array関数を利用して作成した値のリストをFor Eachステートメントで走査する場合、ループ用の変数もVariant型で用意する」という点です。たとえ文字列のリストであっても、数値のリストであっても、String型やLong型を利用することはできません。次のコードは、Array関数で作成した配列の値を走査して、1つずつ表示します。

マクロ5-11

```
Dim tmp As Variant
'For Eachで走査する場合はVariant型の変数で受け取る
For Each tmp In Array("りんご", "みかん", "ぶどう")
    Debug.Print tmp
Next
```

実行例 配列の値を走査して表示

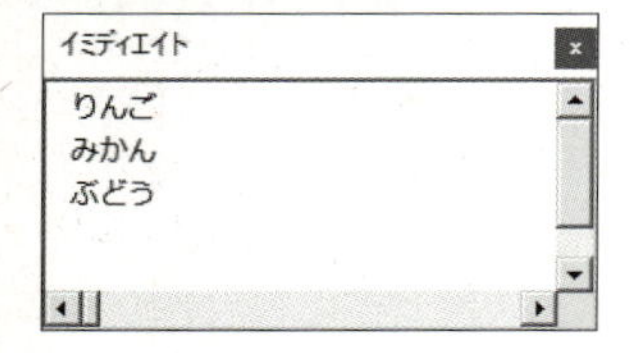

「手軽に利用できるけど、データ型を指定することができない」というのがArray関数の特徴です。長く利用することを考えているシステムで扱うのは躊躇われますが、パッと手軽なツールとしてのマクロを作成するような場合には非常に重宝します。なにより、VBAはもともと「いいかげん」に利用できるのがチャームポイントの1つである言語です。積極的に利用していきましょう。

5-4 あわせて覚えておきたいTransposeワークシート関数

1 2 3 4 5 6 7 8 9 10 11 12 13 14 15 16 17 18 19

手軽に配列を扱うというよりは、「手軽にセルと配列の値をやり取りする」のに利用できるのが**Transposeワークシート関数**です。実はVBAでは、だいたいのワークシート関数をコードから利用できるのですが、その中でワークシートとの値のやり取りに便利な関数の代表が、Transposeワークシート関数なのです。

セル範囲の値を配列に変換する

161ページでは、セル範囲のValueプロパティを2次元配列に取り出す方法をご紹介しましたが、この方法には1つ弱点があります。それは、「1行/1列のセル範囲でも2次元配列として取り出してしまう」点です。

単に1行/1列分の値を取り出して扱いたいのに、2次元配列として取り出してしまうため、扱いが面倒になってしまうのです。そこで登場するのが、Transposeワークシート関数です。Transposeワークシート関数は、もともとは「配列の行・列を入れ替える関数」ですが、VBA内でセル範囲から取り出した2次元配列に対して適用すると、「行・列を入れ替えた『1次元配列』として扱える状態」に変換してくれます。

次のコードは、「セル範囲B2:B4(縦1列)」と、「セル範囲B2:F2(横1列)」の値を1次元配列に変換し、**Join関数**でその値をまとめて出力します。

マクロ5-12

```
Dim arr() As Variant
'縦方向の値を変換
arr = Application.WorksheetFunction.Transpose(Range("B2:B4").Value)
Debug.Print "セル範囲B2:B4：", Join(arr)
'横方向の値を変換
With Application.WorksheetFunction
    arr = .Transpose(.Transpose(Range("B2:F2").Value))
End With
Debug.Print "セル範囲B2:F2：", Join(arr)
```

実行例 セル範囲の値を取り出してまとめて出力

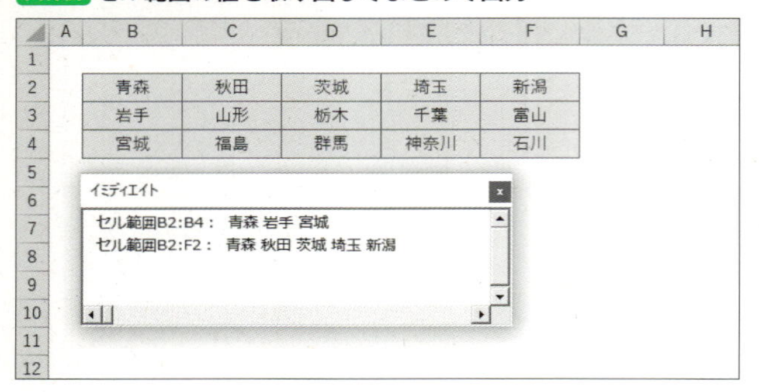

縦方向のセル範囲の値を1次元配列に変換するには、Transposeワークシート関数を「1回」適用します。横方向の場合は「2回」適用します。これだけで、1行/1列の値を1次元配列に変換できます。

また、1次元配列の値をセルに入力する場合には、通常、横方向にしか入力できません。しかし、Transposeワークシート関数を利用して変換後の値を入力すると、配列の値を縦方向に入力できます。次のコードは、Array関数で作成した1次元配列の値をセル範囲B2:D2(横方向)とセル範囲B4:B6(縦方向)に入力します。

マクロ5-13

```
Dim arr() As Variant
arr = Array("りんご", "みかん", "ぶどう")
'横方向はそのまま入力可能
Range("B2:D2").Value = arr
'縦方向は1回Transposeして入力可能
Range("B4:B6").Value = Application.WorksheetFunction.Transpose(arr)
```

実行例 配列の値を縦に入力

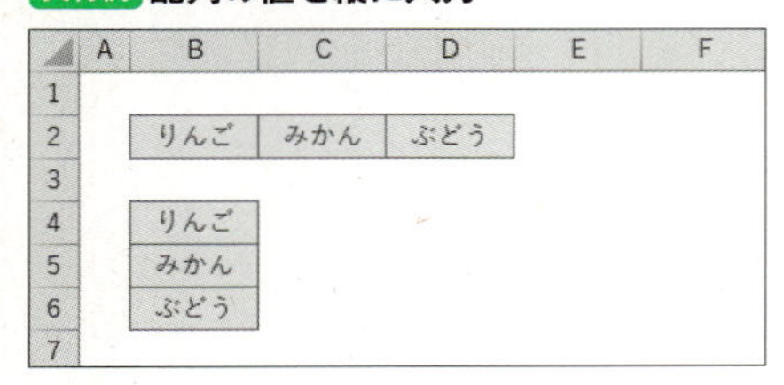

特に、表形式で入力されたデータの「1行分の値（1レコードの分の値）」をまとめて取得したり、入力したりといった処理を作成する場合に覚えておくと便利な仕組みです。

Column　あの「Excel方眼紙」のデータを取り出そう

「セルの値を取り出せる」「配列の値を連結できる」と聞いて、ふと、この用途を思いつく方も多いのではないでしょうか。そう、あの「Excel方眼紙」のデータをいっぱしの「値」に変換できるのではないか、と。Excel方眼紙とは「1セル1文字」というルールでの入力を促す形式のシート作成ポリシーです。

実は、Office365版のExcel 2016では、アップデートにより、セルの値を連結する関数である「TEXTJOIN関数」が追加され、こちらを利用すればらくらくExcel方眼紙形式の入力を、まとまった値として取り出すことが可能です。VBAからも「TextJoin」で利用できます。例えば、値を通貨型（数値）変換する「CCur関数」と組み合わせれば、Excel方眼紙に入力されたデータを、簡単にVBAでも扱える値として取り出せます。

マクロ5-14

```
'WorksheetFunctionのショートカット作成
Dim wf As WorksheetFunction
Set wf = Application.WorksheetFunction
'TextJoin関数で連結
Debug.Print "氏名：", wf.TextJoin("", True, Range("C2:G2"))
Debug.Print "金額：", CCur(wf.TextJoin("", True, Range("C4:G4")))
```

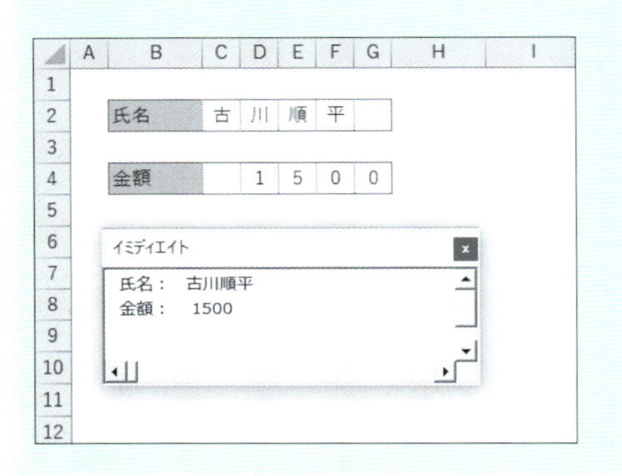

しかし、Office365のExcel 2016以降を利用していない環境ではこの方法は利用できません。この場合には、自前で次のような仕組みを用意しましょう。

マクロ5-15

```
Dim arr() As Variant, wf As WorksheetFunction
Set wf = Application.WorksheetFunction
'配列に格納して連結
arr = wf.Transpose(wf.Transpose(Range("C2:G2").Value))
Debug.Print "氏名：", Join(arr, "")
'配列に格納して連結した結果を通貨型にキャスト
arr = wf.Transpose(wf.Transpose(Range("C4:G4").Value))
Debug.Print "金額：", CCur(Join(arr, ""))
```

基本方針は、「Transposeで配列化してJoinで文字列として連結」です。さらに必要であれば数値等にキャストします。これで過去のExcel方眼紙ブックからも、マクロで値を取り出して整理する仕組みが作成できますね。

5-5 コレクションを配列代わりに利用する

VBAの配列は、「要素を増減させながらリストを管理したい」という用途には向いていません。このようなケースでは、**Collectionオブジェクト**の利用を検討してみましょう。

特定の要素をまとめて管理する

Collectionオブジェクトは、以下の3つのプロパティ/メソッドを持つ、シンプルな「同じ種類のメンバーを管理するためのオブジェクト」です。

▶Collectionオブジェクトのプロパティとメソッド

プロパティ/メソッド	用途
Countプロパティ	要素数を取得
Addメソッド	要素を追加
Removeメソッド	要素を削除

Collectionオブジェクトを利用するには、Collectionオブジェクト型で変数を宣言し、**New演算子**で初期化します。

```
Dim userNames As Collection
'Collectionを初期化
Set userNames = New Collection
```

値を追加するには、**Addメソッド**を利用します。

■Addメソッド

```
変数名.Add 追加する値[, キー値][, Before][, After]
```

引数**Before**と**After**にはインデックス番号を指定します。指定したインデックス番号の前あるいは後ろに追加されます。

1 2 3 4 5 6 7 8 9 10 11 12 13 14 15 16 17 18 19

特定の要素にアクセスするには、コレクションの仕組みと同様に、「1」から始まるインデックス番号を利用してアクセスします。以下のコードは、コレクションに値を追加して、要素数と先頭の値を取得します。

マクロ5-16

```
Dim userNames As Collection
'Collectionを初期化
Set userNames = New Collection
'値を追加
userNames.Add "増田"
userNames.Add "星野"
userNames.Add "宮崎"
'要素数や値を取り出す
Debug.Print "要素数：", userNames.Count
Debug.Print "先頭の値：", userNames(1)
```

実行例 コレクションの値の表示

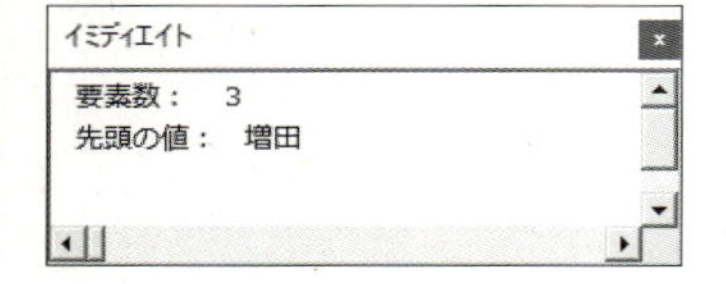

特定の要素を取り除くには、**Removeメソッド**の引数にインデックス番号を指定します。

■ **Removeメソッド**

```
変数名.Remove インデックス番号
```

例えば、先頭の要素を取り除くには、Removeメソッドの引数に「1」を指定します。

```
userNames.Remove 1
```

いわゆるキュー行列のように、「先入れ先出し」ルールでリストを扱いたい場合には、Collectionの要素数が「0」になるまでインデックス番号「1」の値を利用＆削除する仕組みを作成しましょう。次のコードは、コレクションの要素の先頭から出力と同時に削除します。そして、全ての要素がなくなったら「---処理終了---」と表示します。

マクロ5-17

```
Dim fruitsQueue As Collection
Set fruitsQueue = New Collection
'値を追加
fruitsQueue.Add "りんご"
fruitsQueue.Add "みかん"
fruitsQueue.Add "ぶどう"
'先入れ先出しでループ処理
Do While (fruitsQueue.Count > 0)
    Debug.Print fruitsQueue(1)
    fruitsQueue.Remove 1
Loop
Debug.Print "--- 処理終了 ---"
```

実行例 先入れ先出しで処理

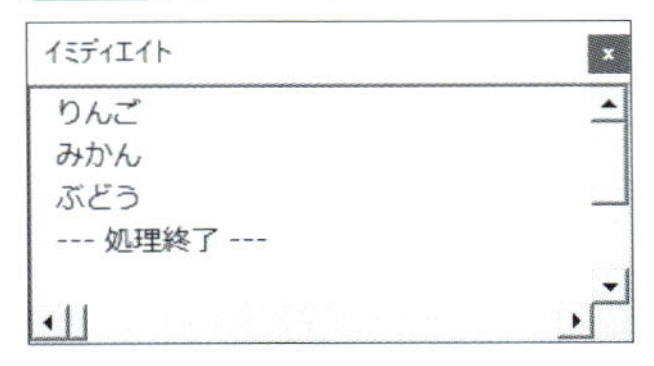

スタック行列のように「先入れ後出し」ルールの場合には、末尾のメンバーを利用&削除するように、コードのループ処理部分を修正しましょう。次のコードは、コレクションの要素の末尾から出力と同時に削除します。そして、全ての要素がなくなったら「---処理終了---」と表示します。

マクロ5-18

```
Dim fruitsStack As Collection, lastIndex As Long
Set fruitsStack = New Collection
'値を追加
fruitsStack.Add "りんご"
fruitsStack.Add "みかん"
fruitsStack.Add "ぶどう"
'先入れ後出しでループ処理
lastIndex = fruitsStack.Count
Do While (lastIndex > 0)
    Debug.Print fruitsStack(lastIndex)
```

```
    fruitsStack.Remove lastIndex
    lastIndex = fruitsStack.Count
Loop
Debug.Print "--- 処理終了 ---"
```

実行例 **先入れ後出しで処理**

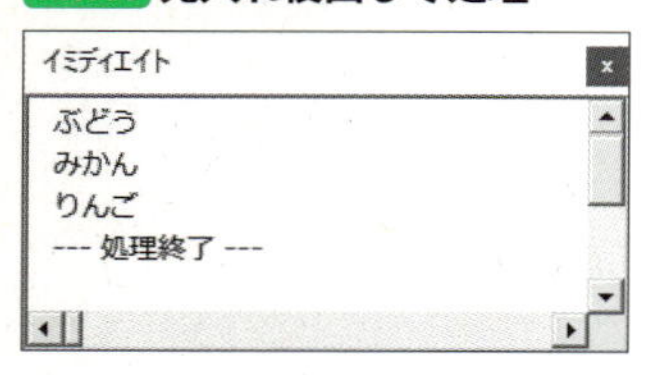

なお、新規の要素を追加する際には、Addメソッドの引数**Before**や**After**を利用すると、任意の要素の「前」もしくは「後ろ」に指定した値を追加可能です。次のコードは、新しい要素「レモン」を、「インデックス番号『1』の要素の『前』、つまり先頭に追加します。

マクロ5-19

```
Dim fruitsQueue As Collection
Set fruitsQueue = New Collection
'値の追加
fruitsQueue.Add "りんご"
fruitsQueue.Add "みかん"
fruitsQueue.Add "ぶどう"
'「Before」を指定して値を追加
fruitsQueue.Add "レモン", Before:=1
'要素数や値を取り出す
Debug.Print "要素数：", fruitsQueue.Count
Debug.Print "先頭の値：", fruitsQueue(1)
```

5-6 連想配列(ハッシュテーブル)でキーと値を一括管理する

キーとなる値と対応する値をまとめて管理する**連想配列**をVBAで利用するには、**Collectionオブジェクト**を利用するか、外部ライブラリを利用して**Dictionaryオブジェクト**を利用するのがよいでしょう。

Collectionを連想配列として利用する

「商品の名前を指定すると、対応する価格が取得できる」という仕組みを、Collectionオブジェクトを使った連想配列で作成してみましょう。

Collectionオブジェクトは、第2引数に値を取り出す時の目印となる**キー値**を登録できます(キー値は任意です)。

■Collectionオブジェクトにキー値を登録

```
Collectionオブジェクト.Add 値[, キー値]
```

キー値を登録した値は、キー値を使ってアクセスできるようになります。また、キー値を登録した場合でも、追加した順にインデックス番号でアクセスすることも可能です。以下のコードは、Collectionオブジェクトpricesを宣言してキー値とセットで値を登録し、キー値を使って値にアクセスするものです。

マクロ5-20

```
Dim prices As Collection
Set prices = New Collection
'キー値と値をセットで追加
prices.Add 200, "りんご"
prices.Add 150, "みかん"
prices.Add 500, "ぶどう"
'キー値を使って値にアクセス
Debug.Print "りんごの価格:", prices("りんご")
'インデックス番号を使って値にアクセス
Debug.Print "3番目の価格：", prices(3)
```

実行例 **キー値で値にアクセス**

```
イミディエイト
りんごの価格:  200
3番目の価格：  500
```

名前を元に取り出したい場合はキー値を使い、「先頭」や「末尾」等の順番依存の場合や、ループ処理を行う場合はインデックス番号を利用する、といった運用ができますね。

注意点としては、既に登録されているキー値で新規の値を登録しようとすると、エラーとなる点です。

Dictionaryオブジェクトで連想配列を作成する

外部ライブラリの**Dictionaryオブジェクト**を利用すると、Collectionオブジェクトよりももうちょっと使いやすい連想配列が作成できます。

▶Dictionaryオブジェクトのプロパティ /メソッド

プロパティ/メソッド	用途
Countプロパティ	要素数を返す
Itemsプロパティ	全ての要素の値を含む配列を返す
Keysプロパティ	全てのキー値を含む配列を返す
Addメソッド	キー値と値のセットを追加
Existsメソッド	特定のキー値が存在しているかを真偽値で返す
Removeメソッド	特定の要素を削除
RemoveAllメソッド	全ての要素を削除

Dictionaryオブジェクトを利用するには、Object型の変数を用意し、CreateObject関数の引数に「**Scripting.Dictionary**」を指定します。また、値の追加はCollectionオブジェクトと同様にAddメソッドで行いますが、「キー値」「値」と、Collectionオ

ブジェクトとは逆の順番で引数を指定する点に注意しましょう。

■ **Dictionaryオブジェクトにキー値を登録**

```
Dictionaryオブジェクト.Add キー値, 値
```

以下のコードは、オブジェクト変数pricesを用意してDictionaryオブジェクトを代入し、キー値と値を登録しています。

マクロ5-21

```
Dim prices As Object
Set prices = CreateObject("Scripting.Dictionary")
'キー値と値をセットで追加
prices.Add "りんご", 200
prices.Add "みかん", 150
prices.Add "ぶどう", 500
'キー値を使って値にアクセス
Debug.Print "りんごの価格:", prices("りんご")
'全ての値を配列に取り出して一括確認
Debug.Print "価格一覧:", Join(prices.Items)
```

実行例 Dictionaryオブジェクトで連想配列を作る

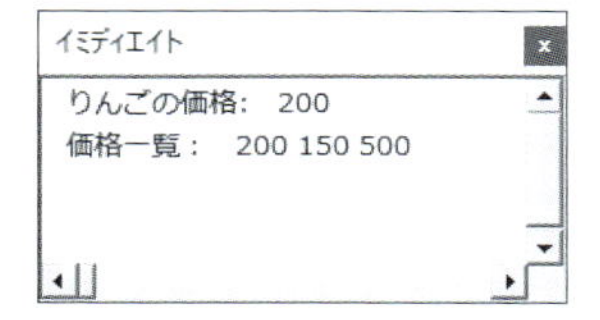

Dictionaryオブジェクトでは、キー値を登録する前に**Existsメソッド**で既にそのキー値が登録されているかどうかを知ることができます。

■ **Existsメソッド**

```
Existsメソッド(キー値)
```

この仕組みを利用すれば、特定の値のリストやセルの中から、ユニークな値のリストを取り出したり、集計を行うことも可能です。次のコードは、セル範囲B2:D5に入力された値のリストを作成し、その中からユニークな値を出力しています。

マクロ5-22

```
Dim dic As Object, rng As Range
Set dic = CreateObject("Scripting.Dictionary")
'セル範囲B2:D5についてユニークな値のリストを作成
For Each rng In Range("B2:D5")
    'セルの値が辞書になければ新規登録
    If Not dic.Exists(rng.Value) Then
        dic.Add rng.Value, 1
    End If
Next
'キー値のリストを取り出す
Debug.Print "ユニークな値：", Join(dic.Keys, ",")
```

実行例 リストを作成してユニークは値を出力

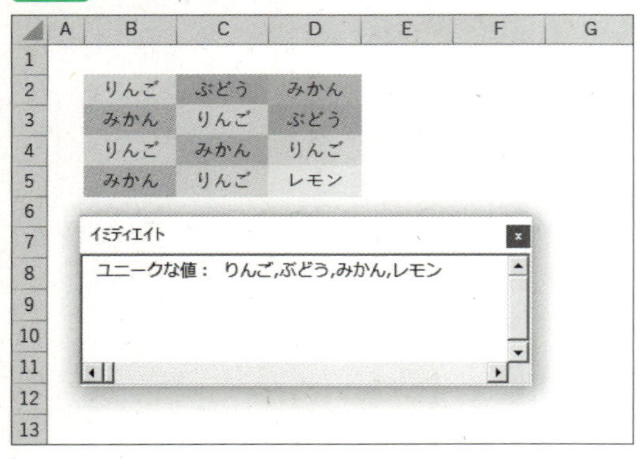

Keysメソッドでキー値の一覧、**Itemsメソッド**で値の一覧を配列として取り出せるので、Collectionオブジェクトと比較すると、同じような用途でも、非常に小回りが利いて使いやすいオブジェクトとなっています。

Chapter6

そのマクロ、いつ実行するの？

本章では「作成したマクロを実行する手段」をテーマとして、いろいろな実行手段をご紹介します。主なパターンは3種類、「ユーザーによる指示」「ユーザーによる操作に応じたタイミング」、そして「一定時間ごと」です。あわせて、イベント処理についてもご紹介します。

6-1 ユーザーが指定したタイミングで実行する

「作成したマクロをどのように実行するつもりですか？」という問いは、一見なんでもないように思えますが、案外大切な問いかけでもあります。

「どのようにすればマクロを開始するのか」というルール作りと、それに関連して、「どのブックにマクロを持たせるのか」という関係について、典型的なパターンとその方法をざっとご紹介します。

「マクロ」ダイアログから実行する

まずは一番正統派な方法です。リボンの**開発→マクロ**を選択して表示される、**「マクロ」ダイアログ**からマクロを選択し、**実行**ボタンを押します。

▶「マクロ」ダイアログ

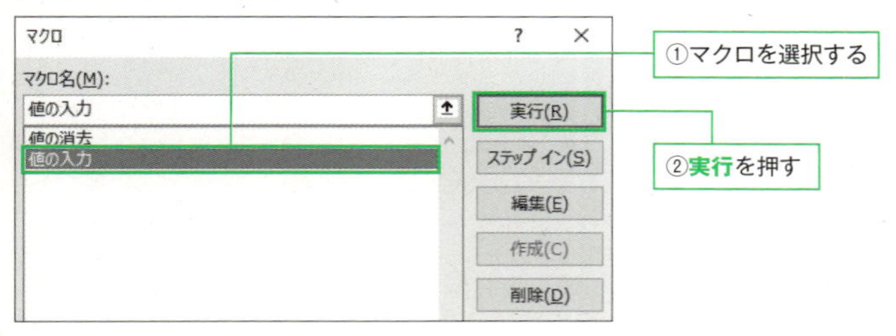

複数のブックを開いている場合は、他のブックに作成されているマクロも一覧に表示されます。この時、「**ブック名!マクロ名**」の形で表示されます。

▶他のブックのマクロが表示される場合

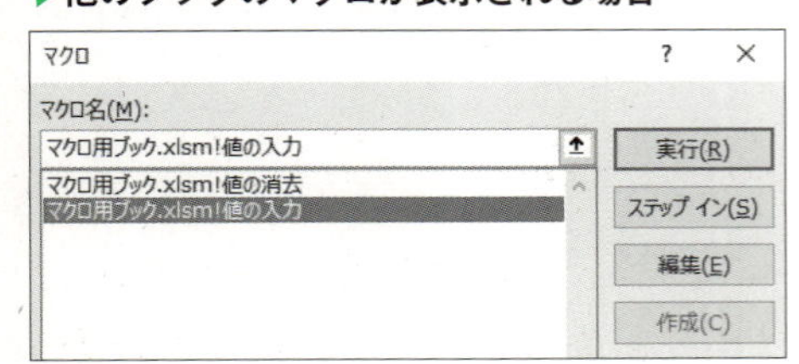

つまりは、他のブックに記述したマクロも、「マクロ」ダイアログから実行できるということです。もっと言えば、「**マクロは1つのブックにまとめて記述しておき、実行する際には、マクロを利用したいブックから呼び出すことができる**」ということです。

開発中はVBEから直接実行する

マクロの開発中に最も多く利用するであろう実行スタイルは、VBEから直接実行するスタイルです。26ページでもご紹介しましたが、実行したいマクロ内のどこかをクリックや選択したうえで、ツールバーのSub/ユーザーフォームの実行を押します。

▶VBEから実行

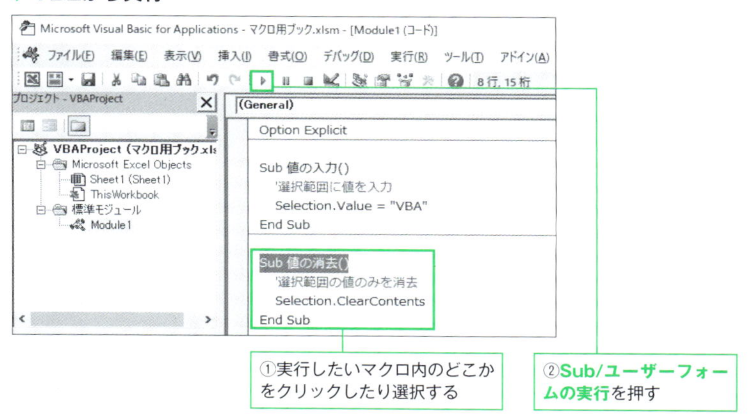

もの凄く手軽で、何回も動作チェックを行うことになる開発中には、大変お世話になるスタイルです。上記の図では、図としてわかりやすいようにマクロタイトル部分を選択していますが、実際はマクロ内のどこかをクリックし、カレットがマクロ内に表示されている状態であればOKです。

複数のマクロを作成し、マクロの内容が長くなってくると、実行したいマクロの場所を探すのが面倒になってきますが、そんな場合には、コードウィンドウ右上にある**「プロシージャ」ドロップダウンリストボックス**を利用しましょう。マクロ名の一覧がリスト表示されるので、選択をすれば、そのマクロのタイトル部分へと移動できます。

▶「プロシージャ」ドロップダウンリストボックス

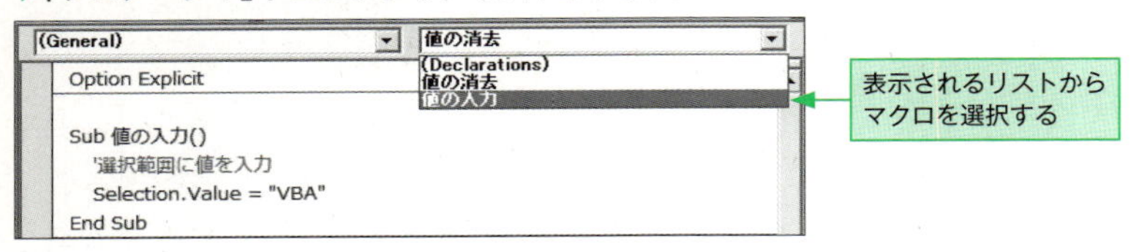

クイックアクセスツールバーに登録して実行する

Excel画面の上端にある**クイックアクセスツールバー**にマクロを登録する方法もあります。クイックアクセスツールバー右端の矢印ボタンを押すと表示されるメニューから、**その他のコマンド**を選択する等の操作で、「Excelのオプション」ダイアログを表示します。

▶ボタンの登録

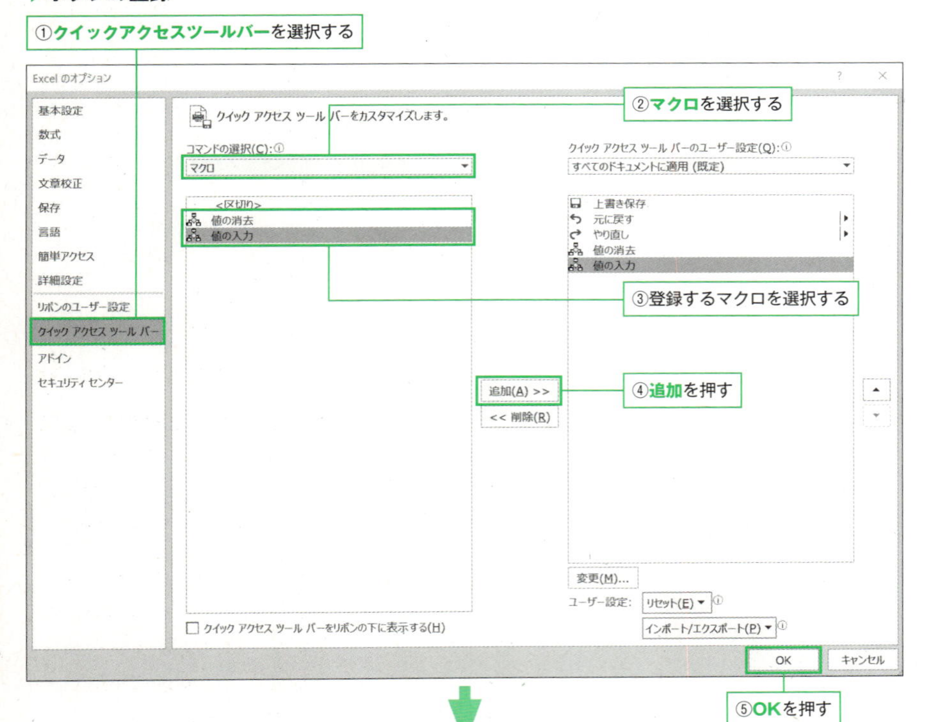

「Excelのオプション」ダイアログに2つあるリストボックスのうち、左側の上部にある、**コマンドの選択**から「マクロ」を選択すると、ブックに作成してあるマクロがリスト表示されます。その中から登録したいものを選択し、中央の**追加**ボタンを押すと、右側のリストボックスへとそのマクロ名が移動します。この状態で**OK**ボタンを押せば完成です。以降は、クイックアクセスツールバーのボタンを押すことで、対応するマクロを実行できます。

また、登録時には、右側のリストボックスの上にある、**クイックアクセスツールバーのユーザー設定**欄から、ボタンを「どのブックを利用する際にも共通して表示する」ようにするか「マクロを記述したブックがアクティブな場合にのみ表示する」ようにするかを選択できます。

▶**スコープの選択**

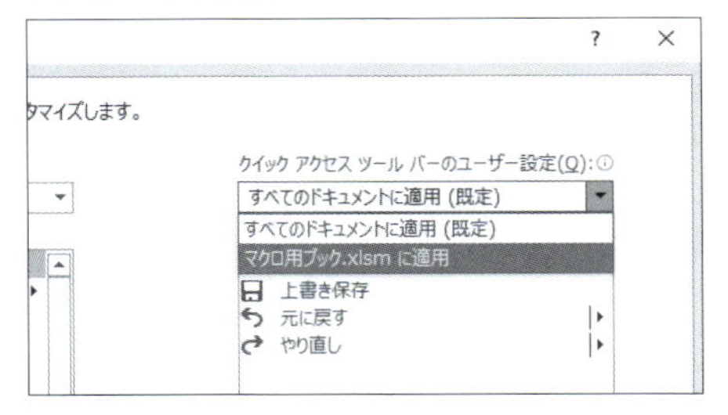

「特定のブックだけでマクロを利用したい」という場合には、この箇所の設定を変更しておくと、意図していないブックで、うっかりクイックアクセスツールバー経由でマクロを実行してしまう、という事故を防げます。

Column　アイコンのボタンはいくつかの種類から選べる

クイックアクセスツールバーにマクロを登録する際のボタンアイコンは、あらかじめ用意されているものの中から選択可能です。ボタン追加時にアイコンを変更したいマクロを選択して、右下にある「変更」ボタンを押すと、図のような候補が表示されます。

複数のマクロを登録する場合には、見分けをつけるためにも、用途を想像できるようなアイコンを選んでおくと便利です。ただし、そのまま表示されるわけではなく、Excel全体の表示の設定に合わせて、白抜きのような状態で表示されますので、実際に追加して見た目をチェックしてから採用してください。

シート上に配置したボタンから実行する

リボンの**開発→挿入**には、シート上に配置できる各種のコントロールが用意されています。

このうち、「フォームコントロール」の左上に用意されている**ボタン**を選択した状態でシート上の任意の場所をドラッグすると、その場所に「ボタン」が配置されます。さらに、ボタンを押した際に実行するマクロを選択するダイアログ(「マクロ」ダイアログ)が表示されるので、登録したいマクロを選択しましょう。

▶**ボタンの配置**

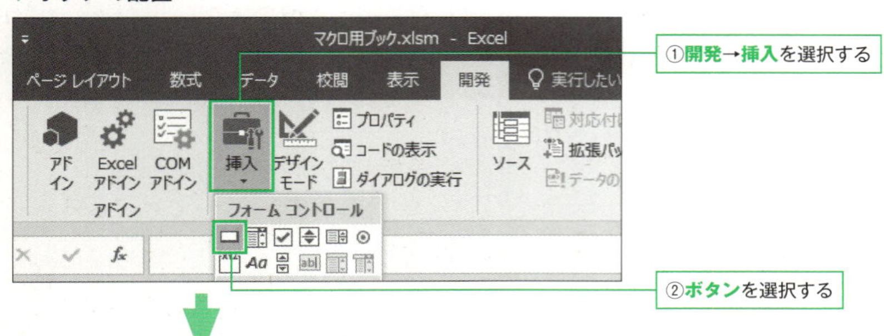

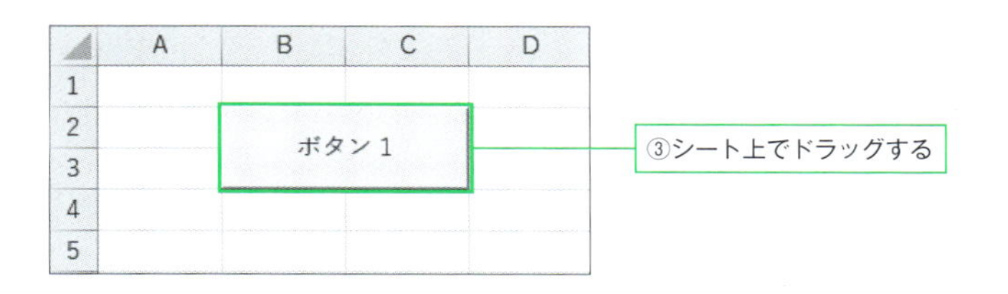

これで、シート上に配置したボタンを押した際に、登録したマクロが実行されるようになります。ボタンはいかにも「ボタン」という見た目で、マウスを上に乗せればマウスカーソルも指の形になり、「押せますよ！」とわかりやすくなります。ボタンに表示するキャプションも、右クリックして表示されるメニューから、**テキストの編集**を選べば変更可能です。マクロに不慣れなユーザーに、わかりやすくマクロを利用してもらうためには、非常に効果的な仕組みです。

Column 「Alt」キーを押しながらドラッグでセルに沿って配置

シート上にボタンを配置する際には、「Alt」キーを押しながらドラッグすると、セルの枠線に沿った大きさにスナップしながら調整が可能となります。ボタンの外枠とセルの枠線が異なると、なんとなく散らかった印象になってしまいますが、この方法であれば、綺麗にボタンを馴染ませることができるのでお勧めです。

ショートカットキーから実行する

「マクロ」ダイアログから、特定の**ショートカットキー**にマクロを登録することも可能です。リボンの**開発→マクロ**で「マクロ」ダイアログを開き、一覧からショートカットキーを登録したいマクロを選択し、**オプション**ボタンを押します。「マクロオプション」ダイアログが表示されるので、**ショートカットキー**にショートカットとして登録したいキーの文字を入力して、**OK**を押せば登録完了です。

以降、「Ctrl」キーを押しながら、登録したキーをクリックすれば、対応するマクロが実行されます。コピー操作(Ctrl＋C)等、あらかじめ登録されているショートカットキーと同じキーを登録した場合には、マクロの方が優先されます。

▶ショートカットキーの登録

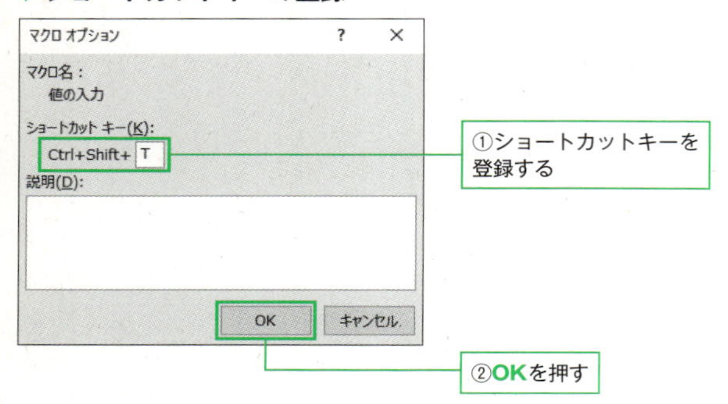

また、このショートカットキーは、マクロを作成してあるブック以外を操作している時にも有効です。ショートカットキーを登録したブックを閉じれば、無効になります。つまり、特定の作業に特化したマクロのみを作成&ショートカットキー登録したブックを用意しておけば、他ブックで特定の作業を行う際には、用意しておいたブックを開いてショートカットを駆使して作業を行い、他の時には閉じておく、というような運用ができるようになります。

ちなみに、ショートカットキーを登録する場合には、大文字で登録すると、「Ctrl＋Shift＋登録したキー」という形でショートカットキーが登録されます。例えば「t」ではなく「T」で登録した場合には、「Ctrl＋Shift＋T」でマクロが実行されます。こちらの方が、もともとあるショートカットキーとバッティングする可能性が低くなりますね。

リボンに登録する

マクロをリボンに登録してしまう方法もあります。リボンの見出し部分を右クリックし、**リボンのユーザー設定**を選択する等で「Excelのオプション」ダイアログを表示し、右下の**新しいタブ**を押すと、リボンに新規のタブを追加できます。

▶リボンのカスタマイズ

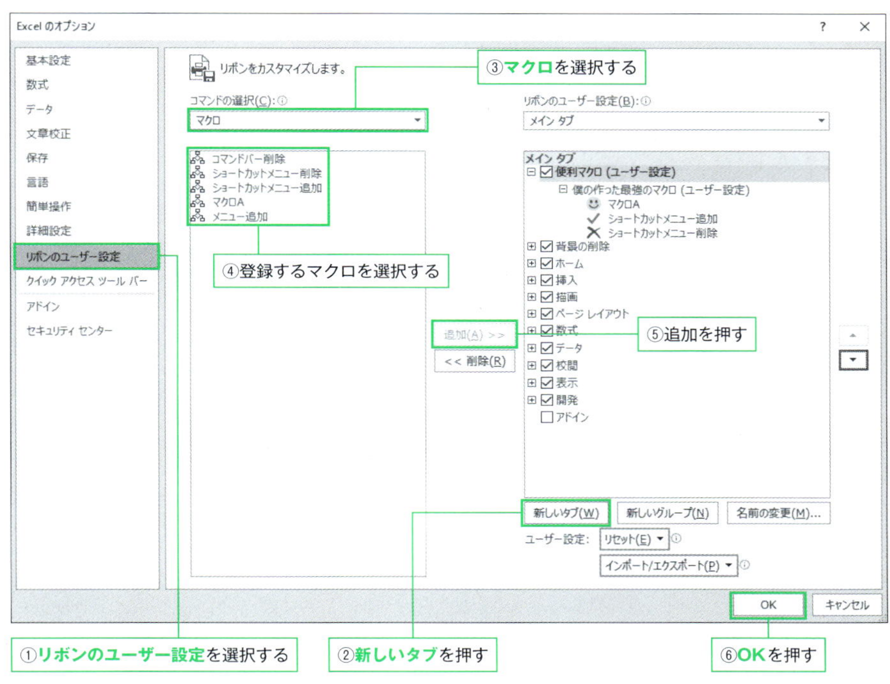

このタブに、クイックアクセスツールバーへマクロを登録したのと同様の操作で、マクロを追加していくことができます。

▶マクロ実行用のカスタムリボン項目を配置したところ

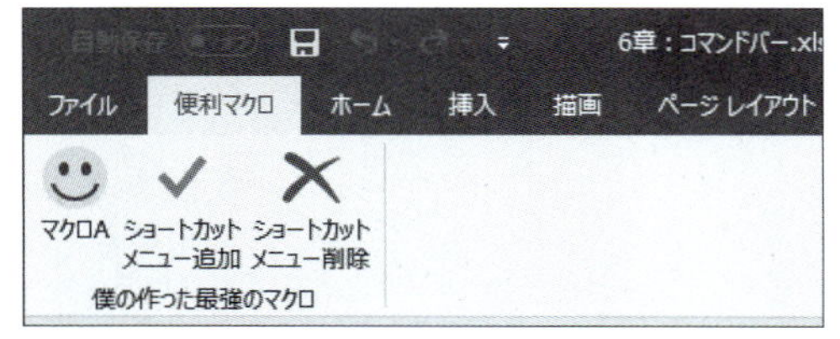

クイックアクセスツールバーよりも押しやすいので、マウスやタッチ操作メインで作業を行う場合には、こちらの方が便利ですね。また、キーボード操作派の場合でも、「Alt」キーを押してから始動するキーボードを使ったショートカットでも操

作が可能となるので、慣れてくれば自分の意図するマクロを素早く実行できるようになるでしょう。

Column 右クリックメニューに登録することも可能

CommandBarオブジェクトやCommandBarControlオブジェクトを利用すると、セルを右クリックしたり、「Shift+F10」キーで表示されるポップアップメニューへとマクロを登録することも可能です。

例えば、次のコードは、既存のポップアップメニュー項目を削除し、「追加マクロ1」「追加マクロ2」というカスタムメニューを追加します。

マクロ6-1

```
'「Cells」のコマンドバー(右クリック時のポップアップメニュー)を初期化
Application.CommandBars("Cell").Reset
'既存のメニューを非表示に
Dim tmpCBControl As CommandBarControl
For Each tmpCBControl In Application.CommandBars("Cell").Controls
    tmpCBControl.Delete
Next
'2つの新規メニューを追加
With Application.CommandBars("Cell").Controls.Add
    .Caption = "追加マクロ1"
    .OnAction = "マクロA"
    .FaceId = 1
End With
With Application.CommandBars("Cell").Controls.Add
    .Caption = "追加マクロ2"
    .OnAction = "マクロA"
    .FaceId = 1
End With
```

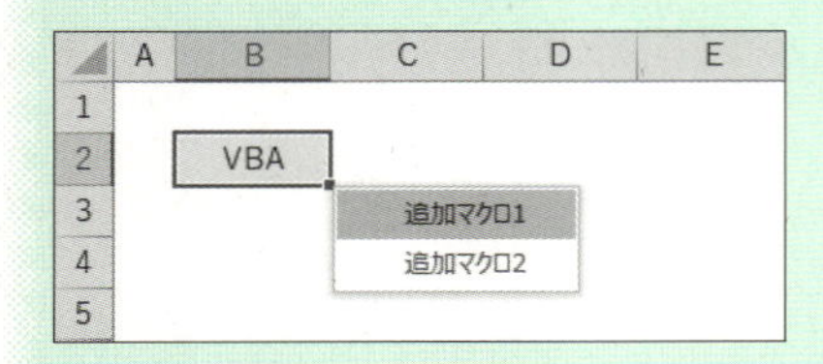

ポップアップメニューを管理しているコマンドバーは、「Cells」という名前で取得できます。このコマンドバー上の各種コントロールは、Controlsプロパティ経由でアクセス可能です。また、新規コマンドバーの追加は、例によってAddメソッドで行います。

各コントロールは、Caption･FaceID･OnActionの各プロパティで、表示テキスト･アイコン・実行するマクロを指定可能です。

また、コマンドバー経由で実行したマクロ内において、「ActionControlプロパティ」を利用すると、「どのコマンドバーを押して実行されたのか」を知ることも可能です。

```
MsgBox CommandBars.ActionControl.Caption & "からマクロAを実行しました"
```

ちなみに、カスタマイズしたコマンドバーを既定の状態へ戻すには、

```
Application.CommandBars("Cell").Reset
```

と、Resetメソッドを実行します。

6-2 イベント処理で操作タイミングに合わせて実行する

「ブックを開いた時」「シートに何かを入力した時」「印刷をする時」等、ユーザーが「**○○した時**」にマクロを実行するには、**イベント処理**を利用します。

イベント処理とは何か？

VBAの一部のオブジェクトには、**イベント**が定義されています。イベントとは、主にユーザーの特定の操作によりオブジェクトの状態が変化するタイミングを指します。

▶イベントの例

オブジェクト	イベント	タイミング
Workbook	Open	ブックを開いた時
	BeforeClose	ブックを閉じる時
	BeforeSave	ブックの保存時
Worksheet	Change	セルの値変更時
	SelectionChange	選択セル変更時
	Activate	シートがアクティブになった時
	Deactivate	他のシートを選択しようとした時

イベント発生時（タイミング）に対応するコードを準備しておくことで、ユーザーの操作に応じて任意のマクロが実行できるようになります。

「オブジェクトモジュール」でイベントを定義する

イベント処理用のコードは、**オブジェクトモジュール**に記述します。オブジェクトモジュールとは、VBEのプロジェクトエクスプローラー内で「ThisWorkbook」や

「Sheet1」等と、Excelのブック構成に応じて表示されているモジュールを指します。

「ThisWorkbook」モジュールは、ブックレベルのイベント処理を記述するモジュールとなります。「Sheet1」や「Sheet2」は、対応するシート上でのイベント処理を記述するモジュールとなります。

各オブジェクトモジュールでは、モジュールを表示後に、コードウィンドウ上端にある2つのドロップダウンリストボックスにおいて、左側でオブジェクトを選択すると、右側に対応するイベント一覧を選択できるようになります。

イベントを選択すると、「**そのイベントに対応したイベント処理のひな型**」がモジュール上に入力されます。

▶オブジェクトモジュールとイベント処理のひな型

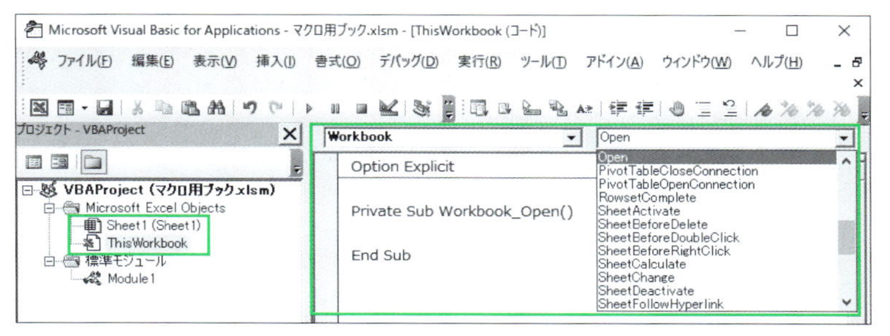

例えば、ThisWorkbookモジュールで、左のボックスから「**Workbook**」を、右のボックスから「**Open**」を選ぶと、次のコードが入力されます。

```
Private Sub Workbook_Open()

End Sub
```

このひな型に挟まれた部分にコードを記述すると、「**そのイベント発生時にコードが実行される**」ようになります。ちなみに、このひな型は「**Private Sub オブジェクト名_イベント名**」という形で作成され、特に**イベントプロシージャ**と呼ばれます。WorkbookのOpenイベントであれば「Workbook_Openイベントプロシージャ」となります。

イベントプロシージャは、形式さえ合っていればひな型を作らずに直接記述してもOKです。しかし、ドロップダウンリストボックスを利用してひな型を作成した方が手軽で正確でしょう。

このように、

①オブジェクトモジュールを選択
②イベントに応じたイベントプロシージャのひな型を入力
③挟まれた部分にコードを記述する

という3手順が、イベント処理を利用する際の基本的となります。

イベント処理ならではの特殊な引数

イベント処理は、イベントの種類によっては、イベントに関連する情報や、イベント処理終了後の既定の操作の調整を、引数によって取得/設定できるものが用意されています。

例えば、Worksheetオブジェクトの**Changeイベント**は、「シート上のセルの値が変更された時に発生するイベント」ですが、対応する**Worksheet_Changeイベントプロシージャ**を自動入力すると、Range型の引数**Target**が用意されていることがわかります。

```
Private Sub Worksheet_Change(ByVal Target As Range)

End Sub
```

実はこの引数Targetには、「値の変更を行ったセル」への参照が格納されています。つまりは、引数Target経由で、値の変更のあったセルへとアクセスできる仕組みとなっています。次のコードは、セルの値が変更された場合に実行され、変更のあったセルのアドレスを表示します。「Sheet1」等のモジュールに追加し、対応するシート上でセルの値を変更してお試しください。

マクロ6-2

```
Private Sub Worksheet_Change(ByVal Target As Range)
    '引数Targetを利用して変更のあったセルへとアクセス
    Debug.Print "対象セル番地：", Target.Address
End Sub
```

実行例 イベントプロシージャの引数の利用

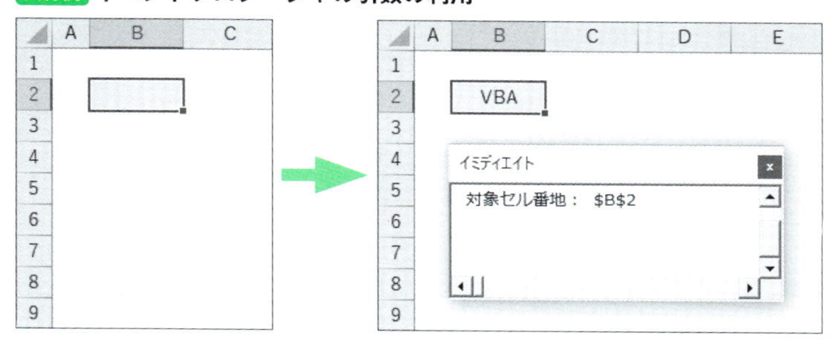

Worksheet_Changeイベントプロシージャ内では、「Target.Address」で値を変更したセルのアドレスを取得したり、「Taeget.Value」で変更後の値を取得したり、といった処理が作成できるわけですね。

また、ブックを閉じる際に発生するWorkbookオブジェクトの**BeforeCloseイベント**に対応する、**Workbook_BeforeCloseイベントプロシージャ**等では、引数**Cancel**が渡されます。

このCancelは、VBAの仕組みの中でも変わり種の引数であり、「既定の動作をキャンセルするかどうか」を指定するスイッチのような役割となります。

例えば、セルB2に値を入力していない状態でブックを閉じようとした場合には、ブックを閉じずにメッセージを表示したい、というような場合には、Workbook_BeforeCloseイベントプロシージャ内に、次のようにコードを記述します。

マクロ6-3

```
Private Sub Workbook_BeforeClose(Cancel As Boolean)
    'セルB2に値が入力されていなければ既定動作をキャンセル
    If Range("B2").Value = "" Then
        MsgBox "セルB2に必要な値を入力してください"
        Cancel = True
    End If
End Sub
```

実行例 セルに未入力な場合はメッセージを表示

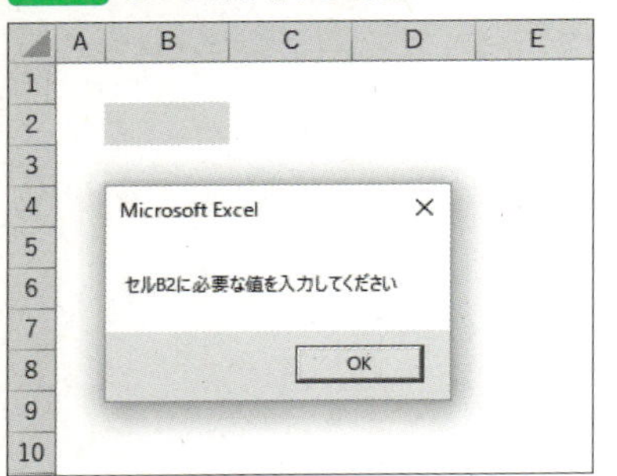

注目していただきたいのは、「`Cancel = True`」としている箇所です。引数Cancelにはイベント発生時には「False」が入った状態で渡されてきます。イベントプロシージャの間で、この引数Cancelに「True」を代入すると、それは、「**既定の動作をキャンセル『する』**」というフラグとなります。

Closeイベント、つまり、ブックを閉じる操作の「既定の動作」は、「ブックを閉じる」ことです。この動作がキャンセルされ、結果として「ブックは閉じない」という動作となります。Closeイベントの他にも、引数Cancelを持つイベントプロシージャはいくつかありますが、どれも「既定の動作をキャンセルする」ためのフラグとして利用できます。

イベント処理を利用すると、ユーザーの任意の操作に応じたタイミングでコードを実行できるようになります。また、イベント処理を記述するイベントプロシージャでは、引数を介して、イベント発生時の情報を取得・利用したり、イベントに対応する既定の操作をキャンセルしたり、といった操作を行えます。

Column イベントの種類を知るには

どのオブジェクトにどのようなイベントが用意されているかを知るには、リファレンスやオブジェクトブラウザーを利用するのが一番確実です。

リファレンスの場合は、該当するページを見ていただくとして、オブジェクトブラウザーを利用する場合は、イベントの種類を調べたいオブジェクトを左端の「クラス」欄から選択した時、右側の「メンバー」欄に表示されているリストの中で、カミナリのようなアイコンが表示されているものがイベントになります。

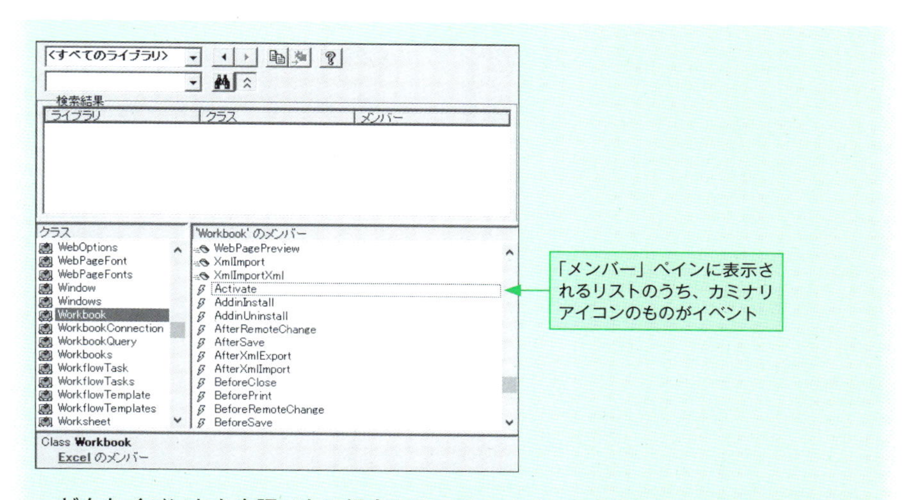

どんなイベントかを調べたい場合には、そのイベントを選択し、画面下に表示されるヒントを見たり、「F1」キーを押してリファレンスを参照してください。また、慣れないうちは、書籍やWebでざっとイベントの種類を眺めておくのも効果的でしょう。

なお、イベント処理の中には、「WithEventsキーワード」を利用して、特定のオブジェクトに対するイベント処理の利用を宣言してからでないと利用できないようなものもあります。興味のある方は「WithEvents VBA」等のキーワードで、書籍やWebを調べてみてください。

Column 押さえておきたい定番処理「任意のセル範囲を扱っているか」の判定

「特定のセル範囲を操作した時だけ、任意の処理を実行したい」という場合はどうすればよいでしょうか。実は、定番の方式があります。それが、Applicationオブジェクトの「Intersectメソッド」を利用した判定です。

■ Intersectメソッド

```
Set Range型の変数 = Application.Intersect(セル範囲A, セル範囲B)
```

Intersectメソッドは、引数に2つのセル範囲を指定すると、その重なる範囲となるRangeオブジェクトを返します。重なる範囲がない場合は「Nothing」を返します。つまり、「戻り値がNothingかどうか」で「重なる範囲があるかどうか」をチェックできるというわけです。

この仕組みを、シート上のセルの値を変更した時に発生するChangeイベントと組み合わせてみましょう。次のコードは、セル範囲B2:D5内で値が変更された場合に、メッセージを表示します。「Sheet1」等などのモジュールに追加して、対応するシート上でお試しください。

マクロ6-4

```
Private Sub Worksheet_Change(ByVal Target As Range)
    Dim checkRng As Range
    '引数Targetと、セル範囲B2:D5の「重なるセル範囲」を取得
    Set checkRng = Application.Intersect(Target, Range("B2:D5"))
    '重なる範囲がある(Nothingではない)場合、処理を実行
    If Not checkRng Is Nothing Then
        MsgBox "B2:D5内のいずれかのセルを操作しました"
    End If
End Sub
```

変更したセルへの参照が格納されている引数Targetと、任意のセル範囲(今回はB2:D5)の「重なる部分」を取得し、「Nothingではない場合」に、メッセージダイアログを表示しています。

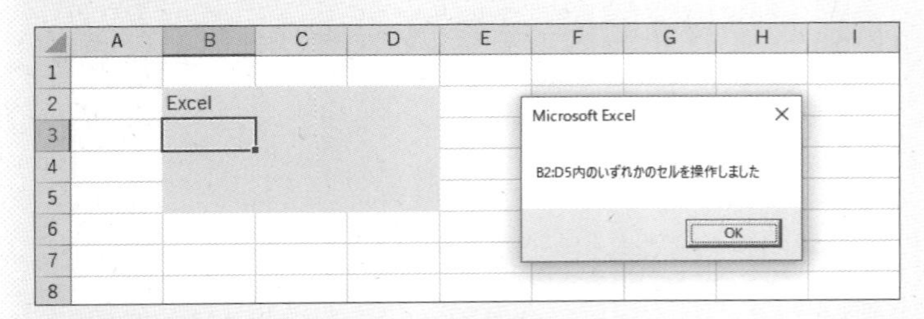

これで、セル範囲B2:D5内のセルを操作した時にのみ、任意の処理を実行できますね。

Column イベント処理を利用しているブックを再利用する際の注意点

既存のイベント処理を利用しているブックを再利用する際には、少し注意が必要です。マクロを流用する場合、通常は「標準モジュール」の内容をコピーして再利用することが多いかと思います。しかし、イベント処理を利用している場合には、各シートのオブジェクトモジュールの内容もコピーしてこないと、同じようには動きません。

特に、前任者や他の担当者が作成したマクロを含むブックをチェックする際には、まず、標準モジュールだけをチェックするのではなく、オブジェクトモジュールも利用していないかどうかをチェックするクセをつけておきましょう。

また、このケースとは逆に、「シート上のデータを再利用するために、シートを丸ごと他のブックに移動/コピーしたら、通常のExcelブック形式で保存できなくなった」というケースに出くわすこともあります。

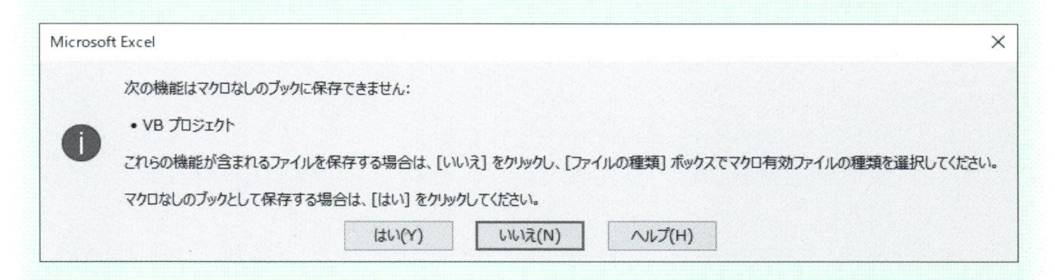

この原因は、コピーしたシートにイベントプロシージャを記述していたため、「マクロを含むブック」となってしまったためです。イベントプロシージャを作った本人であれば「ああ、そっか」ですみますが、知らない人にとっては、「何か自分がとんでもないことをしてしまったのでは」と恐怖を感じるケースでもあります。

特に、データの流用が考えられるシートは、できるだけイベントプロシージャを利用するシートとは別のシートにしておいた方が「安全」です。いっそ、流用するデータをコピーしたり、新規シートにセル上のデータを書き出したりするマクロを別途用意する等の手段を用意しておくのもよいですね。

6-3 一定間隔で**自動的**に実行する

一定時間ごとに決められたファイルのデータをシート上に取り込んだり、Web上のデータを取り込んだり、はたまた制限時間付きのアンケートのようなものを作製したりと、マクロを「今ではない一定の時間後」に実行したいという場合があります。このようなケースでは、Applicationオブジェクトの**OnTimeメソッド**が利用できます。

指定秒数後にマクロを実行する

OnTimeメソッドは、第1引数にマクロを実行したい「時間」を指定し、第2引数に実行するマクロ名を文字列の形で指定します。

■ OnTimeメソッド

```
Application.OnTime 実行時間, 実行マクロ
```

例えば、「macro1」というマクロを「14:30」に実行したい場合には、次のようにコードを記述します。

```
Application.OnTime TimeValue("14:30"), "macro1"
```

ただ、時間を指定してマクロを実行するよりは、「**今から○○分、○○秒後に実行**」という形で指定したい場合の方が多いでしょう。そのような場合には、「**Now + 指定時間数**」といった形でコードを記述します。次のコードでは、「今から10秒後」にmacro1を実行します。

```
Application.OnTime Now + TimeValue("00:00:10"), "macro1"
```

また、OnTimeメソッドで実行するマクロ内で、さらにOnTimeメソッドを実行すれば、一定時間ごとに処理を実行することも可能です。そのような場合には、マクロの**再帰呼び出し**の仕組みを利用します。

次のコードでは、マクロ「タイマースタート」を実行すると、1秒ごとにセルB2の値を「1」ずつカウントアップしていき、セルB2の値が「10」に達したらメッセー

ジを表示して処理を終了します。

マクロ6-5

```
Sub タイマースタート()
    'セルB2の値を「0」に初期化し、1秒後にCountUpをスタート
    Range("B2").Value = 0
    Application.OnTime Now + TimeValue("00:00:01"), "CountUp"
End Sub

Sub CountUp()
    'セルB2の値を「1」だけ加算し、「10」に達しない場合には再呼び出し
    Range("B2").Value = Range("B2").Value + 1
    If Range("B2").Value < 10 Then
        Application.OnTime Now + TimeValue("00:00:01"), "CountUp"
    Else
        MsgBox "カウントが10に達しました"
    End If
End Sub
```

実行例 **値をカウントアップ**

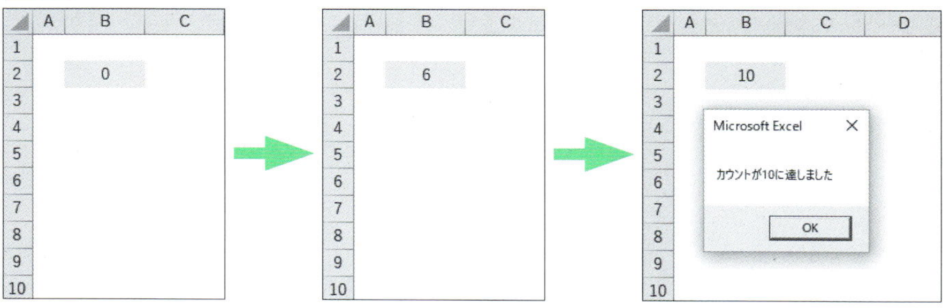

　再帰的にマクロを呼び出す処理を作成する場合には、停止条件を判定するコードを用意しておかないと、無限ループになってしまいますのでご注意を。

　ちょっとしたクイズ・コンテンツのようなお遊びのアプリケーションを作成する際にも応用できそうですね。

タイマー処理と注意点

OnTimeメソッドを利用したタイマー処理を行う際には注意点が2つあります。1つ目は、OnTimeメソッドで指定できる実行間隔の最小単位は「1秒」という点です。それ以下は指定不可能です。

2つ目は、OnTimeメソッドで指定したマクロは、「必ずその時間に実行する」というわけではない点です。PCの使用状況によっては遅れる場合もありますし、「F2」キーをクリックしたり、数式バーを利用してセルの値を編集している最中等は実行されません(編集が終わった時点で実行されます)。あくまでも、「指定時間に実行できそうなら実行します」程度の約束なのです。厳密なタイミングが必要な処理や、必ず指定時間を知らせてほしいアラームのような処理にはあまり向いていない点に注意しましょう。

Column OnTimeメソッドの4つの引数

実はOnTimeメソッドには4つの引数が用意されています。3つ目の引数では、「この時間を過ぎたら実行自体を中止」する時間を指定します。セルの編集等の不測の事態で実行が遅れた場合に、実行自体をキャンセルする時間が指定できます。4つ目の引数は、明示的に実行予約をキャンセルしたい場合に利用します。より詳しい利用方法は、リファレンス(https://msdn.microsoft.com/ja-jp/VBA/Excel-VBA/articles/application-ontime-method-excel)を参照してください。

Chapter7

プログラムにつきものな、エラー処理とデバッグ

本章では、エラーが出た場合の動作と対処方法、それに、エラーを見越した処理の作成方法をご紹介します。プログラムの作成にエラーはつきものです。毛嫌いするのではなく、「うまくいっていない箇所を突き止めるための味方として活用しよう」くらいの気持ちで対処していきましょう。

7-1 エラーが出るとどうなる？

本章では、エラーに出会った時の例と、その対処方法をご紹介します。特にエラーに悩んでいないのであれば、本章は読み飛ばしていただいて構いません。また、エラーに遭遇してから、必要なところをパラ見していただいても構いません。

3種類のエラーと発生タイミングと基本的な手当て

VBAで開発を行っていくうちに、おそらく誰もがさまざまなエラーに遭遇することになるでしょう。VBEはエラーが発生した際に、その旨をダイアログ表示して伝えてくれますが、その表示タイミングは、大きく分けて3つに分けられます。

▶3つのエラー

種類	概要
コンパイルエラー	コード記述時に表示されるエラー。主にスペルミス、カッコの閉じ忘れ、文法ミス等
実行時エラー	マクロを実行してはじめて表示されるエラー。主に対象オブジェクト指定ミスや、プロパティ・メソッドの利用方法のミス等
論理エラー	エラー表示されないエラー。プログラム的にはエラーなく実行できるものの、意図と違う動作となってしまう現象。厳密にはエラーと言うよりは、何かを勘違いしたまま、「間違った」コードを記述してしまっている状態

●コンパイルエラー

コンパイルエラーは、主にコードの記述中に出会うエラーです。単純なスペルミスや、文字列や引数を指定する際のダブルクォーテーションやカッコの閉じ忘れ、うっかりステートメントの途中で「Enter」キーを押してしまって改行が挟まってしまった時等、さまざまな場面で遭遇します。

例えば、VBAでは変数名には「数字から始めてはいけない」というルールがありますが、このルールをうっかり忘れて変数を宣言した場合には、その時点で図のようなエラーメッセージダイアログが表示されます。

▶コンパイルエラーの例

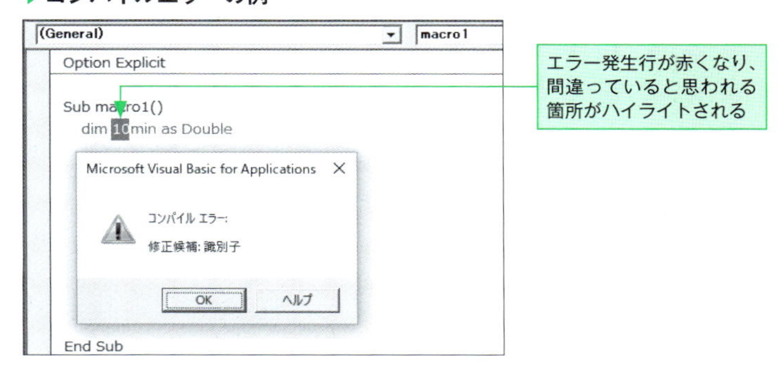

エラーが発生した場合には、VBEが**エラー発生行**（ステートメント）を赤字で強調表示し、さらに、原因と思わしき場所がある場合にはその部分をハイライト表示します。

同時に表示されるダイアログには、エラー修正の手がかりとなる**エラーメッセージ**が表示されます。ただ、このメッセージは、慣れるまでは、いえ、慣れてもあまり頼りにはなりません。ヒントの1つくらいに考えましょう。OKボタンを押してダイアログを閉じ、該当箇所を修正しましょう。正しく修正すれば、赤字の強調表示も解除されます。

また、コードを入力してすぐにエラー表示されるのではなく、「実行できるかどうかを確認するタイミング」でコンパイルエラーが発見される場合もあります。VBAでは、「Sub/ユーザーフォームの実行」ボタンを押す等でマクロが実行を命令すると、まずは**コンパイル**という作業を行い、全体的な文法のチェック等をざっと行います（他言語で言うところの「コンパイル」とは少し動作が違います）。その時点で問題なければ、マクロの実行を開始しますが、問題が見つかった場合には、次図のようにコンパイルエラーを表示します。

この図では、「Option Explicitで変数の宣言強制モードにしているのに、変数を宣言せずに代入をしているコードがある」ためにエラーとなっています。このケースでは、VBEがエラー発生箇所と判断した部分がハイライトされ、エラーメッセージが表示されます。

▶コンパイル時にエラーが見つかった場合

そして、**OK**ボタンを押してエラーメッセージを消去すると、次図のように、マクロ名の部分が黄色くハイライトされ、左のインジケーターバーに黄色い矢印が表示された状態になります。この状態は、**実行待機状態**となっており、「矢印の部分でマクロの実行を一時停止していますよ」ということを示しています。

▶一時停止状態になったところ

まずは、ツールバーの**リセット**ボタンを押して実行待機状態を解除します。それからゆっくりミスのある箇所を修正しましょう。

なお、このコンパイルは、VBEのツールバーから、**デバッグ→VBAProjectのコンパイル**を選択しても実行できます。メニューから明示的にコンパイルを選択した場合には、エラー発見後に、実行待機状態になることはありません。

コンパイルによって、通常作業でコードを追加していった際には気づかなかったエラーを発見してくれることも間々ありますので、特に、大きめの処理を作成している時には、定期的なタイミングで、また、保存前にコンパイルしてチェックしてみるクセをつけておくとよいでしょう。

●実行時エラー

コンパイルエラーと違い、マクロを実行してはじめて発見されるのが、**実行時エラー**です。典型的な例としては、「3枚目のシートが存在しない状態で『Workshee ts(3).Select』と記述する」等、文法的には問題ない(コンパイル時のチェックには引っかからない)コードを記述した場合です。このように、「実は対象ブックには1枚しかシートがなかったので、3枚目のシートは扱えない」というような、「**実際に試してみたら駄目だったコード**」を発見した場合に表示されるエラーです。

実行時エラー発生時には、次図のようなダイアログが表示されます。

▶実行時エラーの例

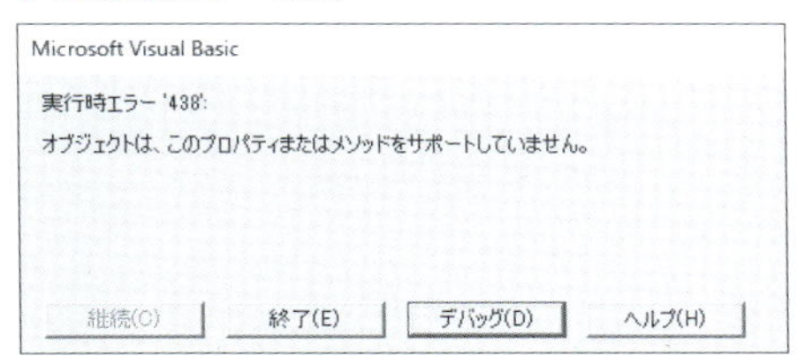

終了ボタンを押すと、その時点でマクロの実行を終了します。**デバッグ**ボタンを押すと、下図のように、エラーの発生したステートメントがハイライトされた、実行待機状態となります。

▶実行待機状態

```
Sub macro3()
    Debug.Print "エラー発生前に記述されたコードは"
    Debug.Print "実行された状態となります"
    'スペルミスがあるコード(Range → Ronge)
⇨   Worksheets(1).ronge("A1").Value = "VBA"
```

図の例では、「Range("A1")」と記述するところを、「ronge("A1")」とスペルミスしています(これはコンパイル時に見つけてほしいミスなのですが、見つからない記述なのです)。実行待機状態の場合には、そのままミスを修正し、ツールバーの**継続**ボタンを押せば、その時点からマクロを再開します(なお、ツールバーの「継続」ボタンは、「Sub/ユーザーフォームの実行」と同じボタンです。同じボタンでも、表示される名前は実行時の状態によって適宜変わります)。

ここで1つ注意をしてほしいのは、「**実行時エラーが発生した場合には、エラーが発生したステートメントより上の行にあるステートメントは、既に実行されている**」点です。図の例でも、2行に渡って文字列を出力するコードが記述してありますが、このコードは実行時エラー発生時には既に実行されています。

▶エラー発生箇所以前のコードは実行されている

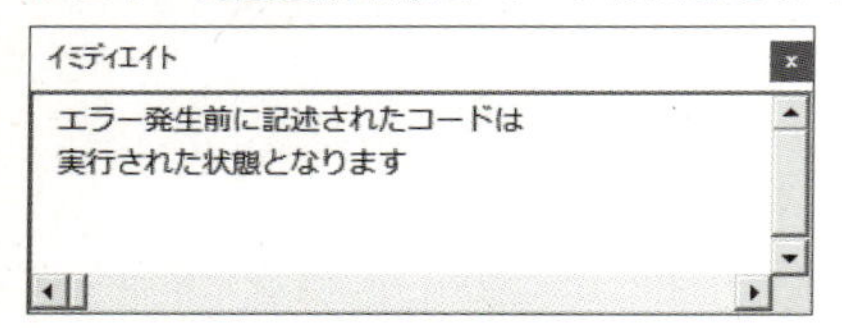

つまり、実行時エラーを修正して、さあ、もう一度作業をやり直そうと思っても、既に実行されているコード分の作業は、手作業で戻す等のセットアップ作業が必要になる場合が出てくる、ということです。

「バグの残っていそうなマクロをテストする前には、いったん保存/別名保存しておく」というクセをつけておくと、この「巻き戻しセットアップ」作業が楽になるでしょう。

Column なぜコンパイル時にエラーとならないのか？

実行時エラーの例として、「Range」と書くべきところを「ronge」と書いてしまったケースを紹介しました。これは、あきらかにスペルミスなのですが、なぜコンパイル時にエラーとならなかったのでしょうか？

VBAでは、開発者が独自の関数やオブジェクトを作成してマクロ内で使用することができます。そのため、あきらかなスペルミスであっても、「もしかしたらronge関数やrongeオブジェクトが存在するかも？」と判断されて、コンパイルの段階ではエラーとならないのです。オブジェクト名の間違いはよくあるケースですので、注意していきましょう。

●論理エラー

「エラーが発生することなく終了するけど、結果が意図したものと違う」。そんな最悪な状態が**論理エラー**です。例えば、次のコードと結果の図を見てください。これは、セル範囲C4:E4に配列の値を入力するものです。

マクロ7-1

```
Range("C4:E4").Value = Array("りんご", 120, 18)
```

実行例 コードの実行結果

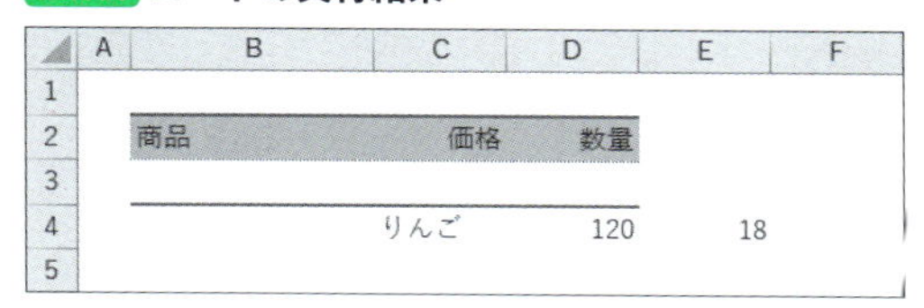

	A	B	C	D	E	F
1						
2		商品	価格	数量		
3						
4			りんご	120	18	
5						

たしかにコードの記述通りに実行されているのですが、これはどう考えても、本来意図していた場所に値が入力されている状態ではありません。あきらかに「間違い」なのですが、VBEとしては、書いてある通りに実行できているので「エラー」ではありません。このような状態が論理エラーです。

論理エラーは、発生してしまうと非常に発見が難しいやっかいなエラーです。短いコードであればまだしも、長いマクロで発生してしまうと、いったいどこが問題の部分なのかを突き止めるのが非常にやっかいです。以降のトピックでご紹介するようなVBEの機能を駆使して、何とか見つけ出して修正していきましょう。

Column 基本は「止めて修正」だけれども、止める前に状態チェックを

エラーが発生した時の基本は、「ダイアログを閉じる」「実行待機状態であれば停止する」「修正する」という手順になりますが、実は、実行待機状態の時に有効な仕組みやツールが用意されています。

実行停止状態では、各種のプロパティの値や変数の値等は、エラー発生時の時の値を「保持したまま」の状態を保ちます。そこで、実行待機状態の時に、イミディエイトウィンドウに「? "値のチェック：", 変数名」等と入力して、Enterキーを押してみましょう。

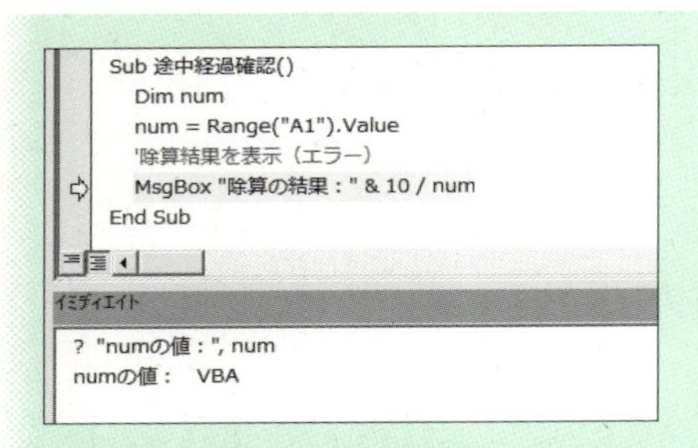

すると、その時点での変数の値がチェックできます。上記の例では、数値を扱うはずであった変数numの値をエラー発生時にチェックしたところ、「VBA」という文字列が代入されていることがわかります。この情報を元に、どこで意図していない値が代入されてしまったのかをたどって修正していくわけですね。

このように、エラー発生時の実行待機状態では、その時点での変数やシートの状態を確認できる仕組みとなっています。エラー発生に慣れてきたら、この仕組みを利用して、意図していた値がきちんと入力されているのかどうかをチェックを行いながら修正作業を進めていきましょう。

7-2 エラーを追い詰めるための頼もしい武器

本トピックでは、エラーの発生個所を突き止める際に有効な機能をご紹介します。

1つひとつの動きを「ステップ実行」で確認する

まずは、**ステップ実行**機能です。これは、「1行1行コードを実行し、その結果を確かめられる機能」です。

ステップ実行を行いたいマクロ内の任意の位置をクリックし、メニューより、**デバッグ→ステップイン**を選択するか、**F8**キーを押します。すると、マクロタイトル部分が黄色くハイライトされ、インジケーターが表示された状態で、実行待機状態に入ります。

▶ステップ実行開始状態

```
Option Explicit

Sub ステップ実行で確認()
    '商品・価格・数量を入力
    Range("B3").Value = "りんご"
    Range("C3").Value = 120
    Range("D4").Value = 18
End Sub
```

この状態から、再び**F8**キーを押すと、インジケーターが1ステートメント分だけ進みます。この時、インジケーターが進んだ部分のコードは実行され、再び実行待機状態になります。つまり、「F8」キーを押すたびに1つずつステートメントが実行されます。

ステップ実行を行っている間は、マクロは実行待機状態を保つため、都度、Excel画面に戻って実行結果を確認していけば、コードと実行結果の因果関係がはっきりとつかめます。

1
2
3
4
5
6
7
8
9
10
11
12
13
14
15
16
17
18
19

▶Excel画面に切り替えて確認

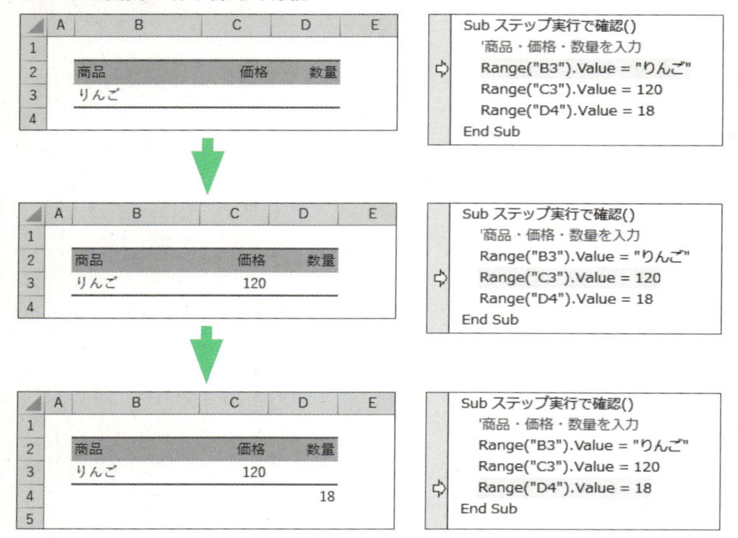

上記の図のサンプルでは、3行のコードのうち、3つ目を実行後に値が意図したセルとはズレて入力されますので、問題は3行目のコードであることが突き止められますね。

また、ステップ実行中でも、**継続**ボタンを押せば、残りの部分のコードを一気に実行できますし、**リセット**ボタンを押せば、その時点でマクロを中断できます。

Column 超オススメ！ Excel画面とVBE画面を並べて確認

ステップ実行を行う際にお勧めの画面構成が、「Excel画面とVBE画面を横に並べて実行する」スタイルです。手作業でそれぞれの画面の大きさを調整して並べてもよいのですが、Windows10であれば、Excel画面を表示して「Windowsキー＋←キー」で左半分サイズにExcel画面を表示し、VBE画面で、「Windowsキー＋→キー」で右半分サイズにVBE画面を表示してしまいましょう。この状態で「F8」キーを押してステップ実行をしていけば、コードと実行画面を、同時に見ながら結果を確認していくことができます。

「マクロの記録」機能で記録したコードの内容を調べる際にも有効な、筆者のお気に入りの開発スタイルです。是非一度お試しを。なお、元に戻す場合には、「Windowsキー＋逆向きの矢印キー」を押しましょう。

ブレークポイントを設定してあやしい箇所を絞り込む

コードウィンドウの左端部分のインジケーターバーは、クリックするとマークが付き、その行のコードが強調表示されます。このマークは**ブレークポイント**と言い、マクロを実行してブレークポイントまで達すると、その時点で実行待機状態になります。

▶ブレークポイントを設定

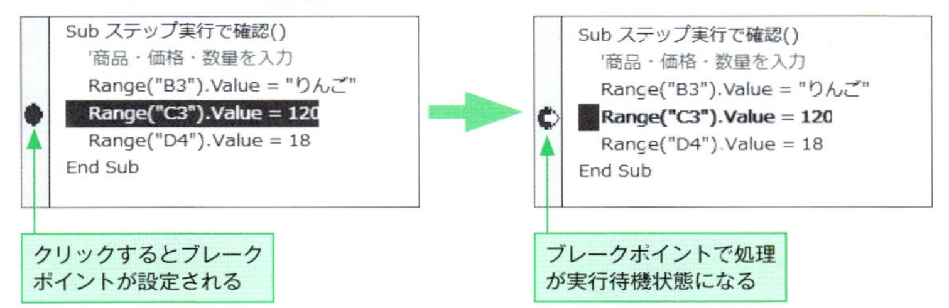

ステップ実行をしたいけど、詳しく調査したい場所がマクロの先頭部分から遠い、というようなケースでは、ブレークポイントを指定しておくと、ピンポイントでその部分を狙い撃ちできますね。実行待機状態になったら、そこからF8キーを押せば、ステップ実行へと移行できます。

なお、ブレークポイントを解除するには、もう一度インジケーターバーをクリックします。

StopとAssertで確認ポイントを設定する

ブレークポイントの設定は、いったんExcelを終了するとクリアされます。そこで、毎回同じ箇所をブレークポイントに設定したい場合には、**Stopステートメント**が利用できます。

Stopステートメントを含むマクロを実行すると、Stopステートメントの部分で実行待機状態となります。「書くブレークポイント」として機能する仕組みと言えます。

▶Stopステートメントで一時停止

```
Sub Stopで常に一時停止()
    '商品・価格・数量を入力
    Range("B3").Value = "りんご"
    Range("C3").Value = 120
    'ここで一時停止
    Stop
    Range("D4").Value = 18
End Sub
```

また、Stopステートメントは問答無用で実行待機状態となりますが、指定した条件式を満たさない場合にのみ実行待機状態となる仕組みも用意されています。それが、**Debug.Assertメソッド**です。Assertメソッドは、引数に指定した条件式が「True」の場合は何ごともなく素通りし、「False」の場合は実行待機状態となります。

■Debug.Assertメソッド

```
Debug.Assert 機能を停止する条件
```

次の図の例では、priceの値が0より大きい場合は実行待機状態となります。

▶Debug.Assertメソッドで一時停止

```
Sub Assertで異常検出()
    Dim price As Long
    price = -100
    '「変数Priceが0より上」という式を満たさない場合は一時停止
    Debug.Assert price > 0
    Debug.Print "価格：", price
End Sub
```

どちらも、開発途中に気になる部分に挟み込んで利用できる便利な仕組みですね。ただし、開発完了時にうっかり残したままにしておくと、ユーザーがマクロを実行したら、突然「謎の画面（VBEのこと）」が表示されてパニックになって問い合わせの電話がかかってくる、なんて事態を招くかもしれません。利用する際には、「最後に検索して取り除く作業を行う」クセをつけるようにしましょう。

ローカルウィンドウとウォッチウィンドウで途中経過を一覧表示

実行待機状態中に、**表示→ローカルウィンドウ**を選択して**ローカルウィンドウ**を表示すると、その時点で利用している変数と格納されている値を一覧することができます。例えば、2つの変数「price」と「nameList」を利用するマクロを実行したとします。

マクロ7-2

```
Dim price As Long, nameList() As Variant
'変数に初期値を代入
price = 100
nameList = Array("りんご", "みかん", "ぶどう")
'一時停止して確認
Stop
```

末尾のStopステートメントにより実行待機状態になった時にローカルウィンドウを表示すると、次のような状態となります。

▶ローカルウィンドウを表示

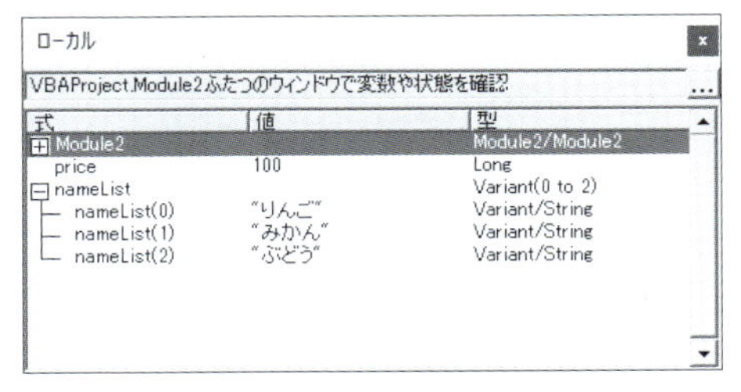

変数名・値・データ型等が一覧表示されます。配列の場合には、各要素の値まで確認できます。

また、**表示→ウォッチウィンドウ**で表示される**ウォッチウィンドウ**では、注目したい変数や式を登録しておくと、その値をピックアップして監視することが可能となります。

ウォッチウィンドウを表示し、表内の任意の箇所を右クリックして**ウォッチ式の追加**を選択すると、次図のダイアログが表示されます。**式**欄に、注目したい変数名等を入力して、**OK**ボタンを押せば登録完了です。

▶ウォッチ式の登録

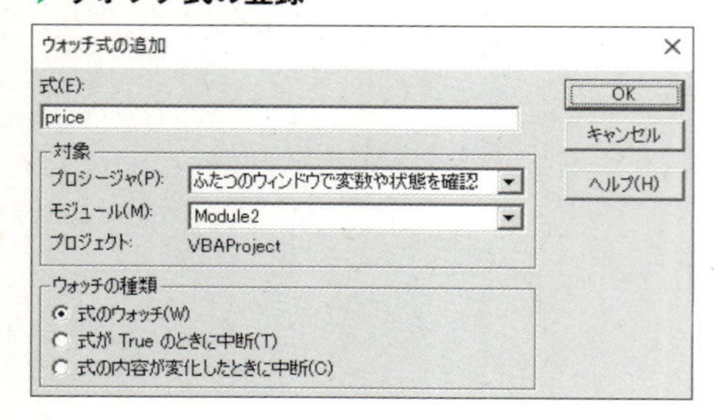

あとは、実行待機状態になった時にウォッチウィンドウを表示すれば、登録したウォッチ式の内容がチェックできます。

▶ウォッチウィンドウで確認

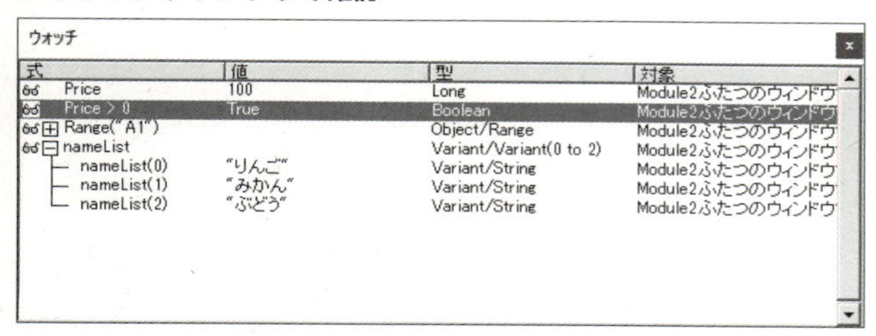

ウォッチ式は、単に変数名を指定することもできれば、「`price > 0`」といった条件式から、「`Range("A1")`」といったオブジェクトやプロパティ値の指定等、さまざまな「式」を追加できます。マクロ実行中に気になるパラメータのみをピックアップして一覧確認できるので、非常に便利です。

また、ウォッチ式を追加する際に、**ウォッチの種類**欄で、「式の内容が変化したときに中断」等のオプションを指定しておくことにより、任意の変数やプロパティの値が変化した時に実行待機状態に移行させることも可能です。「任意の変数やセルの値が意図していない値になってしまう」等のケースでは、原因となる箇所を見つけ出すツールとして、このオプションが非常に役に立ちます。

なお、ウォッチ式に登録する際には、VBE上で登録したい変数名や式をドラッグして選択しておき、右クリックして表示されるメニューから**ウォッチ式の追加**を選択してもOKです。

Column エラー発生時のダイアログ表示を止める

VBEでは通常、コンパイルエラー発見時にはエラーメッセージをダイアログ表示します。しかし、単純なスペルミスやうっかり「Enter」キーを途中で押してしまった時等にもいちいちダイアログが表示され、「わかってるのに！」「今直すつもりだったのに！」と、作業が中断されてリズムが狂ってしまうこともあります。そんな時は、エラーダイアログの表示を止めてしまいましょう。

ツール→オプションを選択して、「オプション」ダイアログを表示し、**編集**タブの**自動構文チェック**のチェックを外します。

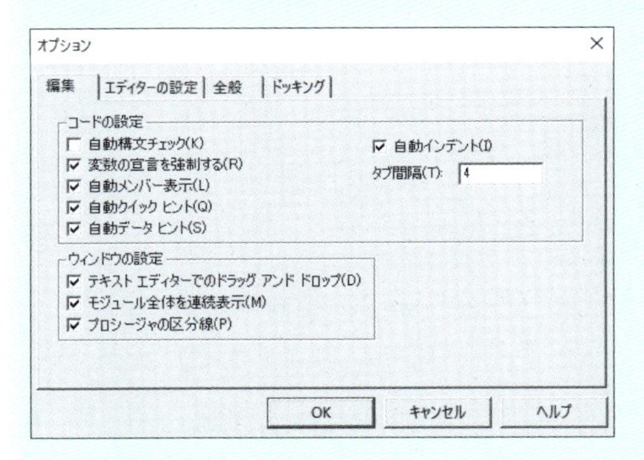

これで、スペルミスやカッコの閉じ忘れ等の「文字が赤くなる系のエラー」発生時には、ダイアログ表示はされなくなります。この状態でも、VBE側でミスを発生した時には、コードが赤くなって知らせてくれますので、ミスをしたこと自体はわかるようになっています。

いちいちダイアログを消すのが面倒だと感じていた方には、特にお勧めの設定です。

7-3 エラートラップでプログラム的に処理する

実行時エラー発生時には、エラーメッセージが表示され、マクロが一時中断されます。これはこれでエラー発生箇所や原因を突き止めるのに便利なのですが、いきなりVBE画面が表示されるのは、仕組みを知らないユーザーにとっては、かなりの恐怖を伴います。

こういったケースのためだけというわけではありませんが、VBAにも、「エラーが発生した場合、マクロを中断せずに、専用の処理を実行する」仕組みが用意されています。

エラー発生時に特定のラベルへジャンプする

VBAでエラー発生時に専用の処理を実行する仕組みを、**エラートラップ**と言います。エラートラップを作成するには、**On Errorステートメント**を利用します。On Errorステートメントの基本的な構成は以下のようになります。

■ On Errorステートメント

```
On Error GoTo ラベル名
エラーの発生する可能性のあるコード
Exit Sub

ラベル:
エラー発生時に実行するコード
```

実際のコードは以下のような形になります。次のコードは、基本的には、「集計」シートのセルA1に値を入力するものです。しかし、実行時に「集計」シートが存在しない場合にはエラーとなります。そこで、エラー発生時には、エラーの種類をチェックし、「インデックスが有効範囲にありません」というエラーの場合には、「集計」シートをマクロから追加し、元の処理へと戻すようにしています。

マクロ7-3

```
'エラー発生時はラベル「ErrorHandler」にジャンプ
On Error GoTo ErrorHandler
'「集計」シートに値を入力
Worksheets("集計").Activate
Worksheets("集計").Range("A1").Value = 1000
'処理を終了
Exit Sub

'以下、エラー処理
ErrorHandler:
'エラーの種類が「インデックスが有効範囲にありません」かをチェック
If Err.Number = 9 Then
    '「集計」シートを追加し元の処理へ戻る
    Worksheets.Add.Name = "集計"
    Resume
Else
    'メッセージを表示して処理を終了
    MsgBox "予期せぬエラーが発生しました。下記の番号をお知らせください" & _
        vbCrLf & "エラー番号：" & Err.Number, vbExclamation
End If
```

実行例「集計」シートに値を入力

	A	B	C	D
1	1000			
2				
3				
4				
5				

集計　Sheet1

エラーのトラップを開始したい箇所で「**On Error GoTo ラベル名**」と記述すると、以降の箇所でエラーが発生した場合には、「**ラベル**」の部分へとジャンプします。

ラベルを作成するには、「**ラベル名:**」と、任意の名前の後ろにセミコロンを付けてEnterキーを押します。上記の例では、「ErrorHandler」という名前のラベルを作成しています。ラベルは、一通りエラーが発生しなかった場合の通常処理を書き終えた後の行に配置するのがよいでしょう。この時、ラベルの前の行には、「Exit Subステートメント」をセットで記述します。2つセットで、「**ここまでは通常処理、**

これ以降はエラー処理」という区切りとなります。

エラー処理内では、**Errオブジェクト**を通じて、発生したエラーに関する情報を得られます。よく利用するのは、エラー番号をチェックできる「Numberプロパティ」と、エラーメッセージをチェックできる「Descriptionプロパティ」でしょう。

▶Errオブジェクトの2つのプロパティ

プロパティ	内容
Number	エラーの種類に応じたエラー番号
Description	エラー発生時に表示されるメッセージ

先のサンプルでは、Numberプロパティの値をチェックし、「9」である場合(インデックスが有効範囲にない場合のエラー番号)には、「集計」シートがない状態であると判断し、マクロで「集計」シートを作成します。そして、**Resumeステートメント**でエラーの発生した部分へと復帰し、もう一度エラーの発生したステートメントを実行し、そのまま処理を続行します。

Column Resumeステートメント

Resumeステートメントは、エラー処理内で利用すると、エラーの発生した箇所をもう一度実行するステートメントです。エラー処理内で、エラー発生の原因を解決した後に復帰する際に利用します。

「Resume Next」とすると、エラー発生個所の「次のステートメント」から再開することもできます。

●独自のエラーメッセージを表示する

また、エラー番号が「9」ではない場合は、MsgBox関数を利用してユーザーにエラーの発生を知らせる独自のメッセージを表示しています。エラーダイアログ表示とは違い、VBE画面に移ることなくExcelの画面のままエラーの発生を穏便に伝えられるので、マクロに慣れていないユーザーも、それほどびっくりしないでしょう。例えば、次のダイアログは、「集計」シートは存在するけど、シートに保護がかかっていた場合に表示されるメッセージです。

▶エラートラップにより独自のメッセージを表示

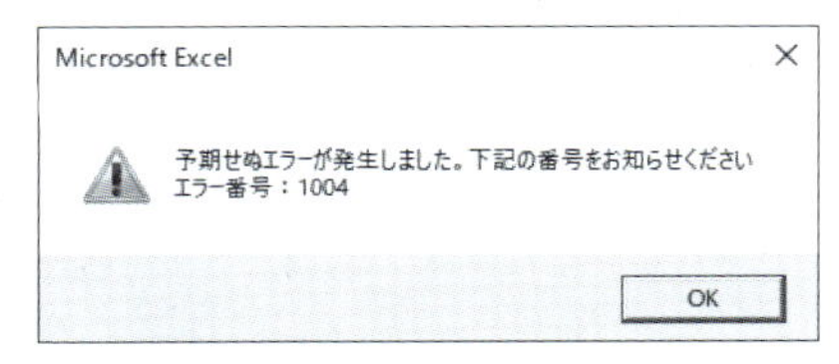

独自のメッセージには、「エラーへの対処方法や連絡先、連絡がきた場合に手がかりとなるエラー番号」等を添えて表示しておくのがお勧めです。さらに詳しい情報もほしい場合には、エラー処理内でエラー発生時の状況をシートやテキストフィルに書き出しておく仕組みを用意するのもよいですね。そのファイルを送ってもらい、コードのブラッシュアップを行うのです。

ともあれ、エラートラップの基本は、「**On Error GoTo ラベルでトラップ開始**」「**Exit Subまでは通常処理、ラベル以降はエラー処理**」「**エラーの情報はErrオブジェクト経由でチェック**」というルールとなります。

Column エラートラップを解除するには

エラーのトラップを途中で解除するには、「On Error GoTo 0」ステートメントを利用します。

```
On Error GoTo ラベル名
エラーの発生する可能性のあるコード

On Error GoTo 0
以降はトラップを行わないコード
```

マクロ内の一部の箇所でエラートラップを利用したい場合には、上記のように該当箇所のみを挟みこむような形でコードを記述しましょう。

エラーを無視する

次のような形で**On Error Resume Nextステートメント**を利用すると、エラーをトラップするのではなく、「エラーが出たコードは無視して次のステートメントからマクロを続行してしまう」こともできます。

■ **On Error Resume Nextステートメント**

```
On Error Resume Next
エラーの発生する可能性のあるコード
On Error GoTo 0
以下は通常のコード
```

少々強引なように思えますが、以下のように記述します。次のコードは、「既存の『集計』シートを削除し、新規に作り直した『集計』シートに値を入力する」という意図のものです。

マクロ7-4

```
'エラーを無視して処理を続行
On Error Resume Next
'既存の「集計」シートを削除
Application.DisplayAlerts = False
Worksheets("集計").Delete
Application.DisplayAlerts = True
On Error GoTo 0
'「集計」シートに値を入力
Worksheets.Add.Name = "集計"
Worksheets("集計").Range("A1").Value = 1000
```

「Worksheets("集計").Delete」というコードは、「集計」シートを削除するものですが、「集計」シートが存在しない場合に実行するとエラーとなります。そこで、On Error Resume Nextステートメントを利用し、エラーが発生した場合は無視して処理を再開し、「新規『集計』シート追加→値を入力」という処理を続行します。

これならば、「集計」シートが存在する場合も存在しない場合も、同じコードでまかなえます。ややイレギュラーな対応になりますが、場面によってはとてもシンプルなコードを作成できる仕組みとなります。

7-4 フリーズ？ 最終手段はExcelの強制終了

非常に処理の重いマクロを実行している時や、うっかり無限ループを行うマクロ(永久に処理の終わらないマクロ)を作成してしまった場合等には、Excelが止まったまま動かなくなる状態となる場合があります。そんな時の2つの対処方法を見ていきましょう。

「Esc」キーで中断する

実行してはみたものの、なかなか終わらない処理を強制的に中断したい場合には、しばらくEscキーを押し続けましょう。手遅れでなければ、コードの実行を中断できます。

▶手遅れでなければ「Esc」キーで中断できる

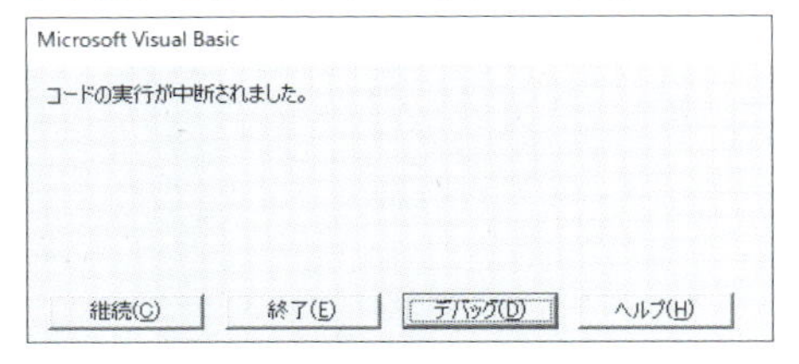

「Esc」キーで中断すると、上の図のようなダイアログが表示されます。実行を停止したい場合には**終了**を押し、実行待機状態にして各種の調査を行いたい場合には**デバッグ**を押しましょう。

最終的には「タスクマネージャー」に頼ろう

「Esc」キーを押しても中断しない。フリーズしたままという場合には、残念ですが手遅れです。Excel自体を**強制終了**するしかありません。Ctrl＋Alt＋Deleteキーを押して、**タスクマネージャー**を表示し、おそらくは「応答なし」状態になっているExcelを選択し、**タスクの終了**ボタンを押します。

▶「タスクマネージャー」による強制終了

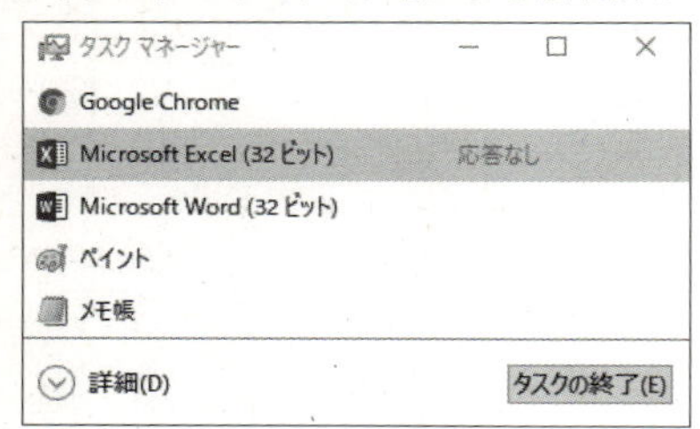

これでフリーズ状態のExcelを強制的に閉じることができます。ただし、この方法では保存していないデータ等は失われますし、Excelブックが壊れてしまう危険性もあります。あくまでも、緊急手段ですので、できるだけフリーズに陥らないコードを作成するように心がけたいものですね。

7-5 エラーを見越した手作り自己防衛手段

さて、ここで、筆者が過去に実際に利用していた、「エラー発見用の防衛手段」をいくつかご紹介します。筆者がVBAを始めた頃はエラートラップの知識はなく、プログラミングの知識はなく、ブレークポイントやウォッチ式は何か敷居が高くて怖くて使えない。そんな状態でした。言わば苦肉の策として利用していた方法の数々です。

正直言って紹介するのは恥ずかしいレベルの単純な仕組みですが、VBAに触れ始めたばかりの方にとっては、当時の筆者と同様に、非常に助かるルールになる場合もあるかと思い、公開させていただきます。

開発中は要所要所でログを書き出しておく

まずはじめは、要所要所に**Debug.Printメソッド**を仕込んで、「いったい、どこまでマクロが実行されたのか」の簡易ログを書き出す仕組みです。

■ **簡易ログの書き出し**

```
コードA
Debug.Print "ブロックAまで無事に通過"
コードB
Debug.Print "ブロックBまで無事に通過"
コードC
Debug.Print "最後まで正常終了！"
```

▶ **簡易ログの例**

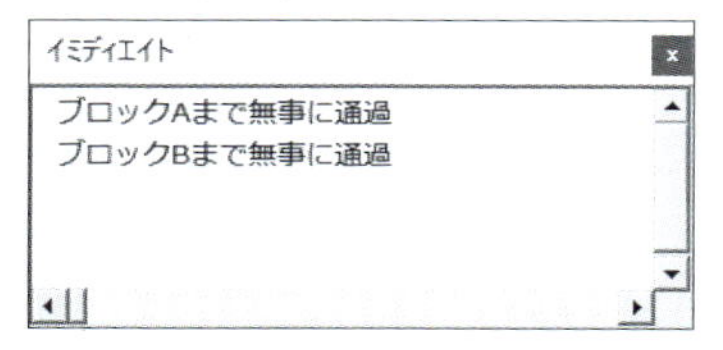

こうしておけば、エラー発生時に、「いったいどこまで意図通りに進んだのか」を

確認できます。特に、マクロが長くなってきたり、いくつかのマクロを連携する仕組みを作成した時等には、処理の流れが意図していた順通りかどうかを知る手がかりにもなります。

長めの処理を実行中に、リアルタイムでイミディエイトウィンドウに出力されるログを見守り、最後のメッセージが無事表示された時には、思わずガッツポーズが出る仕組みでもあります。

さらに一歩進めてマクロ名や気になる値の出力を行っておく

Debug.Printメソッドを利用した出力を行う場合には、「**マクロ名や気になる変数、セルの値等をチェックする記述をまとめておく**」のも効果的です。

例えば次の図のコードは、For Eachステートメントによるループ処理で、セルの値を元に計算を行うものですが、ループの途中でエラーが発生しています。

▶エラーの出るコード

```
Sub 確認用コードで出力()
    Dim rng As Range
    Const SELLING_RATE As Double = 1.2
    '原価を元に仮の販売価格を算出
    For Each rng In Range("C3:C7")
        '## チェック用ログ
        Debug.Print "対象セル：" & rng.Address, "値：" & rng.Value
        '##
        rng.Next.Value = Int(rng * SELLING_RATE)
    Next
End Sub
```

これはセル範囲C3:C7に入力された値に対して順番に「1.2」を乗算した値を計算していくものなのですが、対象のセル内の1つに「調査中」等の文字列が入ってしまっていると図のような状態になります。文字列に対して数値を乗算しようとしてエラーとなっているわけですね。

このような、シート上の値を利用する処理の場合、コードだけを見てもエラーの原因がわかりにくいケースがあります。また、ループ処理内でエラーが発生した場合には、いったい、何回目の何を対象としたループ処理の最中にエラーが発生したのかもすぐにはわかりません。

▶シートの状態

	A	B	C	D	E	F
1						
2		商品	原価	販売価格(仮)		
3		BTD-001	450	540		
4		BTD-002	380	456		
5		BTD-003	調査中			
6		SRY-001	800			
7		SRY-002	850			
8						

そこで、あらかじめループ処理内で、ループ処理の対象や値を出力するコードを書いておくと、エラー発生時にそのログを見ることで、エラーの発生原因がわかりやすくなるのです。

▶出力されたログ

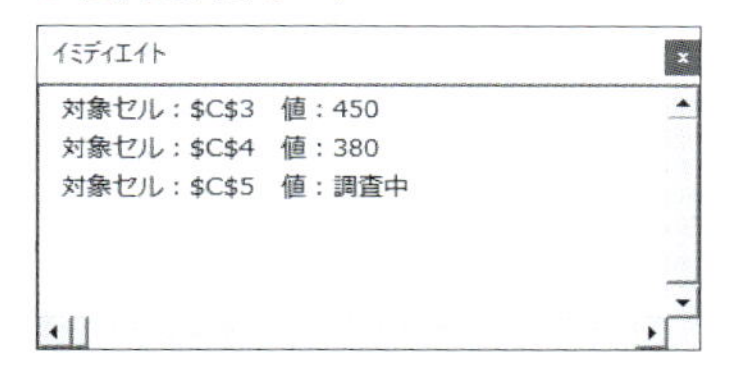

この例では、セル番地と値を出力しています。

```
Debug.Print "対象セル：" & rng.Address, "値：" & rng.Value
```

エラーで止まった際にログを見れば、「セルC5の『調査中』」という場合に止まってしまったことがわかりますね。これを見れば、「よし、じゃあ値のデータ型をチェックする処理を付け加えよう」と、次の手を考える材料になりますね。

修正オペレーションのための目印を用意する

自分で作ったマクロを自分で使うのではなく、マクロの作成を請け負って他の人に利用してもらうような場合には、「**エラーが起きた場合に、教えてほしい情報をまとめたメッセージ**」を表示する仕組みを作っておくのが有効です。

例えば、エラートラップの仕組みを利用して、以下のようなマクロの基本形を決めておきます。

マクロ7-5

```
Const MACRO_ID As String = "MC001"
On Error GoTo ErrorHandler
'ここに実行したいコードを記述
Exit Sub

ErrorHandler:
MsgBox "エラーが発生しました。以下の番号をご連絡ください" & vbCrLf & _
       "ID：" & MACRO_ID, vbExclamation
```

上記の例では、マクロの冒頭で「MACRO_ID」という定数に「どのマクロか判別できるそれっぽい値」を定義してあります。この状態でエラートラップを行い、エラー処理内では、メッセージとともに先ほど用意しておいた定数を表示しています。この仕組みをマクロごとにIDを変えながら作成していけば、「エラーが発生した場合には、VBE画面にいかずに、IDが表示される」という仕組みのマクロブックが作成できます。

複数のマクロにこの仕組みを仕込んでおく場合には、ひな型をコピーする形から作成を始め、マクロ名とIDを変更してからマクロの中身を作成するスタイルで作業を進めるのがよいでしょう。

▶ユニークIDを持たせて表示する

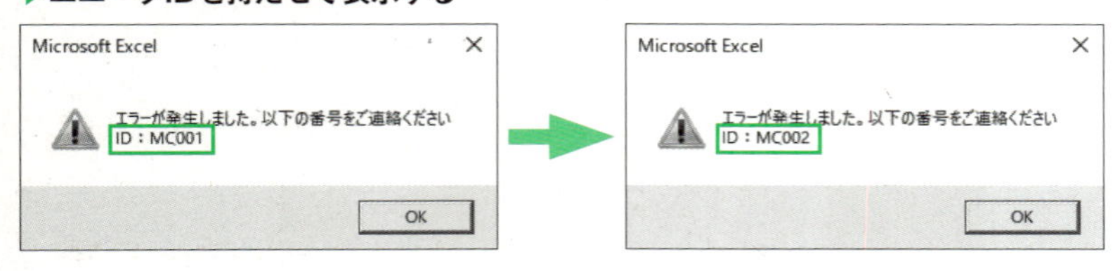

こうしておけば、エラー発生時にユーザーさんはIDを元に開発者に連絡を行うことができ、開発者は、IDを元にエラーの出たマクロを絞り込んでチェックができます。その他、「どこまで進んだか」の情報を示す「進行ID」を用意して表示したり、変数やセルの情報等も表示しておけば、それだけ、修正の際に知りたい情報を的確に伝えてもらいやすくなります。

本来であれば、こんな仕組みを用意せずに、エラーの出ない万全のマクロを作成できるのがベストです。しかし、それはなかなかに難しいタスクです。実際は、「現場のデータで試さないと何とも言えないけど、現場のデータに触らせてもらえない」ようなケースもあります。そういった場合には、このような仕組みが非常に役に立ってくれるでしょう。

　また、チェックしたい情報が結構な量になる場合には、エラー発生時にテキストファイルにログを書き出し、それを送ってもらう、等の方法も有効です。

Column デバッグ用のコードを一括消去するには

　デバッグ用の出力部分のコードは、正式リリースする際には不要になる場合もあるでしょう。一括して消去してしまいたい場合には、「置換」機能（編集→置換）を利用しましょう。

　検索文字列を「Debug*」、置換後の文字列を「""(空白文字列)」に設定し、さらに、パターンマッチングを使用するにチェックを入れて置換すれば、「Debug」で始まる文字列部分を、一気に消去できます。

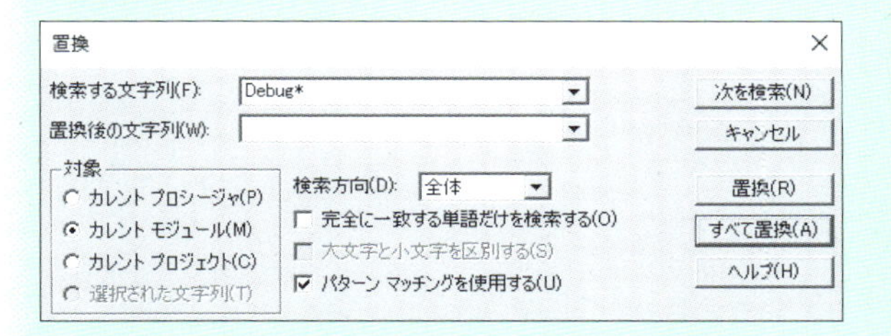

　また、消去するのではなく、一時的にコメント化したい場合には、「Debug」を「'Debug」と、コメントを開始するシングルクォーテーション付きの文字列に置換するのもよいでしょう。

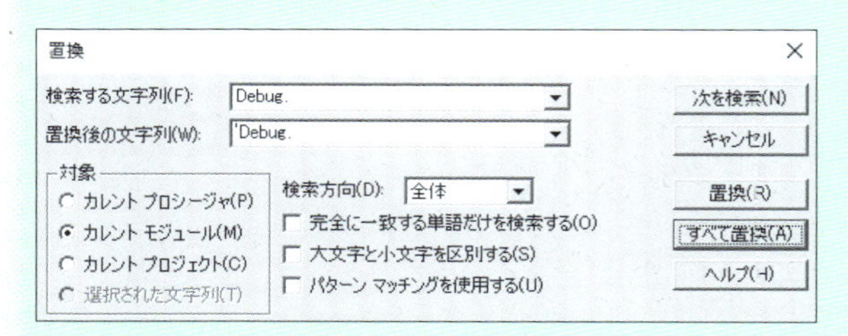

　元に戻すには逆に「'Debug」を「Debug」にしてあげればOKです。

Column VBEの表示色をカスタマイズ

VBEのエディターの表示色は、基本「白地に黒文字」ですが、この表示設定は変更可能です。ツール→オプションで表示される「Excelのオプション」ダイアログ内のエディターの設定タブで、コードの表示色欄の「標準コード」「コメント」「キーワード」「識別子」の4つに関して、それぞれ「背景」(背景色)と、「前景」(文字色)を選択すると、その色は反映されます。また、フォントの指定も可能です。好みの配色や、使い慣れた配色がある場合には、ここで設定しておきましょう。

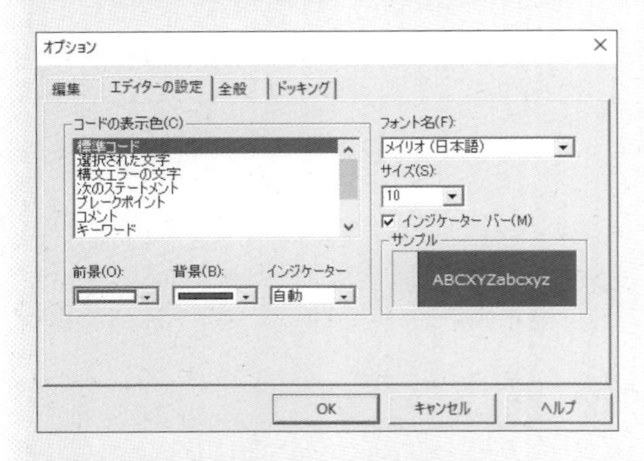

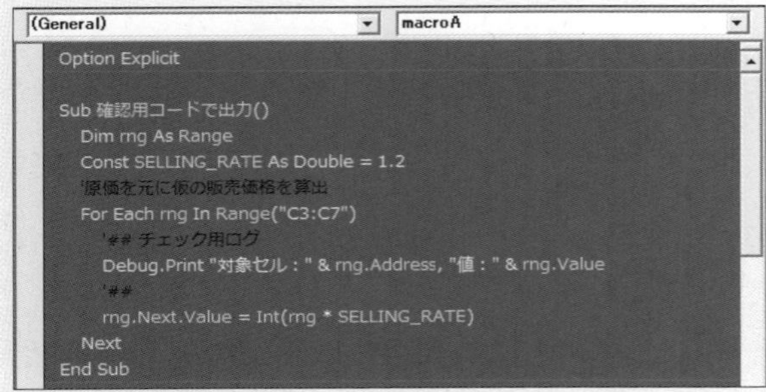

なお、色が設定できるのは、コードウィンドウとイミディエイトウィンドウのみです。プロジェクトエクスプローラーや、プロパティウィンドウは変更できません。

基礎
編

Chapter8

外部ライブラリで VBAの機能を拡張する

本章では、VBAから「外部ライブラリ」を利用する方法をご紹介します。外部ライブラリを利用すると、標準のVBAだけでは解決するのが難しい問題を、簡単に解決できるようになります。言わば、VBAの機能を拡張してくれる仕組みが外部ライブラリです。

8-1 Excelにない機能も外部ライブラリで実現できる

VBAはExcelに用意されている多彩な機能をプログラムから扱えますが、逆に言うと、Excelの機能に用意されていないことは扱えません。しかし、**外部ライブラリ**の仕組みを利用すれば、問題が解決する場合もあります。例えば、「正規表現」「連想配列(ハッシュテーブル)」「ファイル操作」等は、外部ライブラリを利用すれば、扱いが簡単になります。

ライブラリを利用する際の基本はCreateObject

VBAの機能を拡張できる仕組みである外部ライブラリは、実にさまざまなものが用意されています。

▶VBAから利用できるライブラリの例(抜粋)

ライブラリ(クラス文字列)	用途
Scripting.FileSystemObject	ファイル全般を扱うオブジェクト
Scripting.Dictionary	連想配列を扱うオブジェクト
VBScript.RegExp	正規表現を扱うオブジェクト
ADODB.Stream	様々な形式のテキスト・バイナリデータを扱う際に利用できるオブジェクト
Word.Application	Wordを扱うオブジェクト
PowerPoint.Application	PowerPointを扱うオブジェクト
InternetExplorer.Application	InternetExplorer(Webブラウザー)を扱うオブジェクト
MSXML2.XMLHTTP	Http通信を扱うオブジェクト
MSXML2.DOMDocument	XML形式のデータを扱うオブジェクト
SAPI.SpVoice	音声合成を扱うオブジェクト

外部ライブラリは、VBAで扱いやすいようにオブジェクトの仕組みをベースに作成されています。そのため、外部ライブラリの機能を利用するには、「**まず外部ライブラリを扱う窓口となるオブジェクトを作成し、そのオブジェクトを通じて操作を行う**」という形式を取ります。

この、窓口となるオブジェクトを作成する関数が、**CreateObject関数**です。

■**CreateObject関数**

```
CreateObject(ライブラリ・オブジェクトを指定するクラス文字列)
```

CreateObject関数は、引数に利用したいライブラリとオブジェクト（クラス）を指定する**クラス文字列**を指定して実行すると、そのオブジェクトを返す関数です。クラス文字列は、オブジェクトによって決まっています。

CreateObjectで作成したオブジェクトを操作する

CreateObject関数で作成したオブジェクトは、Object型の変数に格納し、以降はその変数を通じて用意されている機能を利用していくことになります。

例えば、次のコードでは、音声合成エンジンである「SAPIライブラリのSpVoiceオブジェクト」を生成し、「ハロー Excel」と喋らせます。

マクロ8-1

```
Dim spVoiceObj As Object
'SAPIライブラリのSpVoiceオブジェクトを生成
Set spVoiceObj = CreateObject("SAPI.SpVoice")
spVoiceObj.Speak "ハロー Excel"
```

このように、

①外部ライブラリのオブジェクトを扱う変数を宣言
②外部ライブラリのオブジェクトを変数にセット
③変数経由で操作

という3手順が、外部ライブラリの機能を利用する典型的なパターンとなります。

Column どんな外部ライブラリが用意されているかを知る方法は？

「VBAから利用できる外部ライブラリにはどんなものが用意されているの？」「どうやって調べればいいの？」と聞かれることがありますが、この質問は非常に困ります。1つは、メチャクチャな数があるため、全部は把握できていないからです。もう1つは、外部ライブラリはユーザーが自由に作成できるため、決まった数のものだけが提供されているわけではないからです。

筆者が言えるのは、「CreateObject VBA 探している用途」というキーワードで検索してみると、探している機能に該当する外部ライブラリの情報にヒットしやすい、ということくらいです。例えば、「CreateObject VBA 正規表現」で検索すれば、ほぼ間違いなくRegExpオブジェクトの情報にたどり着けるでしょう。

Column ActiveXとは何？

外部ライブラリを調べていくと、「ActiveX」という言葉によくぶつかります。シート上に配置できるコントロールにもありましたよね。このActiveXとは、もともとは「Microsoft社のWebブラウザーであるInternet Explorerの機能を拡張する各種の仕組み」を指す言葉でした。ブラウザー上でExcelを表示したいですとか、Word編集したいですとか、そういったことを行うための仕組みですね。その他さまざまな機能を持ったオブジェクトが用意され、それをIEから呼び出せるような仕組みが用意されました。このActiveXコントロールは独自のものを作成することも可能です。

この仕組みで作成されたオブジェクトの中には、IEだけでなくOffice製品全般で使用できるものも多数あり、VBAからも利用できるというわけです。というか、実際は順番が逆で、OLE（Object Linking and Embedding）という「複数のアプリから利用できるオブジェクトの規約」が先にあり、そのうちのWeb関連部分をピックアップしたのがActiveXです。ともあれ、VBAから利用するケースにおいては、「ActiveX」や「OLE」、それに「COM（Component Object Model）」等の単語を含むものを見かけたら、「ああ、いろいろなアプリから利用できるオブジェクトやコントロールなんだな」くらいの感覚で接すればよいでしょう。

8-2 参照設定したライブラリの利用もできるけど……

さて、CreateObject関数経由で外部ライブラリのオブジェクトを利用する方法をご紹介しましたが、実は、この他にも外部ライブラリのオブジェクトを利用する方法が用意されています。それは、ライブラリを**参照設定**して利用する方法です。

参照設定でライブラリを認識させる

VBEのメニューバーで、**ツール→参照設定**を選択すると、「参照設定」ダイアログが表示されます。実は、このダイアログに表示される膨大な量のリストの1つひとつが、外部ライブラリなのです。

▶「参照設定」ダイアログ

VBAでは、Excelの機能を扱うための基本的なライブラリ等、4つのライブラリを標準的に利用しています(ユーザーフォームを扱う場合はプラス1されます)。

その他に利用できる(かもしれない)ライブラリの候補がリスト表示され、利用したいライブラリにチェックを入れて、**OK**ボタンを押すと、そのライブラリのオブジェクトをVBEが認識できるようになります。

参照設定したライブラリの利用法

VBEが認識できるようになると、外部ライブラリとの窓口となるオブジェクトを扱う変数も固有オブジェクト型で宣言できるようになり、CreateObject関数を利用せずとも、New演算子でオブジェクトを生成できるようになります。また、標準のVBAのオブジェクトを利用する時と同様に、コードヒントが表示されるようになります。

例えば、正規表現を行うオブジェクトである**RegExpオブジェクト**は、**Microsoft VBScript Regular Expressions x.xライブラリ**（xはバージョン番号）に用意されているオブジェクトですが、このライブラリを参照設定すると、次のような形で利用できます。

▶**参照設定した場合**

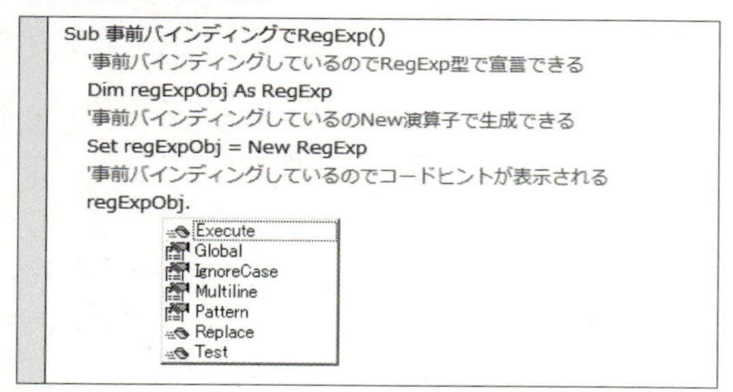

```
Sub 事前バインディングでRegExp()
    '事前バインディングしているのでRegExp型で宣言できる
    Dim regExpObj As RegExp
    '事前バインディングしているのNew演算子で生成できる
    Set regExpObj = New RegExp
    '事前バインディングしているのでコードヒントが表示される
    regExpObj.
```


また、参照設定を行ったライブラリ内のオブジェクトは、オブジェクトブラウザーで調査できるようになるため、用意されているプロパティやメソッド等を調べることが可能となります。

このように、参照設定を行ったうえで、外部ライブラリのオブジェクトを利用する方法を、**事前バインディング（Early Binding）**と呼び、CreateObject関数によって実行時に外部ライブラリのオブジェクトを生成する方法を、**実行時バインディング（Dynamic Binding）**や**遅延バインディング（Late Binding）**と呼びます。

▶参照設定した場合のオブジェクトブラウザー

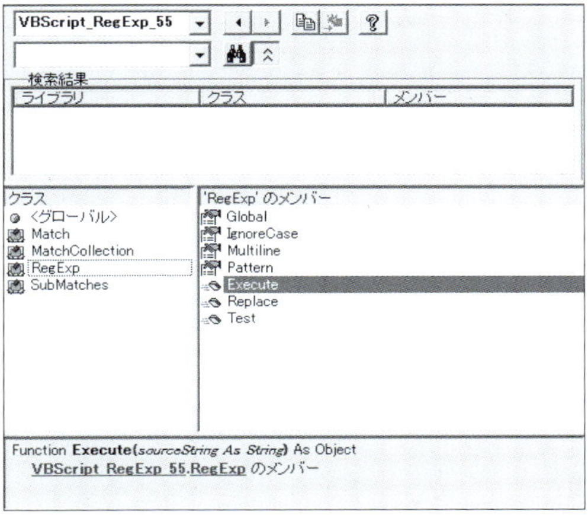

「データ型が指定できてコードヒントも表示されるなんて、事前バインディングの方がいいじゃないか！」と思う方も多いかと思います。しかし、事前バインディングにはデメリットもあるのです。特に、異なる環境のPCへと事前バインディングを行ったブックを持ち込んだ時に、問題が起きる可能性があります。

外部ライブラリは、1つのライブラリが1つのファイルの形で提供されていますが、その保存場所や、そもそも存在しているかどうかは、PCの環境によって異なります。一方、参照設定は「ライブラリファイルのあるパス情報」を元に行っているため、環境の異なるPCでは問答無用でエラーとなる可能性があります。つまり、「危ない」のです。

それに対して、CreateObject関数による生成は、クラス文字列を元にPC内の検索を行い、そのオブジェクトが存在すれば生成を行い、なければ実行時エラーを返す(つまりトラップできる)ため、PCの環境にあまり左右されません。

また、「該当ライブラリがメチャクチャ探しにくい」という問題もあります。「参照設定」ダイアログを見ると納得していただけると思うのですが、外部ライブラリの数が多すぎて、目的のライブラリがどれなのかが非常にわかりにくいのです。そのため、CreateObject関数で決め打ちしてしまった方が圧倒的に手軽なのです。

しかし、実行時バインディングには、「VBEがオブジェクトを認識していないので、Object型変数ベースでの操作になるうえに、コードヒントが表示されない」というデメリットがあります。どちらを利用するかは悩ましいところです。

筆者の個人的なお勧めは、「初めて利用する外部ライブラリのオブジェクトは、ライブラリ名がわかっている場合には参照設定をしてみて、利用できるプロパティやメソッドを確認し、コードヒントを利用して作成する」「慣れてきた場合や、自分のPC以外の環境でも使うような場合は、実行時バインディングへと切り替える」という2段構えでの利用です。

何はともあれ、外部ライブラリを利用すれば、標準のVBAだけでは難しい処理も、簡単にできるようになる場合もあります。利用方法がいまいちわからなくても、今はWebで検索すれば、ある程度の情報にアクセスできる時代です。クラス文字列等を手がかりに検索し、用途に応じて積極的に利用していきましょう。

Column WindowsAPIを利用する方法も

本書では扱いませんが、VBAからWindows全般を操作するために用意されている関数群である「WindowsAPI」を扱う方法も用意されています。興味のある方は、「VBA WindowsAPI」等のキーワードで検索してみてください。

基礎
編

Chapter9

マクロのパーツ化やユーザー定義関数

本章では、複数のマクロを連携する方法や、ユーザー定義の関数の作り方、そして、自作のオブジェクト（クラス）の作り方をご紹介します。大きめの処理を作成する場合には、マクロを分割して管理した方が見通しもよくなり、デバッグやテストを行いやすくなります。複数の仕組みを連携する仕組みを見ていきましょう。

9-1 マクロをパーツ化する

VBAでは、1つのマクロを他のマクロから呼び出す仕組みも用意されています。いわゆる**サブルーチン化**の仕組みです。もともと、個別のマクロは「Sub」から書き始めることからもわかるように、個別の「マクロなサブルーチン」を扱うための言語ですが、複数のサブルーチンを組み合わせることで、比較的大きな処理を整理しながら作成できるようになります。

マクロをCallする

マクロ内から他のマクロを呼び出すには、**Callステートメント**を利用します。

■Callステートメント

```
Call マクロ名
```

次のコードは、「macroA」から、「macroB」という名前のマクロを呼び出すものです。

マクロ9-1

```
Sub macroA()
    Debug.Print "macroAを実行-1"
    'マクロBを呼び出す
    Call macroB
    Debug.Print "macroAを実行-2"
End Sub

Sub macroB()
    Debug.Print "macroBを実行"
End Sub
```

macroAを実行すると、Callステートメントの箇所でmacroBが呼び出されます。macroBの処理が終了すると、macroAへと戻り、以降の処理が実行されます。

実行例 他のマクロを呼び出す

```
イミディエイト
macroAを実行-1
macroBを実行
macroAを実行-2
```

Column 実はCallしなくても呼べてしまう

他のマクロを呼び出す場合、実はCallステートメントを利用せずとも、単にマクロ名を記述するだけでも呼び出せます。

```
'マクロBを呼び出す
macroB
```

記述が簡単ですが、ちょっと唐突すぎるような気もしますね。

マクロに引数を設定する

マクロをパーツ化する際に便利な仕組みが**引数**です。マクロに引数を持たせるには、マクロ名の後ろのカッコの中に、引数とデータ型を指定します。

■ マクロに引数を持たせる

```
Sub マクロ名(引数 As データ型)
    引数を利用した処理
End Sub
```

例えば、次のコードは、Range型の引数「rng」を用意し、rngに与えられたセルに「Hello！」と入力します。

マクロ9-2

```
Sub inputHelloToRange(rng As Range)
    '引数rngに与えられたセルに入力
    rng.Value = "Hello!"
End Sub
```

このマクロを利用するには、次のようにCallステートメントを記述します。

■ Callステートメント（引数付きのマクロの呼び出し）

```
Call マクロ名(引数)
```

引数を指定してCallステートメントを実行する場合には、マクロ名を指定後に、カッコ内に引数を記述します。次のコードは、それぞれセルB2とセル範囲B4:D5を引数に指定して、引数付きのマクロinputHelloToRangeを呼び出すものです。

マクロ9-3

```
Call inputHelloToRange(Range("B2"))
Call inputHelloToRange(Range("B4:D5"))
```

実行例 引数付きのマクロの呼び出し

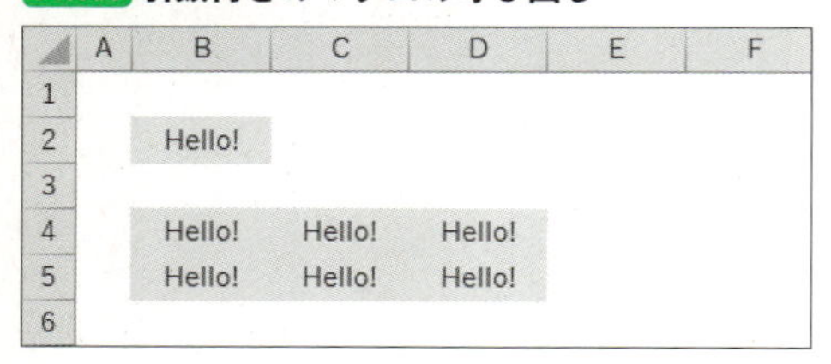

受け取った引数は、変数のようにマクロ内で扱えます。先のマクロ「inputHello ToRange」では、受け取ったRange型のセル範囲へと、引数を通じてアクセスして値を入力しています。

省略可能な引数を設定する

また、引数は、**Optionalキーワード**を利用すると「省略可能」とすることができます。その際、値を扱う引数にデフォルト値を設定することも可能です。

■ マクロに省略可能な引数を持たせる

```
Sub マクロ名(Optional 引数 As データ型 = デフォルト値)
```

次のマクロ「multiply」は、「rng」と「num」の2つの引数を持ちますが、2つ目の引数「num」は「省略可能な引数」です。引数として渡されたセル範囲の値を、同じく引数で渡された値で乗算します。

マクロ9-4

```
Sub multiply(rng As Range, Optional num As Long = 2)
    'rngへとnumの値をかける
    rng.Value = rng.Value * num
End Sub
```

このマクロを2つの方法で呼び出してみましょう。1つ目は、セルと乗算する値を指定しています。2つ目は、セルだけを指定して呼び出します。

マクロ9-5

```
'引数を2つ指定
Call multiply(Range("B2"),5)
'2つ目の引数を省略
Call multiply(Range("B4"))
```

実行例 **マクロの呼び出し結果**

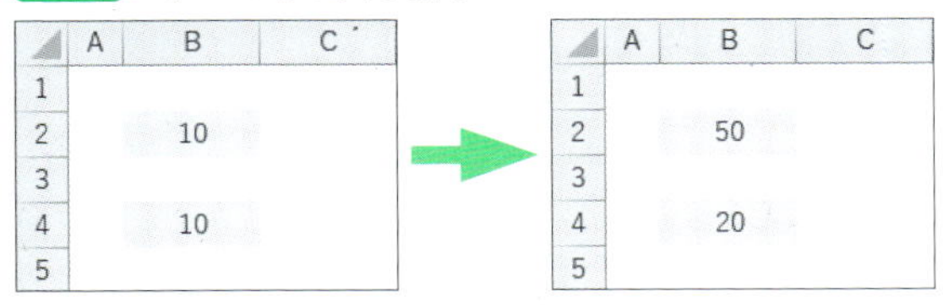

引数「num」を指定して呼び出した場合は、その値を利用した計算が行われ、指定しなかった場合は、「**Optional 変数名 = デフォルト値**」の形で指定した値である「2」が利用されます。

Optionalキーワードは複数の引数に対して利用可能ですが、「1つの引数を省略可能にした場合には、以降の引数も全て省略可能にしなくてはいけない」というルールがあります。

なお、オブジェクト型の引数には、Optionalキーワードを使ったデフォルト値の設定はできません。とりあえずOptionalキーワードを設定しておき、マクロ内で「引数がNothingかどうか」を判定してデフォルト値をセットする等の処理を用意して対応しましょう。

例えば、次のマクロはRange型の引数「rng」を取りますが、省略した場合はアクティブセルを処理の対象とします。次のコードは、Range型の引数「rng」を用意し、

rngに与えられたセルに「VBA」と入力します。

マクロ9-6

```
Sub inputVBAToRange(Optional rng As Range)
    '引数の指定がない場合はアクティブセルをセット
    If rng Is Nothing Then Set rng = ActiveCell
    '引数rngに受け取ったセルに入力
    rng.Value = "VBA"
End Sub
```

セルB2を選択した状態で、次の2パターンの方法で呼び出すと、図のような結果となります。最初の呼び出しはセル範囲B4:D5を指定し、2つ目はセルの指定を省略して呼び出しています。

マクロ9-7

```
'引数を指定
Call inputVBAToRange(range("B4:D5"))
'引数を省略
Call inputVBAToRange
```

実行例 マクロの呼び出し結果

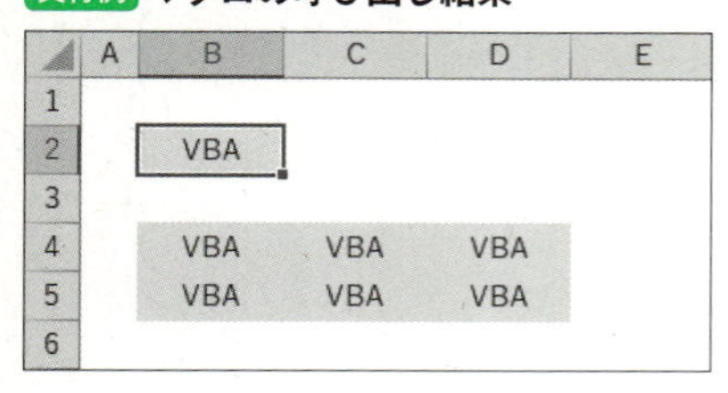

	A	B	C	D	E
1					
2		VBA			
3					
4		VBA	VBA	VBA	
5		VBA	VBA	VBA	
6					

引数の「参照渡し」と「値渡し」

引数を用意する場合、**参照渡し**か**値渡し**かを、**ByRefキーワード**か**ByValキーワード**を使って指定することが可能です。省略した場合は、参照渡しとなります。

参照渡しとは、その名の通り「参照ごと引数を渡す形式」です。それに対して値渡しは、「引数を渡す時は値のコピーを渡す形式」です。

ちょっとわかりにくいので、実際のコードで動作を確認してみましょう。次のように、ともに引数「str」を持つ2つのマクロを作成します。違いは、引数の受け取り形式のみです。

マクロ9-8

```
Sub 参照渡しのマクロ(ByRef str As String)
    str = "Callしたマクロ内で変更した値"
End Sub

Sub 値渡しのマクロ(ByVal str As String)
    str = "Callしたマクロ内で変更した値"
End Sub
```

この2つのマクロに、文字列型の変数を引数として渡してみましょう。

マクロ9-9

```
Dim str As String
'参照渡しのテスト
str = "元の値"
Debug.Print "呼び出し前の値：", str
Call 参照渡しのマクロ(str)
Debug.Print "呼び出し後の値：", str
Debug.Print "-----"
'値渡しのテスト
str = "元の値"
Debug.Print "呼び出し前の値：", str
Call 値渡しのマクロ(str)
Debug.Print "呼び出し後の値：", str
```

実行例 マクロの呼び出し結果

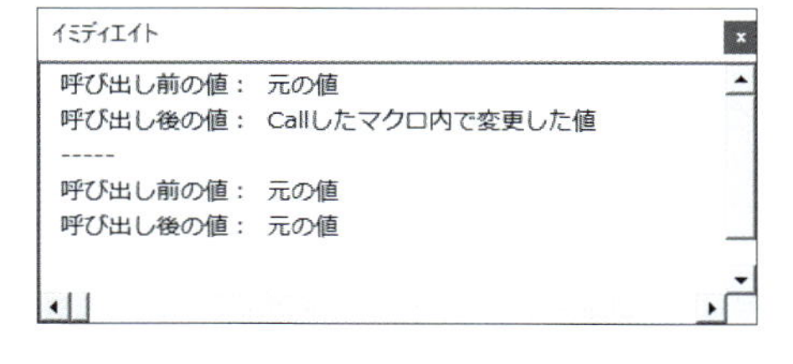

参照渡しで渡した変数は、Call先で値を変更されると、変更された値を「持ち帰る」ような動きとなります。一方、値渡しで渡した変数は、Call先で値を変更されても、

もともと渡したのが「値のコピー」なので、元の変数の値には影響を与えません。

参照渡しと値渡しは、引数として受け取った値の扱いに、このような差が産まれます。ちなみにVBAには、「明示的に値渡しで引数を渡したい」という場合に、「引数をカッコで囲む」という記述ルールも用意されています。つまり、次のように引数をカッコで囲むことで、参照渡し形式のマクロへと引数を渡す際に、値渡しのように値のコピーを渡してくれます。何と言うか、変なルールですね。

■「値渡し」で引数を渡す

```
Call 参照渡しのマクロ((str))
```

特に設定を行わない際の既定の扱いが参照渡しですので、「自分以外のメンバーが作成した、内容が不明なサブルーチンを呼び出す際、渡す引数の内容を絶対に変更されないようにしたい」というようなケースでは、この記述ルールを使ってみましょう。

9-2 ユーザー定義関数の作り方

マクロをサブルーチンとするのではなく、値を返す関数を作成したい場合には、**Functionプロシージャ**を利用します。

Functionプロシージャでユーザー定義関数を作成する

Functionプロシージャの基本的な構文は、次のようになります。

■Functionプロシージャ

```
Function 関数名(引数) As 戻り値のデータ型
    任意の処理
    関数名 = 戻り値
End Function
```

マクロの本体であるSubプロシージャと大きく異なる点は、以下の3つです

- 「Function」で始まり、「End Function」で終わる
- 関数名を定義する際に戻り値のデータ型を指定できる
- 関数内で「関数名 = 値」の形で、関数名と同じ識別子に代入された値が戻り値となる

Functionプロシージャにおいて最もユニークな仕組みは、**戻り値**の指定方法です。戻り値は、関数内のどこかで「**関数名 = 値**」の形で指定します。関数の処理を終えた時、この「関数名」に入っている値が戻り値となります。

例えば、次の関数「getHello」は、戻り値として常に「Hello!」という文字列を返します。

マクロ9-10

```
Function getHello()As String
    getHello = "Hello!"
End Function
```

Functionステートメントで作成した関数(**ユーザー定義関数**)を利用するには、通常の関数と同じように関数名を記述するだけでOKです。次のコードは、ユーザー定義関数getHelloの戻り値を表示します。

マクロ9-11

```
Debug.Print getHello
```

実行例 戻り値の値を表示

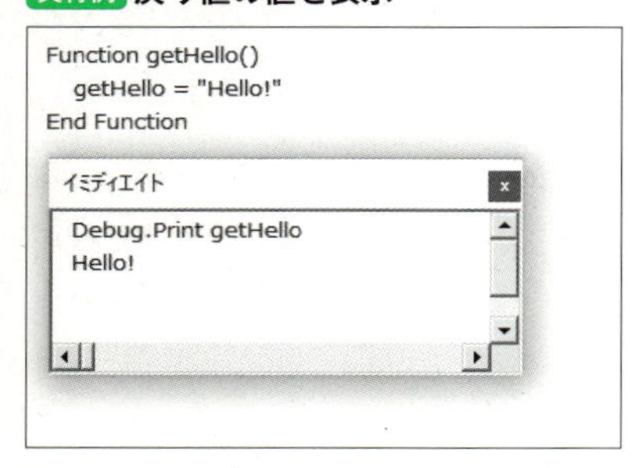

ユーザー定義関数には、Subプロシージャと同じように引数を設定可能です。次の関数は、「value1」「value2」の2つの引数を設定し、加算した値を戻り値として返すものです。

マクロ9-12

```
Function add2Values(value1 As Long, value2 As Long) As Long
    add2Values = value1 + value2
End Function
```

実行例 ユーザー定義関数に引数を設定

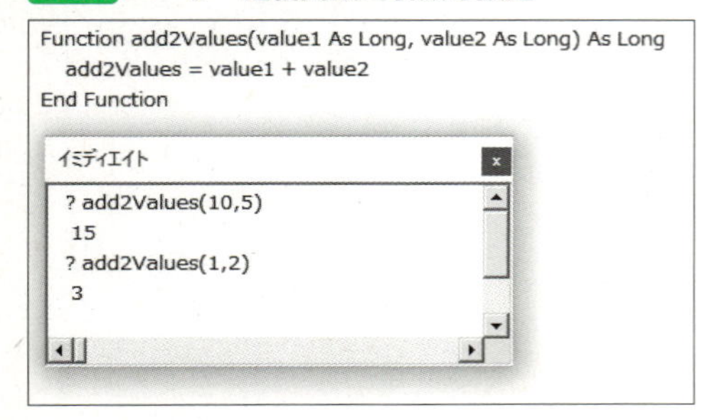

また、オブジェクト型の戻り値を返したい場合には、関数内で、「**Set 関数名 = オブジェクト**」の形で戻り値を指定します。

次の関数は、引数として受け取ったセル範囲のうち、見出しを除くセル範囲を戻り値として返します。

マクロ9-13

```
Function getDataRange(tableRng As Range) As Range
    '引数として受け取ったセル範囲の2行目以降を戻り値として返す
    Set getDataRange = tableRng.Rows("2:" & tableRng.Rows.Count)
End Function
```

この関数は、Rangeオブジェクト型の戻り値を返すので、そのまま戻り値を利用してセルを操作するような形で利用できます。例えば、上記の関数にセル範囲B2:D6を渡し、そのまま戻り値に対してSelectメソッド(セルを選択)を実行してみましょう。

マクロ9-14

```
getDataRange(Range("B2:D6")).Select
```

実行例 **見出しを除く範囲を選択**

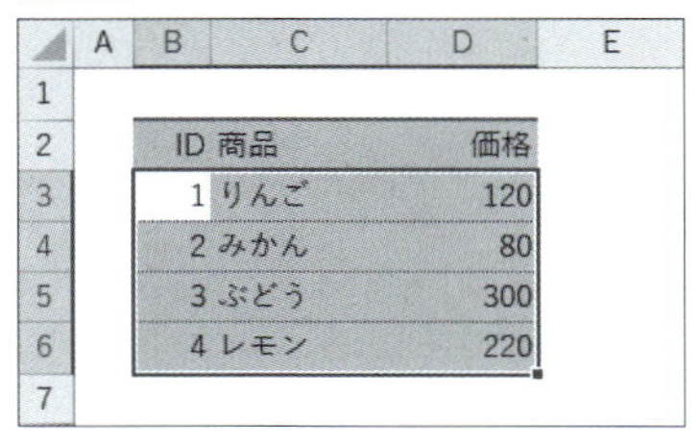

	A	B	C	D	E
1					
2		ID	商品	価格	
3		1	りんご	120	
4		2	みかん	80	
5		3	ぶどう	300	
6		4	レモン	220	
7					

結果は、見出しを除くセル範囲である、セル範囲B3:D6が選択されます。オブジェクトを戻り値とする関数は、このような形で作成します。

ワークシートからも呼び出せてしまう

さて、ユーザー定義関数の作成・利用方法をご紹介してきましたが、実は、このユーザー定義関数は**ワークシート関数**として呼び出せます。逆に言うと、「呼び出せてしまいます」。

先ほど作成した「add2Values」ですが、この関数をワークシート関数として呼び出すと、下図のようになります。

マクロ9-15

```
Function add2Values(value1 As Long, value2 As Long) As Long
    add2Values = value1 + value2
End Function
```

実行例 シート上からユーザー定義関数を利用

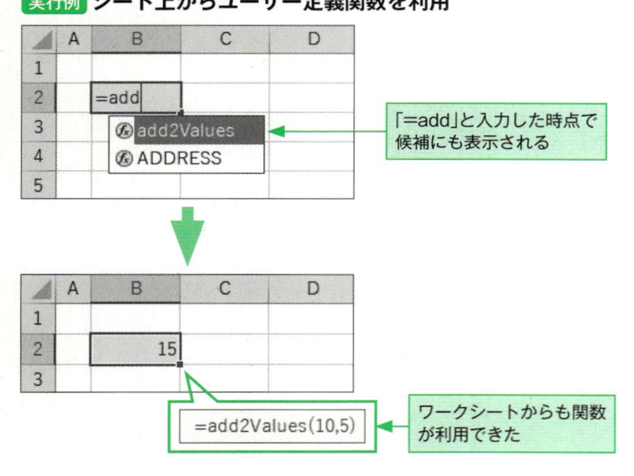

これはこれで便利なのですが、VBAだけで利用したい関数もありますよね。そのような場合には、**Private修飾子**を「Function」の前に付加してユーザー定義関数を作成します。

```
Private Function add2Values(value1 As Long, value2 As Long) As Long
```

これでこのユーザー定義関数は、「同じモジュール内からは利用できるが、他のモジュールやワークシートからは利用できない関数」となります。

Column 明示的に公開するのであれば「Public修飾子」を利用

Private修飾子は、FunctionステートメントだけでなくSubステートメントにも付加できます。189ページで紹介したイベントプロシージャのひな型にも付加されていましたね。

Private修飾子は、そのプロシージャや関数が「どこから利用できるのか」という、いわゆるスコープを指定する「アクセス修飾子」の1つです。VBAにはもう1つ「Public修飾子」が用意されており、アクセス修飾子を省略した場合や、明示的にPublic修飾子を付加した場合は、「どこからでも呼び出せる」という状態になります。

9-3 カスタムオブジェクトを自作する

VBAでは独自のオブジェクトを**カスタムオブジェクト**として作成することができます。このオブジェクトを作成する場合の手順を見ていきましょう。自作オブジェクトを作成する場合には、オブジェクト1つひとつに対して、専用のモジュールである**クラスモジュール**を用意し、そこに定義を作成していきます。

カスタムオブジェクトは「クラスモジュール」で作成

クラスモジュールを追加するには、VBEのメニューから**挿入→クラスモジュール**を選択します。すると、プロジェクトエクスプローラー内の「クラスモジュール」部分に、新規のクラスモジュールが追加されます。

まずはオブジェクト名を設定しましょう。「Class1」等の既定の名前が付けられているクラスモジュールを選択し、プロパティウィンドウ内の、**(オブジェクト名)**欄にオブジェクト名を入力します。以下の例では、カスタムオブジェクト名を「Goods」としています。

▶クラスモジュールを作成してオブジェクト名を決める

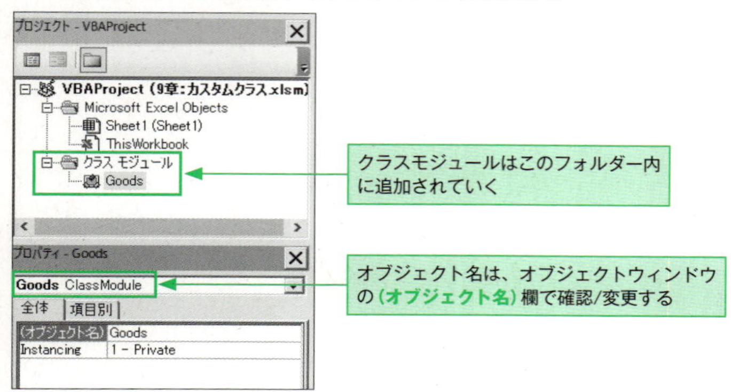

プロパティ・メソッドの作成方法

カスタムオブジェクトにプロパティを用意するには、クラスモジュール内で**Publicステートメント**を利用して、変数を宣言する時と同じような形でプロパティ名を定義します。

■ **プロパティの定義**

```
Public プロパティ名 As データ型
```

次のコードは、商品名を扱う「Name」プロパティと、価格を扱う「Price」プロパティを定義するものです。

マクロ9-16

```
'商品名を扱うプロパティを定義
Public Name As String
'価格を扱うプロパティを定義
Public Price As Currency
```

メソッドを作成するには、クラスモジュール内に、SubプロシージャやFunctionプロシージャで定義していきます。例えば、商品情報をメッセージダイアログに表示するメソッド「ShowInfo」と、商品名と値を配列の値で返すメソッド「ToArray」を作成するには、次のようにコードを記述します。

マクロ9-17

```
'商品名と価格をダイアログ表示するメソッド
Public Sub ShowInfo()
    MsgBox "商品名：" & Name & vbCrLf & "価格：" & Price
End Sub

'商品名と値の配列を返すメソッド
Public Function ToArray() As Variant
    ToArray = Array(Name, Price)
End Function
```

プロパティ・メソッドを定義したクラスモジュールの全体は、次図のような状態となります。

なお、メソッドの中でプロパティ値を利用する場合には、メソッドを記述する前に(上の部分で)プロパティを定義しておきましょう。

▶オブジェクトの定義

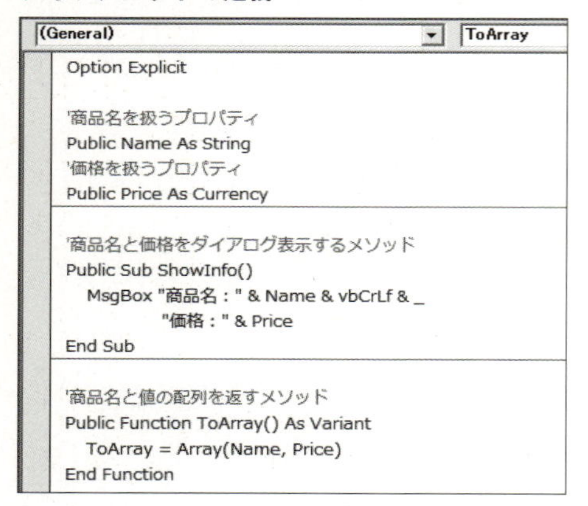

```
(General)    ToArray
Option Explicit

'商品名を扱うプロパティ
Public Name As String
'価格を扱うプロパティ
Public Price As Currency

'商品名と価格をダイアログ表示するメソッド
Public Sub ShowInfo()
   MsgBox "商品名：" & Name & vbCrLf & _
             "価格：" & Price
End Sub

'商品名と値の配列を返すメソッド
Public Function ToArray() As Variant
   ToArray = Array(Name, Price)
End Function
```

今回例として作成した「Goodsオブジェクト」は、以下の2つのプロパティとメソッドを持つオブジェクトとして定義できました。

▶Goodsオブジェクトのプロパティ/メソッド

プロパティ/メソッド	用途
Nameプロパティ	商品名を取得/設定
Priceプロパティ	価格を取得/設定
ShowInfoメソッド	商品名と価格をメッセージダイアログに表示
ToArrayメソッド	商品名と価格の配列を返す

Column Meキーワードで「自分」を指定する

クラスモジュール内では、「Meキーワード」で「オブジェクト自身」へアクセスできます。例えば、「Me.Name」と記述すれば、「オブジェクト自身のNameプロパティ」へとアクセスできます。明示的に、「自分のプロパティ/メソッドを利用しているんですよ」ということを指名したい場合等にも利用できる仕組みですね。

作成したカスタムオブジェクトの使い方

作成したカスタムオブジェクトは、通常のオブジェクトと同じように扱えます。少し異なるのは、新規のカスタムオブジェクトを利用する際には、**New演算子**で生成することです。

先ほど作成したGoodsオブジェクトを利用するには、次のようにコードを記述します。この例では、カスタムオブジェクトに対応した固有データ型の変数を宣言して、カスタムオブジェクトを生成し、定義したプロパティとメソッドを利用しています。「Goods」型の変数myGoodsを宣言し、Goodsオブジェクトを生成して代入しています。そのうえで、Goodsに用意したプロパティとメソッドを使用しています。

マクロ9-18

```
'固有データ型の変数を宣言
Dim myGoods As Goods
'オブジェクトの生成
Set myGoods = New Goods
'プロパティの利用
myGoods.Name = "フルーツ詰め合わせ"
myGoods.Price = 1800
'メソッドの利用
myGoods.ShowInfo
Range("B3:C3").Value = myGoods.ToArray
```

実行例 カスタムオブジェクトの利用結果

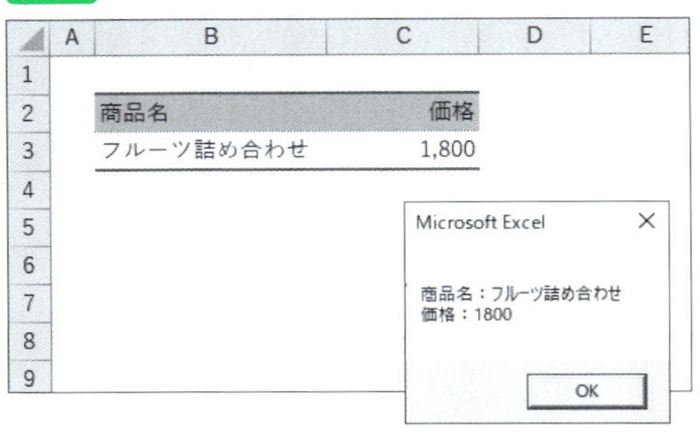

カスタムオブジェクトを利用してコードを記述していく最中には、きちんとコードヒントも表示されます。

▶コードヒントも表示される

用途に合わせたオブジェクト名やプロパティ名・メソッド名を持つカスタムオブジェクトを作成することで、コードの内容がわかりやすく整理できますね。

コンストラクタ関数はありません

VBAのカスタムオブジェクトには、「インスタンスの生成時に、初期値となるパラメータを与える仕組み」である、いわゆる**コンストラクタ関数**の仕組みは用意されていません。

そこで、「初期値を与えて初期化したい」という場合には、何らかの独自の方法を用意する必要があります。以下、3つほどの代替手段候補をご紹介します。

●Initializeイベントを利用する

まずは、**Initializeイベント**を利用する方法です。Initializeイベントは、新規オブジェクトが生成された時点で発生するイベントです。クラスモジュール上端の**オブジェクト**と**プロシージャ**の2つのドロップダウンリストボックスから、それぞれ「**Class**」「**Initialize**」を選択すると、ひな型が入力されます。

▶Initializeイベント

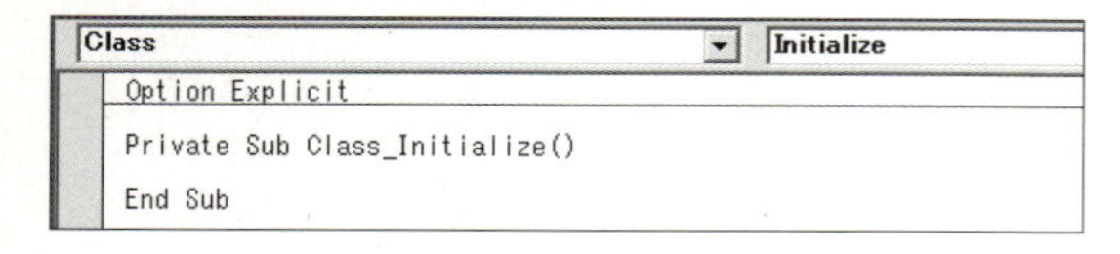

あとは、このひな型の中に、初期値を設定するコードを記述すればOKです。いわゆる「デフォルトの値」である固定の値を設定したい場合には、この方法で初期値を設定しましょう。次のコードは、クラスモジュール内で定義したNameとPriceプ

ロパティに初期値を設定します。

マクロ9-19

```
Private Sub Class_Initialize()
    Me.Name = "名称未設定"
    Me.Price = 99999
End Sub
```

●初期化メソッドを用意する

続いては、「**オブジェクトに独自の初期化用メソッドを用意する**」方法です。独自の初期化メソッドを用意する場合には、どのオブジェクトでも同じ名前のメソッドを用意しておくのがよいでしょう。例えば、「Initメソッド」という名前で初期化を行うとします。次の例では、Initメソッドでクラスモジュール内で定義したNameとPriceプロパティの初期値を設定しています。

マクロ9-20

```
Sub Init(pName As String, pPrice As Currency)
    Me.Name = pName
    Me.Price = pPrice
End Sub
```

このようなパターンで作成したカスタムオブジェクトを利用する際には、次のように「**NewしてInit**」というルールでオブジェクトを利用します。

マクロ9-21

```
Dim myGoods As Goods
'オブジェクトの生成
Set myGoods = New Goods
'初期化
myGoods.Init "フルーツ詰め合わせ", 1800
```

●関数を用意する

最後は、「**新規オブジェクトを作成する専用の関数を標準モジュールに用意する**」方法です。例えば、「新規Goodsオブジェクトを生成する関数」である「createGoods関数」を用意してみましょう。

マクロ9-22

```
Private Function createGoods(pName As String, pPrice As Currency) As Goods
    Dim tmpGoods As Goods
    '新規Goodsオブジェクトを生成してプロパティに引数の値をセット
    Set tmpGoods = New Goods
    tmpGoods.Name = pName
    tmpGoods.Price = pPrice
    '戻り値として返す
    Set createGoods = tmpGoods
End Function
```

この場合、新規のGoodsオブジェクトを生成するコードは、以下のようになります。

マクロ9-23

```
Dim myGoods As Goods
'オブジェクトの生成
Set myGoods = createGoods("フルーツ詰め合わせ", 1800)
```

3つの方法をご紹介しましたが、正直言ってどの方法も、「ないよりはマシだけど何か足りない」といった感じですね。もどかしいところですが、コンストラクタ関数がないものは仕方ありません。自分なりの運用方法を決めて切り抜けましょう。

カプセル化するには

「オブジェクト内での処理に必要なプロパティや関数だけど、外部からはアクセスできないようにしたい」という**カプセル化**、いわゆるプライベートなプロパティやメソッドを定義するには、**Private修飾子**を利用してプロパティやメソッドをクラスモジュール上に定義します。

■ **プライベートプロパティの定義**

```
Private プロパティ名 As データ型
```

次のコードは、「price_」という名前のプライベートプロパティを定義します。

マクロ9-24

```
Private price_ As Currency
```

プライベートプロパティを用意する場合には、一定の名付けルールを決めておくのがお勧めです。他言語では、プロパティ名の頭に「_(アンダーバー)」を付加して、「_price」等のように名付けることも多くありますが、VBAではプロパティ名(変数名)の先頭にアンダーバーを使用することは禁じられています。「末尾にアンダーバーを付ける」「prvPriceのように接頭詞を付ける」等のルールを決めておくのがよいでしょう。

また、いわゆる**Getter**や**Setter**等を作成するには、**Propertyプロシージャ**を利用します。例として、「Priceプロパティ」のGetter(プロパティを取得しようとした際に実行されるプロシージャ)と、Setter(プロパティに値を設定しようとした際に実行されるプロシージャ)を定義してみましょう。

まずは、PriceプロパティのGetterです。次のコードは、「price_」の値を返します。

マクロ9-25

```
Public Property Get Price() As Currency
    'プライベートなプロパティ「price_」の値をそのまま返す
    Price = price_
End Property
```

「**Public Property Get プロパティ名() As データ型**」の形で記述を始め、「**End Property**」で終わります。値を扱うプロパティの場合は、「**プロパティ名 = 値**」を、オブジェクトを扱う場合は「**Set プロパティ名 = 値**」をプロシージャ内で設定し、ちょうどFunctionプロシージャの戻り値と同じ形でプロパティとして返したい値を設定します。

続いて、PriceプロパティのSetterです。次のコードは、新規に設定しようとしている値が「0より小さいかどうか」を判定し、マイナス値の場合はErr.Raiseメソッドで独自のエラーメッセージを表示します。マイナス値でない場合は、その値をプライベートなプロパティである「price_」にその値を保存します。

1 2 3 4 5 6 7 8 9 10 11 12 13 14 15 16 17 18 19

マクロ9-26

```
Public Property Let Price(newPrice As Currency)
    '新規に設定しようとしている値がマイナス値の場合はエラーを発生させる
    If newPrice < 0 Then
        Err.Raise 9999, Description:="価格にマイナス値を設定しようとしています"
    Else
    'マイナス値ではない場合はプライベートなプロパティ「price_」にその値を保存
        price_ = newPrice
    End If
End Property
```

「**Public Property Let プロパティ名(引数)**」の形で記述を始め、「**End Property**」で終わります。新規にプロパティへと代入しようとしている値は、引数に格納されています。引数の値をチェックすることで、プロパティの値として妥当かどうかのチェック等の処理を行えます。

このようなカプセル化を行ったプロパティは、下記のように利用できます。クラスモジュール名を「Goods」に設定したうえで実行してください。

マクロ9-27

```
Dim myGoods As Goods
'オブジェクトの生成
Set myGoods = New Goods
'プロパティの利用
myGoods.Price = 100
Debug.Print "価格：", myGoods.Price
```

実行例 カプセル化したプロパティの利用

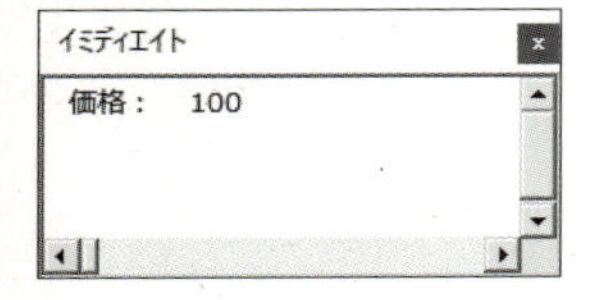

通常のプロパティと同じように扱えますね。また、Priceプロパティにマイナス値を設定しようとした時の動作は、次のようになります。

▶Setterによりエラーが発生したところ

Setter内のErr.Raiseメソッドにより、カスタムエラーを発生させ、独自のエラー番号とエラーメッセージを持ったダイアログが表示されます。また、既存のオブジェクトを使ったコードの実行時エラー発生時と同様に、エラーが発生した箇所のコードがハイライトされ、実行待機状態となります。

カプセル化により、「固く」オブジェクトを定義しておくと、うっかりミスによって意図していない値がまぎれ込んでしまうようなケースを防げますね。

また、Getterは、いわゆる**読み取り専用プロパティ**を作成する際にも利用できます。例えば、次の2つのプロパティを持つオブジェクト「Person」を作成したいとします。

▶Personオブジェクトの2つのプロパティ

プロパティ	用途
BirthDay	誕生日を取得/設定
Age	現在の年齢を取得(読み取り専用プロパティ)

この場合、オブジェクトの定義は次のように作成できます。

マクロ9-28

```
'生年月日を管理するプロパティ
Public BirthDay As Date

'年齢を返す読み取り専用プロパティ
Public Property Get Age() As Variant
    Age = DateDiff("yyyy", BirthDay, Date)
End Property
```

このPersonオブジェクトに誕生日を設定して、年齢を取得してみましょう。Birthdayプロパティに設定し、読み取り専用プロパティ Ageから年齢を取得します。クラスモジュール名を「Person」に設定したうえで実行してください。

マクロ9-29

```
Dim myPerson As Person
Set myPerson = New Person
'プロパティの利用
myPerson.BirthDay = #6/5/2012#
Debug.Print "現在の年齢：", myPerson.Age
```

実行例 **誕生日から年齢を取得**

```
イミディエイト
現在の年齢：   6
```

Ageプロパティは Getterのみを定義しているため、値の取得はできても設定はできない「読み取り専用プロパティ」となります。値を設定しようとした際には、実行時エラーが発生します。

オブジェクトの継承はできません

VBAのカスタムオブジェクトでは、いわゆる**継承**の仕組みは用意されていません。継承関連で用意されているのは、**Implementsステートメント**による、「インターフェイスの継承」の仕組みくらいです。それも、ちょっと「うーん」と思うような非常に扱いにくい定義を行う必要があります。

例えば、以下のインターフェイス「IPerson」を継承する2つのオブジェクト「HelloBoy」と「GoodbyeGirl」を作成するとします。

▶作成するインターフェイスとオブジェクト

インターフェイス	プロパティ/メソッド	用途
IPerson	Nameプロパティ	名前を取得/設定
	Sayメソッド	オブジェクトに応じた文字列を出力

この時、IPersonの定義は以下のようになります。クラスモジュール「IPerson」を追加して記述します。

マクロ9-30

```
'プロパティの定義
Public Name As String

'メソッドの定義（中身の処理は書かない）
Public Function Say()

End Function
```

HelloBoyオブジェクトの定義は以下のようになります。クラスモジュール「HelloBoy」を追加して記述します。

マクロ9-31

```
'IPersonインターフェイスを継承
Implements IPerson

'独自のプロパティの定義
Private name_ As String

'インターフェイスで定義されたプロパティをGetter/Setterで実装
Private Property Let IPerson_Name(ByVal pName As String)
    name_ = pName
End Property
```

1 2 3 4 5 6 7 8 9 10 11 12 13 14 15 16 17 18 19

```
Private Property Get IPerson_Name() As String
    IPerson_Name = name_
End Property

'インターフェイスで指定されたメソッドを実装
Public Function IPerson_Say()
    Debug.Print name_, "「Hello!」"
End Function
```

冒頭で、「Implements IPerson」として実装するインターフェイスを指定します。その後は、「**インターフェイス名_プロパティ名/メソッド名**」という形式で、インターフェイスで定義したプロパティ/メソッドを実装していきます(わかりにくいですね)。ちなみに、実装するコードのひな型は、Implementsステートメントを記述後であれば、イベントプロシージャのひな型を入力する際と同様に、コードウィンドウの上端のドロップダウンリストボックスから入力可能です。

同様に、GoodbyeGirlオブジェクトの定義は以下のようになります。クラスモジュール「GoodbyeGirl」を追加して記述します。

マクロ9-32

```
'IPersonインターフェイスを継承
Implements IPerson

'独自のプロパティの定義
Private name_ As String

'インターフェイスで定義されたプロパティをGetter/Setterで実装
Private Property Let IPerson_Name(ByVal pName As String)
    name_ = pName
End Property

Private Property Get IPerson_Name() As String
    IPerson_Name = name_
End Property

'インターフェイスで指定されたメソッドを実装
Public Function IPerson_Say()
    Debug.Print name_, "「GoodBye!」"
End Function
```

この2つのオブジェクトは、インターフェイスであるIPerson型の変数や配列へと代入して扱うことができるようになります。

マクロ9-33

```
'IPerson型の配列とループ処理用の変数を用意
Dim personList(1) As IPerson, i As Long
'HelloBoyとGoodbyeGirlのオブジェクトを生成してNameプロパティを設定
Set personList(0) = New HelloBoy
personList(0).Name = "アラム"
Set personList(1) = New GoodbyeGirl
personList(1).Name = "ナージャ"
'ループ処理しながらSayメソッドを実行
For i = 0 To UBound(personList)
    personList(i).Say
Next
```

実行例 インターフェイスの利用

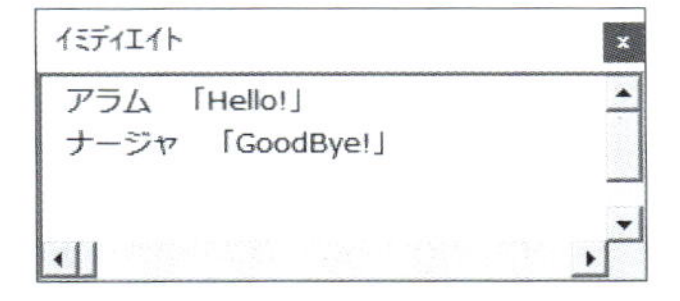

いかがですか？　正直、ちょっと複雑でめんどくさいですね。特に、プロパティの数だけGetter/ Setterを定義しなくてはいけないのはクラクラきます。ただ、場面によっては、ふるまいの異なるオブジェクトをまとめて扱う際に、「固く」コードを記述できます。扱いにくい仕組みですが、覚えておくと役に立つ場面もあるでしょう。

Column データだけをわかりやすく扱いたいなら構造体という選択肢も

カスタムオブジェクトを作成する際には、データ（プロパティ）と、それに関するふるまい（メソッド）をまとめたいという目的の場合も多いかと思いますが、「データのみをまとめて扱えるようにしたい」という目的であれば、「構造体」という仕組みが便利です。

構造体は、「Typeステートメント」を利用して作成します。例えば、「Name」「Price」の2つのデータをまとめて「Goods」という名前の構造体といて扱いたい場合には、モジュールの冒頭に、次のようにコードを記述します。

マクロ9-34

```
Type Goods
    Name As String
    Price As Currency
End Type
```

この構造体は、変数や配列のデータ型として扱えます。

マクロ9-35

```
Dim goodsList(2) As Goods, i As Long
'構造体で定義した要素名を使って値を代入
goodsList(0).Name = "りんご"
goodsList(0).Price = 120
goodsList(1).Name = "みかん"
goodsList(1).Price = 90
goodsList(2).Name = "ぶどう"
goodsList(2).Price = 350
'値を取り出す
For i = 0 To UBound(goodsList)
    Debug.Print goodsList(i).Name, goodsList(i).Price
Next
```

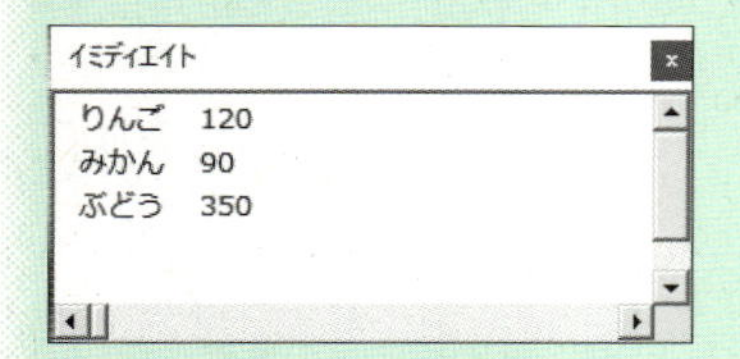

わかりやすい要素名を付けておくことで、関連するデータを見やすくまとめられるうえ、コード作成時には、定義に応じたコードヒントも表示されますので、スペルミスも減ります。カスタムオブジェクトと異なり、標準モジュールの冒頭でTypeステートメントで定義するだけで使えるため、とても手軽なのも魅力ですね。

9-4 モジュールのエクスポートとインポート

マクロのパーツ化を進めていくと、「前に作成したあのマクロを流用したい」という場面が増えてきます。この場合、一番単純な方法はコピー&ペーストしてしまうことですが、もう1つの方法として、モジュールごとマクロを丸ごと**エクスポート**し、再利用したいブックで**インポート**する、という方法があります。

インポートとエクスポートの方法

プロジェクトエクスプローラーで該当モジュールを選択し、**ファイル→ファイルのエクスポート**を選択すると、モジュールを「**モジュール名.bas**」というファイル(中身はテキストデータ)として書き出せます。

▶「*.bas」ファイル

このモジュール内のコードを再利用したいブックでは、**ファイル→ファイルのインポート**を選択すると、モジュールをインポートできます。この時、既に同名のモジュールがある場合には、自動的に名前の後ろに連番が付加されてインポートされます。

モジュールの削除方法

誤ってインポートしてしまったモジュールや、動作確認用の使い捨てのコードを記述したモジュール等、不要になったモジュールを削除するには、プロジェクトエクスプローラーで該当モジュールを選択し、**ファイル→(モジュール名)の解放**を選択します。

すると、該当モジュールを削除前にエクスポートするかどうかを確認するダイアログが表示されますので、**いいえ**を押せば、そのままモジュールが削除されます。

▶**モジュールの解放**

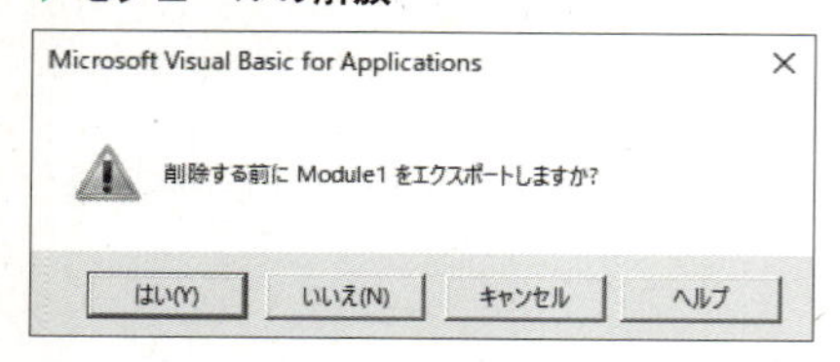

Column Git等のバージョン管理システムを利用する際には

VBAと言うかExcelは、プログラムを記述するモジュールがExcelのブックと一体化しているところが良いところでもあり、悪いところでもあります。特に、この形態は、Git等のバージョン管理システムと非常に相性が悪いのです。

マクロのバージョン管理を行うには、コードを記述したファイルをコミットしていくのが定石となりますが、Excelの場合には、ブック丸ごととなってしまいます。

そこで、「エクスポートしたモジュールをコミットする」という方式でいこうとすると、いちいち毎回エクスポートする必要があり、正直言ってめんどくさいのです。悩みどころです。

ただ、VBAにはいちおう、「VBEを操作するマクロ」を作成する仕組みも用意されているので、このエクスポート&コミットをマクロで自動化することも可能と言えば可能です。しかし、それはそれでセキュリティポリシーを多少ゆるくする必要がある等、少々準備が必要なのです。

マクロを使ったVBEの操作に興味のある方は、「VBA VBIDE VBComponents」等のキーワードで書籍やWebを検索してみましょう。また、VBAやVBEの拡張アドインを公開されている方の中には、同じような機能を既に作成・提供してくださっている方もいます。それらを探して利用してみるのもよいでしょう。

Chapter10

目的のセルへアクセスする

本章からは、VBAの仕組みではなく、「実際に使いそうなコード」にテーマを絞ってご紹介させていただきます。まずは何と言ってもVBAによって操作する機会ナンバーワンである「セル」へのアクセス方法です。あの手この手で目的のセルへとたどり着く方法をご紹介します。

10-1 目的のセルを取得する方法

それでは、目的の「セル」へとアクセスする方法を見ていきましょう。ここまでにもセルへのアクセスは行ってきましたが、あらためて方法を確認していきます。

Rangeでセル番地を指定する

Excelを利用している方が慣れ親しんでいるであろう「A1形式(列番号をAから始まるアルファベット、行番号を1から始まる数値で指定する方式)」の文字列で対象セルを指定するのが、**Rangeプロパティ**です。Rangeプロパティを通じて、Rangeオブジェクト(セル)へアクセスします。

■ Rangeプロパティ

```
Range(セル番地文字列)
```

Rangeプロパティは、既に何回も利用していますね。次のコードは、セルB2へと値を入力します。

マクロ10-1

```
Range("B2").Value = "VBA"
```

実行例 Rangeプロパティでセルに値を入力

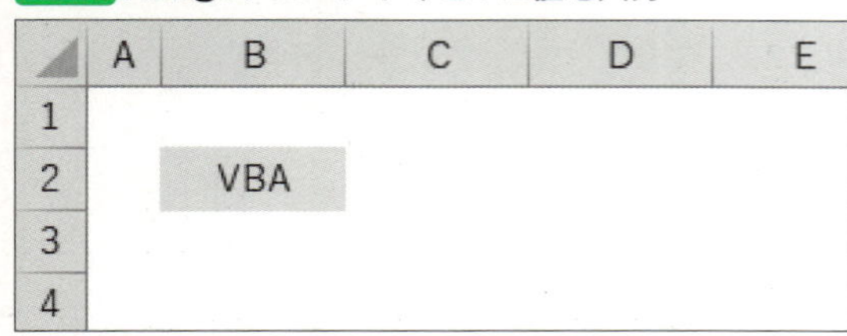

	A	B	C	D	E
1					
2		VBA			
3					
4					

Cellsで行・列番号を指定する

A1形式ではなく、行番号と列番号をそれぞれ数値で指定するには、**Cellsプロパティ**を利用します。

■Cellsプロパティ

```
Cells(行番号, 列番号)
```

こちらも既に何回か利用していますね。次のコードは、「2行目・4列目（セルD2）」へと値を入力します。

マクロ10-2

```
Cells(2, 4).Value = "Excel"
```

実行例 Cellsプロパティでセルに値を入力

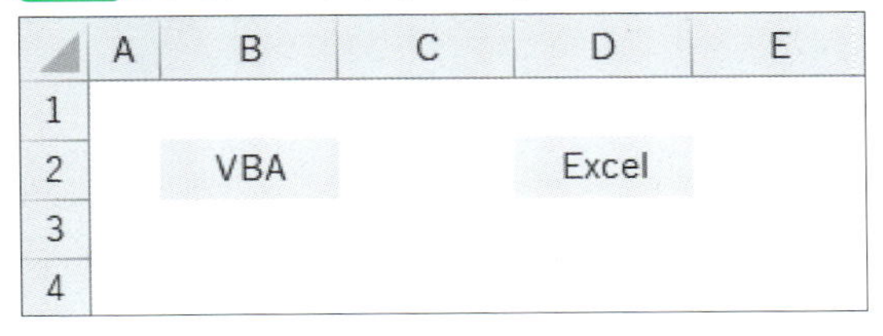

	A	B	C	D	E
1					
2		VBA		Excel	
3					
4					

2つのセルを囲む範囲にアクセスする

Rangeプロパティには、引数に2つのセル（Rangeオブジェクト）を指定し、「2つのセルを囲むセル範囲」を指定する記述方法も用意されています。

■Rangeプロパティ（セル範囲を指定）

```
Range(Range(セル1), Range(セル2))
```

セル1に左上のセル、セル2に右下のセルを指定します。次のコードは、セルB2とセルE4を囲むセル範囲（セル範囲B2:E4）に値を入力します。

マクロ10-3

```
Range(Range("B2"), Range("E4")).Value = "VBA"
```

実行例 **セル範囲に値を入力**

	A	B	C	D	E	F
1						
2		VBA	VBA	VBA	VBA	
3		VBA	VBA	VBA	VBA	
4		VBA	VBA	VBA	VBA	
5						

Rangeプロパティの引数として2つのRangeオブジェクトを指定する仕組みは、「範囲の先頭セルは決まっているけど、終端のセルは調べてみないとわからない」ようなケースで便利です。例えば、上記と同じセル範囲は次のコードで取得することができます。これは、セルB2と「E列の先頭セル（E2）から下方向への終端セル」を範囲に指定して値を入力するものです。

マクロ10-4

```
Range(Range("B2"), Range("E2").End(xlDown)).Value = "VBA"
```

このように、第2引数に指定するRangeオブジェクトに**Endプロパティ**を記述しておくことで、その時点でのE列の**終端セル**を取得できます。つまりは、「可変するデータ範囲でも同じ記述で目的のセル範囲を指定可能」なコードとなります。

「現在選択しているセル」へのアクセス

「現在選択しているセル範囲」を操作対象にするには、**Selectionプロパティ**、もしくは**ActiveCellプロパティ**を利用します。Selectionは「選択セル範囲全体」、ActiveCellは「選択セル範囲内のアクティブな1セル」へとアクセスします(280ページ)。

次のコードは、選択中のセル範囲全体に「Excel」と入力し、アクティブセルに「VBA」を入力します。シート上でセル範囲を選択したうえで、実行してみてください。

マクロ10-5

```
Selection.Value = "Excel"
ActiveCell.Value = "VBA"
```

実行例 選択範囲に文字列を入力

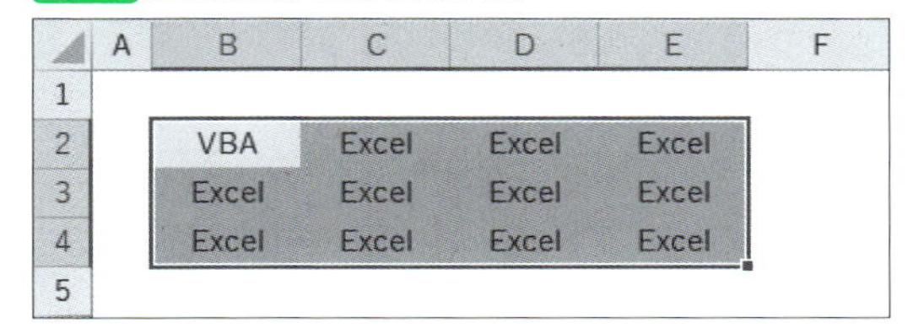

	A	B	C	D	E	F
1						
2		VBA	Excel	Excel	Excel	
3		Excel	Excel	Excel	Excel	
4		Excel	Excel	Excel	Excel	
5						

Column 異なるシートのセル範囲を指定する際の注意点

Rangeプロパティに2つのセルを引数として指定する場合、他のシートのセル範囲を指定するには注意が必要です。例えば、次のコードは、「2枚目のシート」のセル範囲B2:E4に値を入力することを意図して記述したものです。

マクロ10-6

```
Worksheets(2).Range(Range("B2"), Range("E4")).Value = "VBA"
```

しかし、このコードは2枚目のシート以外から実行すると、エラーとなります。正しくは、次のようになります。

マクロ10-7

```
With Worksheets(2)
    .Range(.Range("B2"), .Range("E4")).Value = "VBA"
End With
```

Rangeプロパティに渡す2つの引数にセルを指定する際、単に「Range("B2")」のように記述すると、それは「アクティブシート上のセルB2」となってしまうのです。そのため、2つの引数にも「2枚目のシートのセルB2」等、目的のシート上のセルを扱うことを指定する必要があります。異なるシート上のセルを扱う際には、注意しましょう。

10-2 行・列全体へのアクセス

次は、行全体・列全体へとアクセスする方法をご紹介します。

任意の行・列へアクセスする

任意の行全体へアクセスするには**Rowsプロパティ**、列全体へアクセスするには**Columnsプロパティ**を利用します。

■Rowsプロパティ

```
Rows(行番号)
```

■Columnsプロパティ

```
Columns(列番号/列を表すアルファベット文字列)
```

次のコードは、「2行目全体」「3列目(C列)全体」「E列全体」へそれぞれ値を入力します。

マクロ10-8

```
Rows(2).Value = "Hello"
Columns(3).Value = "Excel"
Columns("E").Value = "VBA"
```

実行例 行・列全体へのアクセス

	A	B	C	D	E	F	G	H
1			Excel		VBA			
2	Hello	Hello	Excel	Hello	VBA	Hello	Hello	Hello
3			Excel		VBA			
4			Excel		VBA			
5			Excel		VBA			
6			Excel		VBA			
7			Excel		VBA			
8			Excel		VBA			
9			Excel		VBA			

複数の行・列へアクセスする

連続する行・列の範囲であれば、次のように行/列番号と「:(セミコロン)」を組み合わせた文字列を指定することでアクセス可能です。次のコードは、「2～4行目」と、「B～C列目」に値を入力します。

マクロ10-9

```
Rows("2:4").Value = "行"
Columns("B:C").Value = "列"
```

実行例 複数の行・列にアクセス

	A	B	C	D	E	F	G	H
1		列	列					
2	行	列	列	行	行	行	行	行
3	行	列	列	行	行	行	行	行
4	行	列	列	行	行	行	行	行
5		列	列					
6		列	列					
7		列	列					
8		列	列					
9		列	列					

列範囲を指定する際には、「Columns("2:3")」のように列番号で指定することも可能です。

任意のセルを基準とした行・列へアクセスする

特定のセル/セル範囲を元に、「そのセルを含む行全体/列全体」へアクセスするには、EntireRowプロパティとEntireColumnプロパティを利用します。次のコードは、セルB2を基準とした行全体と、セルC5を基準とした列全体へ値を入力します。

マクロ10-10

```
Range("B2").EntireRow.Value = "行"
Range("C5").EntireColumn.Value = "列"
```

実行例 任意のセルを含む行・列にアクセス

	A	B	C	D	E	F	G	H
1			列					
2	行	行	列	行	行	行	行	行
3			列					
4			列					
5			列					
6			列					
7			列					
8			列					
9			列					

「特定の値を持つセルの行・列全体をコピーや削除したい」というようなケースでは、この2つの行・列指定方法を覚えておくと役に立ちます。

10-3 相対的なセル範囲という指定方法

任意のセル範囲を扱うRangeオブジェクトに対して、さらに各種のプロパティでセル範囲を指定すると、「相対的なセル範囲」へとアクセス可能です。

ここではセル範囲B2:E6を元に、さまざまな相対的なセル範囲へとアクセスしてみましょう。

セル範囲の中のセル範囲にアクセスする

セル範囲に対して**Cellsプロパティ**を利用すると、相対的な「行・列」の位置にあるセルへとアクセスできます。次のコードは、セル範囲B2:E6の中での「2行目・3列目」のセルの背景色を設定します。

マクロ10-11

```
Range("B2:E6").Cells(2, 3).Interior.Color = RGB(255, 0, 0)
```

実行例 相対的なセル範囲へのアクセス

	A	B	C	D	E	F
1						
2		1, 1	1, 2	1, 3	1, 4	
3		2, 1	2, 2	2, 3	2, 4	
4		3, 1	3, 2	3, 3	3, 4	
5		4, 1	4, 2	4, 3	4, 4	
6		5, 1	5, 2	5, 3	5, 4	
7						

Excelでは、表形式にデータを入力するケースが多いため、このセルの指定方法を知っていると、「表内の相対的な位置にあるセル」を指定しやすくなります。

Column Colorプロパティで「色」を設定する

セルの背景色は、Interiorオブジェクトの「Colorプロパティ」で変更することができます。ColorプロパティにRGBの数値を設定することで、任意の色に指定可能です。また、ColorIndexプロパティでも同様に背景色を設定することができます。ColorIndexプロパティでは、カラーパレットのインデックス番号で指定します（315ページ）。

マクロ10-12

```
Range("B2:E6").Cells(2, 3).Interior.ColorIndex = 3
```

セル範囲の中の行・列へアクセスする

セル範囲に対して**Rowsプロパティ**、**Columnsプロパティ**を利用すると、相対的な「行全体」「列全体」へとアクセスできます。次のコードは、セル範囲B2:E6の中での「3行目」に値を入力し、「最終列（4列目）」の背景色を設定します。

マクロ10-13

```
'3行目に値を入力
Range("B2:E6").Rows(3).Value = Array("Hello", "Excel", "VBA", "!!")

'4列目の背景色を変更
Range("B2:E6").Columns(4).Interior.Color = RGB(255, 0, 0)
```

実行例 相対的な行・列全体へアクセス

	A	B	C	D	E	F	G
1							
2		1, 1	1, 2	1, 3	1, 4		
3		2, 1	2, 2	2, 3	2, 4		
4		Hello	Excel	VBA	!!		
5		4, 1	4, 2	4, 3	4, 4		
6		5, 1	5, 2	5, 3	5, 4		
7							

セル範囲の行数・列数・セル数を数える

Rowsプロパティ、Columnsプロパティ、Cellsプロパティで得られるRangeオブジェクトに対して**Countプロパティ**を利用すると、それぞれ「行数」「列数」「セルの個数」が得られます。次のコードは、セル範囲B2:E6の行数・列数・セル数をカウントしてメッセージボックスに表示します。

マクロ10-14

```
MsgBox _
    "行数：" & Range("B2:E6").Rows.Count & vbCrLf & _
    "列数：" & Range("B2:E6").Columns.Count & vbCrLf & _
    "セル数：" & Range("B2:E6").Cells.Count
```

実行例 行数・列数・セル数のカウント

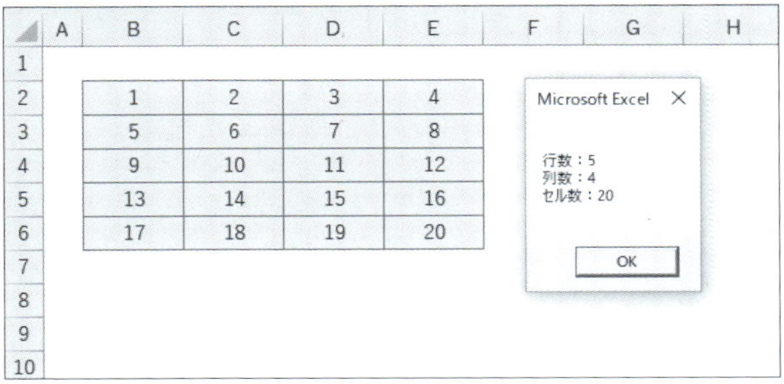

	A	B	C	D	E	F	G	H
1								
2		1	2	3	4			
3		5	6	7	8			
4		9	10	11	12			
5		13	14	15	16			
6		17	18	19	20			
7								
8								
9								
10								

Microsoft Excel

行数：5
列数：4
セル数：20

OK

セル範囲の中のインデックス番号でアクセスする

セル範囲に対してCellsプロパティを利用する際、引数としてインデックス番号となる数値を1つだけ指定すると、「相対的な位置にあるセルへ」とアクセスできます。このインデックス番号は、左上のセルを「1」として始まり、列方向へと「2」「3」と増加していきます。先頭行の終端列まで達したら、次の行の先頭列へと進みます。

次のコードは、セル範囲B2:E6の中での「先頭セル」、「10番目のセル」、「終端セル(右下のセル)」の背景色を変更します。

1 2 3 4 5 6 7 8 9 10 11 12 13 14 15 16 17 18 19

マクロ10-15

```
With Range("B2:E6")
    .Cells(1).Interior.Color = RGB(255, 0, 0)                '先頭
    .Cells(10).Interior.Color = RGB(255, 0, 0)               '10番目
    .Cells(.Cells.Count).Interior.Color = RGB(255, 0, 0)     '終端
End With
```

実行例 **相対的な位置のセルへアクセス**

	A	B	C	D	E	F
1						
2		1	2	3	4	
3		5	6	7	8	
4		9	10	11	12	
5		13	14	15	16	
6		17	18	19	20	
7						

特に注目したいのは「終端セル」の指定方法です。「**セル範囲.Cells.Count**」でセル範囲中のセルの個数をカウントし、その個数をインデックス番号へと流用することで、終端セルへとアクセスしています。

「離れた位置にあるセル」へアクセスする

Excelでは、「Ctrl」キーを押しながら複数範囲のセルを選択することにより、「離れた位置にあるセル」を選択することも可能です。

この場合、それぞれのセル範囲は**Areasプロパティ**経由でアクセス可能となります。また、Areasプロパティで得られるRangeオブジェクトに対して**Countプロパティ**を利用すると、エリア数が取得できます。次のコードは、2つのエリア（セル範囲B2:C4とE2:F4）内にあるセルを相対的に選択し、背景色を設定するとともにエリア数を取得しています。

マクロ10-16

```
With Range("B2:C4,E2:F4")
    '1つ目のエリアの3つ目のセルの背景色を設定
    .Areas(1).Cells(3).Interior.Color = RGB(255, 0, 0)
    '2つ目のエリアの1列目の背景色を設定
    .Areas(2).Columns(1).Interior.Color = RGB(255, 0, 0)
    'エリア数を表示
    MsgBox "エリア数：" & .Areas.Count
End With
```

実行例 離れた位置にあるセルへアクセス

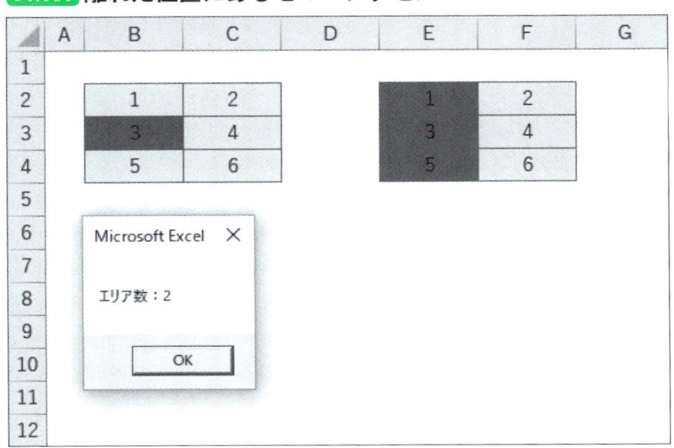

指定セル範囲を元にサイズを拡張する

「任意のセルを元に、そこから4列分だけ拡張したセル範囲へとアクセスしたい」というような場合には、**Resizeプロパティ**を利用します。

■ Resizeプロパティ

```
基準セル範囲.Resize(行数, 列数)
```

次のコードは、セルB3を基準に「1行・4列分」だけ拡張したセル範囲を選択します。

マクロ10-17

```
Range("B3").Resize(1, 4).Select
```

実行例 セル範囲を拡張して選択①

	A	B	C	D	E	F
1						
2		1, 1	1, 2	1, 3	1, 4	
3		2, 1	2, 2	2, 3	2, 4	
4		3, 1	3, 2	3, 3	3, 4	
5		4, 1	4, 2	4, 3	4, 4	
6		5, 1	5, 2	5, 3	5, 4	
7						

次のコードは、セル範囲B3:E3を基準に、4行分だけ拡張したセル範囲を選択します。

マクロ10-18

```
Range("B3:E3").Resize(4).Select
```

実行例 セル範囲を拡張して選択②

	A	B	C	D	E	F
1						
2		1, 1	1, 2	1, 3	1, 4	
3		2, 1	2, 2	2, 3	2, 4	
4		3, 1	3, 2	3, 3	3, 4	
5		4, 1	4, 2	4, 3	4, 4	
6		5, 1	5, 2	5, 3	5, 4	
7						

基準セルが単一セルではなくセル範囲の場合、Resizeプロパティの引数へ行数もしくは列数のみを指定すると、指定されなかった側の行数・列数は、基準セルの範囲を保ったまま拡張します。表の1行や1列を基準にして、そこから複数行・列をまとめて選択したい場合に便利ですね。

指定セル範囲から相対的にセル範囲を取得する

「任意のセルを元に、そこから1つ下のセルへアクセスしたい」という場合には、**Offsetプロパティ**を利用します。

1
2
3
4
5
6
7
8
9
10
11
12
13
14
15
16
17
18
19

■ Offsetプロパティ

```
基準セル.Offset(行オフセット数, 列オフセット数)
```

次のコードは、セルB3を基準に、「1行・2列」分離れた位置のセルを選択します。

マクロ10-19

```
Range("B3").Offset(1, 2).Select
```

実行例 任意のセルから相対的な位置にあるセルにアクセス①

	A	B	C	D	E	F
1						
2		1, 1	1, 2	1, 3	1, 4	
3		2, 1	2, 2	2, 3	2, 4	
4		3, 1	3, 2	3, 3	3, 4	
5		4, 1	4, 2	4, 3	4, 4	
6		5, 1	5, 2	5, 3	5, 4	
7						

次のコードは、セル範囲B2:E2を基準に、「3行」分離れた位置のセルを選択します。

マクロ10-20

```
Range("B2:E2").Offset(3).Select
```

実行例 任意のセルから相対的な位置にあるセルにアクセス②

	A	B	C	D	E	F
1						
2		1, 1	1, 2	1, 3	1, 4	
3		2, 1	2, 2	2, 3	2, 4	
4		3, 1	3, 2	3, 3	3, 4	
5		4, 1	4, 2	4, 3	4, 4	
6		5, 1	5, 2	5, 3	5, 4	
7						

「表の見出しから、3行分離れた位置のデータ」、つまり「3個目のデータ」というような形でセル範囲へとアクセスしたい場合に便利ですね。

10-4 表形式のセル範囲の扱い

日々、Excelに入力されるデータは表形式の場合がほとんどでしょう。そこで、「表形式のデータ」を扱う際に知っておくと便利なセル範囲の指定方法を見ていきましょう。

「アクティブセル領域」という概念

Excelで表形式のデータを扱う際に基本となるのが、「アクティブセル領域」という概念です。アクティブセル領域とは、「あるセルを基準として、上下左右の方向に何らかのデータが入力されているセル範囲」とでも定義できるセル範囲です。

例えば、下図のような表がある時、表の中の任意のセルを選択し、Ctrl+Aキーを1回押す、もしくはCtrl+Shift+*キーを押した時に選択されるセル範囲が、アクティブセル領域となります。図は、セルB2を選択後、「Ctrl」+「A」キーを1回押した状態となっています。

▶アクティブセル領域

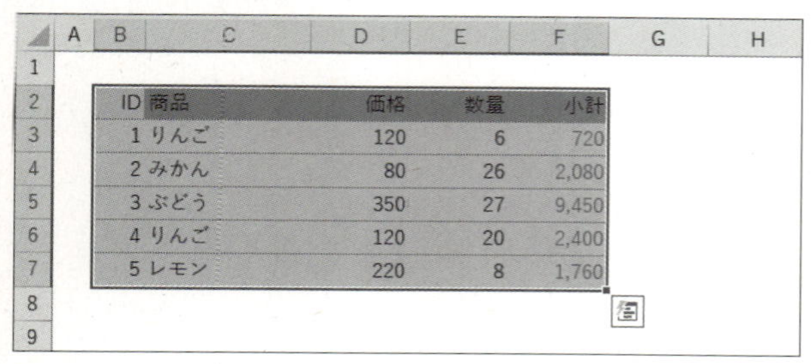

ID	商品	価格	数量	小計
1	りんご	120	6	720
2	みかん	80	26	2,080
3	ぶどう	350	27	9,450
4	りんご	120	20	2,400
5	レモン	220	8	1,760

このアクティブセル領域をVBAから取得するには、**CurrentRegionプロパティ**を利用します。次のコードは、セルB2を基準としたアクティブセル領域を取得し、そのアドレスをメッセージボックスに表示します。

マクロ10-21

```
MsgBox Range("B2").CurrentRegion.Address
```

実行例 アクティブセル領域を表示

	A	B	C	D	E	F	G	H	I
1									
2		ID	商品	価格	数量	小計			
3		1	りんご	120	6	720			
4		2	みかん	80	26	2,080			
5		3	ぶどう	350	27	9,450			
6		4	りんご	120	20	2,400			
7		5	レモン	220	8	1,760			
8									
9									

Microsoft Excel
$B$2:$F$7
OK

つまり、表形式でデータの入力されているセル範囲は、基準セルさえわかっていれば、あとは行数や列数が増減してもCurrentRegionプロパティを使えば一発で取得できるということです。非常に手軽で便利な仕組みですね。

Column　表タイトルがある場合や周囲に空白がない表は要注意

CurrentRegionプロパティで取得するアクティブセル領域は、「基準セルの周囲で、値が入力されているセル範囲」です。そのため、表の見出しとなる列の上のセルに表のタイトルが入力されているタイプの表や、罫線で隣の表と区切っているだけで、データ的には連続したセルに入力されている表の場合は、その部分も含めて取得してしまいます。

CurrentRegionプロパティベースでデータを扱いたい場合は、「表の周りは最低でも1行・1列空けておく」という入力ルールを徹底するように気をつけましょう。

表形式のセル範囲の各部分の取得方法

CurrentRegionプロパティ等で表形式のセル範囲が取得できたところで、その表のいろいろな部分を取得するコードをご紹介します。

●見出し範囲を取得する

次のコードは、セルB2を基準としたアクティブセル領域の1行目全体を取得することで見出し範囲を選択します。

マクロ10-22

```
Range("B2").CurrentRegion.Rows(1).Select
```

実行例 見出し範囲を取得

	A	B	C	D	E	F	G
1							
2		ID	商品	価格	数量	小計	
3		1	りんご	120	6	720	
4		2	みかん	80	26	2,080	
5		3	ぶどう	350	27	9,450	
6		4	りんご	120	20	2,400	
7		5	レモン	220	8	1,760	
8							

●見出し以外のデータ範囲を取得する

次のコードは、セルB2を基準としたアクティブセル領域の2行目～最終行を取得することで見出しを除いたデータ範囲を選択します。

マクロ10-23

```
With Range("B2").CurrentRegion
    .Rows("2:" & .Rows.Count).Select
End With
```

実行例 見出し以外のデータ範囲を取得

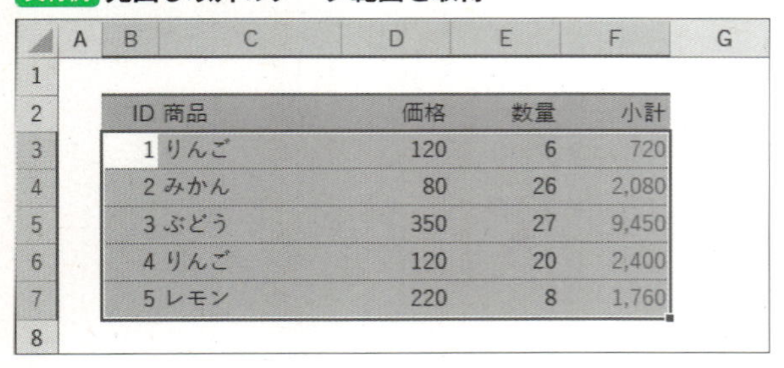

	A	B	C	D	E	F	G
1							
2		ID	商品	価格	数量	小計	
3		1	りんご	120	6	720	
4		2	みかん	80	26	2,080	
5		3	ぶどう	350	27	9,450	
6		4	りんご	120	20	2,400	
7		5	レモン	220	8	1,760	
8							

●任意のレコードを選択する

次のコードは、セルB2を基準としたアクティブセル領域の任意の行（3行目）全体を選択することで、レコードを選択します。

マクロ10-24

```
Range("B2").CurrentRegion.Rows(3).Select
```

もしくは、**Offsetプロパティ**を利用した方法も考えられます。次のコードは、見出しセル範囲からの2行オフセットしたレコードを選択します。Offsetへの引数の値が「○レコード目」という考え方と合うため、こちらの方がわかりやすいですね。

マクロ10-25

```
Range("B2:F2").Offset(2).Select
```

実行例 任意のレコードを選択

	A	B	C	D	E	F	G
1							
2		ID	商品	価格	数量	小計	
3		1	りんご	120	6	720	
4		2	みかん	80	26	2,080	
5		3	ぶどう	350	27	9,450	
6		4	りんご	120	20	2,400	
7		5	レモン	220	8	1,760	
8							

●最終レコードを選択する

次のコードは、セルB2を基準としたアクティブセル領域の行数をカウントし、その数を利用して最終行を選択します。

マクロ10-26

```
With Range("B2").CurrentRegion
    .Rows(.Rows.Count).Select
End With
```

実行例 最終レコードを選択

	A	B	C	D	E	F	G
1							
2		ID	商品	価格	数量	小計	
3		1	りんご	120	6	720	
4		2	みかん	80	26	2,080	
5		3	ぶどう	350	27	9,450	
6		4	りんご	120	20	2,400	
7		5	レモン	220	8	1,760	
8							

●任意のフィールドを選択する

次のコードは、セルB2を基準としたアクティブセル領域の任意の列（2列目）全体を選択することで、任意のフィールド全体を選択します。

マクロ10-27

```
Range("B2").CurrentRegion.Columns(2).Select
```

実行例 任意のフィールドを選択

ID	商品	価格	数量	小計
1	りんご	120	6	720
2	みかん	80	26	2,080
3	ぶどう	350	27	9,450
4	りんご	120	20	2,400
5	レモン	220	8	1,760

●任意のフィールドのデータだけ選択する

次のコードは、セルB2を基準としたアクティブセル領域の任意の列（2列目）の2行目～最終行を取得することで、任意のフィールドのデータ範囲を選択します。

マクロ10-28

```
With Range("B2").CurrentRegion.Columns(2)
    .Rows("2:" & .Rows.Count).Select
End With
```

実行例 任意のフィールドのデータだけを選択

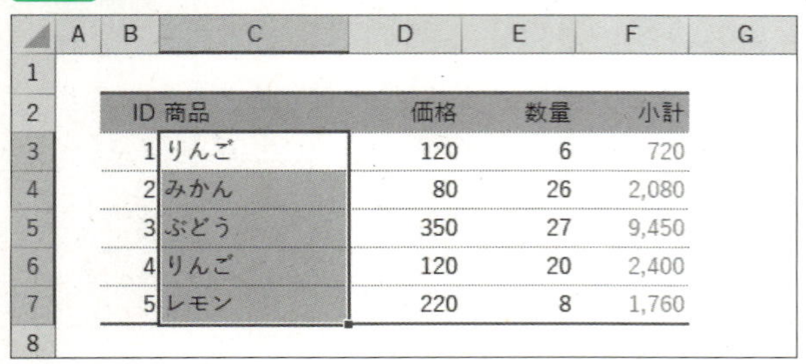

ID	商品	価格	数量	小計
1	りんご	120	6	720
2	みかん	80	26	2,080
3	ぶどう	350	27	9,450
4	りんご	120	20	2,400
5	レモン	220	8	1,760

以上、表形式のセル範囲のデータへとアクセスする各種方法をご紹介しました。相対的なセル範囲の仕組みをうまく利用すると、目的のセル範囲へのアクセスが簡単になりますね。もちろん、これ以外の方法でも取得できますので、自分なりのパターンをいろいろ探してみてください。

「次のデータの入力位置」を取得するには

表形式のデータを扱う際に悩むのが、「次のデータの入力位置」です。いろいろな取得方法が考えられますが、3通りの方法をご紹介させていただきます。

●Endプロパティを利用した取得方法

1つ目は**Endプロパティ**を利用した方法です。基準となるセルに対してEndプロパティを利用すると、引数に応じた「終端セル」が取得できます。終端セルとは、任意のセルを選択し、**Ctrl**＋**矢印**キーを押した時に選択される、「その方向に連続してデータが入力されている/いない終端のセル」を指します。

Endプロパティには、以下に示す方向を指定する**XlDirection列挙**の定数のいずれかを指定します。

▶XlDirection列挙の定数

定数	値	方向
xlDown	-4121	下
xlToLeft	-4159	左
xlToRight	-4161	右
xlUp	-4162	上

この仕組みを利用し、「表の先頭のセルを基準として、下方向の終端セルを取得し、その1個下のセルを次のデータの入力位置とする」という考え方でコードを記述します。次のコードは、セルB2を基準として下方向の終端セルを取得し、その1つ下のセルを選択しています。

マクロ10-29

```
Range("B2").End(xlDown).Offset(1).Select
```

実行例 次の入力位置を取得

	A	B	C	D	E	F	G
1							
2		ID	商品	価格	数量	小計	
3		1	りんご	120	6	720	
4		2	みかん	80	26	2,080	
5		3	ぶどう	350	27	9,450	
6							
7							
8							

あとは、取得したセルから新規のデータを入力していけばOKです。

ただし、この方式には1つ弱点があります。それは、「途中に空白セルが挟まっていると、終端セルが意図した場所とならない」という点です。上図で言うと、セルB4が空白だった場合には、Endプロパティ経由で取得するセルは、セルB4になってしまいます。

このような場合には、「基準とした列の最終行から上方向の終端セルを取得し、その1つ下のセルを新規データ入力セルとする」という考え方でコードを記述してみましょう。例えば、「B列の新規データ入力位置」であれば、次のようにコードを記述します。B列全体の最終セルを取得し、そこから上方向への終端セルを取得し、1つ下のセルを選択しています。

マクロ10-30

```
Columns("B").Cells(Rows.Count).End(xlUp).Offset(1).Select
```

●表全体の行数を数えてオフセットする

2つ目は**Offsetプロパティ**を利用した方法です。「表全体の行数を数え、その数の分だけ見出し行からオフセットした場所から新規データの入力位置を取得する」という考え方でコードを記述します。次のコードは、セル範囲B2:F2の表の行数を数え、その行数分だけオフセットして新規データ入力セルを取得しています。

マクロ10-31

```
With Range("B2:F2")
    .Offset(.CurrentRegion.Rows.Count).Select
End With
```

実行例 **オフセットして入力セルを取得**

	A	B	C	D	E	F	G
1							
2		ID	商品	価格	数量	小計	
3		1	りんご	120	6	720	
4		2	みかん	80	26	2,080	
5		3	ぶどう	350	27	9,450	
6							
7							
8							

この方式のメリットは、新規レコード入力位置を、行単位（レコード単位）でまとめて取得できるところです。

新規レコード入力位置を取得したら、その後は新規レコードのデータを入力する処理が続くことが多いかと思いますが、その場合にも、取得したセル範囲に、そのままArray関数でまとめて値を入力することも可能です。

●Findで検索した位置を元に取得

最後に、**Findメソッド**を利用した方法です。実は、Endプロパティを利用した方法も、「`CurrentRegion.Rows`」で取得したセル範囲のCountプロパティを利用する方法も、1つ「Excelならでは」の弱点があります。それは、下図のような「見かけ上は空白だけど、実は数式が入っているセル」の存在です。

▶見かけ上空白のセル

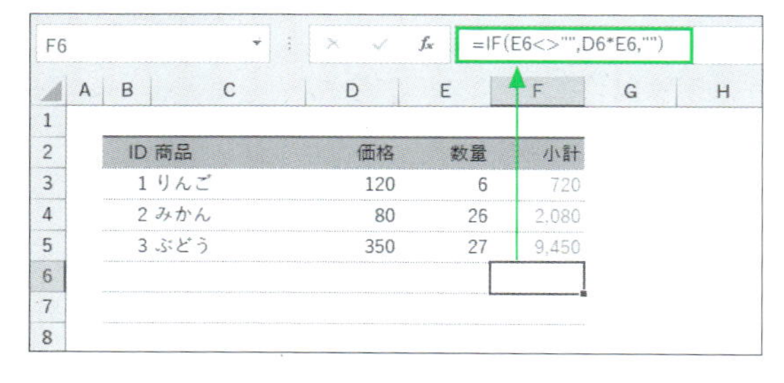
F6　=IF(E6<>"",D6*E6,"")

	A	B	C	D	E	F	G	H
1								
2		ID	商品	価格	数量	小計		
3		1	りんご	120	6	720		
4		2	みかん	80	26	2,080		
5		3	ぶどう	350	27	9,450		
6								
7								
8								

この場合、前述の2つの方法では、どちらも数式が入力されているセルを含めて「連続したデータ範囲」と見なしてしまうのです。このような表の場合、なんとかして「見かけ上空白ではない最後のセル」を取得する方法が必要となってきます。

そこで、「検索」機能をVBAから実行する、Findメソッドを利用します。以下にFindメソッドで検索する際の記述例を示します。

■Findメソッド

```
セル範囲.Find "*", After:=特定列の先頭セル, _
    LookIn:=xlValues, SearchDirection:=xlPrevious
```

第1引数の検索値は「何かしらの値」を表すワイルドカードである「*(アスタリスク)」を指定します。引数**After**に検索を開始するセル、**LookIn**には検索対象、**SearchDirection**は検索方向を指定します。xlValuesは「値」、xlPreviewは「逆順」を意味します。

Findメソッドで、基準とする列のデータのうち、「見かけ上値が入っているセルのうちの末尾のセル」を検索できたら、その1つ下のセルを新規データ入力位置として取得します。

この考え方をコードにすると、以下のようになります。セルF2を基準にしてF列のセルを取得し、その中で見かけ上値が入っているセルの「次のセル」を選択します。

マクロ10-32

```
Dim lastRng As Range, targetField As Range
'指定列の数式を含むセル範囲を取得
Set targetField = Range(Range("F2"), Range("F2").End(xlDown))
'取得したセル範囲のうち、見かけ上値の入力されている末尾のセルを取得
Set lastRng = Columns("F").Find( _
    "*", After:=targetField(1), LookIn:=xlValues, SearchDirection:=xlPrevious)
'その1つ下のセルを選択
lastRng.Offset(1).Select
```

実行例 見かけ上値が入っているセルの末尾から取得

	A	B	C	D	E	F	G
1							
2		ID	商品	価格	数量	小計	
3		1	りんご	120	6	720	
4		2	みかん	80	26	2,080	
5		3	ぶどう	350	27	9,450	
6							
7							
8							

少々ややこしいですが、「見かけ上の値で判断するならFindメソッドを利用」と覚えておくと、Excelならではの「見かけ上空白問題」に対処できるでしょう。

実は「テーブル」機能でだいたい解決する

さて、長々と表形式のデータを扱う際の「工夫」をご紹介してきましたが、実は「テーブル」機能を利用すれば、こんな工夫は不要だったりします。ただ、悲しいかなテーブル機能は、なかなか利用してもらえません。古いバージョンのExcelには用意されていなかった機能であるため仕方ない面もあるのですが、使わないのは惜しいほど便利なのです。

さて、愚痴を言っても始まりません。「テーブルの作成方法」と「データへのアクセス方法」をご紹介します。

●テーブルへと変換する

セル範囲をテーブルへと変換するには、セル範囲を選択し、リボンの**挿入→テーブル**を選択し、表示されるダイアログの**OK**ボタンを押します。すると、セル範囲が**テーブル**として認識されるようになり、デフォルトの書式やオートフィルター矢印が表示されます。

もともとの書式を保ったままにしたい場合には、テーブルの書式を解除します。テーブル内の任意のセルを選択し、リボンのテーブルツールの**デザイン**タブ右端の**テーブルスタイル**から**クリア**を選択しましょう。また、オートフィルター矢印もクリアしたい場合には、**デザイン**タブ内の**フィルターボタン**のチェックを外します。

▶テーブル作成

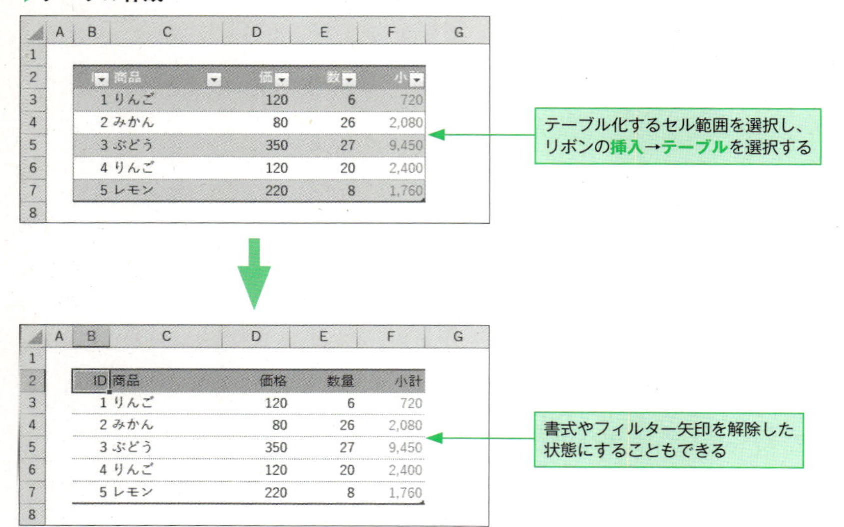

この一連の操作をマクロで行うには、次のようにコードを記述します。次のコードは、セル範囲B2:F7からテーブルを作成し、名前を「売上テーブル」としたうえで書式とフィルター矢印をクリアします。

マクロ10-33

```
Dim myTable As ListObject
'アクティブシートに新規テーブルを作成
Set myTable = ActiveSheet.ListObjects.Add( _
    xlSrcRange, Range("B2:F7"), XlListObjectHasHeaders:=xlYes)
'後で扱いやすいように名前を設定
myTable.Name = "売上テーブル"
'書式をクリア
myTable.TableStyle = ""
'フィルター矢印をクリア
myTable.ShowAutoFilterDropDown = False
```

テーブル範囲は、**ListObjectオブジェクト**として扱えます。新規のListObjectオブジェクトを追加するには、ListObjectsコレクションの**Addメソッド**を利用します。さらに、書式のクリアやオートフィルター矢印をクリアするには、該当するプロパティを利用します。以下に、AddメソッドでListObjectを追加する際の記述例を示します。

■ListObjects.Addメソッド

```
任意のシート.ListObjects.Add _
    SourceType:=xlSrcRange, Source:=テーブルとするセル範囲, _
    XlListObjectHasHeaders:=xlYes
```

引数**SourceType**は作成するテーブルの元データの種類を、**Source**はテーブルの元となるセル範囲を、**XlListObjectHasHeaders**は先頭行が見出しかどうかを指定します。xlSrcRangeはセル範囲を意味します。

テーブルを解除するには、テーブル内の任意のセルを選択し、リボンのテーブルツールの**デザイン**タブの左側にある、**範囲に変換**ボタンを押します。

マクロで解除する場合には、ListObjectオブジェクトの**UnListメソッド**を利用します。

■UnListメソッド

```
任意のシート.ListObjects(テーブル名/インデックス番号).UnList
```

次のコードは、「売上テーブル」を解除します。

マクロ10-34

```
ActiveSheet.ListObjects("売上テーブル").Unlist
```

●各種データのセルへとアクセスする

テーブル範囲の各種のデータへアクセスするには、ListObjectオブジェクトに用意されているプロパティを利用します。

1 2 3 4 5 6 7 8 9 10 11 12 13 14 15 16 17 18 19

▶ListObjectオブジェクトのプロパティ（抜粋）

プロパティ	用途
HeaderRowRange	見出し行のセル範囲へアクセス
DataBodyRange	見出しを除くデータ範囲へアクセス
Range	見出しとデータ範囲を含むテーブル全体のセル範囲へアクセス
ListRows	引数に指定したレコードへアクセス。セル範囲にアクセスするにはさらにRangeプロパティを使用
ListColumns	引数に指定したフィールドへアクセス。セル範囲にアクセスするにはさらにRangeプロパティを使用

▶各プロパティで取得できる範囲

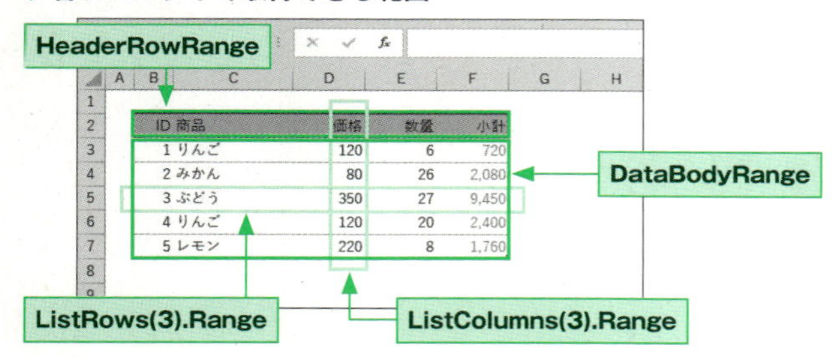

さらに、ListObjectオブジェクトの**ListRowsプロパティ**からアクセスできる**ListRowsコレクションオブジェクト**には、新規のデータを入力する準備を行う**Addメソッド**まで用意されています。

ListRowsコレクションオブジェクトのAddメソッドは、テーブルのセル範囲を1レコード分だけ拡張する際に使用します。拡張を行う場合は、書式や数式を引き継ぎます。また、戻り値として、追加した行を扱うListRowオブジェクトを返します。

次のコードは、「売上テーブル」という名前のテーブルを1レコード分拡張し、その位置に新規データを入力します。

マクロ10-35

```
Dim tmpListRow As ListRow
'新規のレコードを入力するセル範囲を拡張
Set tmpListRow = ActiveSheet.ListObjects("売上テーブル").ListRows.Add
```

```
'レコードの値を入力
tmpListRow.Range.Value = _
    Array(6, "パイナップル", 1200, 2, "=R[0]C[-2]*R[0]C[-1]")
```

実行例 テーブルを拡張してデータを入力

	A	B	C	D	E	F	G
1							
2		ID	商品	価格	数量	小計	
3		1	りんご	120	6	720	
4		2	みかん	80	26	2,080	
5		3	ぶどう	350	27	9,450	
6		4	りんご	120	20	2,400	
7		5	レモン	220	8	1,760	
8							

	A	B	C	D	E	F	G
1							
2		ID	商品	価格	数量	小計	
3		1	りんご	120	6	720	
4		2	みかん	80	26	2,080	
5		3	ぶどう	350	27	9,450	
6		4	りんご	120	20	2,400	
7		5	レモン	220	8	1,760	
8		6	パイナップル	1,200	2	2,400	
9							

テーブルに書式が設定してあっても、その書式まで綺麗に引き継いでくれていることが確認できますね。

このように、「テーブル」機能、VBA的にはListObjectオブジェクトを利用すると、表形式のデータの扱いがぐっと楽になります。現場の環境が許すのであれば、積極的に利用していきましょう。

10-5 空白・数式・可視セル等のみを選択できる仕組み

目的のセルを選択する際に覚えておくと役に立つのが、「条件を選択してジャンプ」機能です（ホーム→検索と選択→条件を選択してジャンプ）。

▶「条件を選択してジャンプ」機能

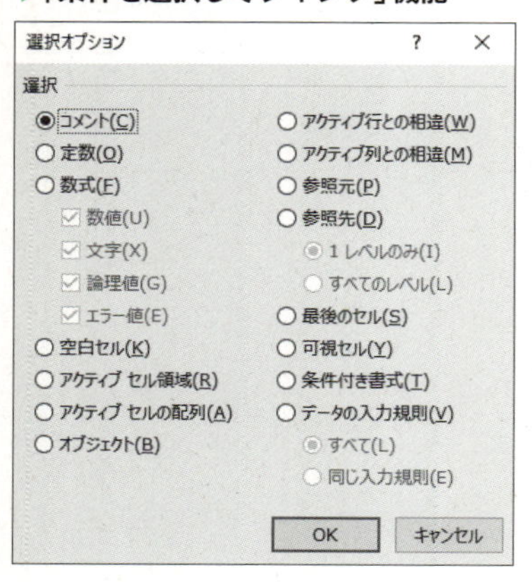

表示されるダイアログを見るだけで、多彩な条件でセルを選択できることがわかりますね。この機能をVBAから利用するためには、**SpecialCellsメソッド**を利用します。

SpecialCellsメソッドという強力な機能

SpecialCellsメソッドは、調査を行いたいセル範囲のうちの、引数に指定した種類のセルを含むRangeオブジェクトを返すメソッドです。

■ SpecialCellsメソッド

```
セル範囲.SpecialsCells(セルのタイプ[, オプション])
```

引数に指定できる定数と、セルのタイプには次のものが用意されています。第1引数には**XlCellType列挙**の定数を、第2引数（オプション）には**XlSpecialCellsValue列挙**の定数を指定します。

▶XlCellType列挙の定数

定数	値	対象
xlCellTypeAllFormatConditions	-4172	表示形式が設定されているセル
xlCellTypeAllValidation	-4174	条件付書式が設定が含まれているセル
xlCellTypeBlanks	4	空白セル
xlCellTypeComments	-4144	コメントが含まれているセル
xlCellTypeConstants	2	定数（数式でない値）が含まれているセル
xlCellTypeFormulas	-4123	数式が含まれているセル
xlCellTypeLastCell	11	最終セル
xlCellTypeSameFormatConditions	-4173	同じ表示形式が設定されているセル
xlCellTypeSameValidation	-4175	同じ条件付書式が設定されているセル
xlCellTypeVisible	12	可視セル

▶XlSpecialCellsValue列挙

定数	値	対象
xlErrors	16	エラー値
xlLogical	4	論理値
xlNumbers	1	数値
xlTextValues	2	文字列

次のコードは、セル範囲B2:F7のうち、「空白セル」を選択します。

マクロ10-36

```
Range("B2:F7").SpecialCells(xlCellTypeBlanks).Select
```

1 2 3 4 5 6 7 8 9 10 11 12 13 14 15 16 17 18 19

実行例 空白セルの選択

ID	商品	価格	数量	小計
1	りんご	120	6	720
2	みかん			0
3		350	27	9,450
4	りんご	120	20	2,400
5	レモン	220	8	1,760

次のコードは、セル範囲B2:F7のうち、「数式の入力されているセル」を選択します。

マクロ10-37

```
Range("B2:F7").SpecialCells(xlCellTypeFormulas).Select
```

実行例 数式の入力されているセルの選択

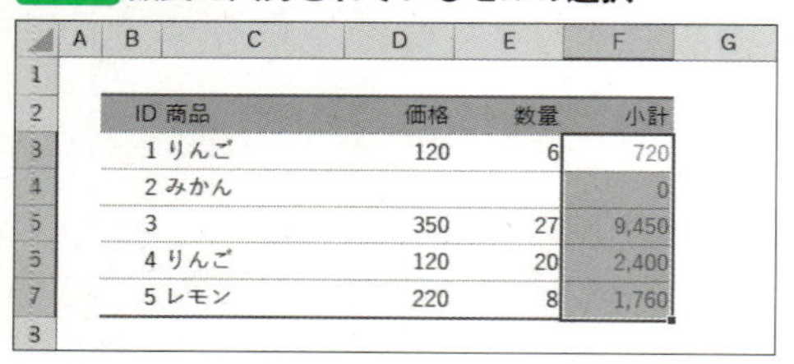

ID	商品	価格	数量	小計
1	りんご	120	6	720
2	みかん			0
3		350	27	9,450
4	りんご	120	20	2,400
5	レモン	220	8	1,760

次のコードは、セル範囲B2:F7のうち、定数(数式ではない値)が入力されているセルのうち、数値が入力されているセルのみを選択します。

マクロ10-38

```
Range("B2:F7").SpecialCells(xlCellTypeConstants, xlNumbers).Select
```

実行例 定数のうち数値のみ選択

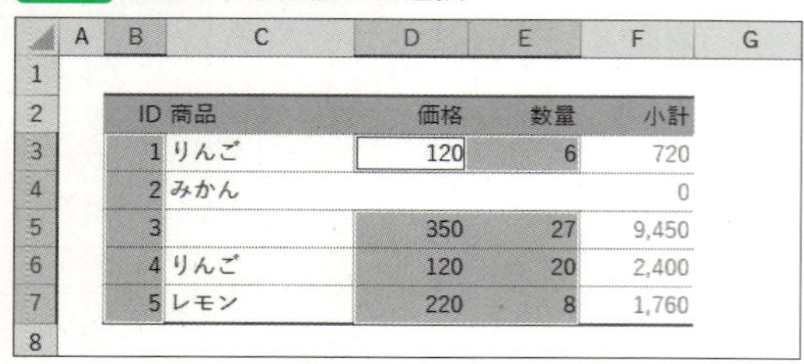

ID	商品	価格	数量	小計
1	りんご	120	6	720
2	みかん			0
3		350	27	9,450
4	りんご	120	20	2,400
5	レモン	220	8	1,760

とても手軽に、「入力漏れのあるセル(空白セル)」へアクセスしたり、「数式であるはずのセルがきちんと選択されているか」をチェックできたりと、さまざまな場面で利用できる便利なメソッドですね。

Column UsedRangeで使用しているセル範囲のみを取得

マクロで扱うセル範囲を指定する際、「シートのセル全体」を指定するには、引数なしで「Cellsプロパティ」を利用します。次のコードは、シート全体のセルをクリアします。

マクロ10-39

```
Cells.Clear
```

また、シート内のセルのうち「使用しているセル範囲」のみを取得するには、Worksheetオブジェクトの「UsedRangeプロパティ」を利用します。次コードは、アクティブなシートの使用しているセル範囲を選択します。

マクロ10-40

```
ActiveSheet.UsedRange.Select
```

どちらも、「シート全体に対して○○したい」というようなケースで利用できますね。

Column 角カッコを使ったシンタックス・シュガー

イミディエイトウィンドウを利用すると、ちょっとしたコードを実行できることはご紹介しましたが、この際に覚えておくと便利な記法があります。それが、「[]（角カッコ）」を利用したシンタックス・シュガーです。

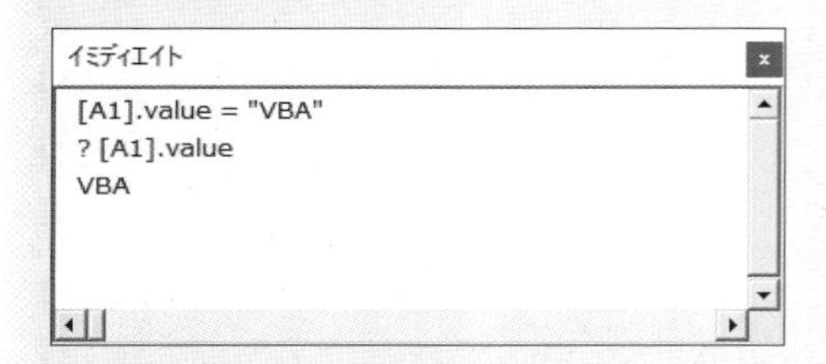

イミディエイトウィンドウ内では、角カッコで囲んだ中にセル番地を表す文字列を記述すると、対応するRangeオブジェクトとして扱えます。以下の2つのコードは、同じように機能し、セルA1へと値を入力します。

```
Range("A1").Value = "VBA"
[A1].value = "VBA"
```

いちいち「Range("A1")」と、Shiftキーも動員するテキストをタイプするよりも、「[A1]」と記述するだけの方が遥かに楽ちんですね。もっと言うのであれば、下記のコードも同じように機能します。

```
[A1] = "VBA"
```

これは、Rangeオブジェクト特有の「プロパティやメソッドを特に指定せずに値を代入するような記述をした場合は、値が入力される」という仕組みのためです。VBA側で勝手に「たぶんこれは値の入力だな」と判断してValueプロパティに対する操作のようなふるまいをします。お手軽な半面、ちょっと違和感のある記法でもありますね。

あまりお行儀のよい記法ではないため、標準モジュール等のマクロ内で利用するのは推奨できませんが、イミディエイトウィンドウでちょっとしたセルやセル範囲を操作・確認したい場合には、知っておくと便利な記法ですね。

Chapter11

セルの値と見た目の変更

本章では、セルへと値や数式を入力する方法と、書式を設定する方法をご紹介します。普通に値を入力する方法から、Excelならではの相対的な参照式を入力する方法、さらに、データの見やすさに直結するフォントや罫線、書式の設定方法をご紹介します。

11-1 値と式の入力・消去

Excelのセルは「値の保持」と「保持した値を指定した書式で表示する」という2段階の仕組みで値を表示しています。まずは、値を保持させる方法、つまりは「**値を入力する方法**」を見ていきましょう。

セルに値と数式を入力する

セルへ値を入力するには、Rangeオブジェクトの**Valueプロパティ**へと入力したい値を代入します。数値等の各種の値から、数式を表す文字列でさえも入力可能です。

次のコードは、セルにさまざまな値を入力しています。

マクロ11-1

```
Range("C2").Value = "VBA"
Range("C3").Value = 1800
Range("C4").Value = #6/5/2018#
Range("C5").Value = "=10*5"     'ValueでもよいがFormula推奨
```

次のコードは、セル範囲C7:E7に配列の値をまとめて入力しています。

マクロ11-2

```
Range("C7:E7").Value = Array(1, 2, 3)
```

実行例 セルに値を入力

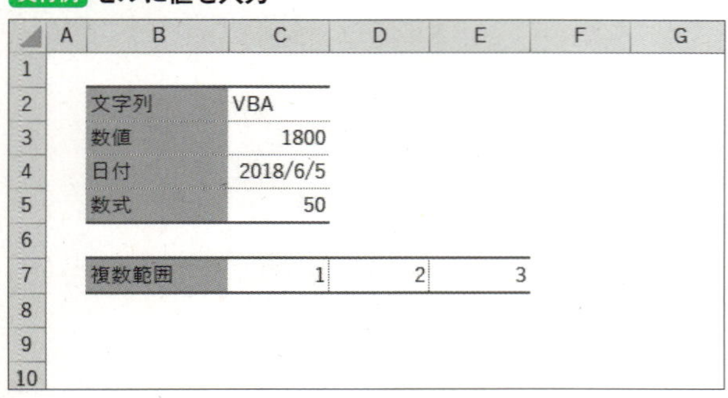

	A	B	C	D	E	F	G
1							
2		文字列	VBA				
3		数値	1800				
4		日付	2018/6/5				
5		数式	50				
6							
7		複数範囲	1	2	3		
8							
9							
10							

数式を入力する場合には、**Formulaプロパティ**を利用した方が、「数式を入力しようとしているんだな」という意図がコードから伝わりやすいでしょう。次のコードは、セルC5に数式(=10*5)を入力しています。

マクロ11-3

```
Range("C5").Formula = "=10*5"
```

また、セル範囲を指定し、Valueプロパティに対して配列形式の値を代入すると、いっぺんに値を入力することも可能です。前述のサンプルでは1次元配列の値を一気に入力していますが、2次元配列の値を一気に入力することも可能です。

Column 日本語版独自の関数はFormulaLocalプロパティで

明示的に数式を入力する際にはFormulaプロパティを利用しますが、日本語版Excel独自の関数を利用する場合には、「FormulaLocalプロパティ」を利用する必要があります。

例えば、「数値を円表記にするYENワークシート関数」は、日本語版独自の関数であり、Formulaプロパティを利用して入力しようとするとエラーとなります。FormulaLocalプロパティを利用すれば、きちんと入力・計算されます。次のコードは、セルA2に、セルA1の値に対して円表記を行うYEN関数を入力します。

マクロ11-4

```
Range("A2").FormulaLocal = "=YEN(A1)"
```

どれがローカライズ環境特有の関数かわからない場合は、とりあえず全てFormulaLocalプロパティを利用して入力してしまってもOKです。なお、相対的な数式を入力する場合には、次に紹介する「FormulaR1C1Localプロパティ」を利用します。

相対参照形式はFormulaR1C1

相対的な数式を入力する際には、**FormulaR1C1プロパティ**を利用します。次のコードは、D列のセルに、2つ左のセル（B列）と1つ左のセル（C列）を乗算する式を入力します。

マクロ11-5

```
Range("D3:D6").FormulaR1C1 = "=R[0]C[-2]*R[0]C[-1]"
```

実行例 相対参照形式の数式を入力

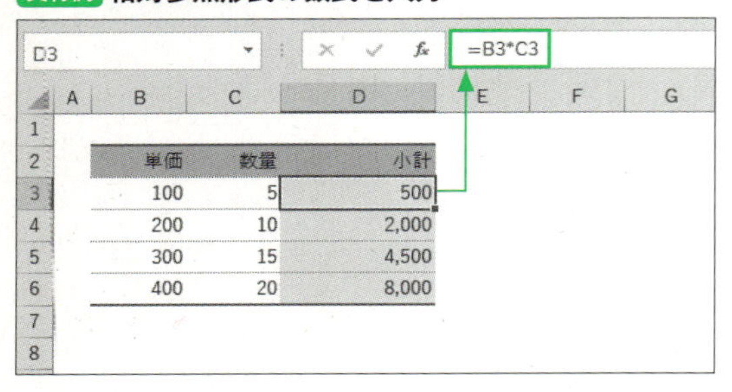

数式内では、相対的なセル位置を「**R[行オフセット数]C[列オフセット数]**」で表します。「R[1]C[2]」は、「1つ右で、2つ下」となり、「R[-1]C[-2]」は、「1つ左で、2つ上」となります。

セルに入力された式はExcelの表示設定に従い、自動的にA1形式での参照式に変換されて表示されます。

また、固定したセルを扱いたい場合は、「**R行番号C列番号**」のように、角カッコを使わずにセルを指定します。「R1C2」は「1行2列目」、つまり「セルB1」となります。次のコードは、D列のセルに、セルB9（R9C2）の値に1つ左のセル（C列）を乗算する式を入力します。

マクロ11-6

```
Range("D9:D12").FormulaR1C1 = "=R9C2*R[0]C[-1]"
```

実行例 固定セルに対する参照

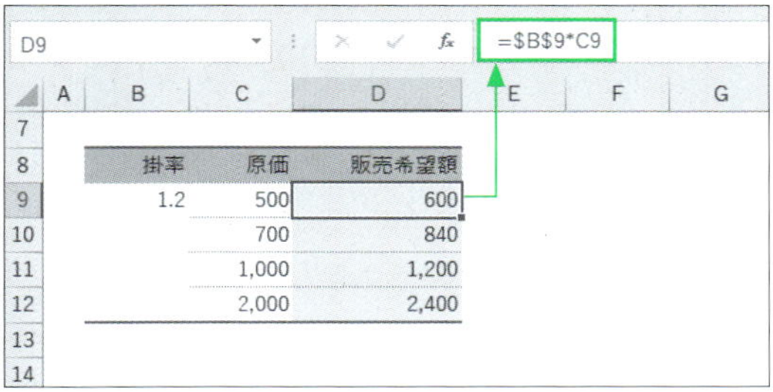

D9　=$B$9*C9

	A	B	C	D	E	F	G
7							
8		掛率	原価	販売希望額			
9		1.2	500	600			
10			700	840			
11			1,000	1,200			
12			2,000	2,400			
13							
14							

値のみの消去はClearContentsで行う

セルの値のみをクリアしたい場合には、**ClearContentsメソッド**を利用します。「Delete」キーを押して値を消去した時と同じように、書式等は保たれます。

■ ClearContentsメソッド

```
対象セル.ClearContents
```

次のコードは、セルB2の値のみを消去します。

マクロ11-7

```
Range("B2").ClearContents
```

ClearContentsメソッドは、セル範囲に対して実行することもできます。その場合は、指定した範囲内のセルの値が全て消去されます。また、結合セルに対して実行することもできます。次のコードは、結合されたセル範囲セルB4:C5の値のみを消去します。

マクロ11-8

```
Range("B4:C5").ClearContents
```

1 2 3 4 5 6 7 8 9 10 11 12 13 14 15 16 17 18 19

実行例 セルの値のみを消去

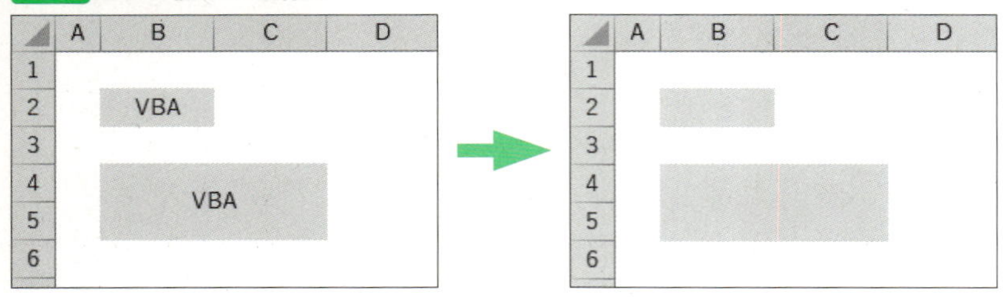

ClearContentsメソッドを結合セルに対して利用する際には、「結合セルの全てのセルを含む範囲」に対して実行する必要があります。単に左上のセルに対してClearContentsメソッドを実行してもエラーとなります。やっかいですね。

この場合には、「結合セル内の左上のセルのValueプロパティに空白文字列を入力する」ことで、見かけ上値を消去するという小技が利用できます。次のコードは、セルB4に空白文字列を入力します。

マクロ11-9

```
Range("B4").Value = ""
```

ちょっと「消去してる感」が薄まる書き方ですが、結合セルだらけのシートに悩んでいる方は採用を検討してみるのもよいでしょう。

また、「結合しているセル範囲」を返す**MergeAreaプロパティ**を利用して、次のように記述する方法もあります。次のコードは、セルB4を含む結合セル範囲の値を消去します。

マクロ11-10

```
Range("B4").MergeArea.ClearContents
```

指定セルが結合していない場合もあるケースでは冗長な記述となってしまいますが、こちらは「消去している感」のあるコードとなりますね。また、明示的に記述しておくことで、後から見返した時に、「そうだ、この案件は結合セルに悩まされる案件だ！」と思い出しやすくなるというメリット(?)も生じます。

11-2 セルの見た目の設定

セルの見た目を設定する方法をご紹介します。一言で「セルの見た目」と言っても、フォント・表示形式・罫線・背景色・幅や高さ等、さまざまな要素が調整可能となっています。

レポートや報告書では、「見た目」がそのデータの理解しやすさや、信頼性にまで関係してくることまであります。手作業で見た目を整えるのは手間がかかりますが、マクロにしてしまえば、一気に目的の「見た目」までたどり着けるでしょう。それでは、実際のコードを見ていきましょう。

フォントを設定する

フォントの設定を行うには、RangeオブジェクトのFontプロパティからアクセスできる、そのセル範囲のフォント関連情報を扱う**Fontオブジェクト**の各種プロパティを利用します。

▶**Fontオブジェクトのプロパティ(抜粋)**

プロパティ	用途
Name	フォント名の設定
Size	フォントサイズの設定
Bold	太字の設定
Italic	イタリック文字の設定
Color	RGB形式でのカラー設定
ColorIndex	パレット形式でのカラー設定
ThemeColor	テーマカラー形式でのカラー設定(色)
TintAndShade	テーマカラー形式でのカラー設定(明度)

次のコードは、セル範囲B2:F6のフォントを「メイリオ」に、サイズを「12」ポイントに設定します。

マクロ11-11

```
With Range("B2:F6").Font
    .Name = "メイリオ"
    .Size = 12
End With
```

実行例 フォントの設定

ID	商品名	価格	数量	小計
VBA-001	スキンケアジェル(小)	300	40	12,000
VBA-002	スキンケアジェル(大)	500	35	17,500
Ex-04W	ボックスティッシュ	250	80	20,000
Ex-04E	ポケットティッシュ	50	200	10,000

ID	商品名	価格	数量	小計
VBA-001	スキンケアジェル(小)	300	40	12,000
VBA-002	スキンケアジェル(大)	500	35	17,500
Ex-04W	ボックスティッシュ	250	80	20,000
Ex-04E	ポケットティッシュ	50	200	10,000

また、フォントには日本語対応フォントと、欧文フォント(日本語非対応フォント)がありますが、任意のセル範囲に対して、「日本語対応フォント適用→欧文フォント適用」という順番で設定を行うと、「**日本語は最初に指定したもの、英数字は後から指定したもの**」という設定が行えます。

次のコードは、セル範囲B2:F6のフォントを、日本語は「MS Pゴシック」、英数字は「Arial」というルールで設定します。

マクロ11-12

```
With Range("B2:F6").Font
    .Name = "MS Pゴシック"
    .Name = "Arial"
End With
```

実行例 日本語と英数字でフォントを変える

	A	B	C	D	E	F	G
1							
2		ID	商品名	価格	数量	小計	
3		VBA-001	スキンケアジェル(小)	300	40	12,000	
4		VBA-002	スキンケアジェル(大)	500	35	17,500	
5		Ex-04W	ボックスティッシュ	250	80	20,000	
6		Ex-04E	ポケットティッシュ	50	200	10,000	
7							

フォントの設定は、セル幅やセルの高さを設定する際の基準ともなります。書式を整える処理を作成する場合には、「まず、フォントを設定するところから始める」のがよいでしょう。

Column Excelのデフォルトフォントの変遷

日本語版Excelのデフォルトのフォントは、「MS Pゴシック→メイリオ→游ゴシック」と変遷してきました。そのため、Excelを使い始めたタイミングにより「見慣れたいつも使っているフォント」が異なります。代々受け継がれているExcelブック等では「MS Pゴシック」で入力されているものが多いのはそのためです。「見やすい」フォントを決める場合には、そのブックを利用する人の顔を思い浮かべ、「見慣れている」フォントを選ぶのも1つの効果的な方法となります。

ちなみに、マクロ実行時の環境でのデフォルトのフォントの種類を取得するには「Application.StandardFontプロパティ」を、フォントサイズを取得するには「Application.StandardFontSizeプロパティ」を利用します。

11-3 表示形式を設定する

セルに保持された値は、セルに設定された「書式」に準じて表示されます。同じ「1234」という値でも、書式次第で「1,234」「001234」「1234.00」等、さまざまな表示が可能です。この表示形式をVBAから設定していきましょう。

セルの書式を設定する

セルの書式は、基本的に**NunberFormatLocalプロパティ**で設定します。次のコードは、セルB2の書式設定を「桁区切り」に設定します。

マクロ11-13

```
Range("B2").NumberFormatLocal = "#,###"
```

実行例 **セルの書式設定**

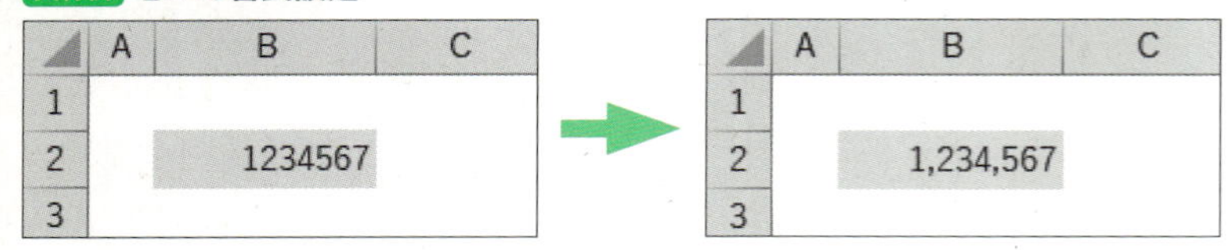

NumberFormatLocalプロパティに設定できる表示形式を表す文字列は、Excelの一般機能で、**ホーム→書式→セルの書式設定**で表示される、「セルの書式設定」ダイアログにおいて、**表示形式**タブ内の**分類**から、**ユーザー定義**を選択した時に表示される書式で確認できます。

Excelの書式は、プレースホルダーを利用した文字列を使って指定します。「**@**(セルに入力された文字列)」や「**#**(セルに入力された数値)」等の、あらかじめ定められたプレースホルダーの部分は、セルの入力値に沿った値が表示され、その他の部分はそのまま表示されます。

■NunberFormatLocalプロパティ

```
セル範囲.NumberFormatLocal = 書式設定文字列
```

▶セルの書式設定

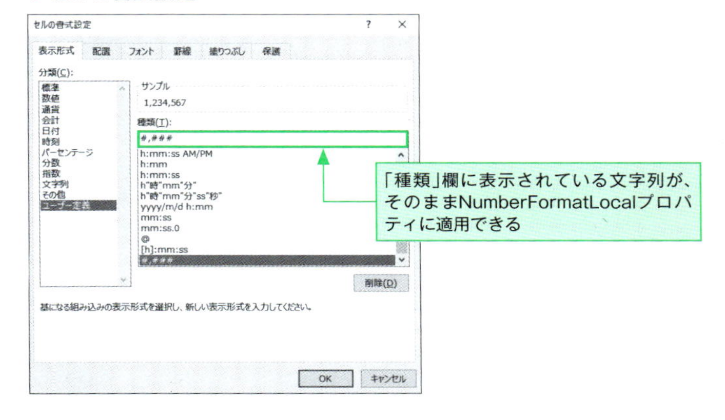

▶よく使うプレースホルダー（抜粋）

プレースホルダー	意味
@	文字列
#	数値
0	数値の桁を表す。「000」という場合は「1」が「001」と表示される
#,###	桁区切り
?0.00	等幅フォント時の小数点の位置揃え
yyyy, mm, dd	それぞれ、年・月・日
h, m, s	それぞれ、時・分・秒。「m」は文脈により「分」ではなく「月」を表すこともある
aaa, aaaa	「月」「月曜日」等の曜日
ge, gge, ggge	「H30」「平30」「平成30」等の元号

その他のプレースホルダーの情報は、MSDNの対応ページ（https://support.microsoft.com/ja-jp/help/883227）等をご覧ください。

例えば「@ 様」という書式文字列は、「セルに入力した文字列の後ろに『 様』を付加した書式」となります。次のコードは、セル範囲B2:B4に入力された名前の後ろに「 様」を付けるように書式を設定しています。

マクロ11-14

```
Range("B2:B4").NumberFormatLocal = "@ 様"
```

実行例 「様」を付けるように書式を設定

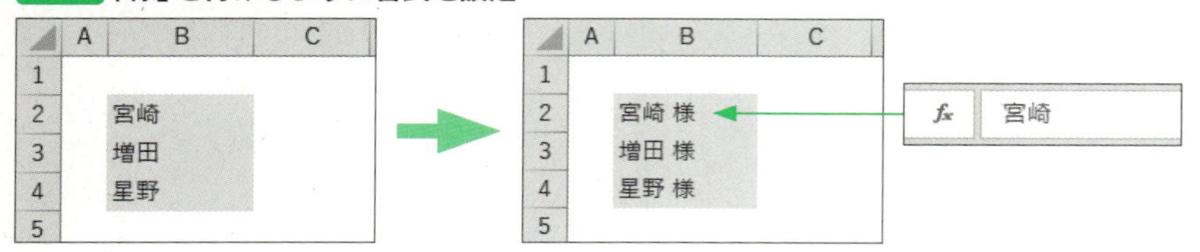

あくまでも書式で「 様」という表示にしてあるだけなので、実際の値は元のままです。このように、「プレースホルダーと、表示に利用する値」を組み合わせた形で表示書式を設定していきます。

また、このプレースホルダーを利用した書式の指定は、ほぼ同じ形でFormat関数(129ページ)の書式設定にも利用可能です。

Column NumberFormatプロパティ

NumberFormatLocalプロパティと非常によく似た名前と用途のプロパティとして、「NumberFormatプロパティ」が用意されています。こちらは、「多言語対応する前に利用していたプロパティ」とでも言うようなプロパティであり、一部の日本語表現を利用した書式の設定等に対応していません。

日本語版のExcelを利用している環境においては、「書式の設定はNumberFormatLocalプロパティで行う」と考えておくのがよいでしょう。

罫線を引くには

罫線を引くには、「罫線の場所を指定して**Borderオブジェクト**を取得」「Borderオブジェクトの各種プロパティで罫線の種類や色を指定」という2段階の考え方で設定を行っていきます。

場所を指定してBorderオブジェクトを取得するには、**Bordersプロパティ**を利用します。

■ **Bordersプロパティ**

```
セル範囲.Borders(場所を指定する定数)
```

罫線を引く場所の指定は、**XlBordersIndex列挙**の定数で行います。

▶ **XlBordersIndex列挙の定数**

定数	値	位置
xlEdgeTop	8	上端
xlEdgeBottom	9	下端
xlEdgeLeft	7	左端
xlEdgeRight	10	右端
xlInsideHorizontal	12	内側の横罫線
xlInsideVertical	11	内側の縦罫線
xlDiagonalUp	6	斜め罫線(右上がり)
xlDiagonalDown	5	斜め罫線(左上がり)

指定した場所の罫線は、以下のBorderオブジェクトの各種プロパティで設定を行います。

▶ **Borderオブジェクトのプロパティ(抜粋)**

プロパティ	用途
LineStyle	線の種類をXlLineStyle列挙で指定
Weight	線の太さ
Color	RGB形式でのカラー設定
ColorIndex	パレット形式でのカラー設定
ThemeColor	テーマカラー形式でのカラー設定(色)
TintAndShade	テーマカラー形式でのカラー設定(明度)

各プロパティに設定する定数等は、一度実際に罫線を引く操作を「マクロの記録」機能で記録し、記録された値を参考に設定してください。

次のコードは、セル範囲B2:D6の「上端」「下端」「内側の横方向」の3つの位置の罫線を設定します。

マクロ11-15

```
With Range("B2:D6")
    '上側の罫線を設定
    With .Borders(xlEdgeTop)
        .LineStyle = xlContinuous
        .Weight = xlMedium
        .ThemeColor = msoThemeColorAccent6
    End With
    '下側の罫線を設定
    With .Borders(xlEdgeBottom)
        .LineStyle = xlContinuous
        .Weight = xlMedium
        .ThemeColor = msoThemeColorAccent6
    End With
    '中間のうち、横方向の罫線を設定
    With .Borders(xlInsideHorizontal)
        .LineStyle = xlContinuous
        .Weight = xlHairline
        .ThemeColor = msoThemeColorAccent6
    End With
End With
```

実行例 罫線の設定

	A	B	C	D	E
1					
2		商品名	価格	数量	
3		スキンケアジェル(小)	300	40	
4		スキンケアジェル(大)	500	35	
5		ボックスティッシュ	250	80	
6		ポケットティッシュ	50	200	
7					

	A	B	C	D	E	F
1						
2		商品名	価格	数量		
3		スキンケアジェル(小)	300	40		
4		スキンケアジェル(大)	500	35		
5		ボックスティッシュ	250	80		
6		ポケットティッシュ	50	200		
7						
8						

また、位置を指定して罫線を設定するのではなく、指定セル範囲全体にざっくり罫線を設定する場合には、Bordersコレクションにそのまま設定を行っていきます。次のコードは、セル範囲B2:D6にまとめて格子状の罫線を設定します。

マクロ11-16

```
With Range("B2:D6").Borders
    .LineStyle = xlContinuous
    .Weight = xlThin
    .ThemeColor = msoThemeColorAccent6
End With
```

実行例 **格子状の罫線を設定**

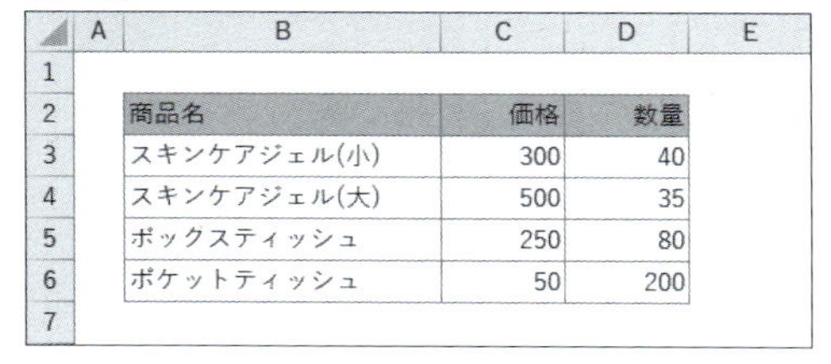

	A	B	C	D	E
1					
2		商品名	価格	数量	
3		スキンケアジェル(小)	300	40	
4		スキンケアジェル(大)	500	35	
5		ボックスティッシュ	250	80	
6		ポケットティッシュ	50	200	
7					

罫線を消去するには、**LineStyleプロパティ**に定数「xlNone」を設定します。

背景色の設定とExcelでの色管理方法

セルの**背景色**を指定するには、Interiorプロパティ経由でアクセスできる**Interiorオブジェクト**に用意されている、色を管理する4つのプロパティを利用します。

▶色を管理する4つのプロパティ

プロパティ	用途
Color	RGB形式でのカラー設定
ColorIndex	パレット形式でのカラー設定
ThemeColor	テーマカラー形式でのカラー設定（色）
TintAndShade	テーマカラー形式でのカラー設定（明度）

このプロパティは、色を設定できるオブジェクトのほとんどに用意されています。実はExcelには、3つのパターンで「色」を指定する仕組みが用意されています。

●RGB値を設定する

「赤・緑・青」の光の三原色の割合で色を表現する、いわゆるRGB値で色を指定するには、**Colorプロパティ**を利用します。次のコードは、セルB2の背景色をRGB値「255,0,0」（赤）に設定します。

マクロ11-17

```
Range("B2").Interior.Color = RGB(255, 0, 0)
```

実行例 セルの背景色を設定

	A	B	C
1			
2			
3			

→

	A	B	C
1			
2			
3			

RGB値を指定するには、**RGB関数**の引数に、「赤, 緑, 青」の順番で、「0 ～ 255」の範囲の値を設定します。

■RGB関数

```
RGB(Rの値, Gの値, Bの値)
```

●パレット番号で設定する

Excelにはブックごとに56色のカラーパレットが記録されています。そのパレット番号を利用して色を設定するには、**ColorIndexプロパティ**を利用します。

■ **ColorIndexプロパティ**

```
ColorIndex = パレット番号
```

次のコードは、セルB2の背景色をパレット番号6番（筆者の環境では黄色）に設定します。

マクロ11-18

```
Range("B2").Interior.ColorIndex = 6
```

用意されているパレットの色を確認するには、Workbookオブジェクトの**Colorsプロパティ**を利用します（サンプルファイル「11章：値の入力消去.xlsm」を参照してください。サンプルファイルは本書のサポートページ（http://isbn.sbcr.jp/96980/）からダウンロード可能です）。

●テーマカラーで設定する

Excelの既定の色の設定方式は、**テーマカラー**を利用する方式です。この方式は、ブックに設定された「テーマ」ごとに基本となる12色を決めておき、その基本色の明るさを変更することで、さまざまな色を統一感を持って扱おうという方式です。

▶**テーマカラー方式**

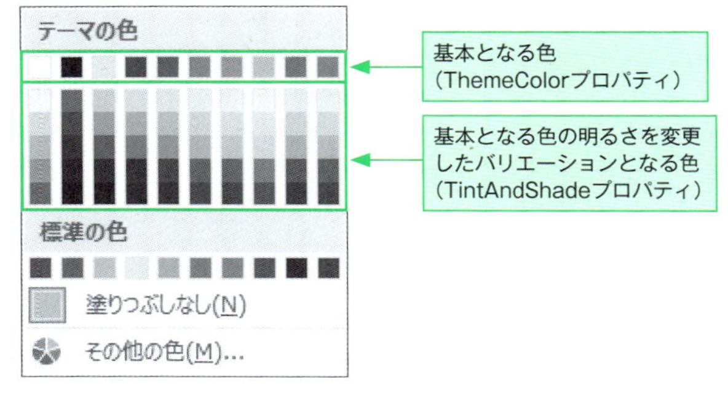

セルの背景色等を手作業で設定する際に表示される「テーマの色」を例に取ると、先頭行に表示されているのが基本色となり、その下の行は、それぞれの基本色の明るさを変更したバリエーションとなります。

VBAでこの基本色を扱うのが**ThemeColorプロパティ**、明るさを扱うのが**TintAndShadeプロパティ**です。ThemeColorプロパティには、12色の基本色を表す**MsoThemeColorSchemeIndex列挙**の定数を指定します。

■ **ThemeColorプロパティ**

```
ThemeColor = 基本色
```

▶ **MsoThemeColorSchemeIndex列挙の定数**

定数	値	基本色
msoThemeAccent1	5	アクセント 1
msoThemeAccent2	6	アクセント 2
msoThemeAccent3	7	アクセント 3
msoThemeAccent4	8	アクセント 4
msoThemeAccent5	9	アクセント 5
msoThemeAccent6	10	アクセント 6
msoThemeDark1	1	濃色 1
msoThemeDark2	3	濃色 2
msoThemeFollowedHyperlink	12	クリックされたハイパーリンク
msoThemeHyperlink	11	ハイパーリンク
msoThemeLight1	2	淡色 1
msoThemeLight2	4	淡色 2

TintAndShadeプロパティには、「-1(最も暗い)～1(最も明るい)」の値を設定します。

■ **TintAndShadeプロパティ**

```
TintAndShade = 明るさ
```

ブックに設定されている基本色は、**ページレイアウト→配色→色のカスタマイズ**で表示される「新しい配色パターンの作成」ダイアログで確認可能です。

▶**「新しい配色パターンの作成」ダイアログ**

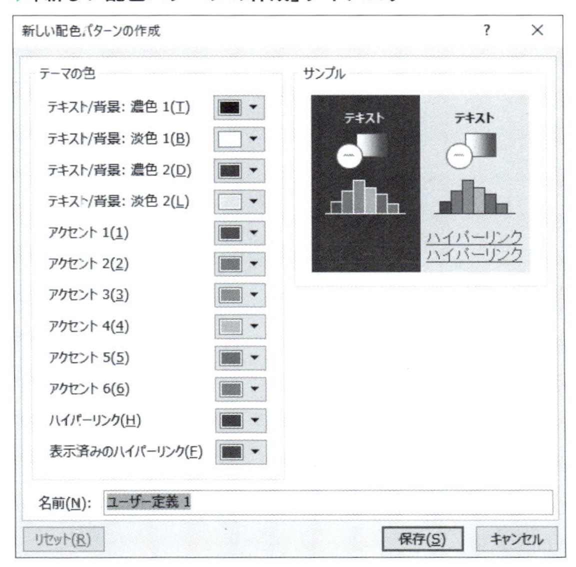

さて、前置きが長くなりましたが、この方式は、「**基本色をThemeColorで指定して、その明るさをTintAndShadeで決めてください**」というものです。以下のコードは、セルB2の背景色を、「アクセント１の基本色」「明るさ0.5」に設定します。

マクロ11-19

```
With Range("B2").Interior
    .ThemeColor = msoThemeAccent1
    .TintAndShade = 0.5
End With
```

なお、セルに設定した背景色をクリアするには、**Patternプロパティ**に、定数「xlNone」を指定します。次のコードは、セルB2の背景色をクリアします。

マクロ11-20

```
Range("B2").Interior.Pattern = xlNone
```

セル幅と高さの設定と単位

セルの**幅**と**高さ**を指定するには、**ColumnWidthプロパティ**と**RowHeightプロパティ**を利用します。

ColumnWidthプロパティは、セル幅を「標準のフォントで『0』が何文字入るか」を示す数値で指定します。

■ **ColumnWidthプロパティ**

```
ColumnWidth = 幅
```

RowHeightプロパティは、セルの高さをポイント単位で指定します。

■ **RowHeightプロパティ**

```
RowHeight = 高さ
```

次のコードは、セルB2の幅を「10」、高さを「20」に設定します。

マクロ11-21

```
With Range("B2")
    .ColumnWidth = 10
    .RowHeight = 40
End With
```

また、**EntireColumnプロパティ**や**EntireRowプロパティ**と、**AutoFitメソッド**を組み合わせると、現在セルに入力されている値に応じて、自動的にセル幅や高さを調整してくれます。次のコードは、セル範囲B3:D6の列幅と行の高さを、セル内の値に応じて自動調整します。

マクロ11-22

```
'列幅自動調整
Range("B3:D6").EntireColumn.AutoFit
'行の高さ自動調整
Range("B3:D6").EntireRow.AutoFit
```

実行例 入力文字に合わせて自動調整

	A	B	C	D	E
1					
2		ID	商品名	価格	
3		VBA-001	スキンケア	300	
4		VBA-002	スキンケア	500	
5		Ex-04W	ボックスラ	250	
6		Ex-04E	ポケット	50	
7					

	A	B	C	D	E
1					
2		ID	商品名	価格	
3		VBA-001	スキンケアジェル(小)	300	
4		VBA-002	スキンケアジェル(大)	500	
5		Ex-04W	ボックスティッシュ	250	
6		Ex-04E	ポケットティッシュ (セール品)	50	
7					

他のシートやWebからデータをコピーしてきた場合に、素早く見やすいセル幅に調整する時等に重宝する仕組みですね。

Column　AutoFitから「もうちょっと拡張」したい場合には

AutoFitメソッドによるセル幅や高さの自動調整は便利ですが、「もうちょっと余白に余裕がほしい」という場合もあるでしょう。そんな時には、AutoFitで調整後に、ループ処理でさらにセル幅や高さを調整しましょう。

次のコードでは、セルB2を起点としたセル範囲を、「もうちょっと余白に余裕を持って」広げます。

マクロ11-23

```
Dim rng As Range
With Range("B2").CurrentRegion
    '列幅設定
    .EntireColumn.AutoFit
    For Each rng In .Columns
        rng.ColumnWidth = rng.ColumnWidth + 2
    Next
    '行の高さ設定
    .EntireRow.AutoFit
    For Each rng In .Rows
        rng.RowHeight = rng.RowHeight + 10
    Next
End With
```

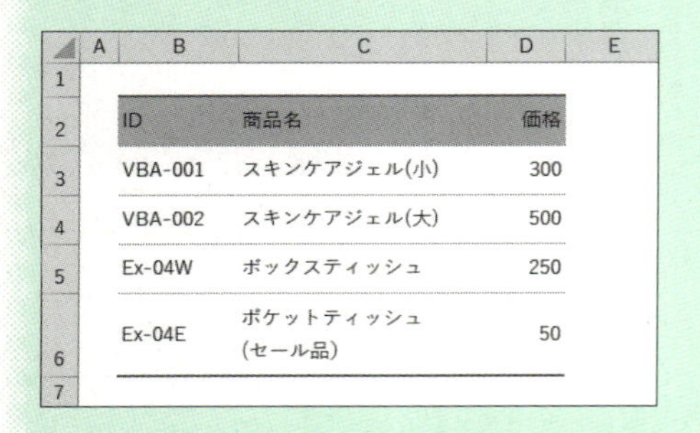

ID	商品名	価格
VBA-001	スキンケアジェル(小)	300
VBA-002	スキンケアジェル(大)	500
Ex-04W	ボックスティッシュ	250
Ex-04E	ポケットティッシュ(セール品)	50

「フォントによってはAutoFitだけだと印刷時にはみ出る」等のトラブルに悩まされている場合でも、この「余裕を持って設定」する方法を覚えておくと、活用できるでしょう。

表示位置と折り返し表示の設定

セル内での値の表示位置は、水平方向（横方向）は**HorizontalAlignmentプロパティ**を、垂直方向（縦方向）は**VerticalAlignmentプロパティ**に対応する定数を指定します。

■ HorizontalAlignmentプロパティ

```
HorizontalAlignment = 水平位置
```

■ VerticalHorizontalプロパティ

```
VerticalHorizontal = 垂直位置
```

次のコードは、セル内の値の水平方向の表示位置を設定します。

マクロ11-24

```
Range("B2").HorizontalAlignment = xlLeft        '左
Range("B4").HorizontalAlignment = xlCenter      '中央
Range("B6").HorizontalAlignment = xlRight       '右
```

次のコードは、セル内の値の垂直方向の表示位置を設定します。

マクロ11-25

```
Range("D2").VerticalAlignment = xlTop        '上端
Range("D4").VerticalAlignment = xlCenter     '中央
Range("D6").VerticalAlignment = xlBottom     '下端
```

実行例 表示位置を設定

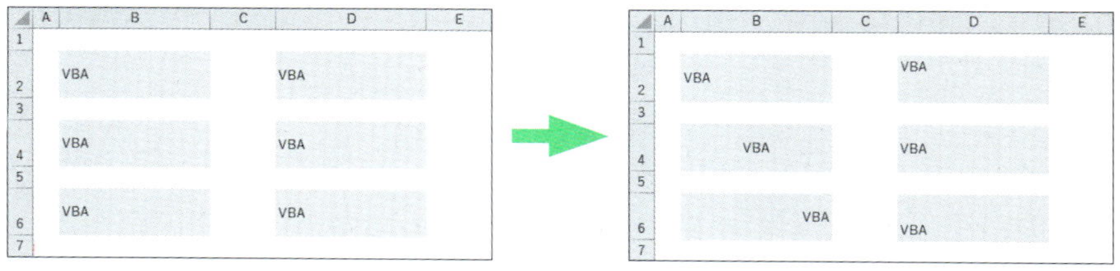

また、セル幅よりも長い文字列が入力されている場合に、「折り返して表示」設定を行うには、**WrapTextプロパティ**に「True」を指定します。次のコードは、セルB8に折り返して表示を設定します。

マクロ11-26

```
Range("B8").WrapText = True
```

セルの大きさに収まるように「縮小して表示」設定を行うには、**ShrinkToFitプロパティ**に「True」を指定します。次のコードは、セルB10に縮小して表示を設定します。

マクロ11-27

```
Range("B10").ShrinkToFit = True
```

Column シートの拡大/縮小で見た目をコントロール

Excelでは、シートを操作時にウィンドウ右下に表示されている「ズーム」バーやボタンを操作することで、シート上の内容を拡大/縮小表示することができます。

特に、ノートPCとデスクトップPCを併用している場合等、モニタの解像度が極端に異なる環境で同じブックを表示した場合には、ブックの内容が「大きすぎ」「小さすぎ」と感じることがありますが、この機能を利用すれば、ある程度は「いつもの見た目」で作業を進めることが可能となります。

この拡大率の設定をVBAから操作するには、「WindowオブジェクトのZoomプロパティ」を利用します。次のコードは、アクティブなウィンドウの拡大率を、150%に設定します。

マクロ11-28

```
ActiveWindow.Zoom = 150
```

また、「特定のセル範囲がウィンドウ内に収まるように表示したい」という場合には、Zoomプロパティに「True」を代入します。

マクロ11-29

```
ActiveWindow.Zoom = True
```

すると、現在選択しているセル範囲がウィンドウ内に収まるように拡大率を自動調整してくれます。特定範囲を選択するコードやイベント処理と組み合わせれば、シートを選択した際に、ウィンドウサイズに合わせて拡大率を自動調整するような処理も作成できますね。

Chapter12

VBAでのデータ処理

本章では、「並べ替え(ソート)」と「抽出(フィルター)」という、データを扱う際の基本かつ、最も使用頻度の高い処理をご紹介します。VBAでは、そしてExcelでは、この2つの処理をどのような形で実行するのか、どういった注意点があるのかを見ていきましょう。

12-1 並べ替えと抽出

Excelでは、表形式のデータであれば簡単に並べ替えや抽出が行えます。一般機能としては、並べ替えは、その名の通り「並べ替え」機能(**データ→並べ替え**)を利用し、抽出は「フィルター」機能(**データ→フィルター**)を利用します。この2つの機能をVBAから利用する方法を見ていきましょう。

並べ替えは実は2種類ある

VBAから並べ替えを行うには、2種類の方法が用意されています。

1つは、Rangeオブジェクトの**Sortメソッド**を利用した方法です。昔から存在するメソッド(つまりExcelのバージョンを問わずに使えるメソッド)であり、手軽に利用できる半面、全ての設定を引数で指定するため、ややゴチャつき、エラー発生時には原因が特定しにくい、という特徴があります。

もう1つは、**Sortオブジェクト**を利用した方法です。Sortオブジェクトは、やや新しいオブジェクト(Excel 2007で追加)です。ソートに関する各種項目をプロパティで設定するため、ソート設定を整理して考えやすいという特徴があります。半面、コードの分量としては長くなります。「Excel 2007の時点で整理整頓・機能追加されたソート専用オブジェクトを追加した」という状態なわけですね。

▶2種類のソート方法

方式	特徴
Sortメソッド方式	RangeオブジェクトのSortメソッドでソート。昔からある伝統的なメソッド。手軽であるが、Sortオブジェクトに比べるとややゴチャついている
Sortオブジェクト方式	Sortオブジェクトの各種設定を利用してソート。比較的新しいオブジェクト。ソート専用のオブジェクトなので設定がわかりやすい

Sortメソッド方式でソートする

Sortメソッドでのソートは、ソートを行いたいセル範囲に対して、各種引数を設定して実行します。

■Sortメソッド

```
データ入力セル範囲.Sort 各種引数:=値
```

▶Sortメソッドの引数

引数	用途
Header	先頭行が見出しかどうかをxlNo(見出しではない:既定)、xlYes(見出し)、xlGuess(自動判定)で指定
Key1	対象フィールドのフィールド名、もしくはセル範囲
Order1	Key1で指定したフィールドのソート順 xlAscending(昇順:既定)かxlDescending(降順)で指定
Key2	2番目の対象フィールドのフィールド名、もしくはセル範囲
Order2	Key2で指定したフィールドのソート順
Key3	3番目の対象フィールドのフィールド名、もしくはセル範囲
Order3	Key3で指定したフィールドのソート順
MatchCase	大文字と小文字を区別する場合はTrue、しない場合はFalse
Orientation	ソートの単位をxlSortColumns(行単位:既定)、xlSortRows(列単位)で指定
SortMethod	値のみを対象(xlStroke)か、フリガナを対象(xlPinYin:既定値)かを設定

引数**Orientation**を指定する場合、ソート単位を指定するxlSortColumnsとxlSortRowsの定数の値は、どうやら逆に設定されてしまっているらしく、既定値のはずで「行単位」を思わせるxlSortRowsを指定すると、なぜか列単位でのソート設定になります。注意しましょう。

次のコードは、セル範囲B2:F7に対して、「出荷数」列(フィールド)を「降順」でソートします。なお、キーとなる見出し(この場合は「出荷数」)が存在しない場合はエラーになるので、注意してください。

1 2 3 4 5 6 7 8 9 10 11 12 13 14 15 16 17 18 19

マクロ12-1

```
Range("B2:F7").Sort Header:=xlYes, Key1:="出荷数", Order1:=xlDescending
```

実行例 Sortメソッドによるソート

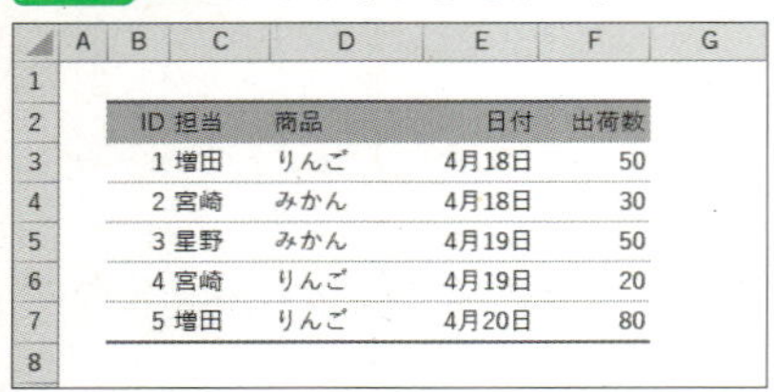

ID	担当	商品	日付	出荷数
1	増田	りんご	4月18日	50
2	宮崎	みかん	4月18日	30
3	星野	みかん	4月19日	50
4	宮崎	りんご	4月19日	20
5	増田	りんご	4月20日	80

ID	担当	商品	日付	出荷数
5	増田	りんご	4月20日	80
1	増田	りんご	4月18日	50
3	星野	みかん	4月19日	50
2	宮崎	みかん	4月18日	30
4	宮崎	りんご	4月19日	20

ソートの対象列を指定する際には、引数**Key1**へセル範囲を指定することも可能です。次のコードは、セル範囲を指定する形で、セル範囲B2:F7に対して、「出荷数」列(フィールド)を「降順」でソートを行います。

マクロ12-2

```
Range("B2:F7").Sort Header:=xlYes, Key1:=Range("F2:F7"), Order1:=xlDescending
```

複数フィールドをキーにソートを行うには、3つまでを対応する引数で指定可能です。次のコードは、セル範囲B2:F7に対して、「担当」「商品」「日付」列(フィールド)をキーにソートします。

マクロ12-3

```
Range("B2:F7").Sort Header:=xlYes, _
    Key1:="担当", Order1:=xlAscending, _
    Key2:="商品", Order2:=xlAscending, _
    Key3:="日付", Order3:=xlDescending
```

実行例 複数フィールドをキーにソート

	A	B	C	D	E	F	G
1							
2		ID	担当	商品	日付	出荷数	
3		2	宮崎	みかん	4月18日	30	
4		4	宮崎	りんご	4月19日	20	
5		3	星野	みかん	4月19日	50	
6		5	増田	りんご	4月20日	80	
7		1	増田	りんご	4月18日	50	
8							

複数条件でソートを行う際には、「Key1>Key2>key3」の順で優先順位が設定されます。また、4つ以上の列をキーにソートを行いたい場合は一度のSortメソッドでは行えませんので、複数回に分けてSortメソッドを実行しましょう。

Sortオブジェクト方式でソートする

Sortオブジェクトを利用する際には、「**まずソート設定を組み立て、それを実行する**」というスタイルでソートを行います。

Sortオブジェクトには、次のようなプロパティ /メソッドが用意されています。

▶Sortオブジェクトのプロパティ/メソッド(抜粋)

名前	用途
SetRangeメソッド	ソート範囲をセット
Applyメソッド	ソートを実行
SortFieldsプロパティ	各フィールドのソート情報(SortFieldオブジェクト)をまとめて管理するSortFieldsコレクションへアクセスする。各フィールドのソート設定は、Addメソッドで追加していく
Headerプロパティ	先頭行の見出し設定。見出しとして扱う場合はxlYes、扱わない場合はxlNo、Excelの判断に任せる場合はxlGuess
Orientationプロパティ	ソートの方向。xlTopToBottom(行単位・既定値)、xlLeftToRight(列単位)で設定
MatchCaseプロパティ	大文字・小文字の区別設定。区別する場合はTrue、しない場合はFalseで設定
SortMethodプロパティ	フリガナを扱うかどうかの設定。フリガナでソートする場合はxlPinYin(既定値)、セルの値でソートするにはxlStroke
Rngプロパティ	現行のソート範囲確認用

リファレンスには、OrientationプロパティはxlSortColumns/xlSortRowsで設定するよう記載されていますが、「行」と「列」の値が逆になっているため、表で示した2つの定数で指定した方が混乱しにくいと思われます(そのためか、「マクロの記録」でもxlTopToBottom/xlLeftToRightで記録されます)。

Sortオブジェクトの場合、ソートの対象となるフィールドや条件は、**SortFields.Addメソッド**に必要な情報を渡して作成します。その際には、引数**Key**にフィールド全体のセル範囲を指定する必要があります。Sortメソッドのように見出し名で指定することはできません。

■SortFields.Addメソッド

```
SortFields.Add 各種引数:=値
```

▶SortFields.Addメソッドの引数(抜粋)

引数	用途
Key	対象フィールドとなるセル範囲を指定。必ず指定する必要あり
Order	昇順(xlAscending)、降順(xlDescending)を指定
SortOn	「並べ替えのキー」を指定。値(SortOnValues：既定値)、フォントの色(SortOnFontColor)、セルの色(SortOnCellColor)、アイコン(SortOnIcon)から指定
SortOnValue	「並べ替えのキー」において、色や表示アイコンでのソートを指定した場合のオプションを指定

次のコードは、アクティブシートのセル範囲B2:F7に対して、「出荷数」列(フィールド)を「降順」でソートします。

なお、Sortオブジェクトは各シートごとに管理されており、Worksheetオブジェクトのsortプロパティ経由でアクセスします。

マクロ12-4

```
With ActiveSheet.Sort
    '既存のソート設定をクリア
    .SortFields.Clear
    '対象範囲とヘッダの設定
    .SetRange Range("B2:F7")
```

```
    .Header = xlYes
    'ソート条件を追加
    .SortFields.Add Key:=Range("B2:F7").Columns(5), Order:=xlDescending
    'ソート実行
    .Apply
End With
```

実行例 **Sortオブジェクトでソート**

	A	B	C	D	E	F	G
1							
2		ID	担当	商品	日付	出荷数	
3		5	増田	りんご	4月20日	80	
4		1	増田	りんご	4月18日	50	
5		3	星野	みかん	4月19日	50	
6		2	宮崎	みかん	4月18日	30	
7		4	宮崎	りんご	4月19日	20	
8							

複数条件でソートする場合には、条件の数だけSortFields.Addメソッドを記述していきます。その際、ソートの優先順位は、先に追加した条件が優先されます。次のコードは、アクティブシートのセル範囲B2:F7に対して、「担当」「商品」「日付」列(フィールド)をキーにソートします。

マクロ12-5

```
With ActiveSheet.Sort
    '既存のソート設定をクリア
    .SortFields.Clear
    '対象範囲とヘッダの設定
    .SetRange Range("B2:F7")
    .Header = xlYes
    'ソート条件を追加 上から順に「担当」「商品」「日付」列
    .SortFields.Add Key:=Range("B2:F7").Columns(2), Order:=xlAscending
    .SortFields.Add Key:=Range("B2:F7").Columns(3), Order:=xlAscending
    .SortFields.Add Key:=Range("B2:F7").Columns(4), Order:=xlDescending
    'ソート実行
    .Apply
End With
```

また、Sortオブジェクトを利用して行ったソート設定は、そのまま保存されます。実行した設定を確認するには、ソート範囲を選択したうえで、**データ→並べ替え**で表示される、「並べ替え」ダイアログを見てみましょう。

▶ソート設定の確認

並べ替え ? ×

レベルの追加(A) レベルの削除(D) レベルのコピー(C) ▲ ▼ オプション(O)... ☑ 先頭行をデータの見出しとして使用する(H)

列		並べ替えのキー	順序
最優先されるキー	担当	セルの値	昇順
次に優先されるキー	商品	セルの値	昇順
次に優先されるキー	日付	セルの値	新しい順

OK キャンセル

Column フリガナには要注意

Excelには、セルに値を入力した際のフリガナを保持する仕組みがあります。それだけならまだよいのですが、実はソート時のデフォルト設定は、「フリガナベースでソートする」という設定となっています。

このため、見かけ上同じ値でも、フリガナが異なったり、コピーしてきた値のためにそもそもフリガナが存在していなかったりするデータは、異なるものとして扱われてしまいます。ソート結果が意図した順番と違う場合には、まず、ここを疑ってみましょう。

なお、フリガナを無視してソートを行う場合には、Sortメソッドでは、引数SortMethodに定数xlStrokeを指定して実行し、Sortオブジェクトの場合には、SortMethodプロパティに定数xlStrokeを指定してからApplyします。

AutoFilterメソッドで抽出する

抽出（フィルター）を行うにはRangeオブジェクトの**AutoFilterメソッド**を利用します。

■ AutoFilterメソッド

```
データ入力セル範囲.AutoFilter 各種引数:=値
```

AutoFilterメソッドは、フィルターをかけたいセル範囲を指定し、以下の引数で抽出条件を指定して実行します。

▶AutoFilterメソッドの引数

引数	用途
Field	フィルターの対象となるフィールド番号。必須
Criteria1	抽出条件
Operator	フィルターの種類をXlAutoFilterOperator列挙の定数で指定
Criteria2	追加の抽出条件
VisibleDropDown	オートフィルター矢印の表示をTrue/Falseで指定

次のコードは、セル範囲B2:F50に対して、「3」列目の値が「カレー」のデータを抽出します。

マクロ12-6

```
Range("B2:F50").AutoFilter Field:=3, Criteria1:="カレー"
```

実行例 データの抽出

	A	B	C	D	E	F
1						
2		ID	担当	商品	単価	数量
3		1	増田 宏樹	ビール	1,820	100
4		2	宮崎 陽平	乾燥ナシ	3,900	10
5		3	星野 啓太	チャイ	2,340	15
6		4	前田 健司	チョコレート	1,200	30
7		5	増田 宏樹	チョコレート	1,200	20
8		6	三田 聡	グリーンティー	390	40
9		7	星野 啓太	チョコレート	1,660	40

	A	B	C	D	E	F
1						
2			担当	商品	単	数
13		11	山田 有美	カレー	5,200	17
27		25	星野 啓太	カレー	5,200	25
46		44	松井 典子	カレー	5,200	20
51						

オートフィルターの矢印は残したまま抽出条件をクリアするには、対象フィールドの列番号のみを引数に渡してAutoFilterメソッドを実行します。

マクロ12-7

```
Range("B2:F50").AutoFilter Field:=3
```

フィルター自体をクリアしたい場合には、引数を何も指定せずにAutoFilterメソッドを実行します。

マクロ12-8

```
Range("B2:F50").AutoFilter
```

もしくは、シートの**AutoFilterModeプロパティ**にFalseを設定します。

マクロ12-9

```
ActiveSheet.AutoFilterMode = False
```

また、AutoFilterメソッドは、引数**Operator**に**XlAutoFilterOperator列挙**の定数を指定することで、さまざまな方法でフィルターをかけることができます。

▶XlAutoFilterOperator列挙の定数

定数	値	用途
xlAnd	1	Criteria1とCriteria2のAnd条件で抽出
xlOr	2	Criteria1とCriteria2のOr条件で抽出
ここから下は、Excel 2007以降で有効な定数		
xlTop10Items	3	上位から指定数の値を抽出
xlBottom10Items	4	下位から指定数の値を抽出
xlTop10Percent	5	上位から指定パーセントの値を抽出
xlBottom10Percent	6	下位から指定パーセントの値を抽出
xlFilterValues	7	一次元配列の値によって抽出
xlFilterCellColor	8	セルの色で抽出
xlFilterFontColor	9	フォントの色で抽出
xlFilterIcon	10	アイコンの種類で抽出
xlFilterDynamic	11	「今月」「来月」等の実行時によってダイナミックに変化する日付や期間で抽出

以下、ダイジェストでいくつかのフィルター設定をご紹介します。

次のコードは、2列目が「増田 宏樹」もしくは「宮崎 陽平」のレコードを抽出します。

マクロ12-10

```
Range("B2:F50").AutoFilter Field:=2, _
    Criteria1:="増田 宏樹", Operator:=xlOr, Criteria2:="宮崎 陽平"
```

次のコードは、4列目が「1000以上」かつ「2000より下」(4列目が1000 ～ 1999)のレコードを抽出します。

マクロ12-11

```
Range("B2:F50").AutoFilter Field:=4, _
    Criteria1:=">=1000", Operator:=xlAnd, Criteria2:="<2000"
```

次のコードは、3列目の色が「赤(RGBが255,0,0)」のレコードを抽出します。

マクロ12-12

```
Range("B2:F50").AutoFilter Field:=3, _
    Criteria1:=RGB(255, 0, 0), Operator:=xlFilterCellColor
```

次のコードは、3列目の値が「ビール・チャイ・カレー・コーヒー」のいずれかのレコードを抽出します。

マクロ12-13

```
Range("B2:F50").AutoFilter Field:=3, _
    Criteria1:=Array("ビール", "チャイ", "カレー", "コーヒー"), _
    Operator:=xlFilterValues
```

次のコードは、5列目の値のベスト3(同値を含む)のレコードを抽出します。

マクロ12-14

```
Range("B2:F50").AutoFilter Field:=5, Criteria1:=3, Operator:=xlTop10Items
```

次のコードは、5列目の値のワースト5%のレコードを抽出します。

マクロ12-15

```
Range("B2:F50").AutoFilter Field:=5, Criteria1:=5, Operator:=xlBottom10Percent
```

次のコードは、2列目の日付が「今月」のレコードを抽出します。

マクロ12-16

```
Range("B2:F50").AutoFilter Field:=2, _
    Criteria1:=xlFilterThisMonth, Operator:=xlFilterDynamic
```

なお、AutoFilterメソッドでは、一度に1つのフィールドにのみフィルターをかけます。複数フィールドを使って抽出を行いたい場合には、フィールドの数だけAutoFilterメソッドを実行します。

Column 現在のフィルター設定を知るには?

シート上にかけられているフィルターの設定は、WorksheetオブジェクトのAutoFilterプロパティからアクセスできる「AutoFilterオブジェクト」の各種プロパティ経由で取得可能です。

フィルター結果を転記するには?

フィルターで抽出した結果のみを別の場所に転記したい場合には、フィルター適用範囲をそのままコピーして貼り付けるだけでOKです。「可視セルのみをコピー」等の特別な処理を加える必要は、特にありません。

次のコードは、フィルターのかかった状態でセル範囲B2:F50を丸ごとコピーして、「抽出結果」シートのセルB2を起点とする位置に列幅も含めて貼り付けを行います。転記元のシートに対してフィルターを実行してからお試しください。

マクロ12-17

```
Range("B2:F50").Copy
'転記先に列幅を含めて貼り付け
With Worksheets("抽出結果").Range("B2")
    .PasteSpecial xlPasteColumnWidths
```

```
    .PasteSpecial xlPasteAll
End With
```

実行例 フィルター結果をコピー

	A	B	C	D	E	F	G
1							
2			担当	商品	単	数	
3		12	増田 宏樹	コーヒー	5,980	300	
4		15	松井 典子	コーヒー	5,980	300	
13		20	増田 宏樹	コーヒー	5,980	90	
35		39	増田 宏樹	コーヒー	5,980	20	
47		31	増田 宏樹	コーヒー	5,980	10	
50		46	松井 典子	コーヒー	5,980	5	
51							
52							

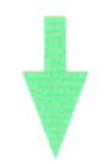

	A	B	C	D	E	F	G	H
1								
2		ID	担当	商品	単価	数量		
3		12	増田 宏樹	コーヒー	5,980	300		
4		15	松井 典子	コーヒー	5,980	300		
5		20	増田 宏樹	コーヒー	5,980	90		
6		39	増田 宏樹	コーヒー	5,980	20		
7		31	増田 宏樹	コーヒー	5,980	10		

日付け値のフィルターは要注意

AutoFilterメソッドによって抽出を行う際、表内の日付値を持つフィールドには注意が必要です。例えば、次図の表は、2列目のフィールドが日付値となっています。

▶日付値を持つ表

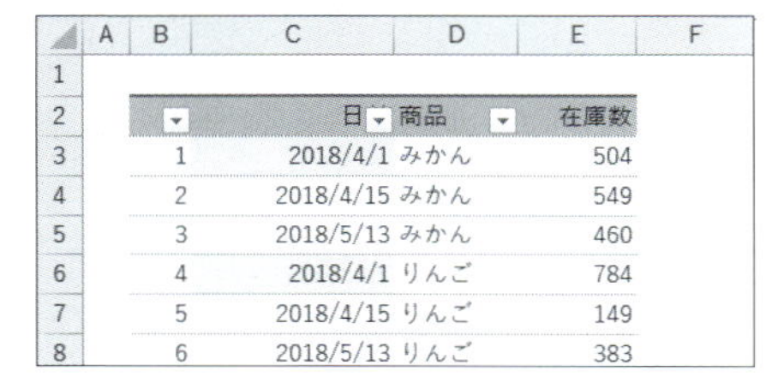

	A	B	C	D	E	F
1						
2			日	商品	在庫数	
3		1	2018/4/1	みかん	504	
4		2	2018/4/15	みかん	549	
5		3	2018/5/13	みかん	460	
6		4	2018/4/1	りんご	784	
7		5	2018/4/15	りんご	149	
8		6	2018/5/13	りんご	383	

このセル範囲において、「2列目が『2018年4月1日』のデータを抽出」するには、どのようにコードを記述すればよいのでしょうか。まずは「正解」のコードから見てみましょう。

マクロ12-18

```
'対象列と同じ形式の「文字列」で抽出
Range("B2:D8").AutoFilter Field:=2, Criteria1:="2018/4/1"
```

実行例 日付データを文字列で抽出

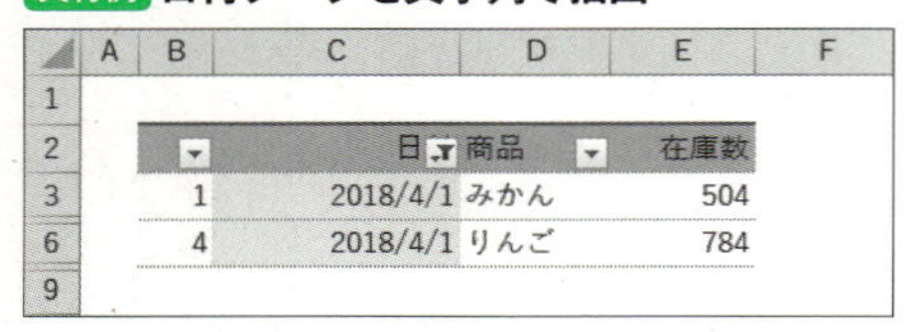

	A	B	C	D	E	F
1						
2			日	商品	在庫数	
3		1	2018/4/1	みかん	504	
6		4	2018/4/1	りんご	784	
9						

意図したように抽出できました。では、次に「不正解」のコードを2つ見てみましょう。

マクロ12-19

```
'シリアル値で抽出
Range("B2:D8").AutoFilter Field:=2, Criteria1:=#4/1/2018#
Range("B2:D8").AutoFilter Field:=2, Criteria1:=DateValue("2018/4/1")
```

実行例 日付データをシリアル値で抽出

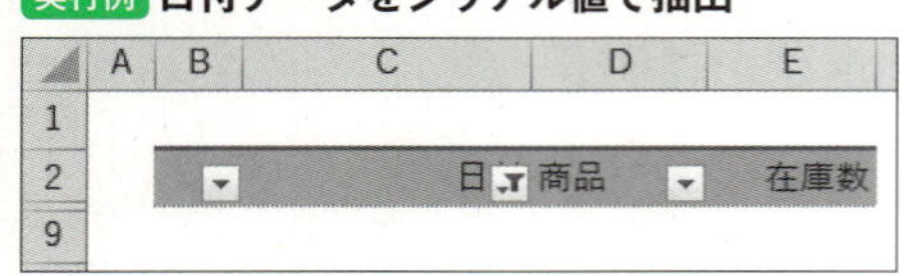

	A	B	C	D	E
1					
2			日	商品	在庫数
9					

エラーこそ出ないものの、結果は「該当データなし」となってしまいます。なぜか日付データを抽出する時には、「**セルに表示されている表示形式での文字列**」で指定する必要があるのです。

しかし、VBAで日付を扱う基本は、シリアル値ベースでの計算です。計算により算出した日付で抽出を行う機会も多いでしょう。このようなケースでは、「**引数OperatorにxlAndを指定して『期間』を計算させる**」という回避テクニックを利用します。

マクロ12-20

```
Dim myDate As Date
'変数myDateにはシリアル値が格納されている
myDate = DateValue("2018/4/1")
'期間を求める計算を行わせ、シリアル値ベースで抽出
Range("B2:D8").AutoFilter Field:=2, _
    Criteria1:=">=" & myDate, Operator:=xlAnd, Criteria2:="<=" & myDate
```

日付値の入力されているフィールドでは、引数**Criteria1**に「>=2018/4/1」、引数**Criteria2**に「<=2018/4/30」等の式を表す文字列を指定し、引数**Operator**に「xlAnd」を指定すると、「4/1 ～ 4/30までの期間」を対象に抽出を行います。

この「期間を指定する方式」では、表示形式に関わらずシリアル値ベースで計算を行い、抽出を行ってくれます。そこで、特定の1日のデータを抽出する際にも、「>=4/1」「<=4/1」という同日を2つの引数に指定すると、表示形式に関わらず「4/1 ～ 4/1までの期間」、つまり「4/1だけ」が抽出可能となります。

なんとも珍妙なコードになりますが、こうしておけば、日付値の書式が変更された場合でも、シリアル値ベースで特定の日付の抽出が行えます。日付値を持つフィールドをキーに抽出を行う際には、この妙な動作を頭に入れておきましょう。

12-2 意外と知られていない便利な「フィルターの詳細設定」機能

Excelには、セルに記述した抽出条件を元にフィルター/転記を行う、「**フィルターの詳細設定**」機能が用意されています。これは非常に便利な機能ですが、意外と知られていないものでもあります。

「フィルターの詳細設定」機能の仕組み

まずは機能の仕組みからご紹介します。下図のようなフィールドを持つ表があったとします。

▶**抽出対象の表**

	A	B	C	D	E	F	G
1							
2		ID	受注日	担当	商品	単価	数量
3		1	12/1	増田 宏樹	ビール	1,820	100
4		2	12/1	宮崎 陽平	乾燥ナシ	3,900	10
5		3	12/1	星野 啓太	チャイ	2,340	15
6		4	12/2	前田 健司	チョコレート	1,200	30
7		5	12/2	増田 宏樹	チョコレート	1,200	20
8		6	12/2	三田 聡	ホワイトチョコ	390	40
9		7	12/3	星野 啓太	チョコレート	1,660	40
10		8	12/3	増田 宏樹	ピリカラタバスコ	2,860	30
11		9	12/4	宮崎 陽平	チョコレート	1,660	10
12		10	12/4	星野 啓太	クラムチャウダー	1,260	200

この時、次図のように、セル上に**抽出条件**を記述します。抽出条件は、**フィールド見出し**を記述し、その下に抽出したい値を列記していきます。条件が複数ある場合には、複数の値を記述します。値には、イコールや不等号、そしてワイルドカードも利用できます。

縦方向に記述された値は「Or条件」となり、横方向に記述された値は「And条件」となります。

▶条件式の例

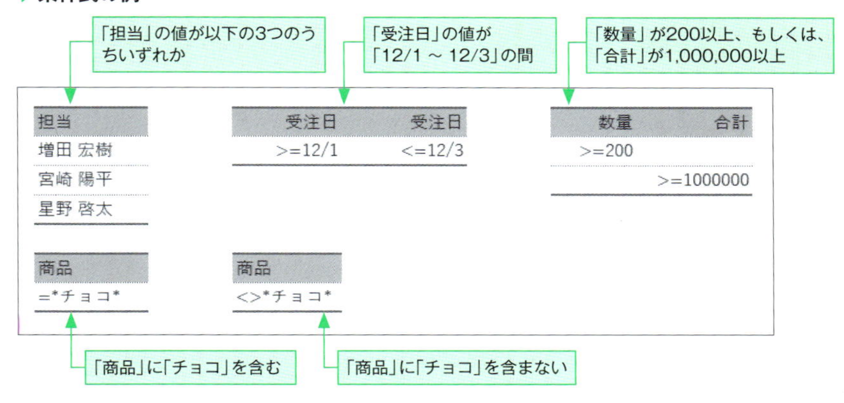

抽出条件が記述できたら、リボンの**データ→並べ替えとフィルター**にある**詳細設定**ボタンを押します。「フィルターオプションの設定」ダイアログが表示されるので、**リスト範囲**に抽出したいデータのセル範囲を、**検索条件範囲**に抽出条件を記述したセル範囲を指定して**OK**ボタンを押すと、記述された抽出条件で抽出されます。

▶「フィルターオプションの設定」ダイアログ

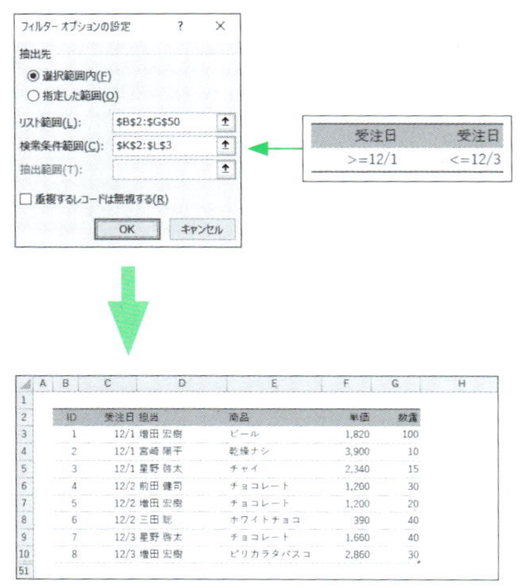

ID	受注日	担当	商品	単価	数量
1	12/1	増田 宏樹	ビール	1,820	100
2	12/1	宮崎 陽平	乾燥ナシ	3,900	10
3	12/1	星野 啓太	チャイ	2,340	15
4	12/2	前田 健司	チョコレート	1,200	30
5	12/2	増田 宏樹	チョコレート	1,200	20
6	12/2	三田 聡	ホワイトチョコ	390	40
7	12/3	星野 啓太	チョコレート	1,660	40
8	12/3	増田 宏樹	ピリカラタバスコ	2,860	30

以上が「フィルターの詳細設定」機能の概要です。この機能をVBAから利用するのが、**AdvancedFilterメソッド**です。

VBAで抽出と転記を一発で終了させる

AdvancedFilterメソッドは、抽出を行いたいセル範囲に対し、以下の引数を指定して実行します。

■ **AdvancedFilterメソッド**

```
データ入力範囲.AdvancedFilter 各種引数:=値
```

▶ **AdvancedFilterメソッドの引数**

引数	用途
Action	その場でフィルターをかけるか、結果を転記するかをxlFilterInPlace(その場)/xlFilterCopy(転記)で指定。必須
CriteriaRange	抽出条件の記述されているセル範囲
CopyToRange	転記する場合の基準となるセル範囲
Unique	重複を削除するかどうかをTrue/Falseで指定

次のコードは、セル範囲B2:G50に作成された表のデータを、セル範囲K2:L3に記述された抽出条件で抽出します。

マクロ12-21

```
Range("B2:G50").AdvancedFilter _
    Action:=xlFilterInPlace, CriteriaRange:=Range("K2:L3")
```

実行例 AdvancedFilterメソッドで抽出

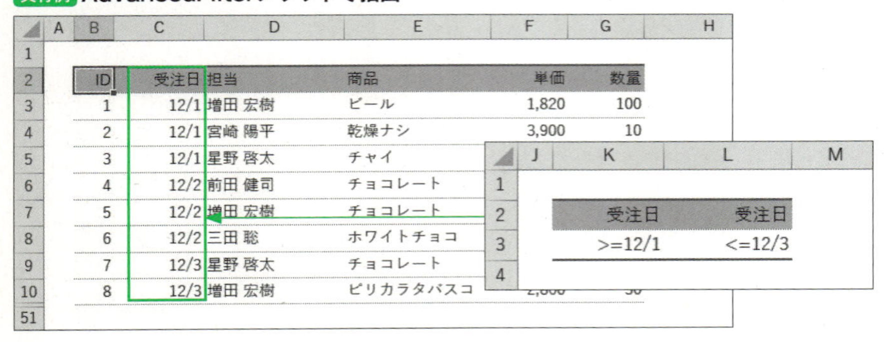

1 2 3 4 5 6 7 8 9 10 11 12 13 14 15 16 17 18 19

抽出条件をセルの方に記述する分、コードはとてもシンプルになりますね。

また、AdvancedFilterメソッドの真骨頂は、データの転記にあります。次のコードは、セル範囲B2:G50の表のデータを、セル範囲K2:L3に記述した条件で抽出し、その結果を「抽出先」シートのセルB2を起点とした位置へと転記します。

マクロ12-22

```
Range("B2:G50").AdvancedFilter _
    Action:=xlFilterCopy, CriteriaRange:=Range("K2:L3"), _
    CopyToRange:=Worksheets("抽出先").Range("B2")
```

実行例 AdvancedFilterメソッドで抽出して転記

ID	受注日	担当	商品	単価	数量
1	12/1	増田 宏樹	ビール	1,820	100
2	12/1	宮崎 陽平	乾燥ナシ	3,900	10
3	12/1	星野 啓太	チャイ	2,340	15
4	12/2	前田 健司	チョコレート	1,200	30
5	12/2	増田 宏樹	チョコレート	1,200	20
6	12/2	三田 聡	ホワイトチョコ	390	40
7	12/3	星野 啓太	チョコレート	1,660	40
8	12/3	増田 宏樹	ピリカラタバスコ	2,860	30

シートタブ: … 日付値のフィルター ｜ フィルターオプション ｜ 抽出先

抽出結果を転記する場合は、引数**Action**を「xlFilterCopy」にしたうえで、引数**CopyToRange**に転記先を指定します。この例のように、転記先は別のシートでも大丈夫です。

とてもシンプルなコードで、抽出結果のみを転記できましたね(図ではセル幅を調整ずみですが、セル幅は転記されません)。

AutoFilterメソッドで抽出した結果をコピーする処理と比べると、コードの記述量も減り、ひと目見ただけで「あ、これは抽出結果を転記してるな」と処理内容を把握できるうえに、速度も速くなります。難点は、抽出条件をセルに書く必要がある点ですが、それを差し引いても、とても役に立つ仕組みです。活用していきましょう。

必要フィールドのみ抽出する

さて、AdvancedFilterメソッドを利用して転記を行う際には、引数**CopyToRange**に指定するセル範囲に「抽出してほしいデータのフィールド名」を記述しておくと、その列に該当フィールドのデータを転記してくれます。

例えば、転記先シートのセル範囲I2:J2に、次図のように「担当」「数量」の2フィールドの見出しを記述しておくとします。

▶見出しを記述しておく

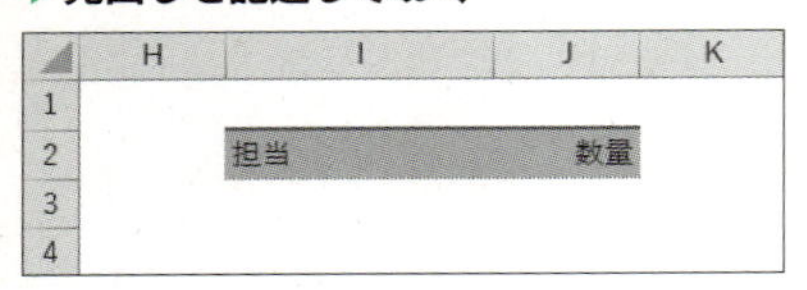

	H	I	J	K
1				
2		担当	数量	
3				
4				

このセル範囲を引数CopyToRangeに指定してAdvancedFilterメソッドを実行してみましょう。次のコードは、セル範囲B2:G50の表（338ページを参照）を、セル範囲K2:L3の条件で抽出して転記します。

マクロ12-23

```
Range("B2:G50").AdvancedFilter _
    Action:=xlFilterCopy, CriteriaRange:=Range("K2:L3"), _
    CopyToRange:=Worksheets("抽出先").Range("I2:J2")
```

実行例 フィールドを指定して転記

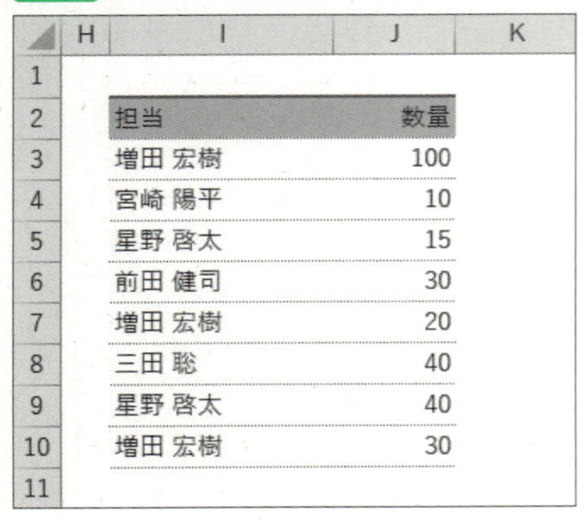

	H	I	J	K
1				
2		担当	数量	
3		増田 宏樹	100	
4		宮崎 陽平	10	
5		星野 啓太	15	
6		前田 健司	30	
7		増田 宏樹	20	
8		三田 聡	40	
9		星野 啓太	40	
10		増田 宏樹	30	
11				

すると、抽出条件を満たすレコードのうち、見出しを記述したフィールドのデータのみを転記してくれます。大きな表から必要なフィールドのデータのみを転記したい場合に、非常に便利な仕組みですね。

また、全てのフィールドのデータを抽出する場合でも、転記先では見出し列の順番を表示したい順に記述しておくと、元の表とは異なるフィールド順の表を素早く作成することも可能です。

▶フィールド順を入れ替えて転記

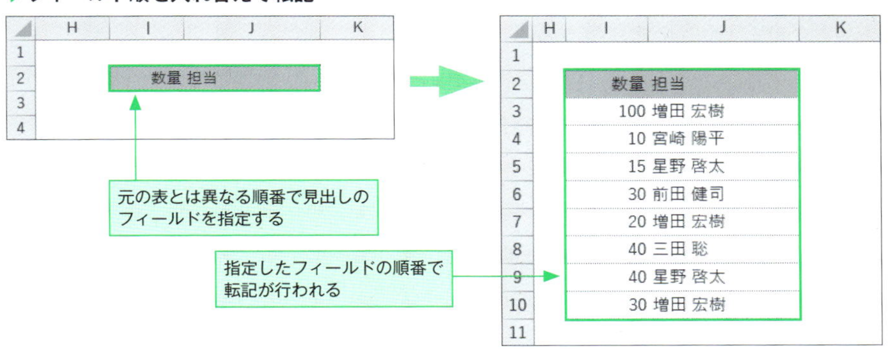

Column　抽出条件作成時の考え方ステップ・バイ・ステップ

AdvancedFilterメソッド利用の最大の難関は、「抽出条件の書き方がいまいちよくわからない」という点でしょう。そこさえ越えれば、本当に便利なメソッドなのです。そこで、筆者なりの抽出条件の考え方のコツをご紹介します。

まず、何を抽出したいのかを整理します。この時、「特定の」というキーワードを使います。例えば、「特定月の受注日の、特定の担当者の、特定の商品」という具合です。しっくりくる言葉にできたら、フィールド名を拾って全部横に並べて書いてしまいます。

	A	B	C	D	E
1					
2		受注日	担当	商品	
3					
4					

次に、「1行につき、1条件」という考え方で抽出条件を整理していきます。例えば、「担当者」フィールドについては、「増田 宏樹」「宮崎 陽平」の2人のデータを抽出し

たいのであれば、「1行につき、1人」なので、縦に並べて記述します。

	A	B	C	D	E
1					
2		受注日	担当	商品	
3			増田 宏樹		
4			宮崎 陽平		
5					
6					

続いて、他のフィールドについて考えていきます。「商品」フィールドについては、「増田に関しては、『チョコ』を含むデータのみを調べたい。宮崎は特に条件なし」という場合には、「増田」の同じ列に「『チョコ』を含む」という条件式を記述します。特に条件のない「宮崎」の列は空欄のままでOKです。

D3 　 '=*チョコ*

	A	B	C	D	E
1					
2		受注日	担当	商品	
3			増田 宏樹	=*チョコ*	
4			宮崎 陽平		
5					

イコールから始まる条件式を記述する際には、セルの書式を「文字列」にしておくか、プレフィックスとして「'(シングルクォーテーション)」を付けて入力しましょう。

最後に「受注日」フィールドを利用して、期間を指定します。例えば、「12/1 ~ 12/3」であれば、「1行に1条件」ですから、同じ行に「12/1以降」「12/3以前」という2つの条件式を記述する必要があります。そこで、「受注日」フィールドの数を1つ増やし、下図のように条件式を記述します。

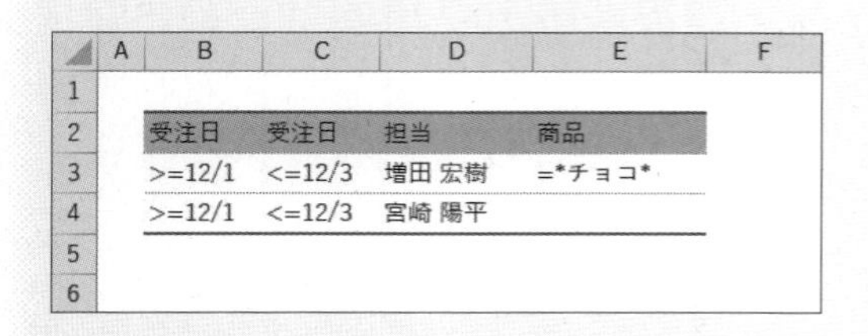

	A	B	C	D	E	F
1						
2		受注日	受注日	担当	商品	
3		>=12/1	<=12/3	増田 宏樹	=*チョコ*	
4		>=12/1	<=12/3	宮崎 陽平		
5						
6						

期間に関しては、「増田」も「宮崎」も同じ期間のデータを抽出したいので、「1行に1条件」ルールに則り、同じ範囲指定を2行ともに記述します。これで完成です。

「見出しをまず書いてしまう」とこからスタートし、「1行に1条件」「特に条件を指定しない箇所は空白のままでOK」というルールを頭に入れて、少しずつ条件を組み上げてみましょう。

ちなみに、「空白セル」を抽出条件にしたい場合には、セルの値は文字列の「=」のみを記述します。次図は「『担当』フィールドが未入力（空白）のデータ」という抽出条件となります。

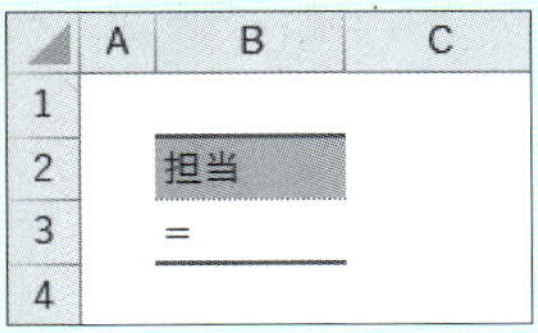

	A	B	C
1			
2		担当	
3		=	
4			

12-3 重複を削除するには？

入力ずみのデータから、**重複のないリスト**（いわゆるユニークなリスト）を作成したいというケースは多々あるでしょう。VBAではこの場合にどういった手段が用意されているのかを見ていきましょう。

ユニークなリストの取得はDictionaryがお手軽

VBAのコードのみでユニークなリストを作成するのであれば、**Dictionaryオブジェクト**（174ページ）を利用するのがお手軽です。

例えば、次のコードはセル範囲B2:E5内の値から、ユニークな値のリストを1次元配列として作成します。

マクロ12-24

```
Dim rng As Range, uniqueList() As Variant, dic As Object
'Dictionnaryオブジェクト生成
Set dic = CreateObject("Scripting.Dictionary")
'セル範囲B2:E5を走査してユニークな値をキー値としてピックアップ
For Each rng In Range("B2:E5")
    If Not dic.Exists(rng.Value) Then dic.Add rng.Value, "dummy"
Next
'Dictionaryオブジェクトのキー値を配列で受け取る
uniqueList = dic.Keys
'配列の中身を確認
MsgBox "ユニーク値：" & Join(uniqueList, ",")
```

Dictionaryオブジェクトの**Existsメソッド**を利用して、セルの値が既にキー値として登録されているかを判定し、されていない場合にのみDictionaryオブジェクトのキー値として登録していきます。最終的に登録されているキー値のリストを取得すれば、そのリストがユニークなリストとなるわけですね。

■Existsメソッド

```
Dictionaryオブジェクト.Exists キー値
```

実行例 ユニーク値の取得

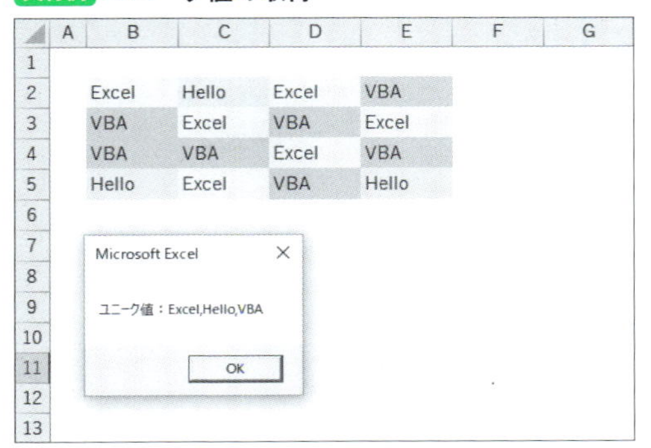

サンプルでは、セル範囲の値を走査しましたが、他の値のリストからも、同じ考え方でユニークなリストを作成できるでしょう。

「重複の削除」機能があるじゃないか

シート上に記入してあるデータから重複を削除したい場合には、うってつけの機能があります。それが、「**重複の削除**」機能です。名前から言って、まさにそのものですね。この機能をVBAから実行するには、**RemoveDuplicatesメソッド**を利用します。

■ **RemoveDuplicatesメソッド**

```
対象セル範囲.RemoveDuplicates 比較する列情報, 1行目の見出し設定
```

▶ **RemoveDuplicatesメソッドの引数**

引数	用途
Columns	比較する列番号を指定。複数列を比較するには配列で指定
Header	1行目が見出しかどうかを定数で指定。見出し(xlYes)/見出しではない(xlNo)/自動判断(xlGuess)

例えば、次の図のように、重複の疑いがある表がセル範囲B2:F9に作成されているとします。

▶重複のあるデータ

	A	B	C	D	E	F	G
1							
2		伝票ID	担当	商品	価格	数量	
3		S-01	増田	りんご	120	11	
4		S-02	宮崎	みかん	80	20	
5		S-02	宮崎	みかん	80	20	
6		S-03	星野	りんご	120	20	
7		S-04	三田	ぶどう	350	20	
8		S-05	三田	ぶどう	350	20	
9		S-06	前田	りんご	120	8	
10							

2つ目のデータと3つ目のデータは、完全に一致していますね。また、5個目と6個目は、「伝票ID」こそ違うものの、他の4つのフィールドの値が一致しています。どうやら、同じ取引を2重に入力してしまったようです。

この表から、1列目（伝票ID）のみを基準に重複削除を行うには、次のようにコードを記述します。

マクロ12-25

```
Range("B2:F9").RemoveDuplicates Columns:=1, Header:=xlYes
```

実行例 **1列目を基準に重複を削除**

	A	B	C	D	E	F	G
1							
2		伝票ID	担当	商品	価格	数量	
3		S-01	増田	りんご	120	11	
4		S-02	宮崎	みかん	80	20	
5		S-03	星野	りんご	120	20	
6		S-04	三田	ぶどう	350	20	
7		S-05	三田	ぶどう	350	20	
8		S-06	前田	りんご	120	8	
9							

2～5列目を基準に重複削除を行うには、次のようにコードを記述します。

マクロ12-26

```
Range("B2:F9").RemoveDuplicates Columns:=Array(2, 3, 4, 5), Header:=xlYes
```

実行例 2～5列目を基準に重複削除

	A	B	C	D	E	F	G
1							
2		伝票ID	担当	商品	価格	数量	
3		S-01	増田	りんご	120	11	
4		S-02	宮崎	みかん	80	20	
5		S-03	星野	りんご	120	20	
6		S-04	三田	ぶどう	350	20	
7		S-06	前田	りんご	120	8	
8							

「重複」と判定するために、どの列を利用するのかを指定し、重複データを削除することができました。なお、残されるデータは、「重複」と判断されたもののうち一番上の行にあるデータとなります。

「重複の削除」機能が信用ならない場合

RemoveDuplicatesメソッドで重複を削除する方法をご紹介しましたが、実はこの機能、Excel 2007に搭載されたばかりの頃は、「特定の条件下では重複の削除漏れが発生する」というバグがありました。その後、バグフィックスされたようですが、今でも環境によっては意図通りに動作しない可能性があるのです。

Excel 2016以降を利用している限りは大丈夫だと思うのですが、それでも心配な場合は、自前で重複を削除する処理を作成してみましょう。実はこの処理を考えることは、ちょっとしたノウハウを知るよい例でもあるのです。

さて、「重複」を判断する材料とは何でしょうか。表形式で作成されたデータの場合では、「キーとなる特定のフィールドで同じ値を持つデータ」を重複と判断することが多いでしょう。

そこで、まず、キーとなるフィールドを基準にソートし、同じ値を持つ場合には連続した並びになるように整理します。次図では、「伝票ID」フィールドをソートし、値を比較しやすくしています。

▶キーとなるフィールドでソート

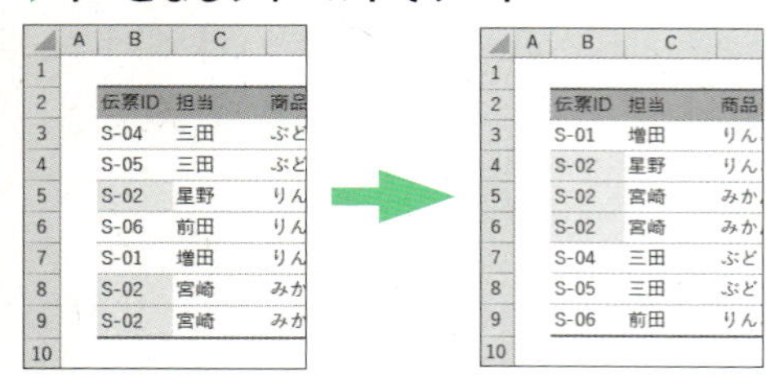

伝票ID	担当	商品
S-04	三田	ぶど
S-05	三田	ぶど
S-02	星野	りん
S-06	前田	りん
S-01	増田	りん
S-02	宮崎	みか
S-02	宮崎	みか

伝票ID	担当	商品
S-01	増田	りん
S-02	星野	りん
S-02	宮崎	みか
S-02	宮崎	みか
S-04	三田	ぶど
S-05	三田	ぶど
S-06	前田	りん

そのうえで、「伝票ID」フィールドの値を走査し、「前の値と同じ値であればデータを削除する」というループ処理を作成すればうまくいきそうです。この考えをコードにすると、次のようになります。次のコードは、1列目（伝票ID）をキーとしてソートし、「伝票ID」が前と同じレコードを削除します。

マクロ12-27

```
'処理対象行を管理する変数を宣言
Dim curRow As Long
'「伝票ID」列の2つ目のデータから下方向にループ処理
For curRow = 4 To 9
    Cells(curRow, "B").Select  'チェックしているセルがわかりやすいように選択
    '1つ上のセルと同じ値であれば、そのデータの範囲を削除
    If Cells(curRow, "B").Value = Cells(curRow - 1, "B").Value Then
        Range(Cells(curRow, "B"), Cells(curRow, "F")).Delete Shift:=xlShiftUp
    End If
Next
```

実行例 キーとなるフィールドをソートして重複を削除①

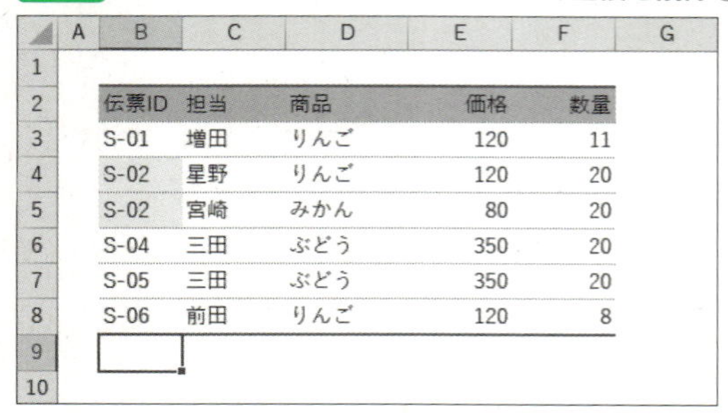

伝票ID	担当	商品	価格	数量
S-01	増田	りんご	120	11
S-02	星野	りんご	120	20
S-02	宮崎	みかん	80	20
S-04	三田	ぶどう	350	20
S-05	三田	ぶどう	350	20
S-06	前田	りんご	120	8

しかし、結果を見てみると、うまく重複が削除されていません。なぜでしょうか。実は「削除」を伴う処理の場合、上から下方向へとループ処理を行っていくと、削除を行った時点で、以降のデータの位置がずれるという現象が起きます。上記コードをステップ実行しながら処理を追っていくと、その仕組みがよくわかるでしょう。

こういう削除を伴うケースの定番は、「下から上へ逆方向にループ処理を行う」という考え方になります。

マクロ12-28

```
'処理対象行を管理する変数を宣言
Dim curRow As Long
'「伝票ID」列の末尾のデータから2つ目のデータまで逆方向にループ処理
For curRow = 9 To 4 Step -1
    '1つ上のセルと同じ値であれば、そのデータの範囲を削除
    If Cells(curRow, "B").Value = Cells(curRow - 1, "B").Value Then
        Range(Cells(curRow, "B"), Cells(curRow, "F")).Delete Shift:=xlShiftUp
    End If
Next
```

実行例 キーとなるフィールドをソートして重複を削除②

	A	B	C	D	E	F	G
1							
2		伝票ID	担当	商品	価格	数量	
3		S-01	増田	りんご	120	11	
4		S-02	星野	りんご	120	20	
5		S-04	三田	ぶどう	350	20	
6		S-05	三田	ぶどう	350	20	
7		S-06	前田	りんご	120	8	
8							

下から上へとループ処理を行うと、今度は意図したように重複データを削除できました。このように、削除を伴う処理を作成する際には、基本的に、「**ソートして下からループ**」というルールを基準にコードを作成していくとうまくいきます。サンプルではソート部分は手作業で行うことを想定していますが、その部分もマクロ化してもよいですね。

1 2 3 4 5 6 7 8 9 10 11 12 13 14 15 16 17 18 19

複数の列の値を元に重複を判断するには

複数の列の値を元に重複を判断して削除を行う処理を自作するには、どうすればよいでしょうか。考えてみましょう。

以下は、**Dictionaryオブジェクト**を利用した方法です。判断の対象となる列の値を全部繋げた文字列を「キー」、その列番号を「値」として辞書登録していき、重複が発生した段階で保持していた列番号のデータを削除する、という方針でコードを記述しています。次のコードは、C・D・E・F列の値を連結してキーとして重複の削除を行っています。

マクロ12-29

```
Dim curRow As Long, dic As Object, tmpKey As String
'Dictionnaryオブジェクト生成
Set dic = CreateObject("Scripting.Dictionary")
'末尾のデータから2つ目のデータまで逆方向にループ処理
For curRow = 9 To 4 Step -1
    '対象行のC・D・E・F列のデータを連結した文字列をキーに行番号を辞書登録
    tmpKey = Cells(curRow, "C").Value & Cells(curRow, "D").Value & _
             Cells(curRow, "E").Value & Cells(curRow, "F").Value
    '重複(登録ずみ)していれば保持していたデータを削除し上書き
    If dic.Exists(tmpKey) Then
        Range(Cells(dic(tmpKey), "B"), _
            Cells(dic(tmpKey), "F")).Delete xlShiftUp
        dic(tmpKey) = curRow
    Else
    '重複していなければ行番号を登録
        dic.Add tmpKey, curRow
    End If
Next
```

実行例 **複数列をキーにして重複を削除**

	A	B	C	D	E	F	G
1							
2		伝票ID	担当	商品	価格	数量	
3		S-01	増田	りんご	120	11	
4		S-02	宮崎	みかん	80	20	
5		S-02	宮崎	みかん	80	20	
6		S-03	宮崎	みかん	80	20	
7		S-04	三田	ぶどう	350	20	
8		S-05	三田	ぶどう	350	20	
9		S-06	前田	りんご	120	8	
10							

	A	B	C	D	E	F	G
1							
2		伝票ID	担当	商品	価格	数量	
3		S-01	増田	りんご	120	11	
4		S-02	宮崎	みかん	80	20	
5		S-03	星野	りんご	120	20	
6		S-04	三田	ぶどう	350	20	
7		S-06	前田	りんご	120	8	
8							

少々強引ですが、この「対象フィールドを全部連結した値をキーとして判定する」という考え方を覚えておくと、いわゆるレコードの比較を行う場面で役に立つことでしょう。

12-4 誰かがやらねばいけない表記の統一

本トピックでは、**表記の揺れの統一**をテーマにいろいろな方法をご紹介します。ここだけの話、本を書く側にとっては「売り」となる見栄えの良いテーマではありません。地味です。

しかし、データを正しく扱うには、誰かがこの表記の統一作業を行わなくてはいけないのです。重要ですが、単純で時間ばかりを取られる作業でもあります。このような作業こそ、VBAを使って一気に進めてしまおうではありませんか。

表記の統一や修正に利用できる仕組み

それでは、用途別に対処方法をどんどんと上げていきましょう。

●全半角・大文字小文字・ひらがなカタカナの統一

次のコードは、セル範囲B3:B6に入力された英字(対象A)を半角に統一したうえで、先頭の文字を大文字にします。

マクロ12-30

```
Dim rng As Range
For Each rng In Range("B3:B6")
    rng.Value = StrConv(rng.Value, vbNarrow + vbProperCase)
Next
```

次のコードは、セル範囲D3:D6に入力された文字列を全角に統一したうえでカタカナにします。

マクロ12-31

```
Dim rng As Range
For Each rng In Range("D3:D6")
    rng.Value = StrConv(rng.Value, vbKatakana + vbWide)
Next
```

実行例 **全半角・大文字小文字・ひらがなカタカナの統一**

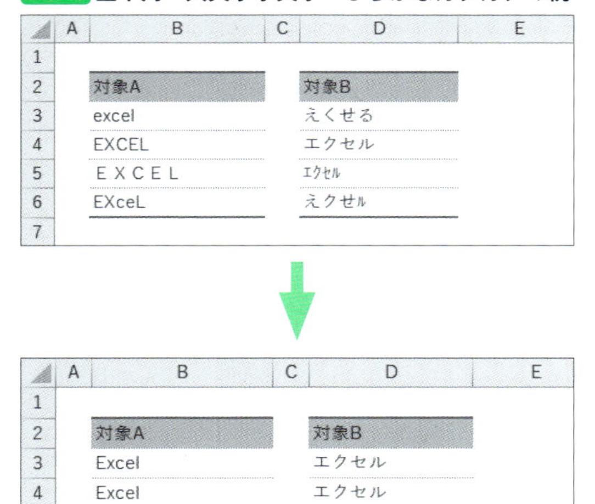

	A	B	C	D	E
1					
2		対象A		対象B	
3		excel		えくせる	
4		EXCEL		エクセル	
5		ＥＸＣＥＬ		ｴｸｾﾙ	
6		EXceL		えクセﾙ	
7					

	A	B	C	D	E
1					
2		対象A		対象B	
3		Excel		エクセル	
4		Excel		エクセル	
5		Excel		エクセル	
6		Excel		エクセル	
7					

文字列の形式を変換する際には、**StrConv関数**を利用します。詳しくは127ページを参照してください。

●英数字は半角・カタカナは全角に統一

次のコードは、セル範囲B3:B6に入力されたデータを、英数字は半角、カタカナは全角で統一します。いったん半角に統一したうえで、**PHONETICワークシート関数**を利用しています。

マクロ12-32

```
Dim rng As Range
For Each rng In Range("B3:B6")
    'いったん全て半角・大文字に統一
    rng.Value = StrConv(rng.Value, vbNarrow + vbUpperCase)
    'PHONETICワークシート関数でフリガナ表記を取得して置き換え
    rng.Value = Application.WorksheetFunction.Phonetic(rng)
Next
```

実行例 英数字は半角・カタカナは全角に統一

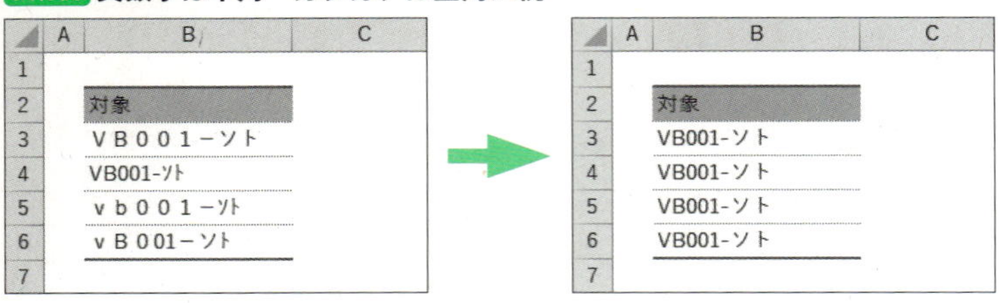

このコードは、「PHONETICワークシート関数は、半角フリガナに対しては全角のカタカナをフリガナとして返す(フリガナ設定が「全角カタカナの場合」のみ)」という性質を利用しています。

●数値を元にして定型ID等に統一

次のコードは、セル範囲B3:B6に入力されたデータから数値を取り出し、ID形式に変換します。

マクロ12-33

```
Dim rng As Range
For Each rng In Range("B3:B6")
    '数値と認識できる場合はFormat
    If IsNumeric(rng.Value) Then
        rng.Value = Format(Val(StrConv(rng.Value, vbNarrow)), "VB-000")
    End If
Next
```

実行例 数値を元にして定型ID等に統一

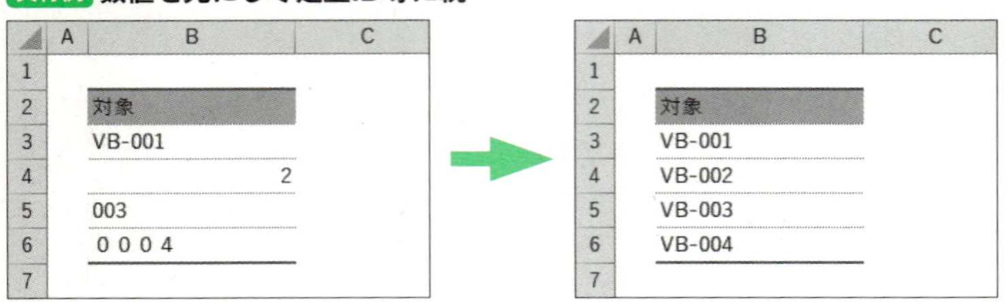

数値をID形式に変換するには、**Format関数**(129ページ)等を利用します。

●数値のみを取り出す

次のコードは、セル範囲B3:B6に入力されたデータから数値のみを取り出します。

マクロ12-34

```
Dim rng As Range, regExpObj As Object, tmpMatches As Object
Set regExpObj = CreateObject("VBScript.RegExp")
'数値のみを取り出すパターンをセット
regExpObj.Global = True
regExpObj.Pattern = "¥d[¥.¥d]*"
'セル範囲の値についてマッチングし、マッチしていれば置き換える
For Each rng In Range("B3:B6")
    Set tmpMatches = regExpObj.Execute(StrConv(rng.Value, vbNarrow))
    If tmpMatches.Count > 0 Then
        rng.Value = tmpMatches(0).Value
    End If
Next
```

実行例 数値のみを取り出す

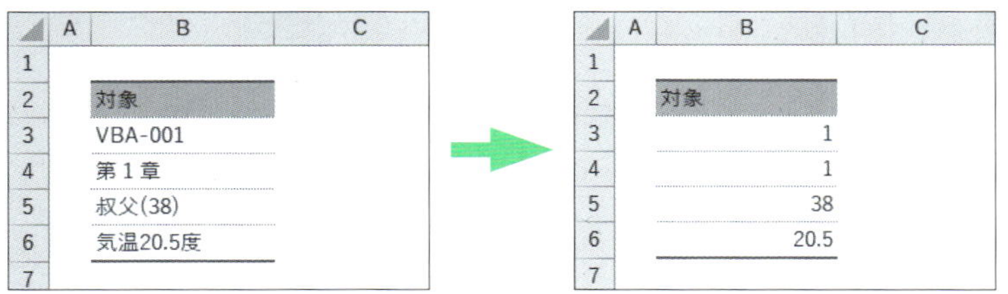

数値のみを取り出すには、**RegExpオブジェクト**（130ページ）を利用して正規表現を使います。

●シリアル値変換されてしまった値を何とか文字列に復元する

「01-01」と入力した値が「1月1日」となってしまったような状態を、**Format関数**で無理やり復元します。次のコードは、セル範囲B3:B6に入力されたシリアル値を文字列に変換しています。

マクロ12-35

```
Dim rng As Range
For Each rng In Range("B3:B6")
    'Format関数で「月・日」の情報を取り出す
    rng.Value = Format(rng.Value, "'mm-dd")
Next
```

実行例 シリアル値変換されてしまった値を文字列に復元

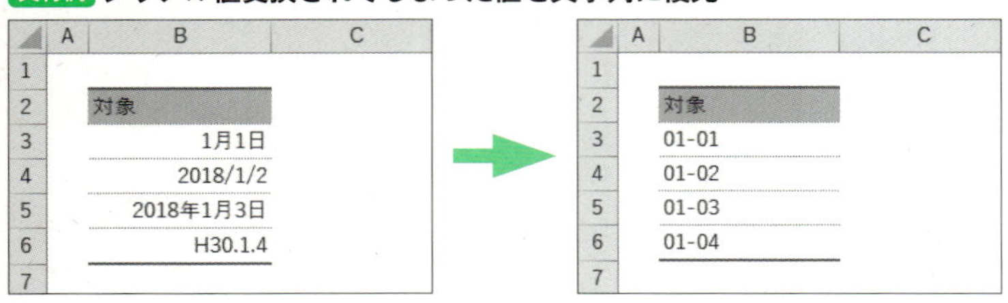

復元する際の書式は、先頭に「'(シングルクォーテーション)」を付加し、文字列として入力されるようにしておきます。

「置換」機能で修正リスト項目に沿って一気に修正する

下図は同じ会社名・担当者名を意図したものですが、全ての表記が異なっています。このようなさまざまな表記の揺れを、一括して修正してみましょう。

▶表記の揺れを統一したい

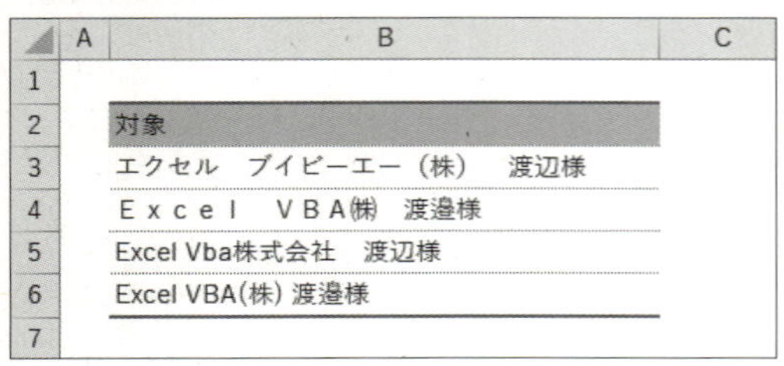

まず、セル上に修正前と修正後の値のリストを作成しておきます。ここでは、「Excel VBA(株)渡辺様」と統一しましょう。

▶ゆれ修正リスト

	C	D	E	F
1				
2		修正前	修正後	
3		エクセル	Excel	
4		ブイビーエー	VBA	
5		Excel	Excel	
6		VBA	VBA	
7		㈱	（株）	
8		株式会社	（株）	
9		(株)	（株）	
10		渡邉	渡辺	
11				
12				

最後の行はわかりにくいですが、セルD11に「全角スペース」、セルE11に「半角スペース」が入力されています。要するに、「スペースを半角に統一」したいわけですね。

このような表を用意したら、「置換」機能をVBAから実行する**Replaceメソッド**(365ページ)を利用して、修正リストをループ処理で走査し、一括置換します。

次のコードは、セル範囲B3:B6に入力されたデータを、セル範囲D3:D11の修正リストに基づいて置換します。

マクロ12-36

```
Dim sourceRng As Range, replaceTable() As Variant, i As Long
'置換範囲セット
Set sourceRng = Range("B3:B6")
'置換テーブルセット
replaceTable = Range("D3:E11").Value
'置換
For i = 1 To UBound(replaceTable)
    sourceRng.Replace LookAt:=xlPart, _
                      What:=replaceTable(i, 1), _
                      Replacement:=replaceTable(i, 2), _
                      MatchCase:=False, _
                      MatchByte:=False
Next
```

実行例 表記を置換で統一

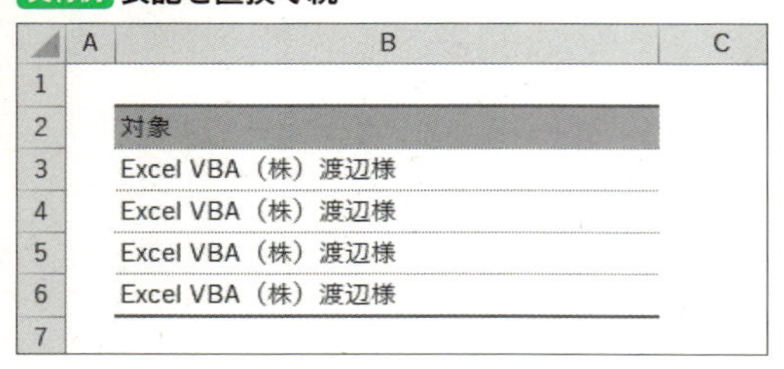

	A	B	C
1			
2		対象	
3		Excel VBA（株）渡辺様	
4		Excel VBA（株）渡辺様	
5		Excel VBA（株）渡辺様	
6		Excel VBA（株）渡辺様	
7			

リストにした修正項目を、一気に置換できました。表記の統一方法をセルに残せるため、どんな風に修正をしたいのかが見た目にわかりやすくなる、というメリットもありますね。

なお、Replaceメソッドの各種引数の設定に関しては、366ページを参照してください。

Column 「フリガナ」を忘れていませんか？

セル上の表記の統一ができて安心したところで、もう1つ何か忘れていませんか？そうです。フリガナです。Excelのセルはフリガナ情報を保持しています。特にソートを行うようなデータは注意しましょう。

ちなみに、一括でフリガナを取り除きたい場合には、「セル範囲.Value = セル範囲.Value」とするだけでOKです。Valueプロパティの値はフリガナの情報までは保持しないため、結果として、セルに表示されている値のままフリガナ情報を落とした値がセルに設定されます。次のコードは、セル範囲A1:C10のフリガナをクリアします。

マクロ12-37

```
Range("A1:C1").Value = Range("A1:C1").Value
```

ただし、「Cells.Value = Cells.Value」のように、あまりに大きなセル範囲を対象にすると、エラーとなります。一括でフリガナをクリアするには、ほどほどのセル範囲にしておきましょう。

1
2
3
4
5
6
7
8
9
10
11
12
13
14
15
16
17
18
19

12-5 検索で目的のデータを探そう

並べ替えと抽出と並んで、データを取り扱う際に便利な機能が、「**検索**」そして「**置換**」です。VBAからこの機能を利用するには、Rangeオブジェクトに用意されている**Findメソッド**と**Replaceメソッド**を利用します。

Findメソッドで検索を行う

検索を行うFindメソッドは、検索対象としたいセル範囲に対して、次の引数を指定して実行します。

■Findメソッド

```
検索対象セル範囲.Find 検索値[, 各種引数:=値]
```

▶Findメソッドの引数

引数	説明
What	検索する値。必須
After	検索開始の基準セルを指定。このセルの「次のセル」から検索
LookIn	対象をxlValues（セルの値）、xlFormulas（数式）、xlNotes（メモ）で指定
LookAt	検索方法をxlWhole（完全一致）、xlPart（部分一致）で指定
SearchOrder	検索の優先方向をxlByRows（行方向）、xlByColumns（列方向）で指定
SearchDirection	検索の向きをxlNext（上から下）、xlPrevious（下から上）で指定
MatchCase	大文字・小文字の区別をTrue（行う）、False（行わない）で指定
MatchByte	全角・半角の区別をTrue（行う）、False（行わない）で指定
SearchFormat	書式検索をTrue（行う）、False（行わない）で指定

必須の引数は、検索値を指定する**What**のみです。後の値を省略した場合は、「検索と置換」ダイアログの設定や、前回の検索設定を引き継ぎます。

また、Findメソッドは、戻り値として「検索条件に合致するセル」をRangeオブジェクトとして返します。見つからなかった場合は「Nothing」を返します。この仕組みを踏まえると、基本的な利用方法は以下のようになります。

■ **Findメソッドによる検索**

```
Dim セル As Range
Set セル = 検索対象セル範囲.Find(各種引数を利用した設定)
If Not セル Is Nothing Then
    検索対象が見つかった場合の処理
Else
    検索対象が見つからなかった場合の処理
End If
```

ちょっとややこしいですね。極端な話、確実に検索値が見つかるのであれば、次のような超シンプルなコードでも大丈夫です。次のコードは、「Excel」と入力されているセルへ移動します。

マクロ12-38

```
Application.GoTo Cells.Find("Excel")
```

きっちり「見つからなかった場合」の処理まで書こうとすると、少々長くなります。次のコードは、C列から「古川」という値を持つセルを検索し、最初に見つかったセルを選択します。

マクロ12-39

```
Dim findCell As Range
'Findメソッドの結果を変数で受ける
Set findCell = Columns("C").Find(What:="古川")
'Nothingでなければ対象セルが見つかっている
If Not findCell Is Nothing Then
    findCell.Select
    MsgBox "検索対象が見つかりました：" & findCell.Address
Else
    MsgBox "対象セルは見つかりませんでした"
End If
```

実行例 最初に検索されたセルを選択

	A	B	C	D	E	F
1						
2		ID	担当	コース	メモ	
3		1	古川	Excel一般機能	数式・関数式とグラフ作成まで	
4		2	中山	Word一般機能	1枚物の書類作成まで	
5		3	山崎	Access一般機能	レポートの基礎まで	
6		4	那須	データベース概要	テーブル形式のデータ作成から	
7		5	古川	ExcelVBA	と制御構造まで	
8		6	中山	Word上級	ュメント作成中心	
9		7	山崎	AccessVBA	学習	
10		8	那須	SQL文	Excel・Accessでの使用例も併せて学習	
11		9	吉原	PowerPoint一般機能	プレゼンテーションの再生まで	
12		10	宇都宮	情報システム基礎	マウス・キーボードの利用方法から	
13						

Microsoft Excel

検索対象が見つかりました：$C$3

OK

「全て検索」するには

Findメソッドは引数に指定した条件で検索を行い、「最初に見つかったセル」を返します。では、検索条件に合致するセルが複数ある場合、どのようにして、その全てのセルを取得すればよいのでしょうか。

全てを検索するには、一般機能の「次を検索」に当たる**FindNextメソッド**を利用します。

■ **FindNextメソッド**

```
セル範囲.FindNext(After:=検索の基準となるセル)
```

FindNextメソッドは、「同じ検索条件で、引数に指定したセルの『次のセル』から検索を行う」メソッドです。通常、引数には前回の検索で見つかったセルを指定します。そうすることで、同じセルが検索対象となってしまうことを防ぐわけですね。

次のコードは、C列から「古川」という値を持つセルを検索し、見つかった場合には背景色を設定します。

マクロ12-40

```
Dim findCell As Range, firstCell As Range, targetRng As Range
'検索範囲をセット
Set targetRng = Columns("C")
'初回検索はFindメソッド
Set findCell = targetRng.Find(What:="古川")
'見つからなければ処理を終了
If findCell Is Nothing Then
    MsgBox "対象セルは見つかりませんでした"
    Exit Sub
End If
'初回のセルを記録しておく
Set firstCell = findCell
'2回目以降はFindNextメソッド
Do
    '見つかったセルに対する処理を記述(この例では背景色を変更)
    findCell.Interior.ThemeColor = msoThemeColorAccent4
    '「次のセル」を検索
    Set findCell = targetRng.FindNext(After:=findCell)
Loop Until findCell.Address = firstCell.Address
```

実行例 **全て検索**

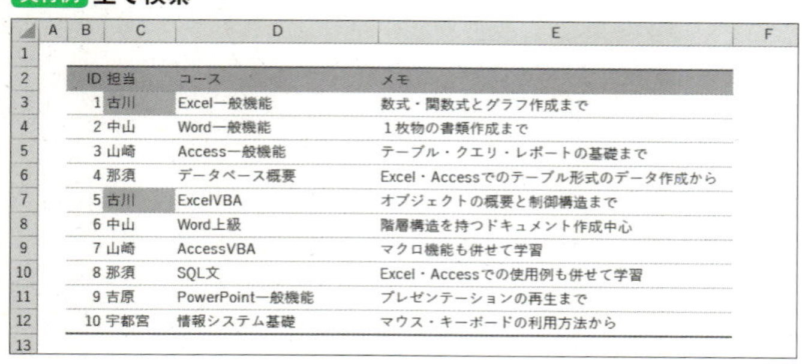

ID	担当	コース	メモ
1	古川	Excel一般機能	数式・関数式とグラフ作成まで
2	中山	Word一般機能	1枚物の書類作成まで
3	山崎	Access一般機能	テーブル・クエリ・レポートの基礎まで
4	那須	データベース概要	Excel・Accessでのテーブル形式のデータ作成から
5	古川	ExcelVBA	オブジェクトの概要と制御構造まで
6	中山	Word上級	階層構造を持つドキュメント作成中心
7	山崎	AccessVBA	マクロ機能も併せて学習
8	那須	SQL文	Excel・Accessでの使用例も併せて学習
9	吉原	PowerPoint一般機能	プレゼンテーションの再生まで
10	宇都宮	情報システム基礎	マウス・キーボードの利用方法から

この手の「全て検索」を行う処理を作成する際には、

- ①最初に見つかったセルへの参照を保持しておく
- ②1回目の検索はFind、以降はFindNextで検索する処理を終了条件を満たすまでループ
- ③ループの終了条件は「最新の検索対象セルが、保持していた最初の検索対象セ

ルと同セルになった場合」に、「一回り検索が終わった」と判断して終了
・④セル同士の比較はIs演算子で行いたくなるが、Rangeオブジェクトは特殊で比較できない(91ページ)ので、セル番地等の他の方法で比較

というポイントを押さえながらコードを記述します。はっきり言いましょう。面倒なのです。

しかし、上記のポイントを押さえていったんコードを記述してしまえば、あとはそれをテンプレート的に利用して、「全て検索」する処理へと流用できます。最初の1回だけ頑張って仕組みを追ってみましょう。仕組みがわかったら、あとはコピーして必要な部分だけをカスタマイズしてしまえばOKです。応用すれば、「全シート検索」や「全ブック検索」の処理も作成できますね。

Column セルの値を変更する場合には終了条件は異なってくる

本文中の例では、検索の結果見つかったセルに「色を塗る」だけでした。つまり、値は変更していません、もっと言えば、「必ず、また1周して再検索対象となるセルが見つかる状態」のままということです。

しかし、「検索の結果、該当するセルの値をクリアする」ような、値の変更を伴う処理の場合には、そうはいきませんね。この場合の終了条件は、「FindNextの結果がNothingになった時(該当セルがなくなった時)」となるでしょう。上記のコードを例に取れば、「`Loop Until findCell.Address = firstCell.Address`」の部分が「`Loop Until findCell Is Nothing`」のようになるわけですね。

Replaceメソッドで置換する

「置換」機能をVBAから利用する**Replaceメソッド**は、置換対象としたいセル範囲に対して、次の引数を指定して実行します。

■ **Replaceメソッド**

```
対象セル範囲.Replace 検索値, 置換値[, 各種引数:=値]
```

必須の引数は、検索値を指定する**What**と、置き換え後の値を指定する**Replacement**の2つでみです。後の値を省略した場合は、「検索と置換」ダイアログの設定や、前回の置換設定を引き継ぎます。

▶Replaceメソッドの引数

引数	説明
What	検索する値。必須
ReplaceMent	置換え後の値。必須
LookAt	検索方法をxlWhole（完全一致）、xlPart（部分一致）で指定
SearchOrder	検索の優先方向をxlByRows（行方向）、xlByColumns（列方向）で指定
MatchCase	大文字・小文字の区別をTrue（行う）、False（行わない）で指定
MatchByte	全角・半角の区別をTrue（行う）、False（行わない）で指定
SearchFormat	書式検索をTrue（行う）、False（行わない）で指定
ReplaceFormat	書式の置換をTrue（行う）、False（行わない）で指定

次のコードは、セル範囲B2:E12を対象に、「エクセル」を「Excel」へと置換します。

マクロ12-41

```
Range("B2:E12").Replace _
    What:="エクセル", Replacement:="Excel", LookAt:=xlPart
```

実行例 Replaceによる置換

	A	B	C	D
1				
2		ID	担当	コース
3		1	古川	エクセル一般機能
4		2	中山	Word一般機能
5		3	山崎	Access一般機能
6		4	那須	データベース概要
7		5	古川	エクセルVBA
8		6	中山	Word上級

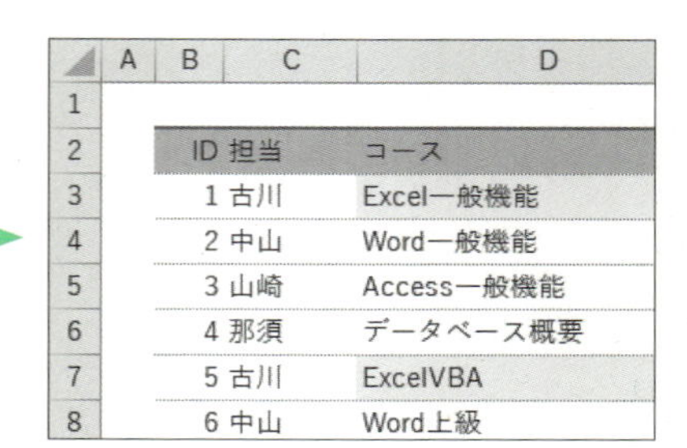

	A	B	C	D
1				
2		ID	担当	コース
3		1	古川	Excel一般機能
4		2	中山	Word一般機能
5		3	山崎	Access一般機能
6		4	那須	データベース概要
7		5	古川	ExcelVBA
8		6	中山	Word上級

Chapter13

VBAでのファイル処理

本章では、「他のファイル」を操作する方法をご紹介します。時に、他のブックであったり、他のテキストファイルであったり、さまざまなファイルに保存されているデータを、Excelへと取り込む方法を中心にご紹介します。

13-1 他ブックのデータを取得するには

必要なデータが複数のブックに散らばっている場合、何とかしてデータを1つに集める必要があります。手作業でやるにはなかなか面倒な作業ですが、こんな時こそVBAの出番です。

基本は開いてアクセス

他のブックのデータを扱う際の基本は、「**目的のブックを扱うWorkbookオブジェクトを取得し、そこ経由で操作する**」というスタイルになります。

目的のブックが既に開いているのであれば、**Workbooksコレクション**経由で取得できます。以下のコードは、既に開いている「支店Aデータ.xlsx」へアクセスし、1枚目のシートのセルA1に「Hello」と入力します。

マクロ13-1
```
Workbooks("支店Aデータ.xlsx").Worksheets(1).Range("A1").Value = "Hello"
```

しかし、目的のブックが開いていない場合は、そのブックを開いてアクセスする必要があります。データだけがほしい場合でも、「**開いて、データを取得したら、閉じる**」という操作が基本となります。

他のブックを開く場合の典型的な操作

ブックを開く際には、Workbooksコレクションの**Openメソッド**に、ブックを保存してある場所へのパスを渡して実行します。

■**Openメソッド**
```
Workbooks.Open 開きたいブックのパス
```

また、Openメソッドは戻り値として、開いたブックを扱うWorkbookオブジェクトを返します。つまり、Openメソッドの戻り値を変数にセットしておけば、以降、その変数を経由して開いたブックを操作できます。

■ **Openメソッドと変数の組み合わせ**

```
Dim 変数 As Workbook
Set 変数 = Workbooks.Open(ブックへのパス)
```

次のコードは、「C:¥excel」フォルダー内にある「支店データ.xlsx」を開き、セルA1に「Hello」と書き込みを行います。

▶ **操作対象としたいブックの保存場所**

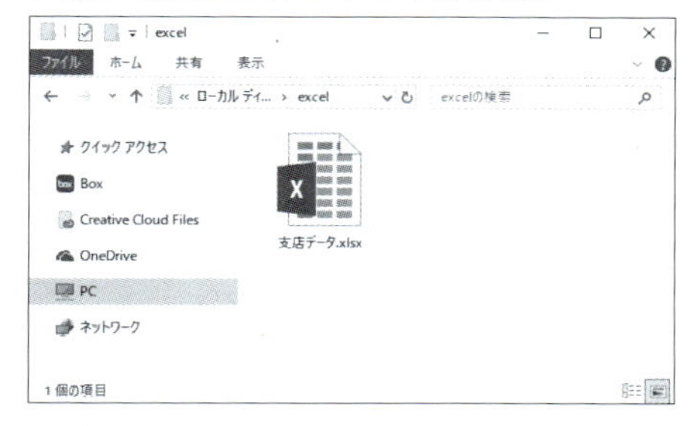

マクロ13-2

```
Dim dataBook As Workbook
Set dataBook = Workbooks.Open("C:¥excel¥支店データ.xlsx")
dataBook.Worksheets(1).Range("A1").Value = "Hello"
```

ブックを開いた際の注意点

ブックを開く系の操作を行った場合に注意したいのが、「アクティブなブックが変更される」という点です。

Openメソッドでブックを開くと、その時点でアクティブなブックは開いたブックとなります。この仕組みを意識できていないと、次のようなミスを起こしがちになります。次のコードは、「C:¥excel」フォルダー内にある「支店データ.xlsx」を開き、セル範囲B2:D10にあるデータを、元のブックのセルB2を起点として転記しようとするものです。

マクロ13-3

```
Dim dataBook As Workbook
'ブックを開く
Set dataBook = Workbooks.Open("C:¥excel¥支店データ.xlsx")
'開いたブックのデータをコピー
dataBook.Worksheets(1).Range("B2:D10").Copy
'元のブックのセルB2に転記する「つもり」のコード
Range("B2").PasteSpecial xlPasteAll
```

上記コードで想定している処理は、「データが保存されているブックを開き、そのブックの特定セル範囲を、マクロ実行開始時点でアクティブなシートへ転記する」というものです。

この場合、問題となるのは、最下行の「Range("B2")」の部分です。Rangeプロパティは「アクティブなシートのセル」を取得するためのプロパティです。しかし、ブックを開いた時点でアクティブなシートは、開いたブック上のシートへと変わっています。

つまり、このコードは、「開いたブックの1枚目のシート上のセル範囲をコピー」後に、「開いたブックのアクティブなシートのセルB2に貼り付け」するコードとなってしまっています。

上記のコードを手直しするとすれば、対象ブックを開く前に、「アクティブなシート」を変数へセットしておき、貼り付ける際にはその変数経由でセルを指定するといった処理へと変更します。

マクロ13-4

```
Dim targetSheet As Worksheet, dataBook As Workbook
'実行開始時のアクティブシートを保持
Set targetSheet = ActiveSheet
'ブックを開く
Set dataBook = Workbooks.Open("C:¥excel¥支店データ.xlsx")
'開いたブックのデータをコピー
dataBook.Worksheets(1).Range("B2:D10").Copy
'保持しておいたシートへ貼り付け
targetSheet.Range("B2").PasteSpecial xlPasteAll
```

また、データの貼り付け先を「マクロを記述したブック」上のシートにしたい場合には、**ThisWorkbookプロパティ**が便利です。ThisWorkbookプロパティは、アクティブシートに依存せず、常に「そのマクロが記述されているブック」を返します。

次のコードは、「C:¥excel」フォルダー内の「支店データ.xlsx」を開き、1枚目のシートのセルB2から始まるセル範囲をマクロの記述されたブックへと転記後に、閉じます。

マクロ13-5

```
Dim dataBook As Workbook
'ブックを開く
Set dataBook = Workbooks.Open("C:¥excel¥支店データ.xlsx")
'開いたブックのデータをコピー
dataBook.Worksheets(1).Range("B2").CurrentRegion.Copy
'マクロを記述したブックに貼り付け
ThisWorkbook.Worksheets(1).Range("B2").PasteSpecial xlPasteAll
'閉じる
dataBook.Close
```

Column 見かけ上ブックを開かずに転記するには

「ブックを開き、転記後、閉じる」という処理は、時間はそれほどかからないものの、実際に画面上で一瞬ブックが開いた状態が見えてから閉じます。つまり、チラチラするのです。このチラつきを起こさずに処理を行うには、**ScreenUpdatingプロパティ**を利用して、画面更新を一時的にオフにします。詳しくは462ページを参照してください。

覚えておくと便利な相対的なパスの作成法

ブックのパスを指定する際に覚えておくと便利なのが、Workbookオブジェクトの**Pathプロパティ**です。Pathプロパティは、そのブックの保存されているフォルダーまでのパス文字列を返します。以下のコードは、マクロを記述したブックのパスを取得して、メッセージボックスに表示します。ブックを任意のフォルダーに保存してから実行してください。

マクロ13-6

```
Msgbox "パス：" & ThisWorkbook.Path
```

実行例 ブックのパスを表示

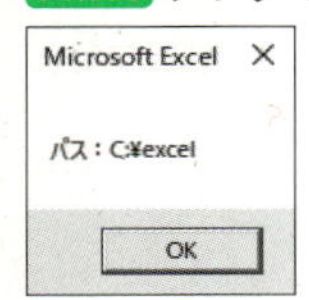

この値を利用すれば、「あるブックと同じフォルダー内のブック」のパスを簡単に作成できます。例えば、マクロの記述されているブックと同フォルダー内にある「支店データ.xlsx」のパスは「`ThisWorkbook.Path & "¥支店データ.xlsx"`」と表せます。「現在進行中の業務のファイルはデスクトップ上にフォルダーを作って作業を行い、作業が終わったらバックアップ用のフォルダーへと移動する」ような、ファイルの保存場所が変わるようなケースでも、特定のブックのパスを基準とした相対的なパスとなるため、コードを変更することなく運用できますね。

ブックを閉じるには？

特定のブックを閉じる場合には、**Closeメソッド**を利用します。

■ Closeメソッド

```
Workbookオブジェクト.Close [SaveChanges]
```

次のコードは、アクティブなブックを閉じます。

マクロ13-7

```
ActiveWorkbook.Close
```

また、閉じようとしているブックに変更がある場合、Closeメソッド実行時に保存確認メッセージが表示されますが、このメッセージを表示させずに「変更を保存しないまま閉じる」場合には、引数**SaveChanges**に「False」を指定してCloseメソッドを実行します。次のコードは、アクティブなブックを、変更を保存せずに閉じます。

マクロ13-8

```
ActiveWorkbook.Close SaveChanges:=False
```

逆に、上書き保存してから閉じたい場合には、引数SaveChangesに「True」を指定します。次のコードは、アクティブなブックを、変更を保存して閉じます。

マクロ13-9

```
ActiveWorkbook.Close SaveChanges:=True
```

こちらの場合も、確認メッセージは表示されません。

3パターンのブック保存方法

既に一度は保存されているブックを上書き保存するには、**Saveメソッド**を利用します。

■ **Saveメソッド**

```
Workbookオブジェクト.Save
```

次のコードは、アクティブなブックを上書き保存します。

マクロ13-10

```
ActiveWorkbook.Save
```

未保存のブックや既存のブックを「名前を付けて保存」するには、**SaveAsメソッド**を利用します。ブック名は引数**Filename**にパスを含むパス文字列で」指定します。

■ **SaveAsメソッド**

```
Workbookオブジェクト.SaveAs Filename
```

次のコードは、アクティブなブックに「C:¥excel¥バックアップ¥売上データ.xlsx」というパスと名前を付けて保存します。

1 2 3 4 5 6 7 8 9 10 11 12 13 14 15 16 17 18 19

マクロ13-11

```
ActiveWorkbook.SaveAs Filename:="C:¥excel¥バックアップ¥売上データ.xlsx"
```

実行例 ブック名を付けて保存

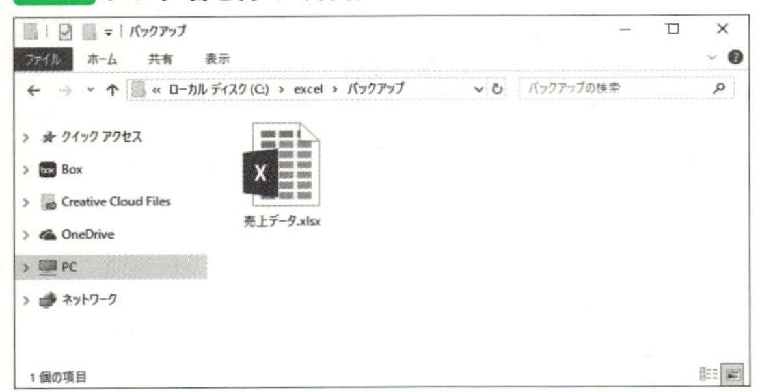

パス文字列を指定する際には、一度にパス文字列を作成するのではなく、フォルダーを指定する部分を最初に作成し、その後、ファイル名を指定する部分と連結する形にしておくのもよいですね。次のコードは、「C:¥excel¥バックアップ」フォルダーへのパスを作成したうえで、ブック名「売上データ.xlsx」と連結して保存します。

マクロ13-12

```
'保存したいフォルダーへのパス文字列を作成
Dim folderPath As String
folderPath = "C:¥excel¥バックアップ"
'ブック名と連結したパスを作成して保存
ActiveWorkbook.SaveAs Filename:=folderPath & "¥売上データ.xlsx"
```

バックアップを取りたい時等、ブックのコピーを作成して保存する場合には、**SaveCopyAsメソッド**を利用します。コピー&保存するブック名の指定は、SaveAsメソッドと同じく、引数**Filename**で指定します。

■ SaveCopyAsメソッド

```
Workbookオブジェクト.SaveCopyAs Filename[, パスワード]
```

次のコードは、アクティブなブックと同じフォルダー内に、アクティブなブックのブック名の末尾に、「_年月日」を付加する形で複製を保存します。

マクロ13-13

```
Dim newName As String
'ブック名に日付データを付加したパス文字列を作成
newName = Split(ActiveWorkbook.FullName, ".")(0)
newName = newName & Format(Date, "_yyyymmdd.xl¥sx")
'現在のブックのコピーを、作成したパス文字列で保存
ActiveWorkbook.SaveCopyAs Filename:=newName
```

実行例 ブックをコピーして保存

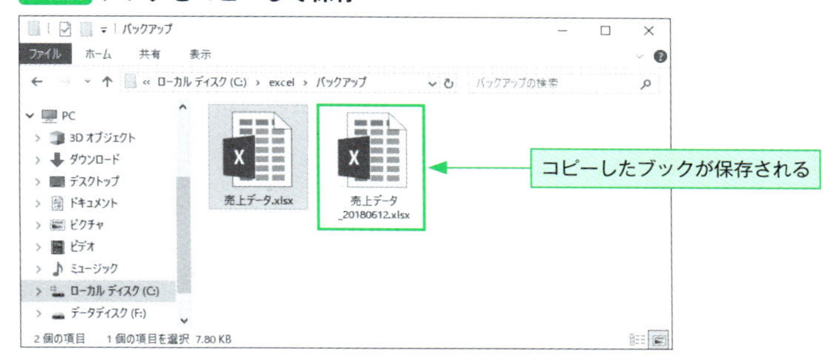

パスワード付きで保存するには

ブックをパスワード付きで保存するには、SaveAsメソッドの引数**Password**にパスワード文字列を指定して実行します。次のコードは、アクティブなブックに「pass」というパスワードを付けて保存します。なお、ファイルを保存するマクロは、保存先として扱うフォルダー（ディレクトリ）にアクセス権限が設定されている場合には、実行できないことがあります。

マクロ13-14

```
ActiveWorkbook.SaveAs _
    Filename:="C:¥excel¥バックアップ¥売上データ.xlsx", _
    Password:="pass"
```

実行例 パスワードを付けてブックを保存

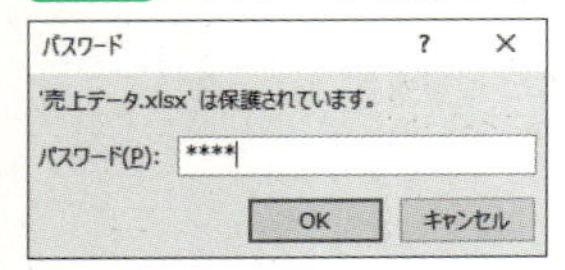

保存したブックを開く際には、パスワードが要求されるようになります。なお、パスワードをかけたブックをマクロで開く場合には、**Openメソッド**の引数**Password**に、パスワード文字列を指定して実行します。

マクロ13-15

```
Workbooks.Open _
    Filename:="C:¥excel¥バックアップ¥売上データ.xlsx", _
    Password:="pass"
```

Column プレースホルダーのエスケープ

マクロ13-13のコードでは、日付を元にファイル名を生成する際に、Format関数を利用しています。この際、拡張子である「xlsx」を付加する書式として、「xl¥sx」と、「s」の前に「¥」を挟んでいます。これは、「s」は「秒」を表すプレースホルダーであり、そのまま文字列の「s」として扱うために、直前に「¥」を付けてエスケープしている書式となります。

13-2 複数ブックをまとめて処理する

複数のブックに点在しているデータを「**1つのブックにまとめる処理**」を考えてみましょう。まずは既に開いているブックのケースからスタートし、開いていないブックの場合、そして、特定のフォルダー内に保存されているブックをまとめて扱う方法までをご紹介します。

処理対象のブックのリストを作成してループ処理する

開いているブックを対象にする場合の基本的な考え方は、「**まず扱うブックのリストを作成し、ループ処理**」です。リストに関しては、「Workbookオブジェクトのリスト」を作成するよりも「ブック名のリスト」を作成する方が手軽で簡単です。リストについては163ページを参照してください。

次図のように、「売上」シートのセルB2を起点とする表形式のデータを持つ、「支店A.xlsx」「支店B.xlsx」「支店C.xlsx」の3つのブックが開いているとします。

▶3つのブック

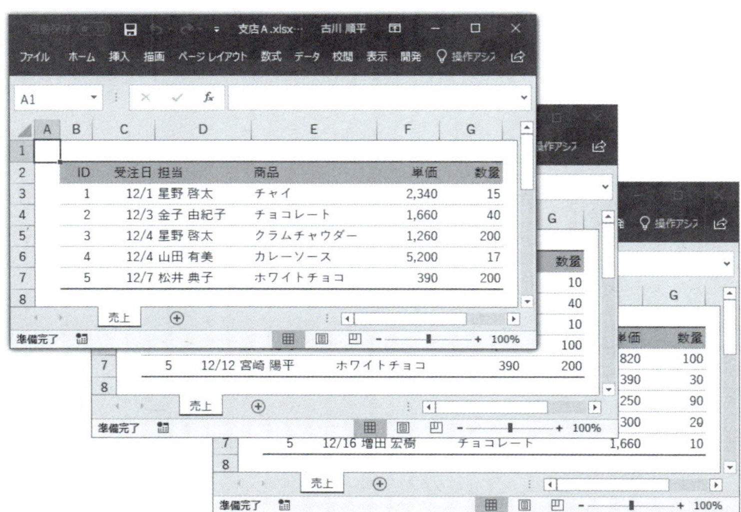

このデータを、「集計」シートを持つブックにまとめてみましょう。なお、今回は「集計」シートに、次図のような見出し部分をあらかじめ用意してあるとします。

▶データを集計するブック

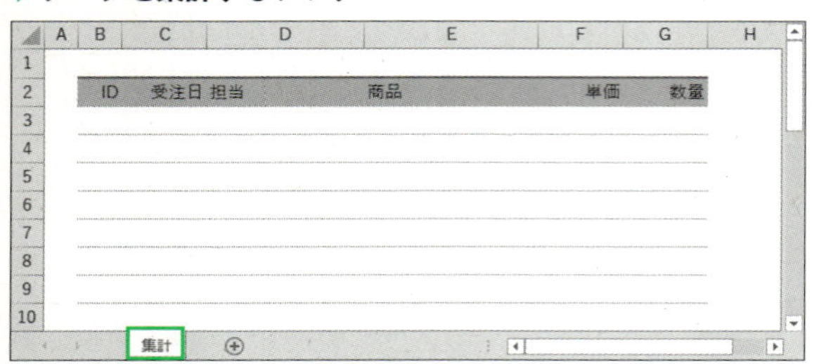

次のコードは、既に開いている「支店A.xlsx」「支店B.xlsx」「支店C.xlsx」の3つのブックの「売上」シートのセルB2を起点とする範囲のデータをコピーし、「集計」シートのセルに転記します。

マクロ13-16

```
Dim bookNameList() As Variant, tmpName As Variant
Dim copyRng As Range, pasteRng As Range
'ブック名のリスト作成
bookNameList = Array("支店Ａ.xlsx", "支店Ｂ.xlsx", "支店Ｃ.xlsx")
'リストに対してループ処理
For Each tmpName In bookNameList
    '個々のブックの「売上」シートのセルB2から始まる表部分を取得
    Set copyRng = _
        Workbooks(tmpName). _
        Worksheets("売上").Range("B2").CurrentRegion
    'マクロ記述ブックの「集計」シートのB列から転記開始位置となるセルを取得
    Set pasteRng = _
        ThisWorkbook.Worksheets("集計"). _
        Cells(Rows.Count, "B").End(xlUp).Offset(1)
    '表の見出しを除くデータ部分をコピー
    copyRng.Rows("2:" & copyRng.Rows.Count).Copy
    '転記開始位置を起点に値のみ貼り付け
    pasteRng.PasteSpecial xlPasteValues
Next
```

実行例 開いているブックのデータをまとめる

	A	B	C	D	E	F	G	H
1								
2		ID	受注日	担当	商品	単価	数量	
3		1	12/1	星野 啓太	チャイ	2,340	15	
4		2	12/3	金子 由紀子	チョコレート	1,660	40	
5		3	12/4	星野 啓太	クラムチャウダー	1,260	200	
6		4	12/4	山田 有美	カレーソース	5,200	17	
7		5	12/7	松井 典子	ホワイトチョコ	390	200	
8		1	12/1	宮崎 陽平	乾燥ナシ	3,900	10	
9		2	12/2	三田 聡	ホワイトチョコ	390	40	
10		3	12/4	宮崎 陽平	チョコレート	1,660	10	

集計

処理中では、ブック名のリストをArray関数（163ページ）で作成し、そのリストに対し、For Eachステートメントでループ処理を行っています。ループ処理内で注目してほしいのは、「Workbooks(tmpName)」の部分です。For Eachステートメントにより、変数tmpNameにセットされた個々のブック名を利用して、リスト化したブックへの操作を行います。

残りの部分は、ざっくり言うとコピーして転記です。今回は各ブックの見出しを除くセル範囲をコピーしていますが、このあたりの各ブックに対して行う処理は、お好みで変更してください。

閉じているブックを一気に集計する

では次に、閉じているブックの場合の処理を見ていきましょう。「リスト化→ループ処理」という基本の流れはそのままに、ブックを開く処理と閉じる処理を付け加えます。次のコードは、マクロを実行するブックと同じフォルダーにある「支店A.xlsx」「支店B.xlsx」「支店C.xlsx」の3つのブックの「売上」シートのセルB2を起点とする範囲のデータをコピーし、「集計」シートのセルに転記します。

マクロ13-17

```
Dim bookPathList() As Variant, tmpPath As Variant
Dim tmpBook As Workbook, copyRng As Range, pasteRng As Range
'ブックのパス文字列のリスト作成
bookPathList = Array( _
    ThisWorkbook.Path & "¥支店A.xlsx", _
    ThisWorkbook.Path & "¥支店B.xlsx", _
    ThisWorkbook.Path & "¥支店C.xlsx" _
```

```
)
'リストに対してループ処理
For Each tmpPath In bookPathList
    '個々のブックを開く
    Set tmpBook = Workbooks.Open(tmpPath)
    '「売上」シートのデータをコピーして貼り付け
    Set copyRng = tmpBook.Worksheets("売上").Range("B2").CurrentRegion
    Set pasteRng = ThisWorkbook.Worksheets("集計"). _
        Cells(Rows.Count, "B").End(xlUp).Offset(1)
    copyRng.Rows("2:" & copyRng.Rows.Count).Copy
    pasteRng.PasteSpecial xlPasteValues
    'ブックを閉じる
    tmpBook.Close
Next
```

ブックのパス文字列のリストを作成し、For Eachステートメントでループ処理を行います。ループ処理内では、リストの値を利用してブックを開き、データをコピーしてブックを閉じます。

この、「**パスのリスト化→開く→ブックに対する処理→閉じる**」という一連の流れが、開いていないブックをまとめて扱う際の基本の流れとなります。

覚えておきたいフォルダーをまるごと集計する仕組み

最後に、特定のフォルダー内にあるExcelブックをまとめて集計する仕組みを見ていきましょう。例えば、マクロを記述してあるフォルダーと同じ階層に、「集計用」フォルダーがあるとします。

▶「集計用」フォルダーの中身

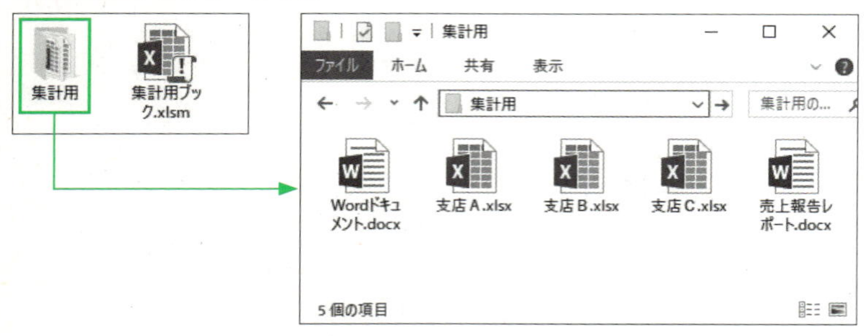

「集計用」フォルダーの中には、Excelブックの他にも、いくつかのファイルが保存されているとします。この時、Excelブックのみのパス文字列のリストが自動作成できれば、前トピックでご紹介した方法へと当てはめて、ブックの集計ができますよね。つまり、「**フォルダー内のExcelブックのパス文字列リストの作り方**」がわかればよいわけですね。

そこで、指定したフォルダー内のExcelブック（拡張子「xlsx」のファイル）のリストを作成するマクロを作成してみましょう。いろいろな方法がありますが、今回は、**FileSystemObjectオブジェクト**（384ページ）を利用して、下記のようなコードを作成してみました。次のコードは、「集計用」フォルダー内にあるExcelブックのパスのリストを作成します。「集計用」フォルダーと同じ場所にあるブックから実行してください。

マクロ13-18

```
Dim fso As Object, dic As Object
Dim tmpFile As Cbject, tmpExtension As String
'FileSystemObjectとDictionaryを生成
Set fso = CreateObject("Scripting.FileSystemObject")
Set dic = CreateObject("Scripting.Dictionary")
'「集計用」フォルダー内の拡張子が「xlsx」のファイルのパスを辞書登録
With fso.GetFolder(ThisWorkbook.Path & "¥集計用")
    For Each tmpFile In .Files
        tmpExtension = fso.GetExtensionName(tmpFile)
        If tmpExtension = "xlsx" Then
            dic.Add tmpFile.Path, "dummy"
        End If
    Next
End With
'登録されたリストを確認
Debug.Print Join(dic.Keys, vbCrLf)
```

実行例 フォルダー内にあるExcelブックのリスト

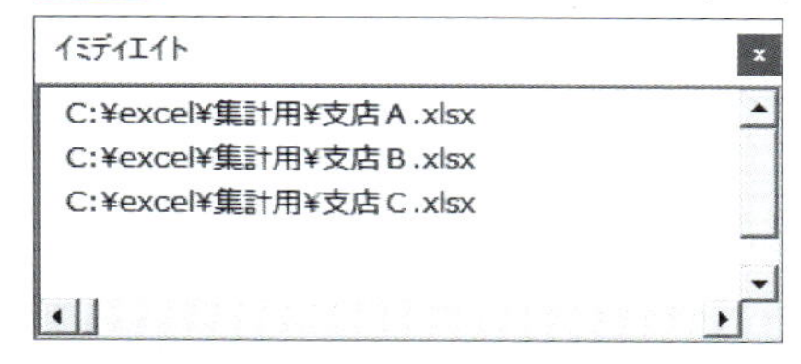

FileSystemObjectの利用方法は、384ページ以降の解説を参照してください（説明が前後して申し訳ありません）。

Column リストの作成処理を関数化する

フォルダー内のExcelブックのリストを作成するコードで行っている内容は、「FileSystemObjectを利用して、『集計用』フォルダー内の拡張子『xlsx』のファイルを、Dictionaryオブジェクトに登録し、1次元配列のリストとして取り出す」という内容となっています。

せっかくですので、この一連の処理を関数にしてみましょう。

マクロ13-19

```
Function getBookPathList(folderPath As String) As Variant
    Dim dic As Object, tmpFile As Object, tmpExtension As String
    Set dic = CreateObject("Scripting.Dictionary")
    '引数に指定したパスのフォルダーから、
    '拡張子が「xlsx」のファイルのパスを辞書登録
    With CreateObject("Scripting.FileSystemObject")
        For Each tmpFile In .GetFolder(folderPath).Files
            tmpExtension = .GetExtensionName(tmpFile)
            If tmpExtension = "xlsx" Then dic.Add tmpFile.Path, "dummy"
        Next
    End With
    getBookPathList = dic.Keys
End Function
```

作成した関数「getBookPathList」は、引数に指定したパス文字列のフォルダーから、Excelブックのみのリストを1次元配列の形で返します。この関数を、379ページで作成したコード（マクロ13-17）のブックパスのリスト作成部分に利用すれば、あとのコードは変更することなく「集計用」ファルダー内のExcelブックのデータを集計できます。

マクロ13-20

```
Dim bookPathList() As Variant, tmpPath As Variant
Dim tmpBook As Workbook, copyRng As Range, pasteRng As Range
'ブックのパス文字列のリスト作成
'bookPathList = Array( _
```

```
'     ThisWorkbook.Path & "¥支店A.xlsx", _
'     ThisWorkbook.Path & "¥支店B.xlsx", _
'     ThisWorkbook.Path & "¥支店C.xlsx" _
')
bookPathList = getBookPathList(ThisworkBook.Path & "¥集計用")
'リストに対してループ処理
For Each tmpPath In bookPathList
    '個々のブックを開く
    Set tmpBook = Workbooks.Open(tmpPath)
    '「売上」シートのデータをコピーして貼り付け
    Set copyRng = tmpBook.Worksheets("売上").Range("B2").CurrentRegion
    Set pasteRng = ThisWorkbook.Worksheets("集計"). _
        Cells(Rows.Count, "B").End(xlUp).Offset(1)
    copyRng.Rows("2:" & copyRng.Rows.Count).Copy
    pasteRng.PasteSpecial xlPasteValues
    'ブックを閉じる
    tmpBook.Close
Next
```

このように、「リストの作り方」を工夫すれば、さまざまな形でブックの集計ができるようになりますね。

13-3 ファイル・フォルダー操作の定番は FileSystemObject

VBAからファイル処理全般を行うには、大きく分けて2つの方法があります。1つ目は**Openステートメント**を利用する方法、2つ目は外部ライブラリである**FileSystemObject**を利用する方法です。

Openステートメントは、もの凄く古くからある手続き型ベースの方法であり、FileSystemObjectはオブジェクトベースの方法です。本書では、そのうちの「FileSystemObject」を利用する方法をご紹介します。

FileSystemObjectとは

FileSystemObject（以降、FSO）は、外部ライブラリ、**Microsoft Scripting Runtime**に用意されている、ファイルやフォルダーの操作に特化したオブジェクトです。

CreateObject関数で生成する際のクラス文字列は、「Scripting.FileSystemObject」となります。

■ FileSystemObjectのクラス文字列

```
CreateObject("Scripting.FileSystemObject").
```

▶ FileSystemObjectに用意されているメソッド（抜粋）

プロパティ	用途
GetFolder	指定パスのフォルダーを扱うFolderオブジェクトを返す
GetFile	指定パスのファイルを扱うFileオブジェクトを返す
CreateFolder	新規フォルダーを作成
GetExtensionName	指定パスのファイルの拡張子文字列を返す
FileExists	指定パスのファイルが存在するかどうかを返す

FSOの**GetFolderメソッド**や**GetFileメソッド**を利用すると、該当のフォルダーやファイルを扱う**Folderオブジェクト**や**Fileオブジェクト**を取得できます。フォルダーやファイルに関する操作は、取得したFolderオブジェクトやFileオブジェクトの各種プロパティ /メソッドから行います。

▶Folderオブジェクトのプロパティ /メソッド(抜粋)

プロパティ /メソッド	用途
Nameプロパティ	フォルダー名を取得/設定
Pathプロパティ	パス文字列を取得
Filesプロパティ	フォルダー内のファイルを扱うコレクション（Filesコレクション）を取得
Copyメソッド	フォルダーごとコピー
Deleteメソッド	フォルダーごと削除
Moveメソッド	フォルダーごと移動

▶Fileオブジェクトのプロパティ /メソッド(抜粋)

プロパティ /メソッド	用途
Nameプロパティ	ファイル名を取得/設定
Pathプロパティ	パス文字列を取得
ParentFolderプロパティ	ファイルの保存されているフォルダーを取得
Copyメソッド	ファイルのコピー
Deleteメソッド	ファイルの削除
Moveメソッド	ファイルの移動

FileSystemObjectの利用方法

FSOの基本的な利用方法は、「**CreateObjectでFSO生成→ファイル/フォルダーを取得→ファイル/フォルダーを操作**」という流れとなります。FSOの利用例をいくつかご紹介しましょう。

●ファイル一覧の取得する

次のコードは、マクロを実行するブックが保存されているフォルダー内にあるファイルの一覧を取得します。

マクロ13-21

```
Dim fso As Object, tmpfile As Object
Set fso = CreateObject("Scripting.FileSystemObject")
'ブックが保存してあるフォルダー内のファイルに対してループ処理
For Each tmpfile In fso.GetFolder(ThisWorkbook.Path).Files
    Debug.Print tmpfile.Name
Next
```

●特定ファイルをコピーする

次のコードは、「C:¥excel¥バックアップ¥売上データ.xlsx」をコピーして、ファイル名に「バックアップ」と付け加えて保存します。

マクロ13-22

```
Dim fso As Object, filePath As String
Set fso = CreateObject("Scripting.FileSystemObject")
filePath = "C:¥excel¥バックアップ¥売上データ.xlsx"
'ファイルが存在する場合はコピー
If fso.FileExists(filePath) Then
    fso.GetFile(filePath).Copy _
        "C:¥excel¥バックアップ¥売上データ_バックアップ.xlsx"
End If
```

●ファイル名を変更する

次のコードは、「C:¥excel¥バックアップ¥売上データ.xlsx」のファイル名を「変更後の名前.xlsx」に変更します。

マクロ13-23

```
CreateObject("Scripting.FileSystemObject") _
    .GetFile("C:¥excel¥バックアップ¥売上データ.xlsx") _
    .Name = "変更後の名前.xlsx"
```

実行例 ファイル名の変更

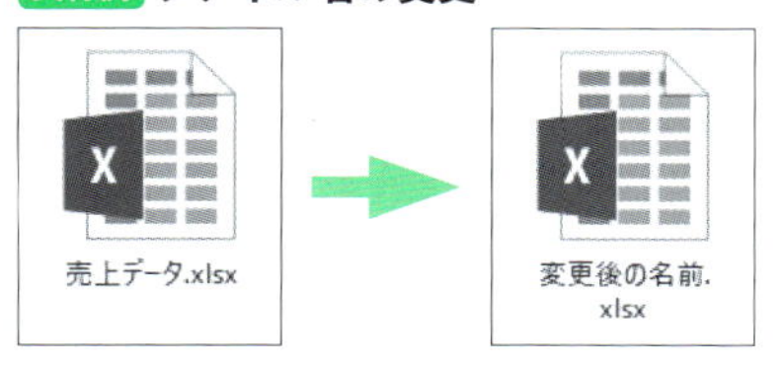

●フォルダーごとコピーする

次のコードは、マクロを記述したブックと同じ場所にある「支店データ」フォルダーを、名前に「バックアップ」を加えてコピーします。

マクロ13-24

```
Dim tmpFolder As Object
'マクロを記述したブックと同じ場所にある「支店データ」フォルダーを取得
Set tmpFolder = _
    CreateObject("Scripting.FileSystemObject") _
        .GetFolder(ThisWorkbook.Path & "¥支店データ")
'フォルダーごとコピー
tmpFolder.Copy ThisWorkbook.Path & "¥支店データ_バックアップ"
```

実行例 フォルダーのコピー

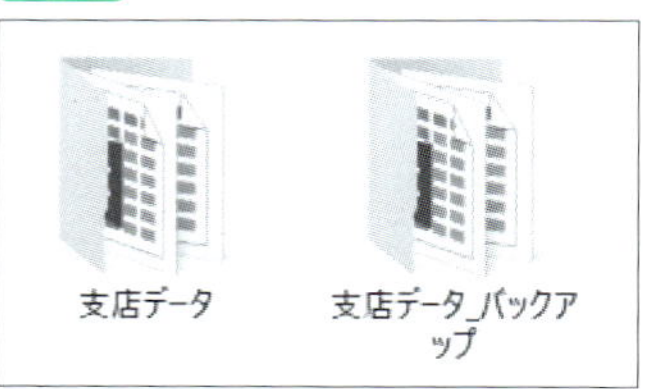

Column より詳しくFileSystemObjectに関して調べたい場合は

FSO、Folderオブジェクト、Fileオブジェクト等についてより詳しく知りたい場合には、MSDNのリファレンス（https://msdn.microsoft.com/ja-jp/library/cc409800.aspx）を参照してください。

また、VBEの参照設定（231ページ）において、「Microsoft Scripting Runtime」に参照を行ったうえで、オブジェクトブラウザーで「Scripting」に関して見てみると、用意されているオブジェクトとプロパティ /メソッドを調べることが可能です。

ちなみに、連想配列（173ページ）を扱うDictionaryオブジェクトも同じライブラリ内に用意されています。一度は参照設定してみて、用意されている機能を眺めてみると、利用できそうなものを発見できるかもしれませんね。

ファイルやフォルダーの選択を行うダイアログを表示する

処理対象のファイルやフォルダーをユーザーに選択してもらいたい場合には、専用のダイアログを表示する**FileDialogオブジェクト**が便利です。

▶FileDialogオブジェクトのプロパティ /メソッド（抜粋）

プロパティ /メソッド	用途
Titleプロパティ	表示タイトルを設定
InitialFileNameプロパティ	初期フォルダーを設定
AllowMultiSelectプロパティ	複数選択設定をTrue（可能）、False（不可能）で指定
SelectedItemプロパティ	選択したファイル/フォルダーを取得
Showメソッド	ダイアログを表示。選択せずに閉じた場合は「0」を、選択した場合は「-1」を返す

FileDialogオブジェクトは、Applicationオブジェクトの**FileDialogプロパティ**に、以下の4種類の**MsoFileDialogType列挙**の定数を指定して取得します。

▶MsoFileDialogType列挙の定数

定数	値	用途
msoFileDialogFilePicker	3	「ファイルを選択する」ダイアログの指定
msoFileDialogFolderPicker	4	「フォルダーを選択する」ダイアログの指定
msoFileDialogOpen	1	「ファイルを開く」ダイアログの指定
msoFileDialogSaveAs	2	「ファイルを保存する」ダイアログの指定

ファイルを選択する用途のダイアログを取得するには、次のようにコードを記述します。

マクロ13-25

```
Dim fd As FileDialog
'ファイル選択ダイアログを取得
Set fd = Application.FileDialog(msoFileDialogFilePicker)
```

FileDialogオブジェクトは、「**下準備を各種プロパティで設定後に、Showメソッドで表示**」というスタイルでコードを記述していきます。

また、Showメソッドは、ユーザーの選択結果を「0(選択をキャンセル)」か「-1(選択を行った)」の戻り値で返します。ユーザーが選択を行った際、選択したファイルやフォルダーのパス情報は、**SelectedItemプロパティ**に、インデックス番号「1」から始まる配列の形で格納されます。次のコードは、ファイルを選択するダイアログを表示し、選択結果を取得します。

マクロ13-26

```
Dim fd As FileDialog
Set fd = Application.FileDialog(msoFileDialogFilePicker)
'表示タイトルと初期フォルダー設定
With fd
    .Title = "ファイルを選択してください"
    .InitialFileName = ThisWorkbook.Path
End With
'表示して選択結果を取得
If fd.Show = 0 Then
    Debug.Print "選択をキャンセルしました"
Else
```

```
    Debug.Print "選択ファイル名：", fd.SelectedItems(1)
End If
```

実行例 ファイルの選択結果を取得

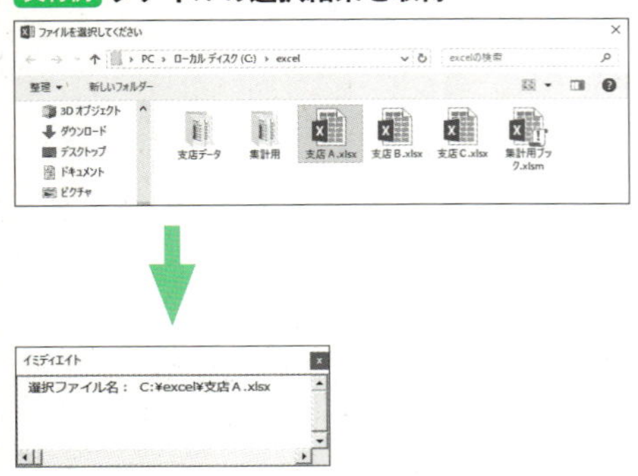

なお、フォルダーを選択する際には、

```
Application.FileDialog(msoFileDialogFolderPicker)
```

として取得したFileDialogオブジェクトを利用しますが、この際にはフォルダーのみがダイアログに表示されるようになります(ファイルは表示されません)。

FileDialogオブジェクトで得たパス文字列を利用すれば、「ユーザーが選択したファイルやフォルダーを対象にした処理」が作成できますね。

Column FileDialogオブジェクトはExcel 2000以前では利用できない

FileDialogオブジェクトは、Excel 2002から追加されたオブジェクトです。そのため、Excel 2000以前では利用できません。

ちなみに、FileDialogオブジェクトには、初期設定のビュー(アイコン表示やリスト表示等の設定)を指定する「InitialViewプロパティ」が用意されているのですが、Windows 10等、Windowsのバージョンによっては、この設定は機能しません。基となる仕組みの「エクスプローラー」自体の表示形式が変更されたため、作成当初とはいろいろ違ってきてしまっているのでしょうね。長い歴史のあるVBAならではの、ちょっと困った現象なのです。

実践
編

Chapter14

集計・分析結果を「出力」する

本章では、Excelのシート上に作成した表を「出力」する方法をご紹介します。つまりは、「印刷」に関してのノウハウを中心にご紹介します。率直に言って、Excelの印刷関連の機能はあまり優れているとは言えませんが、VBAを利用して細かな調整を一発で行えるように準備しておくことで、作業の負担の軽減が可能です。あわせて、Excelのブック自体を取引先に「出力」する場合。つまりはおわたしする際の注意事項や、知っておくと便利なVBAを使った仕組みもご紹介します。

14-1 結果を印刷する

いきなりこんなことを言うのは申し訳ないのですが、Excelでの印刷処理はわりと鬼門です。もともと、画面上で表計算を実行・確認することに重きを置いていたためか、印刷機能は正直言って貧弱です。画面通りに印刷できないことは、多々あります。

それでも、印刷が必要な場面はまだまだ多いでしょう。基本的な設定や微調整は手作業で行うしかないところもありますが、マクロを利用して大まかな設定を行うことはもちろん可能です。それでは、印刷関連の仕組みを見ていきましょう。

印刷とプレビューの仕組み

ファイル→印刷を選択した際に表示されるバックテージビュー上で設定する印刷に関する各種設定は、VBAでは、WorksheetオブジェクトのPageSetupプロパティ経由で取得できる、**PageSetupオブジェクト**で管理されています。

▶バックステージビューでの印刷設定

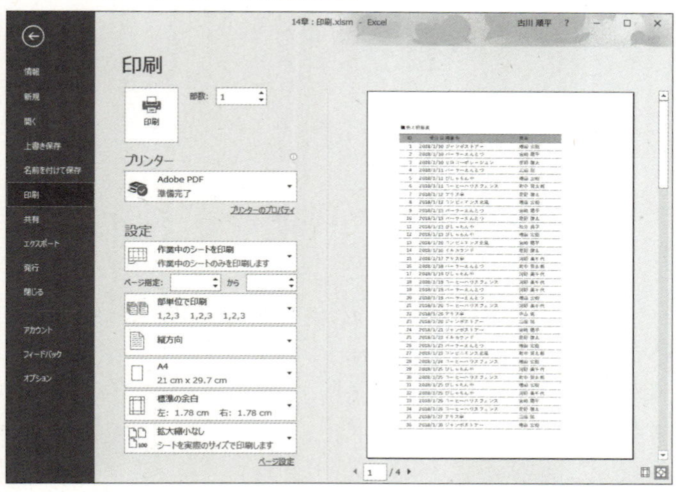

つまり印刷設定は、シートごとにPageSetupオブジェクトにアクセスし、設定していくわけですね。PageSetupオブジェクトには、下記のような各種設定に対応したプロパティが用意されています。

▶PageSetupオブジェクトのプロパティ（抜粋）

プロパティ	用途
PrintArea	印刷範囲をセル参照文字列設定（Worksheet経由のみ）
PaperSize	用紙サイズの設定
Orientation	用紙の向きを、横向き（xlLandscape）か縦向き（xlPortrait）で設定
TopMargin	上余白の大きさ。単位はポイント
BottomMargin	下余白の大きさ。単位はポイント
LeftMargin	左余白の大きさ。単位はポイント
RightMargin	右余白の大きさ。単位はポイント
PrintTitleColumns	見出し列の設定
PrintTitleRows	見出し行の設定
Zoom	拡大/縮小設定。拡大なし（100%）の時は「100」を、150%にする際には「150」を指定。Falseを指定すると、FitToPagesTallやFitToPagesWideの設定に従い自動計算される
FitToPagesTall	拡大率を行方向基準に決定
FitToPagesWide	拡大率を列方向基準に決定
CenterHorizontally	左右中央揃えを行う（True）/行わない（False）で設定
CenterVertically	上下中央揃えを行う（True）行わない（False）で設定
Pages	総ページ数
BlackAndWhite	白黒印刷を行う（True）/行わない（False）で設定

次のコードは、アクティブシートに対して、「縦向きで、全てを1枚に収める」印刷設定を行います。

マクロ14-1

```
With ActiveSheet.PageSetup
    '印刷範囲をアドレス「文字列」で指定
    .PrintArea = ActiveSheet.Range("B4:I52").Address
    '印刷方向は「縦」
    .Orientation = xlPortrait
    'ズーム設定を自動に設定
    .Zoom = False
    '行・列全てが「1」ページに収まるように拡大率を自動調整
    .FitToPagesTall = 1
    .FitToPagesWide = 1
End With
```

印刷を行うには、**PrintOutメソッド**を利用します。PrintOutメソッドは、Workbook、Worksheets、WorksheetそれにRangeにも用意されており、それぞれの対象を印刷します。

■ **PrintOutメソッド**

```
印刷対象オブジェクト.PrintOut
```

次のコードは、アクティブシートを印刷設定に従って印刷します。

マクロ14-2

```
ActiveSheet.PrintOut
```

また、印刷を行わずに、プレビュー画面で確認したい場合には、**PrintPreviewメソッド**が利用できます。

■ **PrintPreviewメソッド**

```
印刷対象オブジェクト.PrintPreview
```

次のコードは、アクティブシートの印刷プレビュー画面を表示します。

マクロ14-3

```
ActiveSheet.PrintPreview
```

実行例 **印刷プレビュー画面を表示**

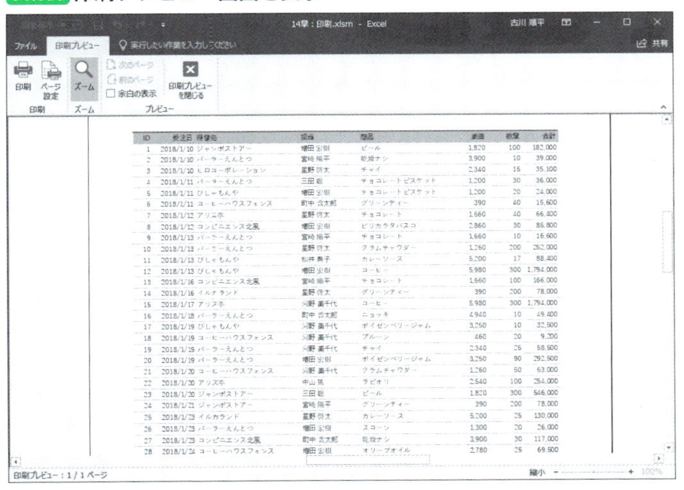

ID	受注日	得意先	担当	商品	単価	数量	合計
1	2018/1/10	ジャンボストアー	増田 宏樹	ビール	1,820	100	182,000
2	2018/1/10	パーラーえんとつ	宮崎 陽平	乾燥ナシ	3,900	10	39,000
3	2018/1/10	ヒロコーポレーション	星野 啓太	チャイ	2,340	15	35,100
4	2018/1/11	パーラーえんとつ	三田 聡	チョコレートビスケット	1,200	30	36,000
5	2018/1/11	びしゃもんや	増田 宏樹	チョコレートビスケット	1,200	20	24,000
6	2018/1/11	コーヒーハウスフェンス	町中 浩太郎	グリーンティー	390	40	15,600
7	2018/1/12	アリス亭	星野 啓太	チョコレート	1,660	40	66,400
8	2018/1/12	コンビニエンス北風	増田 宏樹	ピリカラタバスコ	2,860	30	85,800
9	2018/1/13	パーラーえんとつ	宮崎 陽平	チョコレート	1,660	10	16,600
10	2018/1/13	パーラーえんとつ	星野 啓太	クラムチャウダー	1,260	200	252,000
11	2018/1/13	びしゃもんや	松井 典子	カレーソース	5,200	17	88,400
12	2018/1/13	びしゃもんや	増田 宏樹	コーヒー	5,980	300	1,794,000
13	2018/1/16	コンビニエンス北風	宮崎 陽平	チョコレート	1,660	100	166,000
14	2018/1/16	イルカランド	星野 啓太	グリーンティー	390	200	78,000
15	2018/1/17	アリス亭	河野 美千代	コーヒー	5,980	300	1,794,000
16	2018/1/18	パーラーえんとつ	町中 浩太郎	ニョッキ	4,940	10	49,400
17	2018/1/19	びしゃもんや	河野 美千代	ボイセンベリージャム	3,250	10	32,500
18	2018/1/19	コーヒーハウスフェンス	河野 美千代	プルーン	460	20	9,200
19	2018/1/19	パーラーえんとつ	河野 美千代	チャイ	2,340	25	58,500
20	2018/1/19	パーラーえんとつ	増田 宏樹	ボイセンベリージャム	3,250	90	292,500
21	2018/1/20	コーヒーハウスフェンス	河野 美千代	クラムチャウダー	1,260	50	63,000
22	2018/1/20	アリス亭	中山 篤	ラビオリ	2,540	100	254,000
23	2018/1/20	ジャンボストアー	三田 聡	ビール	1,820	300	546,000
24	2018/1/21	ジャンボストアー	宮崎 陽平	グリーンティー	390	200	78,000
25	2018/1/23	イルカランド	星野 啓太	カレーソース	5,200	25	130,000
26	2018/1/23	パーラーえんとつ	増田 宏樹	スコーン	1,300	20	26,000
27	2018/1/23	コンビニエンス北風	町中 浩太郎	乾燥ナシ	3,900	30	117,000
28	2018/1/24	コーヒーハウスフェンス	増田 宏樹	オリーブオイル	2,780	25	69,500

　印刷の設定は、プリンタドライバとの通信に結構な時間がかかる処理となります。そのため、印刷を行うたびに印刷設定を行うようなマクロはあまりお勧めできません。

　印刷設定を行うマクロと印刷を実行するマクロは分けておき、印刷設定を変更せずともよい場合には、印刷するマクロのみを実行しましょう。

　なお、Excelでは、印刷設定後や印刷後には、ページ区切りの場所を表示する点線がシート上に表示されます。この点線を非表示にするには、該当シートの**DisplayPageBreaksプロパティ**にFalseを代入します。次のコードは、アクティブシートのページ区切り線を非表示にします。

マクロ14-4

```
ActiveSheet.DisplayPageBreaks = False
```

　印刷をマクロから実行する場合には、Printメソッドの後ろに記載しておくのがよいでしょう。

Column プリンタドライバとの通信速度を上げる仕組み

Excel 2010以降では、Applicationオブジェクトに、プリンタとの通信を一時的にコントロールできる「PrintCommunicationプロパティ」が追加されました。

このプロパティに「False」を設定すると、一時的にプリンタとの通信を行わなくなります。その間に印刷設定の指定をまとめて行い、設定後に「True」に戻すと、今までは1項目ごとに行っていた通信を、一括で行えるようになります。

```
'プリンタへの通信を一時的にオフ
Application.PrintCommunication = False
'各種印刷設定を行う
'プリンタへの通信を元に戻す
Application.PrintCommunication = True
```

つまりは、印刷設定の処理時間を短縮できるようになったのです。Excel 2010以降で印刷設定を行う処理を作成する際には、組み込んでおきたい仕組みですね。

14-2 結果をPDFで出力する

印刷をするのではなく、PDFファイルとして出力したい場合には、PrintOutメソッドではなく、**ExportAsFixedFormatメソッド**を利用します。

PDFに出力するには

任意のブックやシートの内容をPDFとして書き出す場合には、ExportAsFixedFormatメソッドの引数**Type**に定数「xlTypePDF」を指定し、引数**Filename**にPDFのパス文字列を指定して実行します。

■ **ExportAsFixedFormatメソッド**

```
印刷対象オブジェクト.ExportAsFixedFormat _
    Type:=xlTypePDF, _
    Filename:=PDFファイルのファイルパス
```

次のコードは、アクティブシートの内容を、ブックと同じフォルダー内に、「PDF出力.pdf」というファイル名で書き出します。

マクロ14-5

```
ActiveSheet.ExportAsFixedFormat _
    Type:=xlTypePDF, _
    Filename:=ThisWorkbook.Path & "¥PDF出力.pdf"
```

実行例 **書き出されたPDFファイル**

PDF出力.pdf - Adobe Acrobat Reader DC

ファイル 編集 表示(V) ウィンドウ(W) ヘルプ(H)

ホーム ツール PDF出力.pdf サインイン

ID	受注日	得意先	担当	商品	単価	数量	合計
1	2018/1/10	ジャンボストアー	増田 宏樹	ビール	1,820	100	182,000
2	2018/1/10	パーラーえんとつ	宮崎 陽平	乾燥ナシ	3,900	10	39,000
3	2018/1/10	ヒロコーポレーション	星野 啓太	チャイ	2,340	15	35,100
4	2018/1/11	パーラーえんとつ	三田 聡	チョコレートビスケット	1,200	30	36,000
5	2018/1/11	ぴしゃもんや	増田 宏樹	チョコレートビスケット	1,200	20	24,000
6	2018/1/11	コーヒーハウスフェンス	町中 晋太郎	グリーンティー	390	40	15,600
7	2018/1/12	アリス亭	星野 啓太	チョコレート	1,660	40	66,400
8	2018/1/12	コンビニエンス北風	増田 宏樹	ピリカラタバスコ	2,860	30	85,800
9	2018/1/13	パーラーえんとつ	宮崎 陽平	チョコレート	1,660	10	16,600
10	2018/1/13	パーラーえんとつ	星野 啓太	クラムチャウダー	1,260	200	252,000
11	2018/1/13	ぴしゃもんや	松井 典子	カレーソース	5,200	17	88,400
12	2018/1/13	ぴしゃもんや	増田 宏樹	コーヒー	5,980	300	1,794,000
13	2018/1/16	コンビニエンス北風	宮崎 陽平	チョコレート	1,660	100	166,000
14	2018/1/16	イルカランド	星野 啓太	グリーンティー	390	200	78,000
15	2018/1/17	アリス亭	河野 美千代	コーヒー	5,980	300	1,794,000
16	2018/1/18	パーラーえんとつ	町中 晋太郎	ニョッキ	4,940	10	49,400
17	2018/1/19	ぴしゃもんや	河野 美千代	ボイゼンベリージャム	3,250	10	32,500
18	2018/1/19	コーヒーハウスフェンス	河野 美千代	プルーン	460	20	9,200
19	2018/1/19	パーラーえんとつ	河野 美千代	チャイ	2,340	25	58,500
20	2018/1/19	パーラーえんとつ	増田 宏樹	ボイゼンベリージャム	3,250	90	292,500
21	2018/1/20	コーヒーハウスフェンス	河野 美千代	クラムチャウダー	1,260	50	63,000
22	2018/1/20	アリス亭	中山 篤	ラビオリ	2,540	100	254,000
23	2018/1/20	ジャンボストアー	三田 聡	ビール	1,820	300	546,000
24	2018/1/21	ジャンボストアー	宮崎 陽平	グリーンティー	390	200	78,000
25	2018/1/23	イルカランド	星野 啓太	カレーソース	5,200	25	130,000
26	2018/1/23	パーラーえんとつ	増田 宏樹	スコーン	1,300	20	26,000
27	2018/1/23	コンビニエンス北風	町中 晋太郎	乾燥ナシ	3,900	30	117,000
28	2018/1/24	コーヒーハウスフェンス	増田 宏樹	オリーブオイル	2,780	25	69,500
29	2018/1/25	ぴしゃもんや	河野 美千代	ビール	1,820	87	158,340
30	2018/1/25	コーヒーハウスフェンス	町中 晋太郎	チョコレート	1,660	10	16,600
31	2018/1/25	ぴしゃもんや	増田 宏樹	チョコレート	1,660	10	16,600
32	2018/1/25	ぴしゃもんや	河野 美千代	フルーツカクテル	5,070	40	202,800
33	2018/1/26	コーヒーハウスフェンス	宮崎 陽平	グリーンティー	390	200	78,000
34	2018/1/26	コーヒーハウスフェンス	星野 啓太	チョコレート	1,660	10	16,600
35	2018/1/27	アリス亭	三田 聡	モツァレラ	4,530	40	181,200
36	2018/1/30	ジャンボストアー	増田 宏樹	チャイ	2,340	15	35,100
37	2018/1/30	ぴしゃもんや	星野 啓太	シロップ	1,300	50	65,000
38	2018/1/31	ジャンボストアー	松井 典子	クラムチャウダー	1,260	50	63,000

Column Excel 2007では別途アドインの準備が必要

ExportAsFixedFormatメソッドは、Excel 2010から追加されたメソッドです。また、Excel 2007でも、Microsoft社のページ(https://www.microsoft.com/ja-jp/download/details.aspx?id=7)よりアドインを組み込むと利用可能です。

14-3 結果のブックの送信準備

Excelは、ほぼ、どの会社のPCにもインストールされています。そのため、さまざまな書類のやり取りを、印刷せずにそのままExcelブックの状態で行うことも多くあります。

そこで、相手先にExcelブックを送信する前にチェックしておきたい項目や、VBAを利用したチェック方法をご紹介します。

非表示をチェックする

作業用のシートや作業列等を一時的に非表示にしておいた場合、うっかりそのまま相手先へブックを送ってしまうと、本来は見られたくなかったデータまで見られてしまう場合があります。

例えば次のブックは、非表示部分のあるシート「非表示アリ」と、非表示になっているシート「作業用」を持っています。

▶非表示部分のあるシート

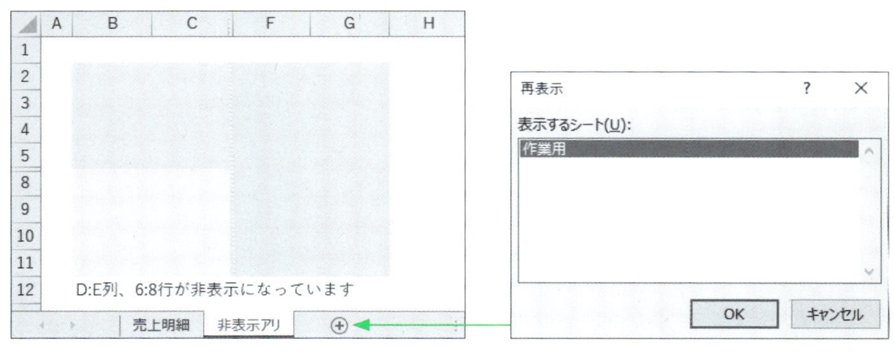

この時、次のコードは、アクティブなブック内に非表示のシート・セルが存在するかどうかをチェックし、結果を表示します。

マクロ14-6

```
Dim tmpSht
'非表示シートのチェック
For Each tmpSht In Worksheets
    'Visibleプロパティの値で非表示チェック
    If Not tmpSht.Visible = xlSheetVisible Then
        Debug.Print "非表示シート：", tmpSht.Name
    End If
    'セル全体の可視部分のAreas.Countで非表示行・列のチェック
    If Not tmpSht.Cells.SpecialCells(xlCellTypeVisible).Areas.Count = 1 Then
        Debug.Print "非表示部分のあるシート：", tmpSht.Name
    End If
Next
```

実行例 **非表示チェック**

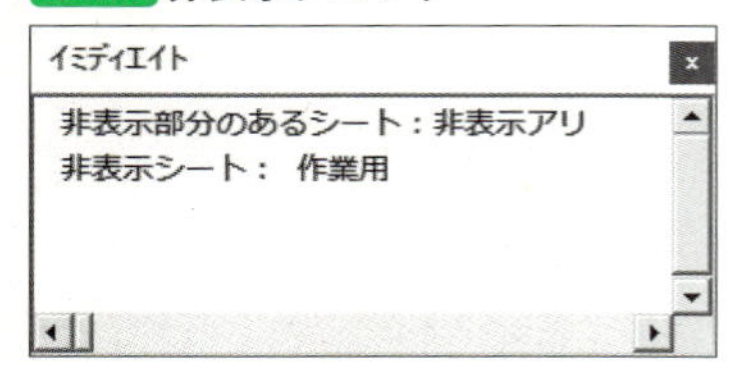

シートが非表示かどうかは、**Visibleプロパティ**の値でチェックし、非表示行・列があるかどうかは、シート上のセル全体の可視セルの分割数を**Areas.Count**で数え、「1」でなければ非表示の箇所があると判定しています。

結果を元にシートやセルの中身を目視で確認し、そのまま相手先に送ってもよいかどうかをチェックしましょう。

セル「A1」を選択しておこう

複数のシートがあるブックを送る場合には、全てのシートのセル「A1」を選択しておくと違和感なくデータへと向き合えるでしょう。逆に、特に意図もないのにセルA1以外のセルが選択された状態であると、「おやっ？」と違和感を覚えることになるでしょう。人によっては「だらしない」とまで思い、せっかく作成した資料の信頼感が低下してしまう恐れまであります。

そこで、「全てのシートのセルA1を選択」し、かつ「シートは1枚目が選択されている」状態にしてみましょう。VBAであれば、何十枚シートがあっても一発です。

マクロ14-7

```
Dim i As Long
'最後に1枚目のシートが選択されるよう、逆順にループ
For i = Worksheets.Count To 1 Step -1
    Application.Goto Worksheets(i).Range("A1"), Scroll:=True
Next
```

Applicationオブジェクトの**GoToメソッド**で、選択先のセル(AI)へ移動しています。引数**Scroll**を「True」にすることで、選択したセルが画面左上に表示されるようになります。

▶実行例 **セルA1を選択**

なお、上記のコードは非表示セルがある場合はエラーとなります。そこで、非表示セルがある場合は、処理を除外するようにしてみました。

マクロ14-8

```
Dim i As Long
'最後に1枚目のシートが選択されるよう、逆順にループ
For i = Worksheets.Count To 1 Step -1
    '非表示シートは処理から除く
    If Worksheets(i).Visible = xlSheetVisible Then
        Application.Goto Worksheets(i).Range("A1"), Scroll:=True
    End If
Next
```

ブックの「作成者」や「編集者」をチェックする

Excelブック等のOffice製品のファイルでは、「作成者」や「編集者」といった情報を自動的に保持する仕組みとなっています。Excel 2016であれば、リボンの**ファイル**を選択すると画面右下あたりで確認できます。

▶ドキュメントプロパティの表示

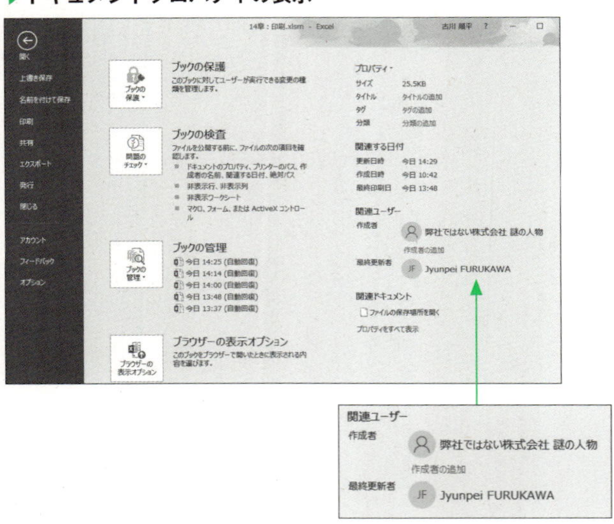

昔のブックを元にして新たな資料を作成した場合や、あるいは資料の作成を外注したりした場合には、「作成者」欄に思いもよらない名前が入ったままになっている場合があります。

資料を送付した取引先の方にとっては、たまたま目にした「作成者」が自分のまったく知らない、出所もよくわからない名前であったり、作成日が何年も前の日付だったりすると少々不安になるでしょう。場合によっては、これも信頼感を損なう原因となってしまいます。

そこで、このドキュメント情報をマクロから確認する仕組みを用意してみましょう。任意のブックのドキュメント情報には、Workbookオブジェクトの**BuiltInDocumentPropertiesプロパティ**経由でアクセス可能です。次のコードは、「作成者」と「最終更新者」の情報を取得します。

マクロ14-9

```
With ActiveWorkbook.BuiltinDocumentProperties
    Debug.Print "作成者：", .Item("Author")
    Debug.Print "最終更新者：", .Item("Last author")
End With
```

実行例 ドキュメント情報の取得

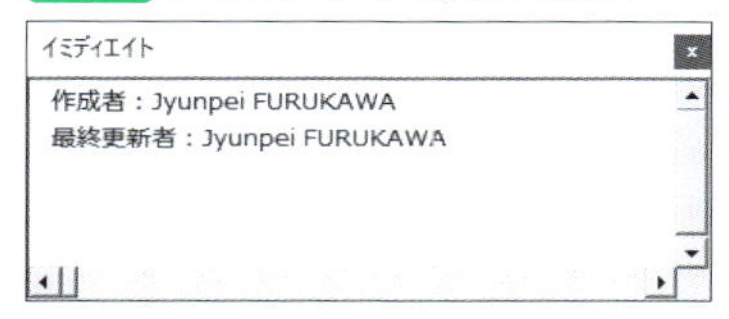

「作成者」は、「Author（またはインデックス番号『3』）」で、「最終更新者」は、「Last author（またはインデックス番号『7』）」で取得可能です。

▶インデックス番号と値（抜粋）

Id	アクセス時の名前	要素
3	Author	作成者
7	Last author	最終更新者
11	Creation date	作成日
12	Last save time	最終更新日

値の取得だけではなく、設定も可能です。次のコードは、「作成者」を「古川 順平」に設定します。

マクロ14-10

```
ActiveWorkbook. _
    BuiltinDocumentProperties("Author").Value = "古川 順平"
```

実行例 ドキュメント情報の設定

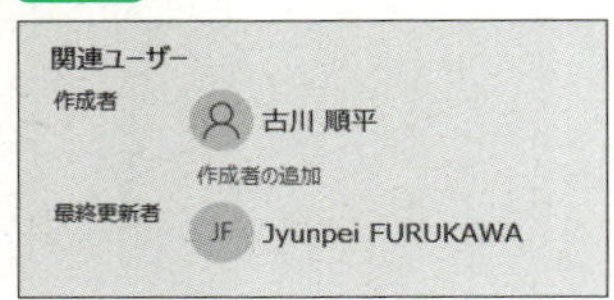

Valueの値を空白("")にすることで、作成者などの情報を消すこともできます。

何気ない部分ですが、きっちりと揃えておくと、余計な違和感なくブックの内容へと向き合えるようになるでしょう。

実践
編

Chapter15

外部データとの連携処理

本章では、テキストファイルやAccessで作成したデータベース等、外部にあるデータをExcelへと取り込む仕組みについてご紹介します。さまざまな手段で蓄積されたデータを手軽にExcelに取り込むことができれば、グラフやピボッドテーブルを駆使した分析を行うことも楽になります。面倒な手続きや設定こそ、VBAを利用して楽にすませてしまいましょう。

15-1 Excelの外部データ連携機能の現状

VBAを利用して外部データを取り込む仕組みをご紹介する前に、2018年6月現在での、Excelのデータ取り込み関係機能の現状をさらっとご紹介します。実は外部データの取り込みまわりは、結構アップデートが繰り返されている、ホットなテーマなのです。

変わりつつある外部データ連携

2018年6月現在、最新アップデートを適用したExcel 2016の、「データ」タブの「データの取得と変換」セクションは以下のようになっています。

▶Excel 2016の「データ」タブ

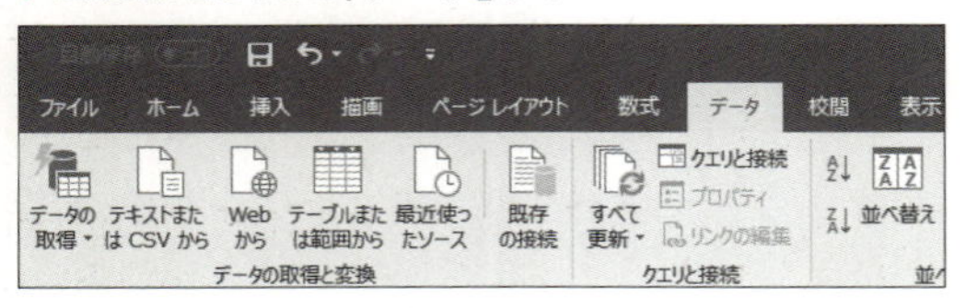

例えば、**テキストまたはCSVから**ボタンを押して、テキストファイルを読み込もうとすると、以下のようなウィンドウで読み込みを行います。

▶テキストファイルの読み込み設定

ID	受注日	担当	商品名	価格	数量	小計
1	2018/12/01	増田 宏樹	ビール	1820	100	182000
2	2018/12/01	宮崎 陽平	ニョッキ	4940	10	49400
3	2018/12/01	星野 啓太	ベリージャム	3250	15	48750
4	2018/12/02	増田 宏樹	ブルーン	460	30	13800
5	2018/12/02	増田 宏樹	ラビオリ	2540	20	50800
6	2018/12/02	三田 聡	ブルーン	460	40	18400
7	2018/12/03	星野 啓太	ラビオリ	2540	40	101600
8	2018/12/03	増田 宏樹	スコーン	1300	30	39000
9	2018/12/04	宮崎 陽平	ラビオリ	2540	10	25400

古くからある各種ダイアログとは、見た目からして違いますね。さらに、**編集**ボタンを押すと、「Power Query」画面（クエリエディター）が開き、読み込みたいフィールドの設定や、抽出・結合条件の設定等を細かく行えます。すごく便利です。

▶Power Queryでの読み込み設定

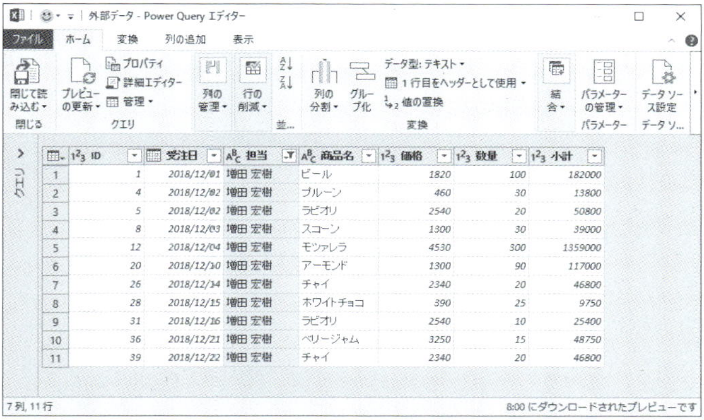

	ID	受注日	担当	商品名	価格	数量	小計
1	1	2018/12/01	増田 宏樹	ビール	1820	100	182000
2	4	2018/12/02	増田 宏樹	プルーン	460	30	13800
3	5	2018/12/02	増田 宏樹	ラビオリ	2540	20	50800
4	8	2018/12/03	増田 宏樹	スコーン	1300	30	39000
5	12	2018/12/04	増田 宏樹	モツァレラ	4530	300	1359000
6	20	2018/12/10	増田 宏樹	アーモンド	1300	90	117000
7	26	2018/12/14	増田 宏樹	チャイ	2340	20	46800
8	28	2018/12/15	増田 宏樹	ホワイトチョコ	390	25	9750
9	31	2018/12/16	増田 宏樹	ラビオリ	2540	10	25400
10	36	2018/12/21	増田 宏樹	ベリージャム	3250	15	48750
11	39	2018/12/22	増田 宏樹	チャイ	2340	20	46800

Power QueryはExcel単体の機能と言うよりは、「各種のOffice製品とも連携できる、外部の独立したデータ管理の仕組み」といった位置づけです。VBA的にも、ExcelとPower Queryとの通信設定を扱うためのオブジェクトである、**WorkbookQueryオブジェクト**や**Queriesコレクション**等が追加されています。

読み込めるデータも、テキストファイル・Accessデータベース・Webページ・XMLデータ・JSONデータ等々、実にさまざまなデータを柔軟に扱えます。

また、VBA的には、「マクロの記録」機能で記録されるコードもクエリエディターを利用するコードとして記録されるようになりました。今後、Excelで外部データを扱う仕組みは、だんだんと、このPower Queryと連携する仕組みが標準となる方向へ進むものと思われます。

そこで、本書でもPower Queryベースの操作方法をご紹介しようかと考えたのですが、2点問題点があります。1つは、まだまだ環境依存が大きい点、もう1つは、現時点ではVBAから扱いづらいという点、さらにもう1つ付け加えるのなら、筆者が、「Power Query版のSQL」とでも言える「M言語」について、皆様にご説明できるほど精通していないためです。

そのため本書では、いわゆる「枯れた技術」である、昔から用意されているオブジェクトや仕組みを利用した方法を中心にご紹介させていただくことにしました。次節以降でご紹介するコードは、多くの環境で動作しますが、「最新ではない」点をご了承ください。

Column Power Queryについてより深く知りたい場合

Power Queryに関してより深く調べてみたい方は、Microsoft社のWebページ(https://support.office.com/ja-jp/article/881c63c6-37c5-4ca2-b616-59e18d75b4de)を足掛かりとして、さまざまな情報へとアクセスしてみてください。

また、単体で動作するアプリとしての「Power BI」に関しては、公式Webページ(https://powerbi.microsoft.com/ja-jp/)を参考にしてください。

Column Power Queryを利用しないで読み込むには

アップデートにより組み込まれるPower Queryを利用せずに、従来の各種ウィザードを利用して読み込むには、**ファイル→オプション**で表示される「Excelのオプション」ダイアログ内の「データ」欄の下端に追加される、「レガシデータインポートウィザードの表示項目」の各種チェックボックスにチェックを入れてください。

そのうえで、リボンの**データ→データの取得→従来のウィザード→テキストから(レガシ)**等の、レガシ項目を選択すると、従来の方法で読み込むことや、マクロの記録ができます。

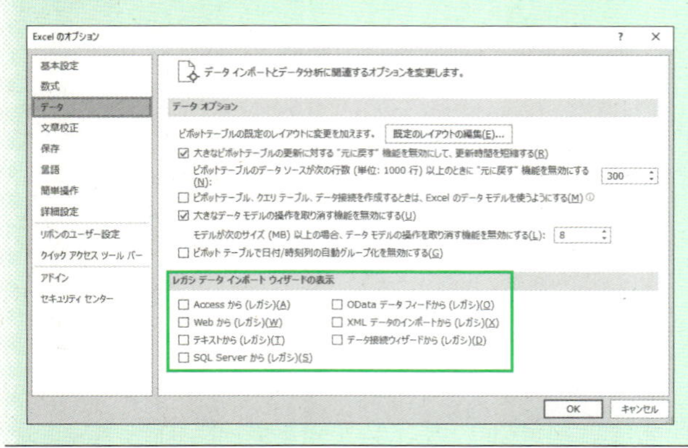

少しだけPower Queryベースの処理をご紹介

とはいえ、Power Queryベースの作業をVBAで行う際には、どのようなコードになるのか気になりますよね。少しだけですが、実際のコードと結果をご覧いただきましょう。なお、本トピックのコードは、Office365版のExcel 2016（バージョン1803）でのみ動作確認を行っています。

▶読み込むデータ

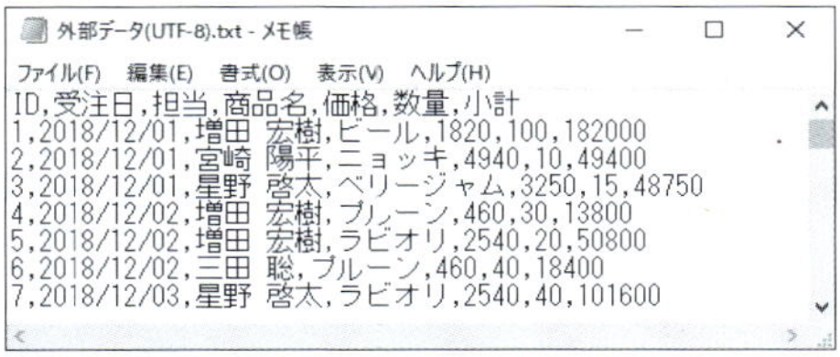

```
外部データ(UTF-8).txt - メモ帳
ファイル(F)  編集(E)  書式(O)  表示(V)  ヘルプ(H)
ID,受注日,担当,商品名,価格,数量,小計
1,2018/12/01,増田 宏樹,ビール,1820,100,182000
2,2018/12/01,宮崎 陽平,ニョッキ,4940,10,49400
3,2018/12/01,星野 啓太,ベリージャム,3250,15,48750
4,2018/12/02,増田 宏樹,プルーン,460,30,13800
5,2018/12/02,増田 宏樹,ラビオリ,2540,20,50800
6,2018/12/02,三田 聡,プルーン,460,40,18400
7,2018/12/03,星野 啓太,ラビオリ,2540,40,101600
```

まずは、Power Queryへ渡す、「接続先と抽出条件」の情報をWorkbookQueryオブジェクトとして登録します。今回は、CSV形式のテキストファイル「外部データ(UTF-8).txt」のうち、「担当」列の値が「増田 宏樹」のものだけを読み込む設定としてみました。「外部データ(UTF-8).txt」は、マクロを保存したブックと同じフォルダーにあるものとします。

マクロ15-1

```
Dim filePath As String, queryStr As Variant
'パスとコマンド作成
filePath = ThisWorkbook.Path & "¥外部データ(UTF-8).txt"
queryStr = Array( _
    "let", _
        "source = Csv.Document(File.Contents(""" & filePath & """)),", _
        "header = Table.PromoteHeaders(source),", _
        "filter = Table.SelectRows(header, each ([担当] = ""増田 宏樹""))", _
    "in", _
        "filter" _
)
queryStr = Join(queryStr, vbCrLf)
'WorkbookQuery作成
ActiveWorkbook.Queries.Add Name:="PQ接続", Formula:=queryStr
```

これで、リボンの**データ→クエリと接続**で表示される「クエリと接続」ペインに「PQ接続」という名前でPower Queryへのクエリ情報が登録されます。

作成したクエリ情報の結果をシート上に展開するには、現時点では、**QueryTableオブジェクト**経由が手軽です。次のコードは、PQ接続からデータを読み込んで、セルB2を基準にしてシート上に展開します。

マクロ15-2

```
With ActiveSheet.QueryTables.Add( _
    Connection:="OLEDB;" & _
            "Provider=Microsoft.Mashup.OleDb.1;" & _
            "Data Source=$Workbook$;Location=PQ接続;", _
    Destination:=Range("B2"), _
    Sql:="Select * From [PQ接続]" _
)
    .Refresh
    .Delete
End With
```

実行例 **クエリを使ってデータを読み込む**

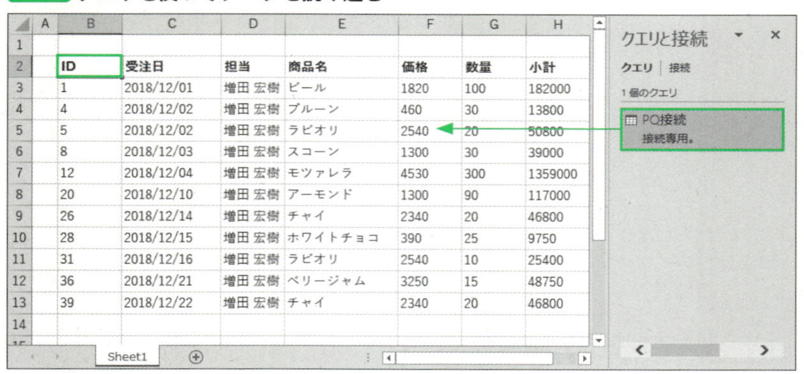

ID	受注日	担当	商品名	価格	数量	小計
1	2018/12/01	増田 宏樹	ビール	1820	100	182000
4	2018/12/02	増田 宏樹	プルーン	460	30	13800
5	2018/12/02	増田 宏樹	ラビオリ	2540	20	50800
8	2018/12/03	増田 宏樹	スコーン	1300	30	39000
12	2018/12/04	増田 宏樹	モツァレラ	4530	300	1359000
20	2018/12/10	増田 宏樹	アーモンド	1300	90	117000
26	2018/12/14	増田 宏樹	チャイ	2340	20	46800
28	2018/12/15	増田 宏樹	ホワイトチョコ	390	25	9750
31	2018/12/16	増田 宏樹	ラビオリ	2540	10	25400
36	2018/12/21	増田 宏樹	ベリージャム	3250	15	48750
39	2018/12/22	増田 宏樹	チャイ	2340	20	46800

ざっくりと流れを押さえておくと、「『M言語』で作成した接続先・抽出条件を用意」「ブックのクエリ（WorkbookQueryオブジェクト）として登録」「シート上に展開」という流れとなります。

M言語の部分を変更するだけで、いろいろなリソースから、いろいろな形式でデータを抽出できる仕組みとなっているわけですね。ちなみに、今回利用したM言語のコード部分だけを取り出すと、以下のようになっています。

```
let
source = Csv.Document(File.Contents("テキストファイルのパス")),
header = Table.PromoteHeaders(source),
filter = Table.SelectRows(header, each ([担当] = "増田 宏樹"))
in
filter
```

「let」の節で1行ずつデータを解きほぐす過程を記述していき、「in」の節で出力対象を指定しています。

以上、今後の主流となるだろう仕組みの解説でした。それでは、枯れた技術の方に移りましょう。

Column　Power Queryエディターで確認できる

Power Queryで利用するM言語は、Power Queryエディターで抽出条件を作成している最中に、詳細エディターボタンを押すと、その時点でのコードが確認できます。Access等でクエリ作成時に利用できるSQL文を確認する機能と似ていますね。

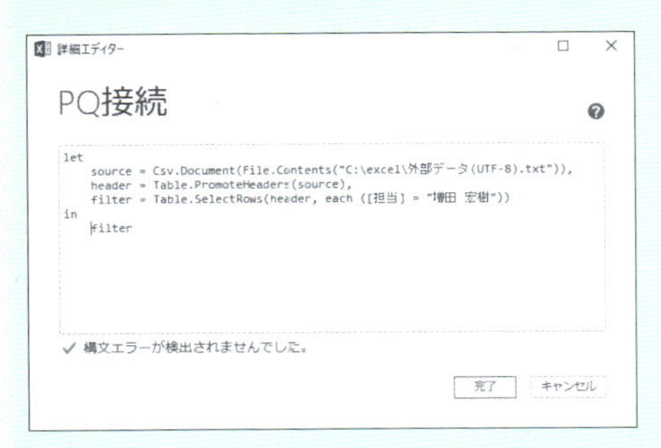

このエディター上では、直接M言語のコードを追加することも可能です。その際には、その場で構文チェックまで行ってくれます。M言語を調べる入り口として、頼りになるツールですね。

なお、M言語に関するリファレンスは、英語版のみですが、「Power Query M Reference（https://msdn.microsoft.com/ja-jp/query-bi/m/power-query-m-reference）に用意されています。

15-2 テキストファイルからの取り込み

異なるアプリケーション間でデータをやり取りする際、一番シンプルな方法が、「**データをテキストファイルに書き出し、それを読み込む**」という方法です。VBAを利用してこの作業を行う方法を見ていきましょう。

QueryTableで区切り文字を指定して読み込む

シート上の任意の位置にテキストファイルの内容を読み込むには、**QueryTableオブジェクト**を利用します。

QueryTableオブジェクトは、「外部データへの接続・分割方法」をまとめて扱うオブジェクトです。まずは実際のコードで使い方を見ていきましょう。次のコードは、マクロを実行するブックと同じフォルダーにある「外部データ.csv」を読み込み、セルB2を基準に展開します。

なお、この章で使用するテキストファイルやデータベースファイルは、本書のサポートページ(http://isbn.sbcr.jp/96980)よりダウンロード可能です。

マクロ15-3

```
Dim connectInfo As String
'接続先の情報を作成
connectInfo = "TEXT;" & ThisWorkbook.Path & "¥外部データ.csv"
'QueryTableを作成
With ActiveSheet.QueryTables.Add( _
    Connection:=connectInfo, Destination:=Range("B2") _
)
    '区切り文字の設定
    .TextFileParseType = xlDelimited
    .TextFileCommaDelimiter = True
    '読み込み
    .Refresh BackgroundQuery:=False
    '削除
    .Delete
End With
```

実行例 **テキストファイルを読み込む**

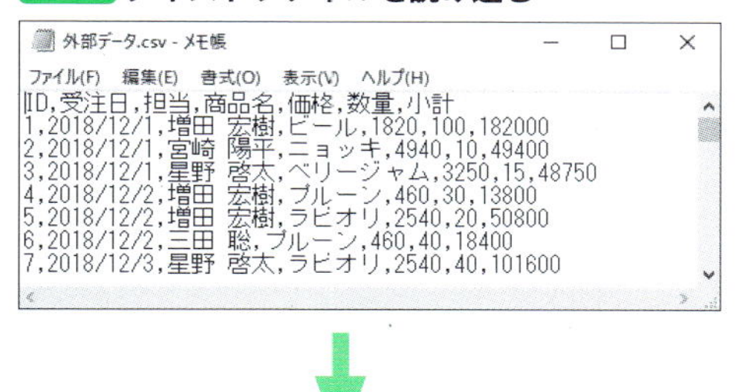
外部データ.csv - メモ帳
ファイル(F) 編集(E) 書式(O) 表示(V) ヘルプ(H)
ID,受注日,担当,商品名,価格,数量,小計
1,2018/12/1,増田 宏樹,ビール,1820,100,182000
2,2018/12/1,宮崎 陽平,ニョッキ,4940,10,49400
3,2018/12/1,星野 啓太,ベリージャム,3250,15,48750
4,2018/12/2,増田 宏樹,プルーン,460,30,13800
5,2018/12/2,増田 宏樹,ラビオリ,2540,20,50800
6,2018/12/2,三田 聡,プルーン,460,40,18400
7,2018/12/3,星野 啓太,ラビオリ,2540,40,101600

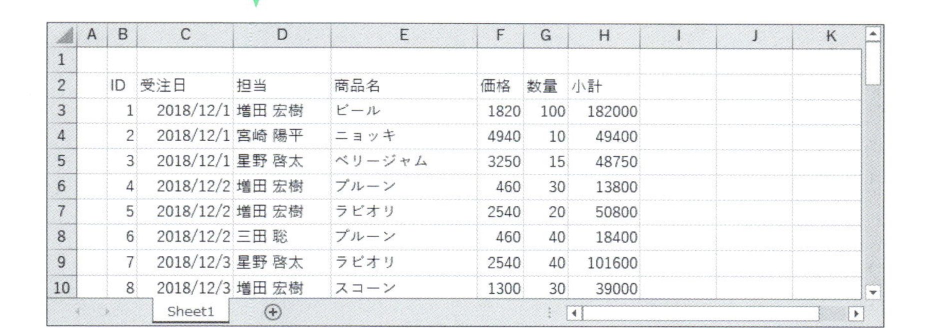

	A	B	C	D	E	F	G	H	I	J	K
1											
2		ID	受注日	担当	商品名	価格	数量	小計			
3		1	2018/12/1	増田 宏樹	ビール	1820	100	182000			
4		2	2018/12/1	宮崎 陽平	ニョッキ	4940	10	49400			
5		3	2018/12/1	星野 啓太	ベリージャム	3250	15	48750			
6		4	2018/12/2	増田 宏樹	プルーン	460	30	13800			
7		5	2018/12/2	増田 宏樹	ラビオリ	2540	20	50800			
8		6	2018/12/2	三田 聡	プルーン	460	40	18400			
9		7	2018/12/3	星野 啓太	ラビオリ	2540	40	101600			
10		8	2018/12/3	増田 宏樹	スコーン	1300	30	39000			

新規のQueryTableオブジェクトを作成するには、データを読み込みたいシートのQueryTablesコレクションに対して、**Addメソッド**を実行します。

■ QueryTables.Addメソッド

```
読み込み先シート.QueryTables.Add _
    Connection:="TEXT;テキストファイルのパス文字列", _
    Destination:=読み込み先のセル
```

この時、引数**Connection**には「TEXT;」に続けてテキストファイルのパス文字列を連結した値を指定します。例えば、「TEXT;C￥excel￥売上.txt」は、「C:￥excel」フォルダー内の「売上.txt」を対象と指定します。さらに引数**Destination**には、読み込み先の起点となるセルを指定します。また、Addメソッドは戻り値として作成したQueryTableオブジェクトを返します。

QueryTableオブジェクトを作成しただけではデータを読み込みません。下記のプロパティを利用して、読み込み設定を行っていきます。

▶QueryTableのプロパティ（抜粋）

プロパティ	用途
TextFilePlatform	文字コードを指定
FieldNames	先頭行の扱いを見出しとする（True：既定）、読み込まない（False）で指定
TextFileParseType	パース基準をカンマ区切り（xlDelimited）、固定長（xlFixedWidth）で指定
TextFileCommaDelimiter	カンマを区切り文字とする場合はTrueを指定
TextFileTabDelimiter	タブを区切り文字とする場合はTrueを指定
TextFileSemicolonDelimiter	セミコロンを区切り文字とする場合はTrueを指定
TextFileSpaceDelimiter	スペースを区切り文字とする場合はTrueを指定
TextFileOtherDelimiter	任意の区切り文字としたい文字を指定
TextFileConsecutiveDelimiter	区切り文字が連続する場合、単一の区切りと判定する場合はTrueを指定
AdjustColumnWidth	セル幅の自動調整を行う（True：既定）、行わない（False）で指定
TextFileColumnDataTypes	列ごとのデータ型を指定

各種の設定を行った後は、**Refreshメソッド**で設定に従ってデータを読み込みます。一連の処理をまとめると、次のようなコードとなります。

■テキストファイルの読み込み処理

```
With QueryTableオブジェクト
    .各種プロパティでの設定
    .Refresh
End With
```

また、QueryTableオブジェクトで作成した読み込みの設定はブックに保存され、以降、Refreshメソッドを実行する度に最新のデータを読み込みます。

もし、一度だけデータを読み込みたい場合には、Refreshメソッドの引数**BackGroundQuery**に「False」を指定して、非同期読み込み（読み込み完了まで以降の処理をストップする読み込み手法）を行った後で、**Deleteメソッド**を実行し、クエリの設定自体を削除してしまいましょう。

■テキストファイルの読み込み（読み込み後に設定を削除）

```
With QueryTableオブジェクト
    .各種プロパティでの設定
    .Refresh BackgroundQuery:=False
    .Delete
End With
```

「**読み込みたいテキストのパス情報を元にQueryTableオブジェクトを作成**」「**各種読み込み設定を行いRefreshで読み込み**」「**以降に必要なければDelete**」というのが、テキストファイルを読み込む際の典型的な流れとなります。

文字コードやデータ型を指定する方法

テキストファイルを読み込む際に重要になってくるのが、文字コードです。QueryTableオブジェクトでは、この設定を、**TextFilePlatformプロパティ**で指定します。この時設定する値は、リボンの**データ→テキストまたはCSVから**等の機能から、実際にテキストファイルを選択した際に表示されるダイアログ（Excelのバージョンによって異なります）内の、「元のファイル」欄に表示される文字コードとともに表示される数値で指定します。

▶文字コードに対応する値

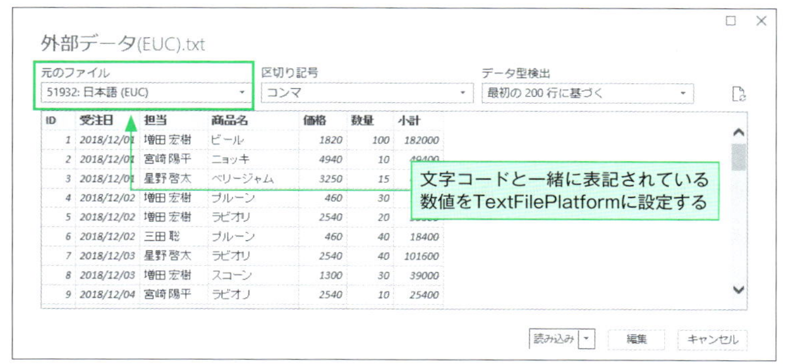

▶文字コードに対応する値（抜粋）

文字コード	値
シフトJIS	932
日本語EUC	51932
UTF-8	65001

次のコードは、文字コードにUTF-8を指定して、テキストファイル（マクロを実行するブックと同じフォルダーにある「外部データ（UTF-8）.txt」）をカンマ区切りで読み込み、セルB2を基準に展開します。

マクロ15-4

```
With ActiveSheet.QueryTables.Add( _
    Connection:="TEXT;" & ThisWorkbook.Path & "¥外部データ(UTF-8).txt", _
    Destination:=Range("B2") _
)
    '文字コード設定 UTF-8
    .TextFilePlatform = 65001
    '以下、区切り文字等を設定し読み込み
    .TextFileParseType = xlDelimited
    .TextFileCommaDelimiter = True
    .Refresh BackgroundQuery:=False
    .Delete
End With
```

テキストファイルを読み込む際には、「1-1」や「1-2」という値は「1月1日」「1月2日」という日付値として読み込まれます。これを防ぐには、**TextFileColumnDataTypesプロパティ**で、各列のデータ型を指定します。次のコードは、マクロを実行するブックと同じフォルダーにある「日付と見なされるデータ.txt」を、日付値ではない形で読み込み、セルB2を基準に展開します。

マクロ15-5

```
With ActiveSheet.QueryTables.Add( _
    Connection:="TEXT;" & ThisWorkbook.Path & "¥日付と見なされるデータ.txt", _
    Destination:=Range("B2") _
)
```

```
    'フィールド情報設定　1列目「文字列」、2列目「自動判定」
    .TextFileColumnDataTypes = Array(xlTextFormat, xlGeneralFormat)
    '以下、区切り文字等を設定し読み込み
    .TextFileParseType = xlDelimited
    .TextFileTabDelimiter = True = True
    .Refresh BackgroundQuery:=False
    .Delete
End With
```

実行例 **日付値ではない形で読み込む**

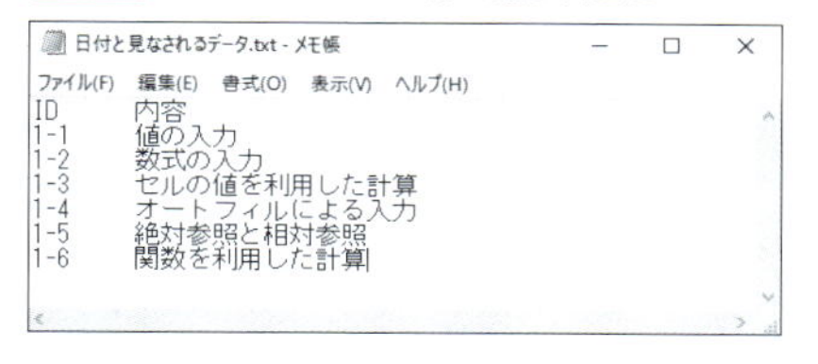

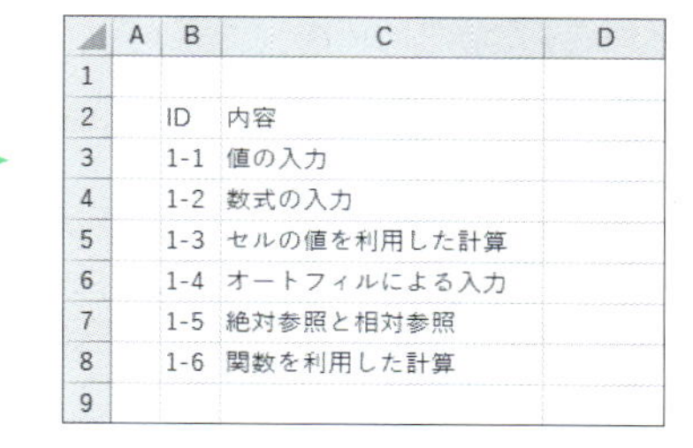

TextFileColumnDataTypesプロパティに指定する各列のデータ型は、配列の形で、1列目から順番に**XlColumnDataType列挙**の定数で記述します。

▶XlColumnDataType列挙の定数

定数	値	形式
xlGeneralFormat	1	自動判定
xlTextFormat	2	文字列
xlSkipColumn	9	読込まない
xlDMYFormat	4	DMY（日月年）形式の日付
xlDYMFormat	7	DYM（日年月）形式の日付
xlEMDFormat	10	EMD（台湾年月日）形式の日付
xlMDYFormat	3	MDY（月日年）形式の日付
xlMYDFormat	6	MYD（月年日）形式の日付
xlYDMFormat	8	YDM（年日月）形式の日付
xlYMDFormat	5	YMD（年月日）形式の日付

Column データ型を指定して読み込み速度を向上する

意図していない形式への自動変換を、TextFileColumnDataTypesプロパティで列ごとにデータ型を指定して防ぐ方法をご紹介しましたが、実は、この仕組みは読み込みの高速化の際にも有効です。

明示的にデータ型を指定していない場合には、個々のデータのデータ型をExcelが判断するため、データの数に比例して劇的に処理速度が遅くなります。このため、「特にデータ型を指定せずとも、意図した通りに読み込まれる」ような場合であっても、きちんと列ごとのデータ型を指定しておくと、読み込み速度の向上が期待できます。

1行ずつチェックしながら読み込みを行う

Webサイトのログデータ等、1行ずつ大量に書き出されたデータを読み込む際に覚えておくと便利な外部ライブラリのオブジェクトに、**ADODB.Stream**があります。

基本的な利用方法は次のようになります。次のコードは、マクロを実行するブックと同じフォルダーにある「外部データ(UTF-8).txt」)を読み込み、メッセージボックスに表示します。

マクロ15-6

```
Dim textStream As Object, buf As String
'Streamオブジェクトを生成
Set textStream = CreateObject("ADODB.Stream")
With textStream
    'ストリームを開き、テキストの読み込み設定を行う
    .Open
    .Type = 2 'ADODBの定数adTypeTextの値
    .Charset = "UTF-8"
    'テキストファイルの内容を一括取得
    .LoadFromFile ThisWorkbook.Path & "¥外部データ(UTF-8).txt"
    buf = .ReadText
    '閉じる
    .Close
End With
'取得した内容を表示
MsgBox buf
```

実行例 テキストをまとめて読み込む

ADODB.Streamオブジェクトには、以下のようなプロパティ /メソッドがあります。

▶ADODB.Streamオブジェクトのプロパティ /メソッド(抜粋)

プロパティ /メソッド	用途
Typeプロパティ	扱うファイル形式を指定。テキストであれば「2」(ADODBで定義されている定数adTypeTextの値)
Charsetプロパティ	文字コードを指定。「Shift-Jis」「UTF-8」「EUC-JP」等
LineSeparatorプロパティ	改行文字を下記の値から指定。「-1(CRLF)」「13(CR)」「10(LF)」
EOSプロパティ	各種メソッドによってファイル末尾まで読み込んだ場合にはTrueを返す
Openメソッド	ストリームデータを開く
Closeメソッド	ストリームデータを閉じる
ReadTextメソッド	引数に指定したテキストファイルの内容を読み込む。引数を指定しない場合は末尾まで一気に読み込む。引数に「-2(定数adReadLine)」を指定すると1行分だけ読み込む
SkipLineメソッド	一度実行する度に「1行分」だけ読み込み位置をスキップ

ADODB.Streamオブジェクトは、CreateObject関数に、クラス文字列「ADODB.Stream」を渡して生成します。

テキストファイルを扱う場合には、**Openメソッド**実行後に、**Typeプロパティ**に「2」を指定し、**Charsetプロパティ**に扱うテキストファイルの文字コードを表す文字列を指定します。

あとは、**ReadTextメソッド**を利用して、テキストファイルの内容を取得していきます。データが取得できたら、処理の最後に**Closeメソッド**を実行し、ストリームデータを閉じる処理を記述します。

なお、ReadTextメソッドは引数に「-2」を指定すると、1行ずつデータを取得できます。次のコードは、テキストファイル（マクロを実行するブックと同じフォルダーにある「外部データ(UTF-8).txt」）の先頭行から末尾の行まで1行ずつデータの内容を取得し、「増田」という文字列が含まれているデータのみをアクティブセルを基準に転記します。

マクロ15-7

```
Dim textStream As Object, buf As String
'Streamオブジェクトを生成
Set textStream = CreateObject("ADODB.Stream")
With textStream
    .Open
    .Type = 2               'adTypeText
    .Charset = "UTF-8"
    .LineSeparator = -1     'adCRLF
    '読み込むファイルを指定
    .LoadFromFile ThisWorkbook.Path & "¥外部データ(UTF-8).txt"
    'EOSプロパティがFalseの間(末尾まで達していない間)はループ処理
    Do While .EOS = False
        buf = .ReadText(-2) '1行読み込み
        If buf Like "*増田*" Then
            ActiveCell.Value = buf
            ActiveCell.Offset(1).Select
        End If
    Loop
    '閉じる
    .Close
End With
```

実行例 **1行ずつ確認しながら読み込む**

	A	B	C	D	E	F	G
1							
2		1,2018/12/01,増田 宏樹,ビール,1820,100,182000					
3		4,2018/12/02,増田 宏樹,プルーン,460,30,13800					
4		5,2018/12/02,増日 宏樹,ラピオリ,2540,20,50800					
5		8,2018/12/03,増田 宏樹,スコーン,1300,30,39000					
6		12,2018/12/04,増田 宏樹,モツァレラ,4530,300,1359000					
7		20,2018/12/10,増田 宏樹,アーモンド,1300,90,117000					
8		26,2018/12/14,増田 宏樹,チャイ,2340,20,46800					
9		28,2018/12/15,増田 宏樹,ホワイトチョコ,390,25,9750					
10		31,2018/12/16,増田 宏樹,ラピオリ,2540,10,25400					
11		36,2018/12/21,増田 宏樹,ベリージャム,3250,15,48750					
12		39,2018/12/22,増田 宏樹,チャイ,2340,20,46800					
13							
14							

Column ADODBライブラリを参照設定する場合

ADODBを参照設定して利用する場合には、「Microsoft ActiveX Data Objects x.x Library（xはバージョン番号）」にチェックを入れて参照設定を行います。

オブジェクトブラウザーを使って各種オブジェクトやプロパティ/メソッドを確認しながら開発したい場合には、まずは参照設定してから利用するのがよいでしょう。

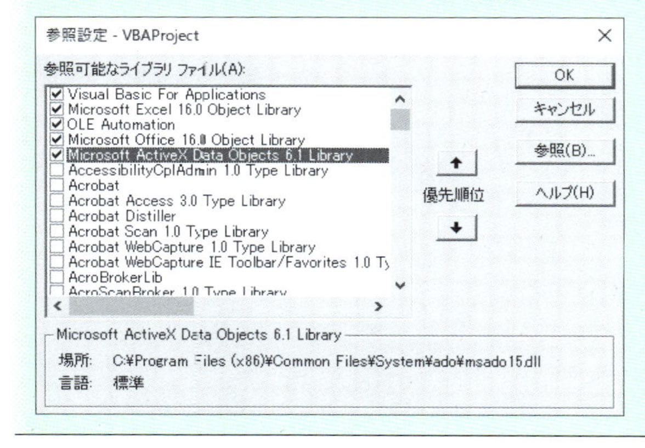

15-3 テキストファイルへの書き出し

Excelのデータをテキストファイルへと書き出す仕組みを見ていきましょう。

CSV形式やTAB区切り形式で書き出す

CSV形式やTAB区切り形式のデータで書き出す場合には、「書き出したいデータのみからなるブックを作成し、**SaveAsメソッド**の引数**Filename**にファイル名(パス)、引数**FileFormat**にファイル形式を指定して書き出す」という手順が簡単です。

■ **SaveAsメソッド**

```
Workbookオブジェクト.SaveAs _
    Filename:=パス&ファイル名, FileFormat:=ファイル形式
```

次のコードは、セルB2から始まる範囲を、「CSVデータ.csv」というCSV形式のファイルに書き出します。書き出し先のファイルは、マクロを実行するブックと同じフォルダーに保存するものとします。

マクロ15-8

```
Dim saveRange As Range, saveBook As Workbook
'書き出したいセル範囲をセット
Set saveRange = Range("B2").CurrentRegion
'新規ブックを作成し、コピー
Set saveBook = Workbooks.Add
saveRange.Copy saveBook.Worksheets(1).Range("A1")
'CSV形式で保存
saveBook.SaveAs _
    Filename:=ThisWorkbook.Path & "¥CSVデータ.csv", _
    FileFormat:=xlCSV
'保存がすんだ新規ブックを閉じる
saveBook.Close
```

実行例 CSV形式でテキストを書き出す

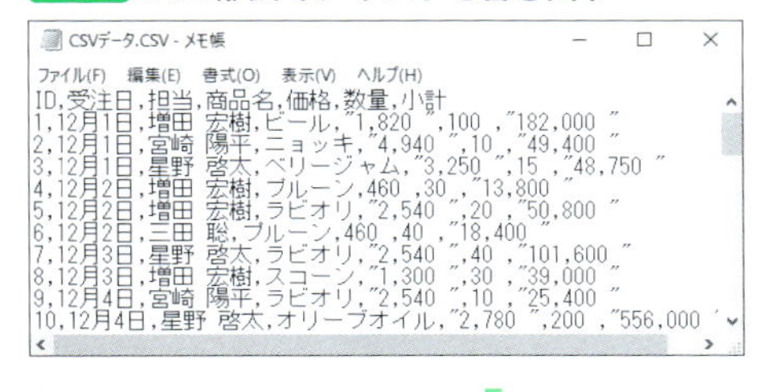

```
CSVデータ.CSV - メモ帳
ファイル(F) 編集(E) 書式(O) 表示(V) ヘルプ(H)
ID,受注日,担当,商品名,価格,数量,小計
1,12月1日,増田 宏樹,ビール,"1,820 ",100 ,"182,000 "
2,12月1日,宮崎 陽平,ニョッキ,"4,940 ",10 ,"49,400 "
3,12月1日,星野 啓太,ベリージャム,"3,250 ",15 ,"48,750 "
4,12月2日,増田 宏樹,プルーン,460 ,30 ,"13,800 "
5,12月2日,増田 宏樹,ラビオリ,"2,540 ",20 ,"50,800 "
6,12月2日,三田 聡,プルーン,460 ,40 ,"18,400 "
7,12月3日,星野 啓太,ラビオリ,"2,540 ",40 ,"101,600 "
8,12月3日,増田 宏樹,スコーン,"1,300 ",30 ,"39,000 "
9,12月4日,宮崎 陽平,ラビオリ,"2,540 ",10 ,"25,400 "
10,12月4日,星野 啓太,オリーブオイル,"2,780 ",200 ,"556,000 '
```

ID	受注日	担当	商品名	価格	数量	小計
1	12月1日	増田 宏樹	ビール	1,820	100	182,000
2	12月1日	宮崎 陽平	ニョッキ	4,940	10	49,400
3	12月1日	星野 啓太	ベリージャム	3,250	15	48,750
4	12月2日	増田 宏樹	プルーン	460	30	13,800
5	12月2日	増田 宏樹	ラビオリ	2,540	20	50,800
6	12月2日	三田 聡	プルーン	460	40	18,400
7	12月3日	星野 啓太	ラビオリ	2,540	40	101,600
8	12月3日	増田 宏樹	スコーン	1,300	30	39,000
9	12月4日	宮崎 陽平	ラビオリ	2,540	10	25,400
10	12月4日	星野 啓太	オリーブオイル	2,780	200	556,000
11	12月4日	山田 有美	フルーツカクテル	5,070	17	86,190
12	12月4日	増田 宏樹	モツァレラ	4,530	300	1,359,000
13	12月7日	宮崎 陽平	ラビオリ	2,540	100	254,000

Sheet1

タブ区切りで書き出す場合には、SaveAsメソッドの引数FileFormatに定数「xlCSV」を指定している部分を、定数「xlCurrentPlatformText」に変更します。

```
'タブ区切り形式で保存
saveBook.SaveAs _
    Filename:=ThisWorkbook.Path & "¥タブ区切りデータ.txt", _
    FileFormat:=xlCurrentPlatformText
```

さらに、2016年10月度のアップデートを行ったExcel 2016では、新規追加された定数「xlCSVUTF8」を指定することで、文字コードがUTF-8形式のCSVファイルを書き出すこともできます。

```
'文字コードUTF-8のCSV形式で保存
saveBook.SaveAs _
    Filename:=ThisWorkbook.Path & "¥CSVデータ(UTF-8).csv", _
    FileFormat:=xlCSVUTF8
```

逆に言うと、アップデート適用前のExcelでは、SaveAsメソッドではUTF-8形式のCSVファイルを書き出せません(Shift-JIS相当の文字コードになります)。

自分の好きなフォーマットで書き出すには

SaveAsメソッドでテキストファイルに書き出せるのは便利ですが、書き出される値がセルの表示形式に依存して決まってくる等、多少窮屈な面があります。

そこで、手間さえかければ自分の好きなように書き出せる、**ADODB.Streamオブジェクト**を利用した方法をご紹介します。

まずは実際のコードの結果をご覧ください。次のコードは、ADODB.Streamオブジェクトを利用して、コード内で指定したテキストをファイル（出力結果.txt）として書き出します。

マクロ15-9

```
Dim textStream As Object, filePath As String
'保存するテキストファイルのパス作成
filePath = ThisWorkbook.Path & "¥出力結果.txt"
'Streamオブジェクトを生成して書き出し
Set textStream = CreateObject("ADODB.Stream")
With textStream
    .Open
    .Type = 2                   'adTypeText
    .Charset = "UTF-8"
    '3回書き出し
    .WriteText "Hello", 1       'adWriteLine (改行アリ)
    .WriteText "Excel"
    .WriteText "VBA!"
    'ファイルとして保存
    .SaveToFile filePath, 2     'adSaveCreateOverWrite
    .Close
End With
```

▶ADODB.Streamオブジェクトを利用してテキストを書き出す

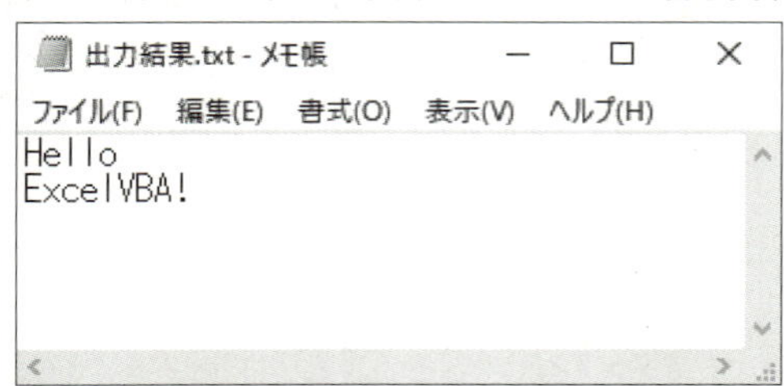

ADODB.Streamオブジェクトでテキストファイルを作成するには、**Typeプロパティ**と**Charsetプロパティ**を設定したうえで、**WriteTextメソッド**の引数に、書き出したい文字列を指定します。この時、第2引数に「1(定数adWriteLineの値)」を指定すると、第1引数の文字列を書き込んだ後ろに改行文字を書き込みます。

何回かWriteTextメソッドで文字を書き込んでいき、最後に**SaveToFileメソッド**で保存します。

これならば自由な形でテキストファイルを作成できますね。この方式を応用して、シート上のテキストを書き出してみましょう。次のコードは、セルB2から始まる範囲の表を、列ごとに指定した形式の値に変換したうえで、カンマ区切りのテキストファイル(Streamで書出.txt)として書き出します。

マクロ15-10

```
Dim filePath As String, rng As Range
'保存するテキストファイルのパス作成
filePath = ThisWorkbook.Path & "¥Streamで書出.txt"
'Streamオブジェクトを生成して書き出し
With CreateObject("ADODB.Stream")
    .Open
    .Type = 2   'adTypeText
    .Charset = "UTF-8"
    '見出しを書き出し
    .WriteText "ID,受注日,担当,商品名,価格,数量,小計", 1
    'セル範囲B3:H50の値を書き出し
    For Each rng In Range("B3:H50").Rows
        '1行分のデータをユーザー定義関数で文字列化して書き出し
        .WriteText getStringFrom(rng), 1
    Next
    .SaveToFile filePath, 2
    .Close
End With
```

表の1レコード分(7列分)の値は、次のユーザー定義の関数を利用して、カンマ区切りの文字列としています。

マクロ15-11

```
'セル範囲からカンマ区切りの文字列を作成する関数
Function getStringFrom(rng As Range) As String
    Dim buf(6) As String
    '7列分の値をFormat関数で好きな形式の文字列に変換
    buf(0) = Format(rng.Cells(1).Value, "000")
    buf(1) = Format(rng.Cells(2).Value, "yyyy/mm/dd")
    buf(2) = rng.Cells(3).Value
    buf(3) = rng.Cells(4).Value
    buf(4) = Format(rng.Cells(5).Value, "#")
    buf(5) = Format(rng.Cells(6).Value, "#")
    buf(6) = Format(rng.Cells(7).Value, "#")
    'カンマで連結して返す
    getStringFrom = Join(buf, ",")
End Function
```

実行例 ADODB.Streamで書き出す

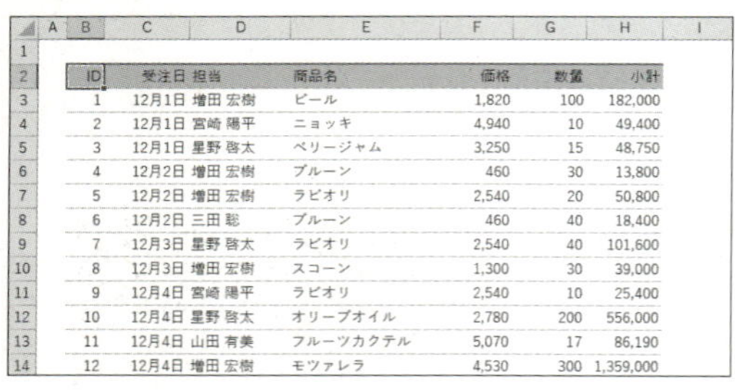

ID	受注日	担当	商品名	価格	数量	小計
1	12月1日	増田 宏樹	ビール	1,820	100	182,000
2	12月1日	宮崎 陽平	ニョッキ	4,940	10	49,400
3	12月1日	星野 啓太	ベリージャム	3,250	15	48,750
4	12月2日	増田 宏樹	プルーン	460	30	13,800
5	12月2日	増田 宏樹	ラビオリ	2,540	20	50,800
6	12月2日	三田 聡	プルーン	460	40	18,400
7	12月3日	星野 啓太	ラビオリ	2,540	40	101,600
8	12月3日	増田 宏樹	スコーン	1,300	30	39,000
9	12月4日	宮崎 陽平	ラビオリ	2,540	10	25,400
10	12月4日	星野 啓太	オリーブオイル	2,780	200	556,000
11	12月4日	山田 有美	フルーツカクテル	5,070	17	86,190
12	12月4日	増田 宏樹	モツァレラ	4,530	300	1,359,000

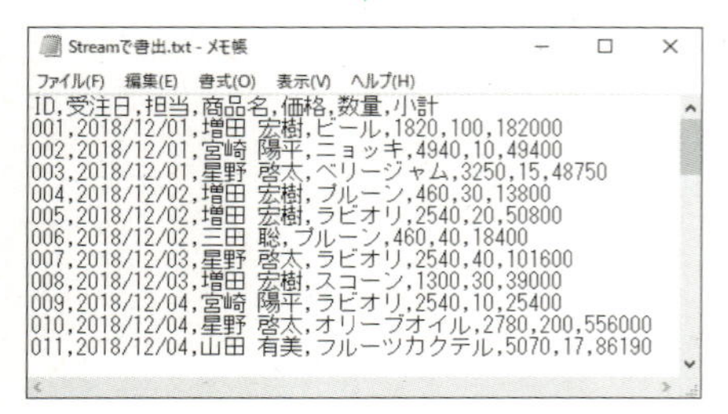

Streamで書出.txt - メモ帳

ファイル(F) 編集(E) 書式(O) 表示(V) ヘルプ(H)

```
ID,受注日,担当,商品名,価格,数量,小計
001,2018/12/01,増田 宏樹,ビール,1820,100,182000
002,2018/12/01,宮崎 陽平,ニョッキ,4940,10,49400
003,2018/12/01,星野 啓太,ベリージャム,3250,15,48750
004,2018/12/02,増田 宏樹,プルーン,460,30,13800
005,2018/12/02,増田 宏樹,ラビオリ,2540,20,50800
006,2018/12/02,三田 聡,プルーン,460,40,18400
007,2018/12/03,星野 啓太,ラビオリ,2540,40,101600
008,2018/12/03,増田 宏樹,スコーン,1300,30,39000
009,2018/12/04,宮崎 陽平,ラビオリ,2540,10,25400
010,2018/12/04,星野 啓太,オリーブオイル,2780,200,556000
011,2018/12/04,山田 有美,フルーツカクテル,5070,17,86190
```

また、UTF-8形式で自由にテキストファイルを書き出したい場合にも、このADODB.Streamオブジェクトを利用した方法は有効です。

15-4 外部データベースと連携する

ExcelにAccessデータベースのデータを取り込むには、「Power Queryを使ってください！」と言いたいところですが(実際、利用できる環境ではそれがベストだと思います)、環境によってはそうはいきません。そこで、外部ライブラリの**DAO**を利用して連携する方法をご紹介します。

Accessデータベースからの取り込み

DAO(Data Access Object)は、Microsoft社が開発しているデータベースにアクセスする際に便利なオブジェクトが集められたライブラリです。特に、Accessデータベースと相性が良いです。

今回は、例としてシンプルなテーブル・クエリ・パラメータクエリを持つAccessで作成したデータベースからデータを取得することとします。

▶接続するAccessデータベース

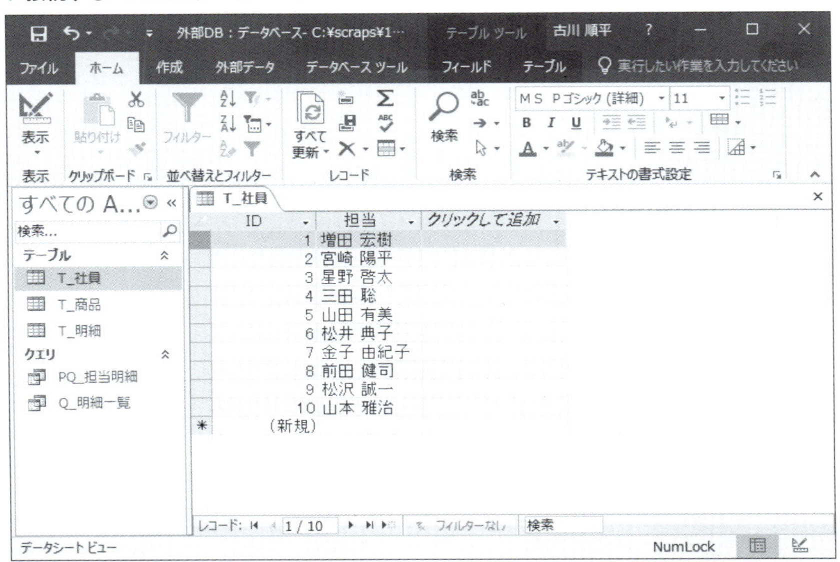

▶**DAOに用意されているオブジェクト（抜粋）**

オブジェクト	用途
DBEngine	データベースへ接続する際の基本オブジェクト
Database	データベースにアクセスするオブジェクト
Recordset	テーブルやクエリの結果セット等にアクセスするオブジェクト
QueryDef	パラメータクエリ等を扱う際に利用するオブジェクト

任意のテーブルデータを取得する

Accessで作成したデータベース「外部DB.accdb」内のテーブル、「T_社員」の内容をシート上に取り出すには、次のようにコードを記述します。データベースファイルは、マクロ実行するブックと同じフォルダーに保存されているものとします。

マクロ15-12

```
Dim DBE As Object, DB As Object, tmpRS As Object
'DBEngineオブジェクト生成
Set DBE = CreateObject("DAO.DBEngine.120")
'データベースに接続
Set DB = DBE.OpenDatabase(ThisWorkbook.Path & "¥外部DB.accdb")
'レコードセットにテーブルの内容を受け取る
Set tmpRS = DB.OpenRecordset("T_社員")
'データを転記
Range("B2").CopyFromRecordset tmpRS
'接続を切る
tmpRS.Close
DB.Close
```

実行例 **Accessデータベースから任意のテーブルを読み込む**

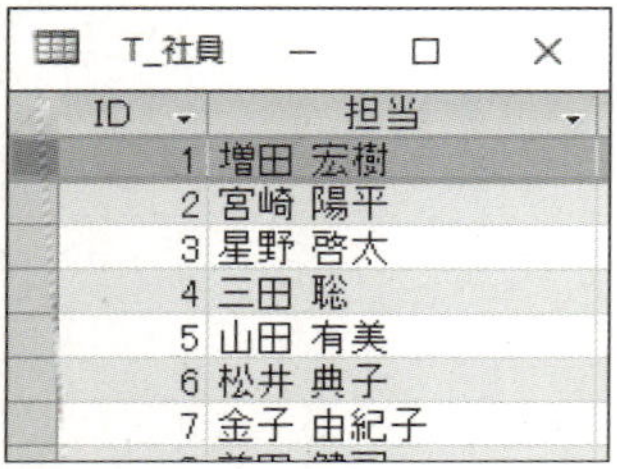

T_社員

ID	担当
1	増田 宏樹
2	宮崎 陽平
3	星野 啓太
4	三田 聡
5	山田 有美
6	松井 典子
7	金子 由紀子

	A	B	C	D	E
1					
2		1	増田 宏樹		
3		2	宮崎 陽平		
4		3	星野 啓太		
5		4	三田 聡		
6		5	山田 有美		
7		6	松井 典子		
8		7	金子 由紀子		
9		8	前田 健司		
10		9	松沢 誠一		
11		10	山本 雅治		
12					

DAOで任意のデータベースに接続する際には、

- ①DBEngineオブジェクトを生成
- ②DBEngineオブジェクトのOpenDatabaseメソッドで任意のデータベースに接続。戻り値としてデータベースを扱うDatabaseオブジェクトを返す
- ③Databaseオブジェクトの各種メソッドでテーブルやクエリへアクセス

というのが基本的な手順となります。さらに、任意のテーブルを扱うには、

- ④OpenRecordsetメソッドの引数にテーブル名もしくはクエリ名を指定する。戻り値として結果セットを扱うRecordsetオブジェクトを返す
- ⑤Recordsetオブジェクトから結果セットのデータを取り出す

という流れとなります。なお、ExcelのRangeオブジェクトには、レコードセットの保持しているデータをセルへと書き出すという、**CopyFromRecordsetメソッド**が用意されているので、こちらを利用すれば簡単にデータをシート上へと書き出せます。

■ CopyFromRecordsetメソッド

```
転記先.CopyFromRecordset レコードセットを格納したオブジェクト
```

データを取り出したら、**Recordsetオブジェクト**と**Databaseオブジェクト**の**Closeメソッド**を実行し、データベースとの接続を切ります。「繋げて、操作して、切る」という一連の操作が、データベースとやり取りをする際の基本の処理となります。

クエリの結果を取得する

Accessで作成したデータベース「外部DB.accdb」内の「Q_明細一覧」は、3つのテーブルを結合した結果セットを作成しているクエリです。

▶クエリの定義

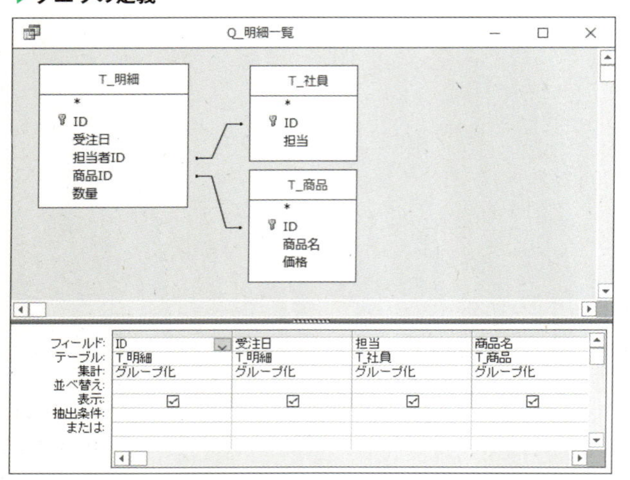

このようなクエリを実行した結果をExcelへと読み込むには、テーブルの時とまったく同じ方法でOKです。次のコードは、「外部DB.accdb」内の「Q_明細一覧」の結果を読み込み、セルB2を基準として転記します。

マクロ15-13

```
Dim DBE As Object, DB As Object, tmpRS As Object
Set DBE = CreateObject("DAO.DBEngine.120")
Set DB = DBE.OpenDatabase(ThisWorkbook.Path & "¥外部DB.accdb")
'レコードセットにクエリの内容を受け取る
Set tmpRS = DB.OpenRecordset("Q_明細一覧")
'データを転記
Range("B2").CopyFromRecordset tmpRS
'接続を切る
tmpRS.Close
DB.Close
```

実行例 **クエリの結果を読み込む**

	A	B	C	D	E	F	G	H	I
1									
2		1	2018/12/1	増田 宏樹	ビール	1820	100	182000	
3		2	2018/12/1	宮崎 陽平	ニョッキ	4940	10	49400	
4		3	2018/12/1	星野 啓太	ベリージャム	3250	15	48750	
5		4	2018/12/2	増田 宏樹	プルーン	460	30	13800	
6		5	2018/12/2	増田 宏樹	ラビオリ	2540	20	50800	
7		6	2018/12/2	三田 聡	プルーン	460	40	18400	
8		7	2018/12/3	星野 啓太	ラビオリ	2540	40	101600	
9		8	2018/12/3	増田 宏樹	スコーン	1300	30	39000	
10		9	2018/12/4	宮崎 陽平	ラビオリ	2540	10	25400	
11		10	2018/12/4	星野 啓太	オリーブオイル	2780	200	556000	
12		11	2018/12/4	山田 有美	フルーツカクテル	5070	17	86190	

テーブルであろうが、クエリであろうが、「**Recordsetオブジェクトに受け取って、CopyFromRecordsetメソッド**」でOKなわけですね。

複雑な抽出条件や複数テーブルを結合した結果を得たい場合には、あらかじめデータベース側にクエリを作成しておけば、Excel側では読み込むだけですみます。

パラメータクエリの結果を受け取るには

Accessで作成したデータベース「外部DB.accdb」内の「PQ_社員明細」は、実行すると、抽出対象の社員名を問い合わせるダイアログを表示してくるタイプのクエリです。いわゆるパラメータクエリですね。

▶パラメータを要求するクエリ

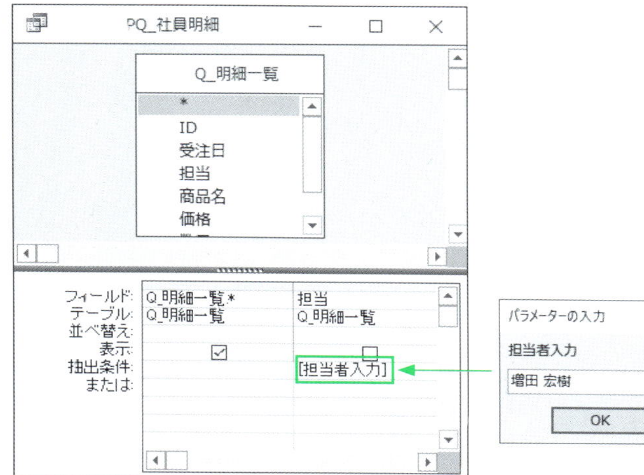

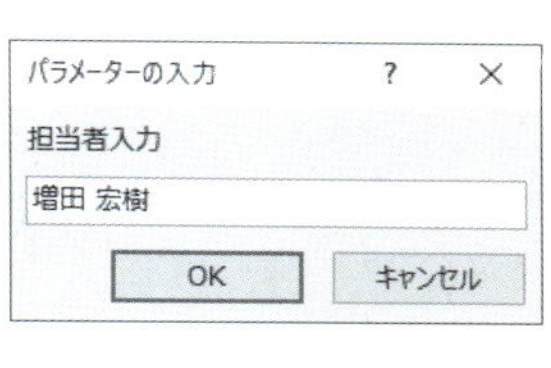

このタイプのクエリの結果をVBAから取得するには、**QueryDefオブジェクト**を利用します。次のコードは、「外部DB.accdb」内の「PQ_社員明細」にパラメータとして「増田 宏樹」を与えて実行した結果を読み込み、セルB2を基準として転記します。

マクロ15-14

```
Dim DBE As Object, DB As Object
Dim tmpQDef As Object, tmpRS As Object
Set DBE = CreateObject("DAO.DBEngine.120")
Set DB = DBE.OpenDatabase(ThisWorkbook.Path & "¥外部DB.accdb")
'パラメータクエリの定義を受け取り、パラメータを設定
Set tmpQDef = DB.QueryDefs("PQ_社員明細")
tmpQDef.Parameters("担当者入力") = "増田 宏樹"
'レコードセットにパラメータクエリの内容を受け取る
Set tmpRS = tmpQDef.OpenRecordset
'データを転記
Range("B2").CopyFromRecordset tmpRS
'接続を切る
tmpRS.Close
DB.Close
```

実行例 パラメータクエリの結果を読み込む

	A	B	C	D	E	F	G	H	I
1									
2		1	2018/12/1	増田 宏樹	ビール	1820	100	182000	
3		4	2018/12/2	増田 宏樹	プルーン	460	30	13800	
4		5	2018/12/2	増田 宏樹	ラビオリ	2540	20	50800	
5		8	2018/12/3	増田 宏樹	スコーン	1300	30	39000	
6		12	2018/12/4	増田 宏樹	モツァレラ	4530	300	1359000	
7		20	2018/12/10	増田 宏樹	アーモンド	1300	90	117000	
8		26	2018/12/14	増田 宏樹	チャイ	2340	20	46800	
9		28	2018/12/15	増田 宏樹	ホワイトチョコ	390	25	9750	
10		31	2018/12/16	増田 宏樹	ラビオリ	2540	10	25400	
11		36	2018/12/21	増田 宏樹	ベリージャム	3250	15	48750	
12		39	2018/12/22	増田 宏樹	チャイ	2340	20	46800	

任意のパラメータクエリを**QueryDefオブジェクト**に受け取るには、Databaseオブジェクトの**QueryDefsプロパティ**に、パラメータクエリ名を指定します。

受け取ったQueryDefオブジェクトの各パラメータは、**Parametersプロパティ**の引数に、パラメータ定義時に記述した「[](角カッコ)」内の値をキーに指定し、パラメータの値を代入します。

パラメータをセットした状態で、QueryDefオブジェクトの**OpenRecordsetメソッド**を実行すると、戻り値として、指定したパラメータにより抽出されたデータの結果セットが、Recordsetオブジェクトとして返されます。

フィールド名を取得するには

CopyFromRecordsetメソッドでは、レコードセットのデータを簡単に転記できますが、フィールド名は転記されません。フィールド名も取り出したい場合には、RecordsetオブジェクトのFieldsプロパティ経由で**Fieldオブジェクト**にアクセスし、Nameプロパティでフィールド名を取り出します。

次のコードは、「外部DB.accdb」内の「T_社員」テーブルのデータを取得し、セルB2を基準としてフィールド名とデータを転記します。

マクロ15-15

```
Dim DBE As Object, DB As Object, tmpRS As Object, i As Long
Set DBE = CreateObject("DAO.DBEngine.120")
Set DB = DBE.OpenDatabase(ThisWorkbook.Path & "¥外部DB.accdb")
'レコードセットにテーブルの内容を受け取る
Set tmpRS = DB.OpenRecordset("T_社員")
'フィールド名書き出し
For i = 0 To tmpRS.Fields.Count - 1
    Range("B2").Offset(0, i).Value = tmpRS.Fields(i).Name
Next
'データを転記
Range("B3").CopyFromRecordset tmpRS
'接続を切る
tmpRS.Close
DB.Close
```

実行例 フィールド名を含めて転記

各フィールドは、「0」から始まるインデックス番号で管理されており、総フィールド数はExcelのシート等と同じように、「FieldsコレクションのCountプロパティ」で取得可能です。つまり、全フィールドを走査したい場合には、「0 ～ Count - 1」のインデックス番号をループ処理すればOKです。

SQLを利用したい場合には

SQL文を利用して読み込みたい場合には、Databaseオブジェクトの**OpenRecordsetメソッド**の引数に、SQL文字列を渡します。戻り値としてSQL文の結果セットがRecordsetオブジェクトの形で帰ってきますので、あとは**CopyFromRecordsetメソッド**で取り出せばOKです。

次のコードは、「外部DB.accdb」内から、クエリ「Q_明細一覧」を実行して、担当者が「増田 宏樹」で受注日が「2018/12/01から2018/12/03」のデータを、セルB2を基準として転記します。

マクロ15-16

```
Dim DBE As Object, DB As Object, tmpRS As Object
Set DBE = CreateObject("DAO.DBEngine.120")
Set DB = DBE.OpenDatabase(ThisWorkbook.Path & "¥外部DB.accdb")
'レコードセットにSQL文の結果を受け取る
Set tmpRS = DB.OpenRecordset( _
    "SELECT *" & _
    " FROM" & _
        " Q_明細一覧" & _
    " WHERE" & _
        " 担当='増田 宏樹' AND" & _
        " 受注日 BETWEEN #2018/12/01# AND #2018/12/03#" _
)
'データを転記
Range("B2").CopyFromRecordset tmpRS
'接続を切る
tmpRS.Close
DB.Close
```

実行例 SQL文の結果を読み込む

	A	B	C	D	E	F	G	H	I
1									
2		1	2018/12/1	増田 宏樹	ビール	1820	100	182000	
3		4	2018/12/2	増田 宏樹	プルーン	460	30	13800	
4		5	2018/12/2	増田 宏樹	ラビオリ	2540	20	50800	
5		8	2018/12/3	増田 宏樹	スコーン	1300	30	39000	
6									

SQL文に精通した方であれば、こちらの方法の方が自由に目的のデータを取り出しやすいかもしれませんね。

Accessデータベースへ書き込む

Accessデータベースの任意のテーブルへとレコードを追加する場合には、Recordsetオブジェクトで追加先のテーブルへと接続し、各種プロパティやメソッドを利用します。

●新規レコードの追加

次のコードは、「外部DB.accdb」の「T_社員」テーブルに、新規のレコードを1件追加します。

マクロ15-17

```
Dim DBE As Object, DB As Object, tmpRS As Object
Set DBE = CreateObject("DAO.DBEngine.120")
Set DB = DBE.OpenDatabase(ThisWorkbook.Path & "¥外部DB.accdb")
'「T_社員」テーブルに接続
Set tmpRS = DB.OpenRecordset("T_社員")
'新規レコードを追加
tmpRS.AddNew
tmpRS!ID = 11
tmpRS!担当 = "後藤 晋太郎"
tmpRS.Update
'接続を切る
tmpRS.Close
DB.Close
```

実行例 テーブルにレコードを追加

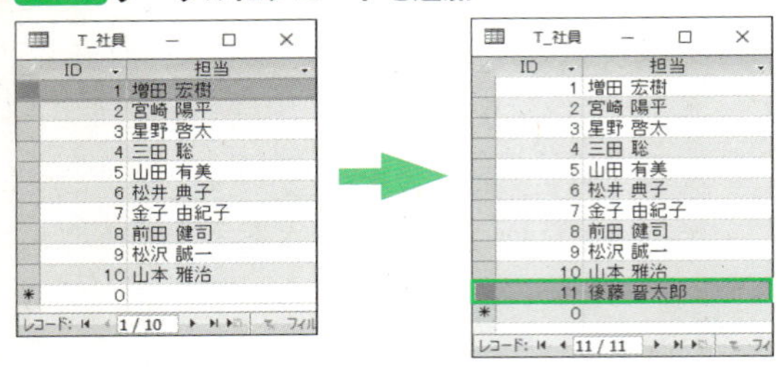

新規レコードを追加するには、Recordsetオブジェクトに対し、

- ①**AddNewメソッド**を実行
- ②「**Recordsetオブジェクト!フィールド名 = 値**」の形式で各フィールドに値を設定していく
- ③**Updateメソッド**で確定

という手順で値を設定していきます。Recordsetオブジェクトに設定する値をセルから参照すれば、シート上のデータを使ってレコードを追加する処理が作れます。

●更新系のSQLステートメントを実行

SQL文のUPDATE文やDELETE文、INSERT INTO文等、いわゆる更新クエリやアクションクエリを実行するには、Databaseオブジェクトの**Executeメソッド**の引数に、実行したいSQL文を渡して実行します。

次のコードは、「外部DB.accdb」の「T_社員」テーブルに、「ID・担当」フィールドの値が、それぞれ、「11・後藤 晋太郎」の新規レコードを追加します。

マクロ15-18

```
Dim DBE As Object, DB As Object
Set DBE = CreateObject("DAO.DBEngine.120")
Set DB = DBE.OpenDatabase(ThisWorkbook.Path & "¥外部DB.accdb")
'SQL文で新規レコード追加
DB.Execute "INSERT INTO T_社員(ID, 担当) VALUES(11, '後藤 晋太郎') "
'接続を切る
DB.Close
```

●既存のレコードを修正

既存のレコードを修正するには、Recordsetを**OpenRecordsetメソッド**で開く際に、第2引数を「2(定数dbOpenDynasetの値)」に指定して、レコード修正のできる「ダイナセット形式」で開きます。SeekメソッドやFindFirstメソッド等の検索系のメソッドでは、修正対象のレコードへと移動したら、**Editメソッド**で編集を開始し、修正後に**Updateメソッド**で確定します。

次のコードは、「外部DB.accdb」の「T_商品」テーブル内から、「商品名」フィールドの値が「オリーブオイル」のレコードを検索し、「価格」フィールドの値を修正しています。

マクロ15-19

```
Dim DBE As Object, DB As Object, tmpRS As Object
Set DBE = CreateObject("DAO.DBEngine.120")
Set DB = DBE.OpenDatabase(ThisWorkbook.Path & "¥外部DB.accdb")
'「T_商品」テーブルに接続
'第2引数にdbOpenDynasetの値「2」を指定しダイナセット形式で開く
Set tmpRS = DB.OpenRecordset("T_商品", 2)
'「商品名」の値が「オリーブオイル」のレコードへ移動
tmpRS.FindFirst "商品名 = 'オリーブオイル'"
'検索値が存在する場合には、その値を修正
If Not tmpRS.NoMatch Then
    tmpRS.Edit
    tmpRS!価格 = 1200
    tmpRS.Update
Else
    MsgBox "該当レコードは見つかりませんでした"
End If
'接続を切る
tmpRS.Close
DB.Close
```

実行例 既存レコードの修正

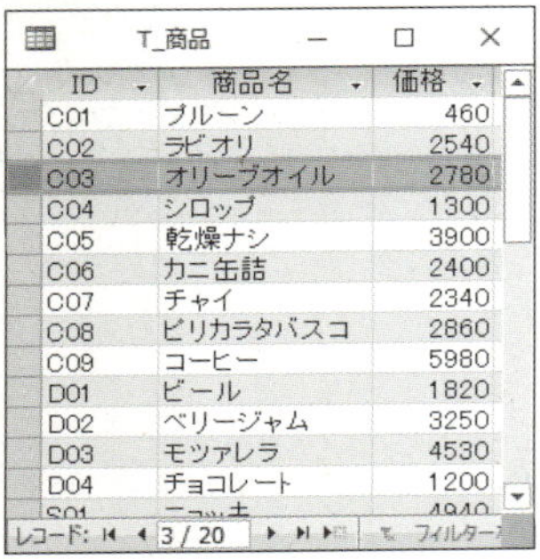

T_商品

ID	商品名	価格
C01	プルーン	460
C02	ラビオリ	2540
C03	オリーブオイル	2780
C04	シロップ	1300
C05	乾燥ナシ	3900
C06	カニ缶詰	2400
C07	チャイ	2340
C08	ピリカラタバスコ	2860
C09	コーヒー	5980
D01	ビール	1820
D02	ベリージャム	3250
D03	モツァレラ	4530
D04	チョコレート	1200

レコード: 3 / 20　フィルター

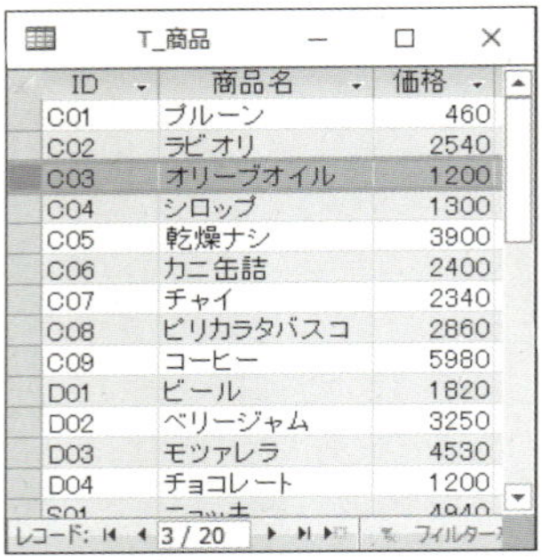

→

T_商品

ID	商品名	価格
C01	プルーン	460
C02	ラビオリ	2540
C03	オリーブオイル	1200
C04	シロップ	1300
C05	乾燥ナシ	3900
C06	カニ缶詰	2400
C07	チャイ	2340
C08	ピリカラタバスコ	2860
C09	コーヒー	5980
D01	ビール	1820
D02	ベリージャム	3250
D03	モツァレラ	4530
D04	チョコレート	1200

レコード: 3 / 20　フィルター

何やら急に見慣れない用語やメソッド名が出てきましたが、本書ではページ数の都合もあり、詳しい解説は行いません。とりあえずは、「**DAOに用意されている各種オブジェクトを利用すれば、外部DBを操作可能**」ということが伝わっていれば幸いです。

なお、DAOはAccessのVBAでデータベースを操作する際に利用する基本的な仕組みとして採用されています。そのため、Access VBA関係の書籍やコンテンツを調べていただくと、DAOの利用方法について、より詳しい情報が手に入れられるでしょう。興味のある方は、そちらの方面にも手を伸ばしてみてください。

Chapter16

Web上のデータをExcelに取り込む

本章では、Web上のデータをExcelへと取り込む際の仕組みをご紹介します。単純なコピー＆ペーストによる取り込みとデータの整形から、HTML形式、XML形式、JSON形式でのデータの取り込み方法を一通り見ていきましょう。

16-1 Webからのデータ取得

Web上のデータをExcelへと取り込んで利用する機会は多くあります。最もカジュアルな方法は、「Webブラウザーからコピーして Excelへ貼り付け」をする方法です。

基本はコピーして整形

Webブラウザーに表示されているデータをExcelに取り込むには、画面上で取り込みたいデータを部分をドラッグ操作で選択したうえで、Ctrl+Cキー等でコピーし、Excel上の任意のセルを選択してペーストします。

この時、単純にペーストする方法と、「値を選択して貼り付け」オプションで貼り付ける方法があります。単純にペーストした場合は、画像等もそのままシート上に貼り付けられます。次図は、とある日の「Yahoo!天気・災害」ページの週間天気予報(https://weather.yahoo.co.jp/weather/week/)の表部分をコピー＆ペーストした結果です。お天気アイコンまでコピーされていますね。

▶ある日のYahoo!天気・災害ページの週間天気を貼り付けた結果

	A	B	C	D	E	F	G	H	I	J
1										
2		日付	4月24日	4月25日	4月26日	4月27日	4月28日	4月29日	4月30日	
3			(火)	(水)	(木)	(金)	(土)	(日)	(月)	
4		北海道							---	
5		(札幌)	曇り	曇り	曇時々晴	曇時々晴	晴時々曇	曇時々晴	---	
6			6月15日	7月18日	7月20日	8月20日	8月18日	7月19日	---/---	
7			10%	40%	20%	20%	10%	10%	---%	
8		東北							---	
9		(仙台)	雨時々曇	曇時々雨	曇時々晴	曇り	曇時々晴	晴時々曇	---	
10			10月15日	11月16日	9月19日	11月20日	12月21日	11月21日	---/---	
11			80%	70%	20%	40%	20%	20%	---%	
12		関東							---	
13		(東京)	曇り	曇時々雨	曇時々晴	曇り	曇時々晴	晴時々曇	---	
14			22/15	22/16	20/13	22/13	23/14	24/14	---/---	
15			30%	90%	40%	40%	30%	20%	---%	
16		信越							---	
17		(新潟)	雨	曇時々雨	曇り	曇り	晴時々曇	晴時々曇	---	

値のみを貼り付けた結果は、以下のようになります。

▶値のみ貼り付けした結果

	A	B	C	D	E	F	G	H	I	J
1										
2		日付	4月24日	4月25日	4月26日	4月27日	4月28日	4月29日	4月30日	
3			(火)	(水)	(木)	(金)	(土)	(日)	(月)	
4		北海道	曇り	曇り	曇時々晴	曇時々晴	晴時々曇	曇時々晴	---	
5		(札幌)	曇り	曇り	曇時々晴	曇時々晴	晴時々曇	曇時々晴	---	
6			6月15日	7月18日	7月20日	8月20日	8月18日	7月19日	---/---	
7			10%	40%	20%	20%	10%	10%	---%	
8		東北	雨時々曇	曇時々雨	曇時々晴	曇り	曇時々晴	晴時々曇	---	
9		(仙台)	雨時々曇	曇時々雨	曇時々晴	曇り	曇時々晴	晴時々曇	---	
10			10月15日	11月16日	9月19日	11月20日	12月21日	11月21日	---/---	
11			80%	70%	20%	40%	20%	20%	---%	
12		関東	曇り	曇時々雨	曇時々晴	曇り	曇時々晴	晴時々曇	---	
13		(東京)	曇り	曇時々雨	曇時々晴	曇り	曇時々晴	晴時々曇	---	
14			22/15	22/16	20/13	22/13	23/14	24/14	---/---	
15			30%	90%	40%	40%	30%	20%	---%	
16		信越	雨	曇時々雨	曇り	曇り	晴時々曇	晴時々曇	---	
17		(新潟)	雨	曇時々雨	曇り	曇り	晴時々曇	晴時々曇	---	

Webブラウザー上に表示されているコンテンツをコピー&ペーストした時の結果は、コンテンツの作りや、Excelのバージョンによって結果が結構変わりますが、Webブラウザー上において表形式で表示されている部分を貼り付けた場合は、「何かしらの規則性」を持って貼り付けられることになります。

一発で好みの形式に貼り付けられたら、それでOKですが、そうでない場合は「何かしらの規則性」を読み取り、ループ処理を組み合わせて整形していきます。

参考までに、上記の貼り付け結果を表形式に整形するコードを考えてみました。最初に「何かしらの規則性」をピックアップしてみます。

- 2行目と3行目は日付、以降は4行ごとに1つの都道府県のデータ
- 行1：天気予報画像のキャプション：必要
- 行2：天気予報：不要(行1と同じデータ)
- 行3：最高/最低気温：必要だが日付と解釈されてる箇所も。要変換
- 行4：降水確率：必要

規則性を元に、コピー&ペーストでシート上に散り込んだデータから必要な部分を抜き出し、整形してみましょう(実行例では見出し等をあらかじめ用意してから書き出しを行っています)。

マクロ16-1

```
Dim rowIndex As Long, colIndex As Long, tmp As Variant
Range("K3:P3").Select
'4行目から20行目までステップ4でループ
For rowIndex = 4 To 20 Step 4
    '3列目から8列目までループ
    For colIndex = 3 To 8
        With Selection
            '都道府県・日付・天気・最高気温・最低気温・降水確率を取り出す
            .Cells(1).Value = Cells(rowIndex, "B").Value
            .Cells(2).Value = Cells(2, colIndex).Value
            .Cells(3).Value = Cells(rowIndex, colIndex).Value
            '「6月11日」や「22/15」から2つの数値を取り出す
            tmp = Cells(rowIndex + 2, colIndex).Text
            tmp = Split(Replace(tmp, "月", "/"), "/")
            .Cells(4).Value = Val(tmp(0))
            .Cells(5).Value = Val(tmp(1))
            .Cells(6).Value = Val(Cells(rowIndex + 3, colIndex).Value)
        End With
        '書き出し位置を1行下に
        Selection.Offset(1).Select
    Next
Next
```

実行例 規則性を元に整形

	J	K	L	M	N	O	P	Q
1								
2		都道府県	日付	天気	最高気温	最低気温	降水確率	
3		北海道	2018/4/24	曇り	6	15	10%	
4		北海道	2018/4/25	曇り	7	18	40%	
5		北海道	2018/4/26	曇時々晴	7	20	20%	
6		北海道	2018/4/27	曇時々晴	8	20	20%	
7		北海道	2018/4/28	晴時々曇	8	18	10%	
8		北海道	2018/4/29	曇時々晴	7	19	10%	
9		東北	2018/4/24	雨時々曇	10	15	80%	
10		東北	2018/4/25	曇時々雨	11	16	70%	
11		東北	2018/4/26	曇時々晴	9	19	20%	
12		東北	2018/4/27	曇り	11	20	40%	
13		東北	2018/4/28	曇時々晴	12	21	20%	
14		東北	2018/4/29	晴時々曇	11	21	20%	
15		関東	2018/4/24	曇り	22	22	30%	
16		関東	2018/4/25	曇時々雨	22	22	90%	
17		関東	2018/4/26	曇時々晴	20	20	40%	
18		関東	2018/4/27	曇り	22	22	40%	

コードの具体的な内容はともかく、規則性さえ見つければ、マクロで表形式に変換することができますね。いったんマクロを作成してしまえば、同じ形式のコンテンツであれば、マクロを使いまわして好みの形式へと変換できるようになります。

コツとしては、

- ①取り出したいデータの表見出しを考えて書いてみる
- ②データの規則性を見つける
- ③規則性に沿ったおおまかなループ処理の枠組みを作成(たいていは行・列方向の2重ループになる)
- ④個々の値を取り出す際に必要な変換処理を作成

といった手順で順番に処理を考えると、作成しやすくなります。

「コピーして整形」。これが地味ながら、一番カジュアルなWeb上のデータの取り込み方法です。

Power Queryが使えるならPower Queryが一番

さて、コピー＆ペーストしてから整形する方法をご提示した後で言うのははばかられるのですが、実は、Web上で表形式のデータであれば、**Power Query**を利用できる環境ならば、リボンの**データ→Webから**を選択して表示されるダイアログから始まるPower Queryによる取り込み・変換機能を利用するのが一番手軽です。

例えば、上述の「Yahoo!天気・災害」ページの週間天気予報のWebページのURLを指定すると、下図のように、データとして読み込めそうな場所をリストアップしてくれます。

▶Power Queryで表を選択

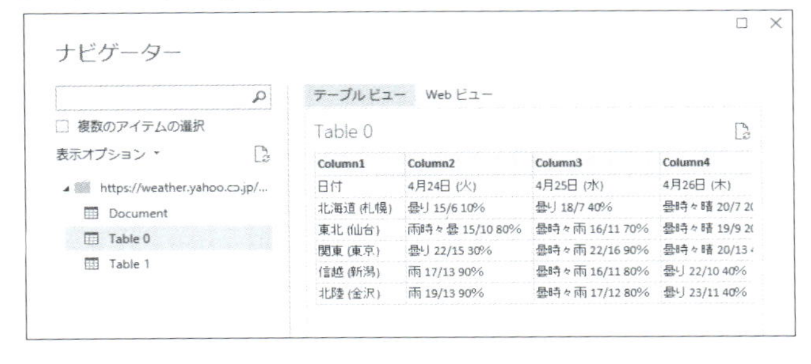

その中から取り込みたいものを選択して、**読み込み**ボタンを押すだけで、シート上にデータが読み込まれます。また、すぐに読み込まずに、**編集**ボタンを押すと、Power Queryエディターで詳細な取り込み手順を指定することも可能です。

下図は、Power Queryエディター上で、上述のコンテンツの読み込み方法を指定して読み込んだ結果です。マクロをまったく記述せずに、ピボット状態の解除や、特定列の値を複数の列へ分割する処理等を行えています。恐ろしく手軽です。

▶取り込み結果

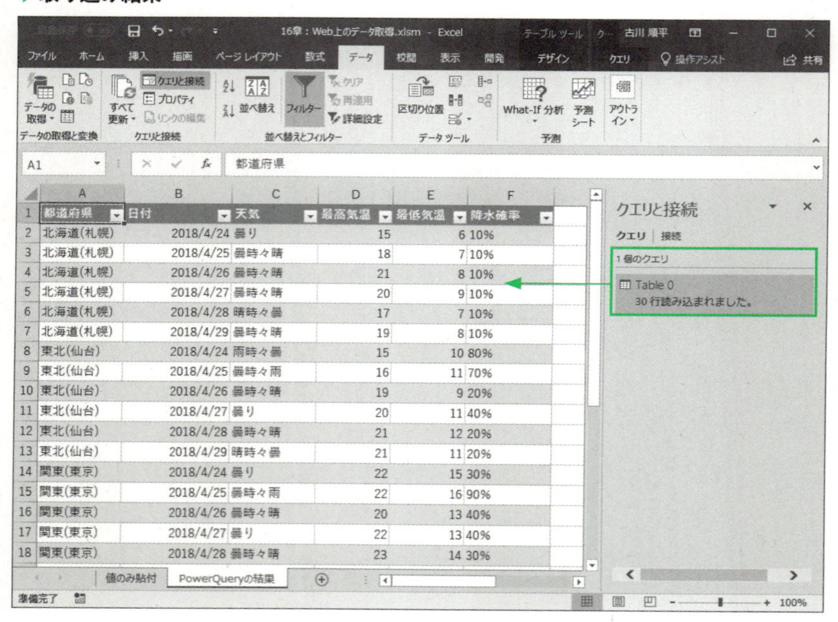

	A	B	C	D	E	F
1	都道府県	日付	天気	最高気温	最低気温	降水確率
2	北海道(札幌)	2018/4/24	曇り	15	6	10%
3	北海道(札幌)	2018/4/25	曇時々晴	18	7	10%
4	北海道(札幌)	2018/4/26	曇時々晴	21	8	10%
5	北海道(札幌)	2018/4/27	曇時々晴	20	9	10%
6	北海道(札幌)	2018/4/28	晴時々曇	17	7	10%
7	北海道(札幌)	2018/4/29	曇時々晴	19	8	10%
8	東北(仙台)	2018/4/24	雨時々曇	15	10	80%
9	東北(仙台)	2018/4/25	曇時々雨	16	11	70%
10	東北(仙台)	2018/4/26	曇時々晴	19	9	20%
11	東北(仙台)	2018/4/27	曇り	20	11	40%
12	東北(仙台)	2018/4/28	曇時々晴	21	12	20%
13	東北(仙台)	2018/4/29	晴時々曇	21	11	20%
14	関東(東京)	2018/4/24	曇り	22	15	30%
15	関東(東京)	2018/4/25	曇時々雨	22	16	90%
16	関東(東京)	2018/4/26	曇時々晴	20	13	40%
17	関東(東京)	2018/4/27	曇り	22	13	40%
18	関東(東京)	2018/4/28	曇時々晴	23	14	30%

本章では、これ以降の箇所で、Power Queryを利用しないでさまざまなデータを扱う方法をご紹介していきますが、Power Queryを利用できる環境であれば、以降を読むよりも、Power Queryの使い方を詳しく学習した方が目的に合致するかもしれません。それほど手軽で便利なのです。

Excelは昔から長く利用されているアプリケーションなので、「新機能を使わなくてもなんとかなる」というところがあるのですが、特にWeb系のデータを扱おうと考えている方であれば、一度、Power Queryを触ってみてください。VBAに関する書籍上で言うのも何なのですが、本当にとても便利ですよ。

Column 2018年6月時点でのPower Queryで扱える形式

ここではPower Queryに関して言及していますが、いったい、どれだけの種類のデータをPower Query経由でExcelへと取り込めるのでしょうか。

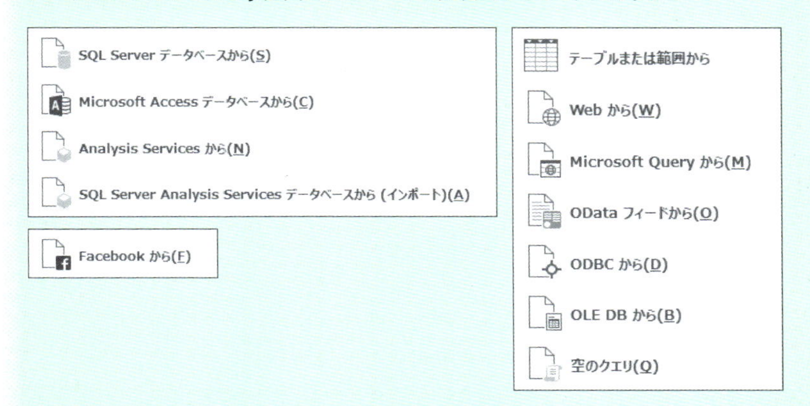

2018年6月現在では、扱える形式は上記の種類となっています。テキストファイル・データベース・Web上のリソースと、満遍なく扱えますね。対応する形式のデータ取り込みに苦心している方は、一度触ってみることをお勧めします。

16-2 データの取り込みもマクロで行ってみよう

本項以降では、さまざまなWeb上のデータをVBAを利用して取得する処理をご紹介します。まずは、Webページの内容（HTML形式のデータ）を扱う方法を見ていきましょう。

任意のWebページのデータを取得する

Webページ関連のデータを扱う際に便利な外部ライブラリが、**Microsoft HTML Object Library**です。こちらに用意されているオブジェクトは、下記のように、VBEのメニューから、**ツール→参照設定**を選択して表示されるダイアログから、参照設定を行って利用します。

▶参照設定

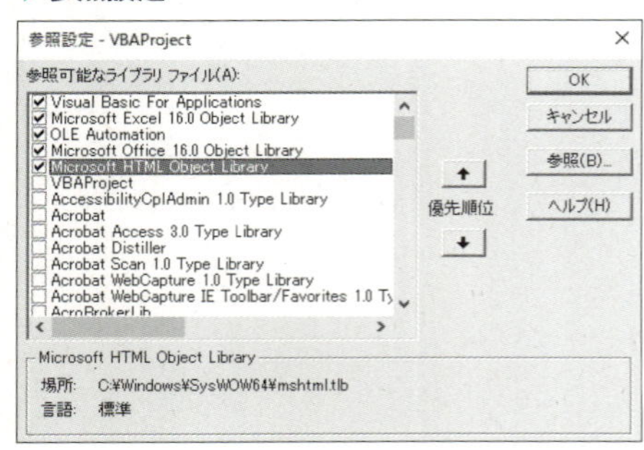

次のコードは、SBクリエイティブ社のトップページ（http://www.sbcr.jp/pc/）の本文の内容（HTMLドキュメント）を表示します。

マクロ16-2

```
Dim baseHTMLDoc As HTMLDocument, HTMLDoc As HTMLDocument
Dim targetURI As String
'読み込みたいコンテンツのアドレスを指定
targetURI = "http://www.sbcr.jp/pc/"
```

```
'HTMLドキュメント生成
Set baseHTMLDoc = New HTMLDocument
'指定URIを元に新規HTMLDocumentを生成
Set HTMLDoc = baseHTMLDoc.createDocumentFromUrl(targetURI, vbNullString)
'読み込み完了待ち
Do Until HTMLDoc.readyState = "complete"
    DoEvents
Loop
'本文の内容表示
MsgBox HTMLDoc.body.innerHTML
```

実行例 HTMLドキュメントの表示

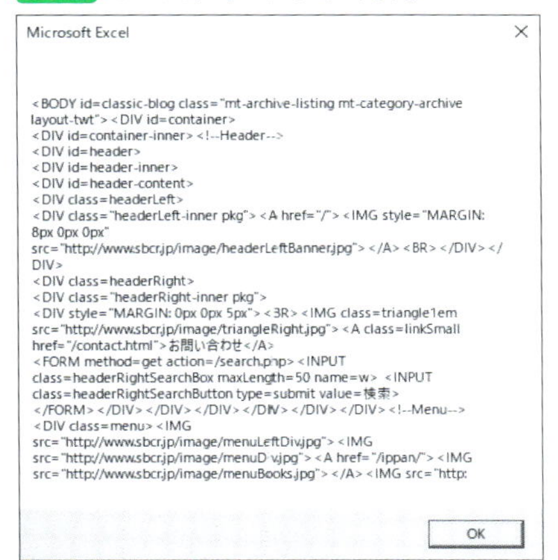

HTMLドキュメントを扱うには、**HTMLDocumentオブジェクト**の各種プロパティ・メソッドを利用します。

任意のURIのWebページを読み込む場合には、まず、読み込み開始用のHTMLDocumentオブジェクトを生成します。さらに、**createDocumentFromUrlメソッド**を利用し、任意のURLの内容を読み込んだ新たなHTMLDocumentオブジェクトを生成します(同じオブジェクトには読み込めません)。

■ **createDocumentFromUrlメソッド**

```
TMLDocumentオブジェクト. _
    createDocumentFromUrl(読み込み先のURL, vbNullString)
```

createDocumentFromUrlメソッドの第2引数に指定した**vbNullString**は、いわゆる「ヌル文字（値0の文字列）」を扱う定数であり、この場合は「特にオプションなしで開く」指定となります。

また、Web上のデータを読み込むため、読み込み待ちの処理が必要になります。サンプルでは、読み込み状態を表す文字列を保持する**readyStateプロパティ**の値が「complete」に変化するまで、空のループ処理を行っています。

読み込みが完了したら、HTMLドキュメントの各種プロパティ経由で、HTMLドキュメントの各要素（エレメント）へとアクセスができるようになります。サンプルでは、bodyプロパティ経由で本文要素にアクセスし、そのHTML表現を、**outerHTMLプロパティ**で取得しています。

▶HTMLDocumentオブジェクトのプロパティ／メソッド（抜粋）

プロパティ／メソッド	用途
createDocumentFromUrlメソッド	第1引数に指定したURIのWebページを元に、新規のHTMLDocumentオブジェクトを生成する
readyStateプロパティ	読み込み状態を以下の文字列で表す
	uninitialized：読み込み前
	loading：読み込み中
	interactive：読み込み中（一部のみ読込状態）
	complete：読み込み完了
headプロパティ	HTMLドキュメントのhead要素へアクセスする
bodyプロパティ	HTMLドキュメントのbody要素へアクセスする

▶各要素（エレメント）から情報を取得するプロパティ／メソッド（抜粋）

プロパティ／メソッド	用途
outerHTMLプロパティ	要素のHTML表現
innerHTMLプロパティ	要素内のHTML表現
innerTextプロパティ	要素内のテキスト
tagNameプロパティ	要素のタグ名

classNameプロパティ	要素のクラス名
getAttributeメソッド	要素の持つ任意の属性の値

Column JavaScriptを利用したコンテンツ

最近では、ブラウザ上で動作するJavaScriptベースのライブラリを利用して、動的にコンテンツの内容を変化させたり、追加するタイプのWebページは珍しくありません。このタイプのページの内容は、本文中のコードでは取得しきれません。あしからずご了承ください。

取得したWebデータから任意の箇所を取得する

HTMLDocumentオブジェクトには、次表のような、要素を検索する際に便利なメソッドが用意されています。

▶要素の検索に利用できるHTMLDocumentオブジェクトのメソッド(抜粋)

メソッド	用途
getElementByID	任意のid属性を持つ単一要素を取得
getElementByName	任意のname属性を持つ要素のリストを取得
getElementByClassName	任意のクラス名を持つ要素のリストを取得
getElementsByTagName	任意のタグの要素のリストを取得

例えば、SBクリエイティブ社の「IT書籍」のページ(http://www.sbcr.jp/pc/)を例にしてみましょう。

▶**Webブラウザーでの表示**

このページのHTMLドキュメントでは、画面中央部の書籍名の部分は、以下のように「categoryTitleLinkクラスを設定した要素」として作成されています。

```
<a class="categoryTitleLink" href="書籍のリンク">書籍名</a>
```

このルールを踏まえたうえで、「http://www.sbcr.jp/pc/」のHTMLドキュメントから、クラス名が「categoryTitleLink」の要素のみを抜き出して、その値とリンク先の情報をセルB3を基準としてシート上に転記してみましょう（シートの2行目には、あらかじめ見出しを用意してあります）。

マクロ16-3

```
Dim baseHTMLDoc As HTMLDocument, HTMLDoc As HTMLDocument
Dim elements As IHTMLElementCollection, elem As IHTMLElement
Dim targetURI As String
'読み込みたいコンテンツのアドレスを指定
targetURI = "http://www.sbcr.jp/pc/"
'HTMLDocumentを生成
Set baseHTMLDoc = New HTMLDocument
Set HTMLDoc = baseHTMLDoc.createDocumentFromUrl(targetURI, vbNullString)
'読み込み完了待ち
Do Until HTMLDoc.readyState = "complete"
    DoEvents
Loop
'categoryTitleLinkクラスの要素を抜き出す
Set elements = HTMLDoc.getElementsByClassName("categoryTitleLink")
'書き出し
Range("B2").Select
```

```
For Each elem In elements
    ActiveCell.Value = elem.innerText
    ActiveCell.Next.Value = elem.getAttribute("href")
    ActiveCell.Offset(1).Select
Next
```

実行例 任意のデータのみを書き出す

	A	B	C
1			
2		タイトル	リンク先
3		はじめてのAndroidプログラミング 第3版	http://www.sbcr.jp/products/4797395815.html
4		デジタルイラストの「エフェクト」描き方事典	http://www.sbcr.jp/products/4797393798.html
5		Photoshop & Illustratorデザインテクニック大全	http://www.sbcr.jp/products/4797395396.html
6		やさしいPython	http://www.sbcr.jp/products/4797396027.html
7		スラスラわかるHTML＆CSSのきほん 第2版	http://www.sbcr.jp/products/4797393156.html
8		「キャラの背景」描き方教室	http://www.sbcr.jp/products/4797391503.html

このように、HTMLドキュメントから、特定のタグ名やid、クラス名等の要素を絞り込めると、目的の値へとアクセスしやすくなります。

VBAからURLエンコードを出力する

各種の検索エンジンに代表される、URIの末尾にパラメータを指定してアクセスするタイプのコンテンツでは、パラメータ文字列を**URLエンコード**して渡す必要があるケースがあります。

例えば、SBクリエイティブ社の書籍検索Webページ（www.sbcr.jp/search.php）では、検索パラメータを「?w=検索キーワード」の形で指定します。この時、パラメータとして、「古川順平」という値を渡したい場合には、

```
www.sbcr.jp/search.php?w=%E5%8F%A4%E5%B7%9D%E9%A0%86%E5%B9%B3
```

と、URLエンコードした値を指定します。

この値をVBAから取得するには、Excel 2013以降であれば、**ENCODEURLワークシート関数**を利用します。次のコードは、「古川順平」をURLエンコードした値を出力します。

マクロ16-4

```
Debug.Print Application.WorksheetFunction.EncodeURL("古川順平")
```

Excel 2010以前では、かつてMicrosoft社が開発していた「JScript」の仕組みをVBAから利用します。次のコードは、「JScript」を利用して「古川順平」をURLエンコードした値を出力します。

マクロ16-5

```
Dim str As String
str = "古川順平"
'ScriptControl経由でJScriptのコードを実行
With CreateObject("ScriptControl")
    .Language = "JScript"
    str = .CodeObject.encodeURI(str)    'URLエンコード
End With
Debug.Print str
```

実行例 URLエンコードを出力

パラメータを指定した検索結果のHTMLドキュメントがほしい場合等には、この仕組みを併用していきましょう。

16-3 XML形式で解析する

Webサイト上では配信されているフィード情報の多くは、RSSやATOM等のXML形式をベースとして作成されています。そこで、VBAからXML形式のデータを扱う方法を見ていきましょう。

VBAでXMLを扱うには

XML形式のデータを扱うには、外部ライブラリ**MSXML2**に用意されている、**XMLHTTPオブジェクト**が便利です。XMLHTTPオブジェクトは、CreateObject関数の引数に、クラス文字列「MSXML2.XMLHTTP」を指定して生成します。

基本的な利用方法は、**Openメソッド**で通信リクエストを準備し、**Sendメソッド**でリクエストを送信します。受け取ったレスポンスデータの内容は、**responseTextプロパティ**経由で取得できます。

次のコードは、SBクリエイティブ社のATOM形式のフィード(http://www.sbcr.jp/topics/atom.xml)を読み込み、その内容を表示します。

マクロ16-6

```
Dim httpReq As Object, targetURI As String
'読み込みたいコンテンツのアドレスを指定
targetURI = "http://www.sbcr.jp/topics/atom.xml"
'XMLHTTPオブジェクトで通信
Set httpReq = CreateObject("MSXML2.XMLHTTP")
With httpReq
    .Open "GET", targetURI, False
    .Send
    MsgBox .responseText
End With
```

1 2 3 4 5 6 7 8 9 10 11 12 13 14 15 16 17 18 19

実行例 フィードの表示

▶XMLHTTPオブジェクトのプロパティ /メソッド（抜粋）

プロパティ /メソッド	用途
openメソッド	通信準備を行う。通信方法("GET"/"POST")、URI、非同期設定（True：非同期/False：同期）等を引数で指定
sendメソッド	指定したURIへリクエストを送る
responsTextプロパティ	レスポンスデータを取得

あとは、受け取ったXMLデータを解析すれば、ほしい情報が手に入るわけですね。

XMLデータをDOMDocumentで解析する

XML形式のデータを解析する際に便利なのが、外部ライブラリMSXML2に用意されている、**DOMDocumentオブジェクト**です。

DOMDocumentオブジェクトは、CreateObject関数にクラス文字列「MSXML2.DOMDocument.6.0」を渡して生成します。

▶DOMDocumentオブジェクトのメソッド（抜粋）

メソッド	用途
LoadXML	引数に指定した文字列を元にXMLドキュメントを構築する
Load	引数に指定したパスのXMLファイルからXMLドキュメントを構築する
SelectSingleNode	引数に指定したXPath式を満たす最初のノードを返す
SelectNodes	引数に指定したXPath式を満たすノードのリストを返す

▶各ノードから情報を取得するプロパティ／メソッド（抜粋）

プロパティ／メソッド	用途
NodeNameプロパティ	ノード名
Textプロパティ	ノードの持つテキスト
XMLプロパティ	ノードのXML表現文字列
GetAttributeメソッド	ノードの持つ任意の属性の値
Firstchildプロパティ	最初の子ノード
LastChildプロパティ	最後の子ノード
NextSiblingプロパティ	同一階層の「次のノード」
ChildNodesプロパティ	子ノードのリスト

基本的な利用方法は、まず、**LoadXMLメソッド**（文字列からXML構築）、もしくは**Loadメソッド**（ファイルからXML構築）を利用してXML形式のデータを作成します。その後は、**FirstChildプロパティ**や**ChildNodesプロパティ**経由でノードをたどり、値へとアクセスします。

もしくは、**SelectSingleNodeメソッド**や**SelectNodesメソッド**に、XML形式のデータパスを、いわゆる「XPath」の形式で指定して目的のノードへとアクセスしていきます。

次のコードは、SBクリエイティブ社のATOM形式のフィード（http://www.sbcr.jp/topics/atom.xml）を読み込み、XPath式を使って「entry」ノードをリストアップし、その情報をセルB3を基準として書き出しを行います（シートにはあらかじめ見出し等を用意しています）。

マクロ16-7

```
Dim httpReq As Object, targetURI As String
Dim DOMDoc As Object, nodeList As Object, node As Object
'読み込みたいコンテンツのアドレスを指定
targetURI = "http://www.sbcr.jp/topics/atom.xml"
'XMLHTTPオブジェクトで通信
Set httpReq = CreateObject("MSXML2.XMLHTTP")
With httpReq
    .Open "GET", targetURI, False
    .send
End With
'DOMDocumentで解析
Set DOMDoc = CreateObject("MSXML2.DOMDocument.6.0")
With DOMDoc
    .async = False
    'XMLHTTPオブジェクトで読み込んだデータを元に構築
    .LoadXML httpReq.responseText
    'atomのネームスペースを「atom:」で扱えるように登録
    .SetProperty _
      "SelectionNamespaces", "xmlns:atom='http://www.w3.org/2005/Atom'"
End With
'「entry」要素をリストアップ
Set nodeList = DOMDoc.SelectNodes("//atom:entry")
'リストアップしたentry要素から値をピックアップ
Range("B3").Select
For Each node In nodeList
    ActiveCell.Value = node.SelectSingleNode("./atom:title").Text()
    ActiveCell.Next.Value = _
        node.SelectSingleNode("./atom:link").getAttribute("href")
    ActiveCell.Offset(1).Select
Next
```

実行例 **ATOM形式のフィードの表示**

	A	B	C	D
1				
2		タイトル	リンク先	
3		SB新書4月の新刊は3タイトル！ 試読版も公開中！！	http://www.sbcr.jp/topics/14527/	
4		【書店さまへ】GA文庫4月新刊のポスター＆POPを公開しました！	http://www.sbcr.jp/topics/14525/	
5		【電子書籍】GAノベル創刊2周年サンキューキャンペーン開催中	http://www.sbcr.jp/topics/14514/	
6		『Excel最強の教科書』がCPU大賞・書籍部門1位を受賞	http://www.sbcr.jp/topics/14511/	
7		【特製チートブラシがもらえる】『「キャラの背景」描き方教室』限定イラストカードフェア開催	http://www.sbcr.jp/topics/14469/	
8		【電子書籍】『りゅうおうのおしごと！』アニメ応援感謝 ラノベ×コミカライズ版　コラボキャンペーン	http://www.sbcr.jp/topics/14470/	

16-4 JSON形式で解析する

Webサイト上で配信されている情報の中には、JSON形式で作成されているものもあります。そこで、VBAからJSON形式のデータを扱う方法を見ていきましょう。

JScriptという過去の遺産を利用する

JSON形式は、言ってみればJavaScriptのオブジェクトの仕組みでデータをパッケージングしたデータです。VBAではこの形式を扱う仕組みを持ち合わせていません。そこで、過去にMicrosoft社が開発していた「JScript」の仕組みを利用していきます。

JScriptはJavaScript互換の言語と言った位置づけでした。そこに用意されていた、引数として渡した文字列を式として解釈する関数である**eval関数**に、JSON形式のデータを渡し、オブジェクトとして扱えるように加工します。

次のコードは、下記の形式のJSONデータを解析し、値を取り出してシート（セル範囲B3:D3）上に転記します（シート上にはあらかじめ見出し等を用意しています）。

■ **転記するJSONデータ**

```
[
    {"ID":"1","商品名":"りんご","価格":"120"},
    {"ID":"2","商品名":"みかん","価格":"80"},
    {"ID":"3","商品名":"ぶどう","価格":"300"}
]
```

マクロ16-8

```
Dim JSONString As String, JSONObj As Object, tmpObj As Object
'JSON形式の文字列を作成
JSONString = _
"[" & _
    "{""ID"":""1"",""商品名"":""りんご"",""価格"":""120""}," & _
    "{""ID"":""2"",""商品名"":""みかん"",""価格"":""80""}," & _
    "{""ID"":""3"",""商品名"":""ぶどう"",""価格"":""300""}" & _
"]"
```

```
'JScript経由でオブジェクト化
With CreateObject("ScriptControl")
    .Language = "JScript"
    Set JSONObj = .CodeObject.eval(JSONString)
End With
'値を取り出す
Range("B3:D3").Select
For Each tmpObj In JSONObj
    Selection.Cells(1).Value = tmpObj.ID
    Selection.Cells(2).Value = tmpObj.商品名
    Selection.Cells(3).Value = tmpObj.価格
    Selection.Offset(1).Select
Next
```

実行例 JSONデータの解析

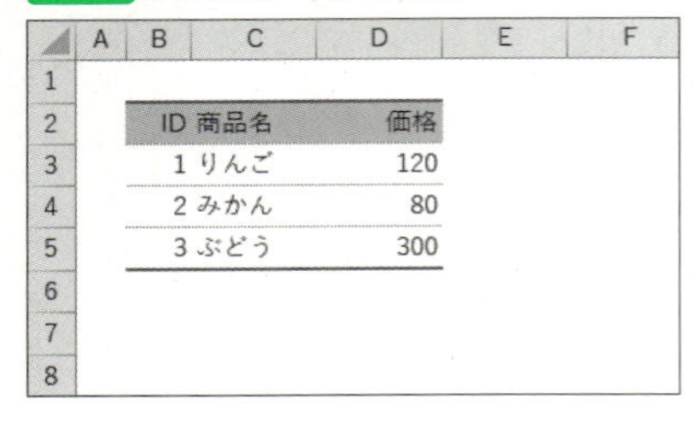

ID	商品名	価格
1	りんご	120
2	みかん	80
3	ぶどう	300

JScriptの開発は、はるか昔にストップしているため、いつまでこの手法が有効かは未知数ですが、「応急手当」として利用してみてください。

Chapter17

マクロの実行速度を上げる

本章では、Excelのマクロの実行速度を上げるための各種の設定方法をご紹介します。Excelは表計算アプリケーションですので、普段はいろいろな操作や入力をチェックして、それをPCの前の私たちに伝えたり、計算を行ったりしています。それらの作業を一時的に切るだけで、マクロの実行速度が目に見えて上がります。

17-1 マクロの実行速度を調べる

「型指定をキッチリ行う」「大量のデータはメモリに一気に読み込んでおく」等、どんな言語でもプログラムの実行速度を上げるノウハウは数多くあります。しかしExcelのVBAに限っては、もっとはっきりした高速化方法が用意されています。それが、「Excelでいつも動いている仕組みを切る」という方法の数々です。

マクロの実行速度の簡易計測方法

実行速度を上げる手法の前に、マクロの実行速度を計測する簡易的な仕組みをご紹介しておきましょう。

VBAには、「午前0時から経過した秒数(Windows版ではミリ秒数まで)」を取得できる、**Timer関数**が用意されています。この値を実行速度を計測したいマクロの前後で比較します。次のコードは、コード内に記述した処理の実行時間を取得して表示します。

マクロ17-1

```
Dim tmpTime As Single, i As Long
'開始時のタイマーを取得
tmpTime = Timer
'計測したいコードを記述(とりあえず、A1:A10000のセルを個別にクリア)
For i = 1 To 10000
    Cells(i, 1).Clear
Next
'終了時のタイマーと比較
Debug.Print "処理速度：", Timer - tmpTime
```

実行例 マクロの速度を計測

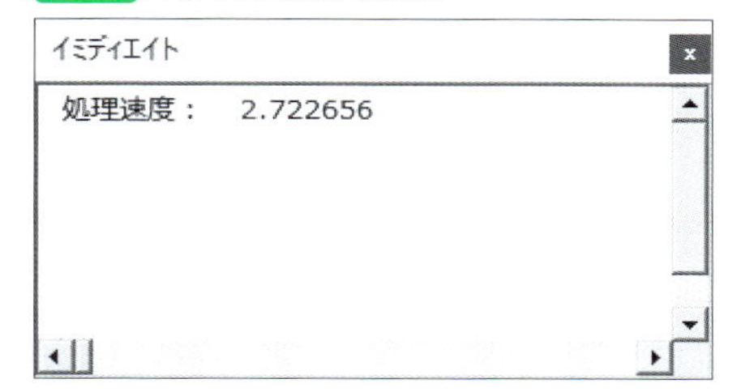

　これで実行時間を数値で把握できますね。実はこの方法、あまりに高速に終了するマクロの実行速度は測れませんが、そこそこの時間がかかるものであれば、十分に計測できます。

　ちなみに、次の図は、普通に上記マクロを2回実行した後に、次節でご紹介する高速化のための設定を加えてから2回実行した結果です。やっていることは何も変わらないのに、2秒ほど高速化できていますね。

▶高速化の設定後に実行

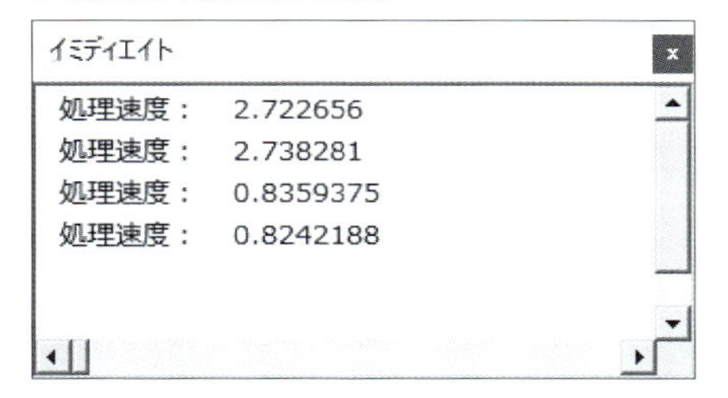

17-2 更新や再計算を止めてスピードアップ

マクロの実行速度を上げるには、Excelが行っている処理を「止める」のが一番です。VBAから設定すれば、マクロを実行する時にだけ処理を止めて、実行が完了したら処理を再開することが可能になります。

画面の更新を止める

さあ、それではどんどん設定を切っていきましょう。最初の設定は**画面更新**です。VBAは通常、実行したコードに伴い、その場で画面を更新していきます。マクロでアクティブなシートを変更すれば画面上でも変更されますし、ブックを開けば画面上でもそのブックが開きます。

しかし、最終的なマクロの実行結果だけが必要なのであれば、この画面の更新は不要です。画面更新を切っても、きちんと「アクティブなシート」や「アクティブなブック」は切り替わります。あくまでも、それをモニタの前の私たちに知らせるための画面更新が切られるのみです。画面更新は、Excel的・PC的にも「重い(≒処理速度がかかる)」処理ですので、これを切れるとかなり高速化します。

画面更新の設定は、Applicationオブジェクトの**ScreenUpdatingプロパティ**で管理します。オフは「False」、オンは「True」です。

マクロ17-2

```
'画面更新オフ
Application.ScreenUpdating = False

実行したいコード

'画面更新オン
Application.ScreenUpdating = True
```

なお、画面更新の設定は、任意のマクロ上でオフにしても、マクロの実行を終えると、ScreenUpdatingに「True」を指定せずとも自動的にオンに戻ります。マクロの実行途中で、明示的に画面更新をオンに戻したい場合(ユーザーに操作対象セル範囲を選択してもらう場合等）以外には、基本的にマクロの先頭でオフにしておけばOKです。

表計算ソフトだけど計算をストップする

2つ目の設定は、「シート上に入力されている式の再計算方式」です。Excelは表計算ソフトですので、どこかのセルの値が変更されたタイミングで、関連する数式がないかのチェックや数式の**再計算**が起こります。

この設定は、Applicationオブジェクトの**Calculationプロパティ**において、次の3種類の方式で管理されています。

▶XlCalculation列挙の定数と再計算方式

定数	値	再計算方式
xlCalculationAutomatic	-4105	自動再計算オン。関連セルの式や揮発性関数を再計算する
xlCalculationManual	-4135	自動再計算オフ。ユーザーが「数式」→「再計算実行」等を選択した時点で再計算
xlCalculationSemiautomatic	2	データテーブル以外は自動再計算オン。「データ」→「What-If分析」→「データテーブル」で作成する「データテーブル」の自動計算のみをオフにする

つまり、シート上の数式の再計算が必要ないようなマクロであれば、一時的に自動再計算を「オフ」にすれば、その分処理速度の向上が期待できるわけですね。

マクロ17-3

```
'マクロ実行時の再計算設定を保持
Dim calcMode As XlCalculation
calcMode = Application.Calculation
'自動再計算オフ
Application.Calculation = xlCalculationManual

実行したいコード

'元に戻す
Application.Calculation = calcMode
```

再計算方法は、既にユーザーによって設定されている可能性があるため、オフにする前にその値を変数に保管しておき、一連の処理が終わったら元に戻すようにしておきましょう。

イベント処理を止める

Excelには、各種の**イベント処理**が用意されています。つまりは、常にユーザーの操作に応じてイベント処理を呼べる構えを取っている状態です。この構えを解くことよって、処理速度の向上を狙います。

イベントを監視するかどうかの設定は、Applicationオブジェクトの**EnableEventsプロパティ**で設定します。オフは「False」、オンは「True」です。

マクロ17-4

```
'イベント処理をオフ
Application.EnableEvents = False

実行したいコード

'オンに戻す
Application.EnableEvents = True
```

EnableEventsプロパティは、画面更新のScreenUpdatingプロパティと違い、マクロの実行終了後も自動でオンに戻るということはありません。そのため、オフにしたら、最後にオンに戻す処理を忘れずに記述するようにしましょう。

Column イベントの連鎖を止めるためにも利用できる

EnableEventsプロパティは、「イベントの連鎖」を止めるためにも利用します。例えば、「シートの値変更時に、値が10より小さい場合は、1だけ加算する」という処理を、あるシートのChangeイベントに用意したとします。

```
Private Sub Worksheet_Change(ByVal Target As Range)
    If Target.Value < 10 Then
        Target.Value = Target.Value + 1
    End If
End Sub
```

この状態で、セルに「1」と入力するとどうなるでしょうか。

	A	B	C	D
1				
2		1		
3				
4				
5				

	A	B	C	D
1				
2		10		
3				
4				
5				

結果は「2」ではなく「10」となります。これは、Changeイベント内で行ったセルの値の変更により、再びChangeイベントが発生し、Changeイベントが連鎖してしまうため起きる現象です。

この連鎖を防ぐには、EnableEventsプロパティでイベントの監視を一時的にオフにしてから、処理を行うようにします。

```
Application.EnableEvents = False
If Target.Value < 10 Then
    Target.Value = Target.Value + 1
End If
Application.EnableEvents = True
```

このようにすれば、「1」と入力後の結果は、「2」となります。

	A	B	C	D
1				
2		2		
3				
4				
5				

警告・確認メッセージをスキップ

最後にご紹介する設定は、**警告メッセージ**の表示の有無です。Excelでは、特に、削除系の操作を行う場合、図のような警告メッセージを表示します。

▶警告メッセージ

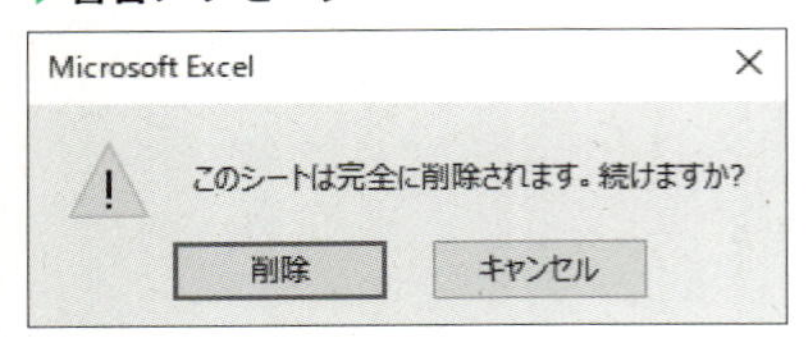

マクロでシートを削除するような場合でも、このメッセージは表示されます。つまりは、そこでマクロの実行がいったんストップしてしまう状態となるのです。

この警告・確認メッセージを表示せずに、問答無用で削除を実行してしまいたい場合には、Applicationオブジェクトの**DisplayAlertsプロパティ**を利用して表示設定を切ります。オフは「False」、オンは「True」です。

マクロ17-5

```
'警告メッセージ表示をオフ
Application.DisplayAlerts = False

削除処理等の警告・確認が表示される処理

'警告メッセージ表示をオンに戻す
Application.DisplayAlerts = True
```

DisplayAlertsプロパティは、画面更新のScreenUpdatingプロパティと同じく、マクロ内でオフにしても、マクロ終了時には自動的にオンに戻ります。しかし、削除系の操作というのは、一般的に「元に戻せないリスクの高い操作」であることが多々あります。できるだけ狭い範囲のみで警告メッセージの表示をオフにし、すぐに元に戻すクセをつけておきましょう。想定外のところで、大事なデータを削除してしまっていた、ということになったら、速度向上のメリットなんて何も意味がありませんものね。

Chapter18

シートを利用した入力インターフェイスの作成

本章では、データの入力インターフェイスとしてシートを利用する場合によく作成する処理をご紹介します。あわせて、Excelを利用する際に、データ入力専用の画面を用意するメリットや注意点等を見ていきましょう。

18-1 入力専用画面に関して考えてみよう

本章のテーマは「**入力専用シート**」です。Excelはさまざまな用途に自由に利用できるアプリケーションですが、データの蓄積・分析を行う機能に限って言えば、「表形式」でのデータの入力が前提となってきます。

そこで、「最終的には表形式にするデータを、いかに入力するのか」という観点から、そのために、どのような準備をすればよいのかを考えてみましょう。

入力用画面を用意するメリットとは

一番単純な解決策は、全ての人に表形式でデータを入力してもらうことです。しかし、表形式での入力に慣れていない方にとっては戸惑う作業でもあります。特に「昔ながらの帳票で管理していたデータ」系は、帳票と違う形式の画面では、「どこに何を入力したらよいかわからない」→「触るのが怖い」→「パソコンとか嫌い」とまで達する人が出てくるほどの違和感を覚える分野でもあります。

そこで、「**データを入力する方にとって、見やすく、わかりやすい画面**」を用意すれば、データの入力作業を円滑に行ってもらいやすくなるでしょう。セルの結合をしても構いません。Excel方眼紙でも……構いません。とにかく、「入力しやすさ」を追求したシートを作成してしまいましょう。そのうえで、シート上のデータを表形式で転記する仕組みをVBAで用意すればよいのです。

▶入力用のシートと表形式での蓄積用のシート

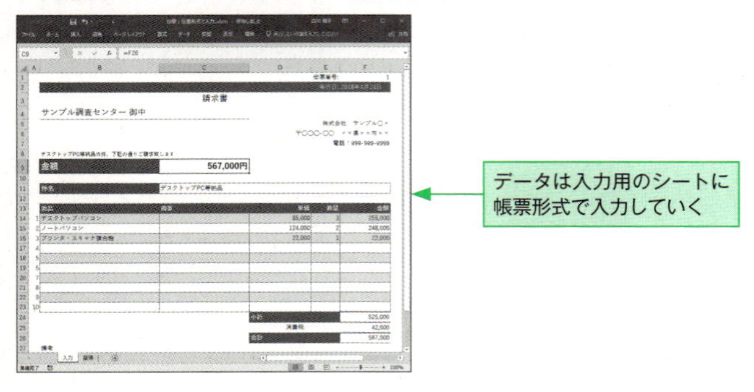

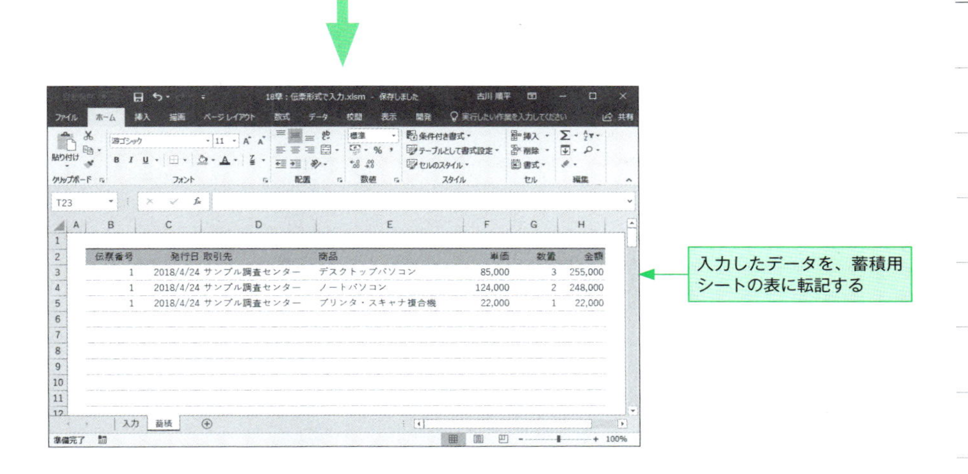

このスタイルは、データを利用する側にとってもメリットがあります。それは、1件1件のデータを入力する際に、「**値や形式をチェックすればよい『場所』を限定できる**」という面です。

入力画面を別に作成するということは、転記する処理が必要になるということです。その転記処理内の一環として、値のチェックや変換を行うコードを付け加えておけば、意図していない形式でデータが蓄積されるのを防ぐことができます。

さらに、その気になれば、データ入力時に入力者に対して「これで正しいですか？」と値を問い合わせることまで可能です。雑多に入力されたデータを、後から憶測を交えて一括整形しなくてはいけない場面が少なくなるでしょう。

また、マクロを作成するうえでも、「チェック」「転記」「分析」「出力」等、目的のはっきりとした短いマクロを複数作成するスタイルとなり、長い1つのマクロを作り上げるよりも、整理整頓して開発を進められます。エラー発生時にも、どのマクロのどの部分を修正すればよいのかが、突き止めやすくなるでしょう。

Column 「いつものExcel」を妨げないという視点

Excelベースでこの手の仕組みを作成する際に意識しておきたい点があります。それは、「ユーザーはあなたが思っている以上にExcelに慣れている場合が多い」点です。

Excelは日ごろから多くの方が日常的に利用されているアプリケーションです。そのため、「いつも通りに操作できない」というのは、とてもストレスになります。

入力画面を作成する際にも、あまりカッチリと「こちらの用意した操作しかできません」としてしまうよりも、「好きに操作して、最終的にこのセルにあの値を入れてボタンを押してください」程度の方が、使う側としては使いやすいということが往々にしてあります。

たいていどこの会社にも、妙にExcelに詳しい社員、いわゆる「Excelおじさん」が何名かいらっしゃるものです。なかには、既に自分の使いやすい機能をカスタマイズしてリボンに登録されているような方までいらっしゃいます。そういった方々も含め、普段Excelで作業されている方の「いつものExcel」を妨げずに、しかし、必要なデータを必要な形式で蓄積していけるくらいのバランスの仕組みを意識して用意しておくと、長く、手軽に利用してもらえるマクロが作成できるでしょう。

……とはいえ、あまりに余計な操作を好き放題されて、ブックの構成まで破壊されてしまうなんて場合だってあります。そんな時には、ギッチギチに「ユーザーフォーム」を利用した入力画面を用意するのも1つの手ですね。

つまるところ、使う人の顔を想定して、作成する仕組みの「立ち位置」を決めて制作に臨むのがモアベターと言うところですね。

18-2 入力シートから蓄積シートへ転記する仕組み

それでは、伝票形式の「入力」シートの内容を、表形式の「蓄積」シートへと転記する仕組みを作成してみましょう。

転記の際に検討する項目

あるシート上のデータを転記する際に、検討する項目は、だいたい以下の点です。

- ①転記後の表の見出しの整理(何を記録するのか)
- ②見出し項目に合わせた形式のデータを作成する仕組みの整理(入力用シートから、どのセルの値をどのように拾ってくるのかの整理)
- ③新規レコード入力位置を取得して入力する仕組みの整理
- ④用意した仕組みを組み合わせる

下記のシート構成を元に、1つずつ考えてみましょう。

▶転記元となる伝票形式のシート

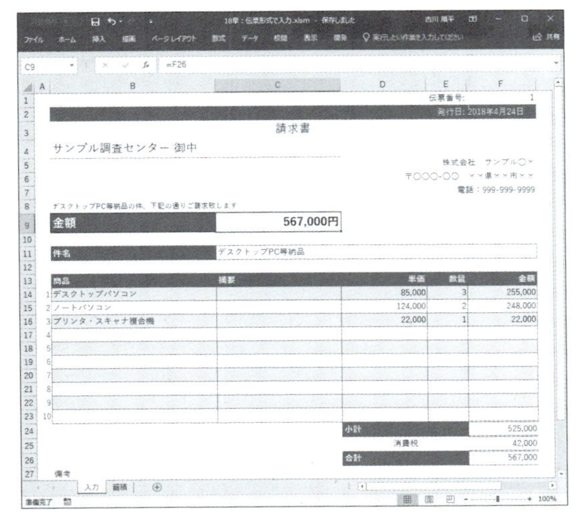

なお、転記元のシート(入力用シート)のサンプルは、本書のサポートページ(http://isbn.sbcr.jp/96980)からダウンロード可能です。

表の見出しを整理する

まずは、伝票形式で入力したデータのうち、**「何を保存するのか」**を決めます。伝票を見ながら、記録したい項目を横方向にリストアップして整理していきましょう。今回は、以下の項目を記録することにしました。

▶**見出しを決める**

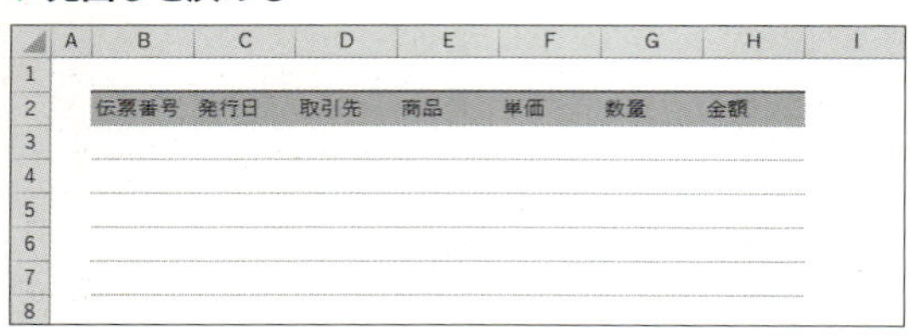

「伝票番号」「発行日」「取引先」「商品」「単価」「数量」「金額」の7個の情報です。記録する項目を決める時は、必ず1つ、**「他の伝票(入力データ)と区別するための値」**を用意しましょう。いわゆる**キー**となるフィールドです。今回の場合は、「伝票番号」がキーとなります。

今回は、この見出しを「蓄積」シートのセルB2を起点に記述しておきました。ここが記録先となります。それでは、次のステップへ進みましょう。

1行分のデータをピックアップする仕組みを作成する

今度は入力用シートの該当セルを見ながら、**「1行分のデータを拾い上げる方法」**を検討します。今回のケースでは、7つの項目についての値とセルの関係は、以下のようになっています。

▶値とセルの関係

項目	タイプ	場所
伝票番号	固定	セルF1
発行日	固定	セルF2
取引先	固定	セルB4
商品	可変(範囲はセルB14:F23)	1列目(B列)
単価		3列目(D列)
数量		4列目(E列)

整理する際のコツは、まず、値の入力されているセルが「**固定**」なのか「**可変**」なのかという視点で調べ、固定の場合はそのセル番地を、可変の場合は、可変する可能性のあるセル範囲を記録しておくことです。

さらに、可変セル範囲は、たいてい表形式になっているかと思いますが、この場合は、それぞれの該当項目がその表形式の範囲内の何列目かを記録しておきましょう。

この表を元に、1行分のデータを作成する仕組みを組み上げていきます。今回の場合は以下のようになります。入力用のシートから各項目のデータを1行ずつ取得して表示します。マクロの実行は、入力用のシートを選択した状態(アクティブな状態)で行ってください。

マクロ18-1

```
Dim dataRng As Range, dataCount As Long, i As Long
'1レコード分、7つのデータを扱う配列を用意
Dim tmpRec(6) As Variant
'可変するデータを扱うセル範囲をセット
Set dataRng = Range("B14:F23")
'可変位置にあるセルから、今回のデータの総数を算出
dataCount = _
    Application.WorksheetFunction.CountA(dataRng.Columns(1))
'算出した総数の分だけ転記用データを作成(とりあえず出力)
For i = 1 To dataCount
    '固定部分：ID・取引日・取引先
    tmpRec(0) = Range("F1").Value
    tmpRec(1) = Range("F2").Value
```

```
    tmpRec(2) = Range("B4").Value
    '可変部分：商品名・単価・数量・金額
    tmpRec(3) = dataRng.Cells(i, 1).Value
    tmpRec(4) = dataRng.Cells(i, 3).Value
    tmpRec(5) = dataRng.Cells(i, 4).Value
    tmpRec(6) = dataRng.Cells(i, 5).Value
    'とりあえず出力
    Debug.Print "記録レコード：", Join(tmpRec, ",")
Next
```

実行例 1行ずつデータを取得

```
イミディエイト
記録レコード：  1,2018/04/24,サンプル調査センター,デスクトップパソコン,85000,3,255000
記録レコード：  1,2018/04/24,サンプル調査センター,ノートパソコン,124000,2,248000
記録レコード：  1,2018/04/24,サンプル調査センター,プリンタ・スキャナ複合機,22000,1,22000
```

今回は、7つの項目を格納する1次元配列を用意し、そこに対応するセルの値を代入する形を取ってみました。このあたりは、構造体を使って整理してもいいですし、1行ずつでなく、2次元配列を用意して値を全てまとめて扱えるようにしてもよいですね。ともあれ、目的の値をピックアップできる仕組みが用意できたら、次のステップへ進みます。

新規レコードを追加できる仕組みを作成する

7つの値を、「蓄積」シートの新規レコード入力位置に入力できる仕組みを作成します。今回は、下記のようにコードを作成しました。なお、入力する値については、とりあえずはダミーの1次元配列の値を用意しています。ダミーの配列の値を「蓄積」シートのB列の新規データ入力位置を基準にして転記していきます。ちなみに、新規データ入力位置は、Endプロパティを利用した方法(285ページ)で取得しています。

マクロ18-2

```
Dim newRecordRng As Range, rowNo As Long
Dim newRecordList As Variant
'とりあえずダミーの値を用意
newRecordList = Array(1, 2, 3, 4, 5, 6, 7)
```

```
'新規レコード入力位置を取得
With Worksheets("蓄積")
    rowNo = .Cells(Rows.Count, "B").End(xlUp).Row + 1
    Set newRecordRng = .Range(.Cells(rowNo, "B"), .Cells(rowNo, "H"))
End With
'転記
newRecordRng.Value = newRecordList
```

実行例 「蓄積」シートに転記

伝票番号	発行日	取引先	商品	単価	数量	金額
1	2	3	4	5	6	7
1	2	3	4	5	6	7
1	2	3	4	5	6	7
1	2	3	4	5	6	7
1	2	3	4	5	6	7

上記の図は、マクロを5回実行しています。このように何回か実行し、実行するたびにきちんと「新規データ」として入力されるようになっているかテストしましょう。問題ないようなら、次のステップへ進みます。

用意した仕組みを組み合わせる

新規データを入力する仕組みを、入力したい値の1次元配列を引数に取るサブルーチンとして改良します。今回は、以下のように「addNewRecord」としてみました。

マクロ18-3

```
Sub addNewRecord(newRecordList() As Variant)
    Dim newRecordRng As Range, rowNo As Long
'    Dim newRecordList As Variant
'    とりあえずダミーの値を用意
'    newRecordList = Array(1, 2, 3, 4, 5, 6, 7)
    '新規レコード入力位置を取得
    With Worksheets("蓄積")
        rowNo = .Cells(Rows.Count, "B").End(xlUp).Row + 1
        Set newRecordRng = .Range(.Cells(rowNo, "B"), .Cells(rowNo, "H"))
    End With
```

```
    '転記
    newRecordRng.Value = newRecordList
End Sub
```

サブルーチン化する際のコツは、ダミーの値として利用していた変数と同名の引数を用意し、サブルーチン内に記述してあった変数の宣言部分やダミー値代入部分を消去します。こうすれば、他の箇所を修正する必要はありません(上記の例では削除せずにコメントアウトしています)。

サブルーチン化できたら、転記用のデータをイミディエイトウィンドウに出力していた部分を、下記のようにサブルーチンへと転記用のデータを渡して呼び出すコードへと書き換えます。「入力」シートを選択し、マクロを実行してみましょう。

マクロ18-4

```
Dim dataRng As Range, dataCount As Long, i As Long
'1レコード分、7つのデータを扱う配列を用意
Dim tmpRec(6) As Variant
'可変するデータを扱うセル範囲をセット
Set dataRng = Range("B14:F23")
'可変位置にあるセルから、今回のデータの総数を算出
dataCount = _
    Application.WorksheetFunction.CountA(dataRng.Columns(1))
'算出した総数の分だけ転記用データを作成(とりあえず出力)
For i = 1 To dataCount
    '固定部分：ID・取引日・取引先
    tmpRec(0) = Range("F1").Value
    tmpRec(1) = Range("F2").Value
    tmpRec(2) = Range("B4").Value
    '可変部分：商品名・単価・数量・金額
    tmpRec(3) = dataRng.Cells(i, 1).Value
    tmpRec(4) = dataRng.Cells(i, 3).Value
    tmpRec(5) = dataRng.Cells(i, 4).Value
    tmpRec(6) = dataRng.Cells(i, 5).Value
    '転記サブルーチンへ作成した転記用データを渡して転記
    Call addNewRecord(tmpRec)
Next
```

実行例「蓄積」シートに転記

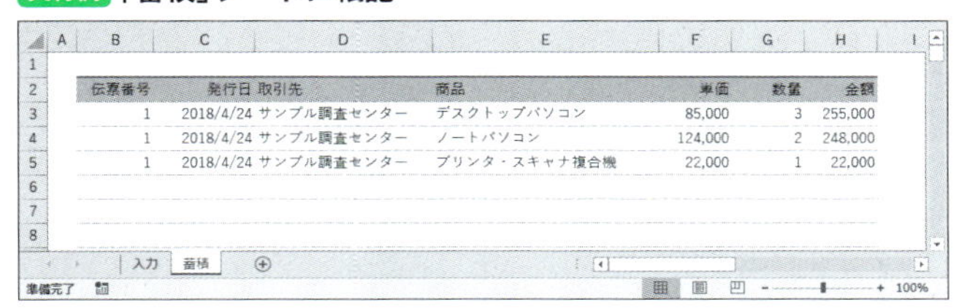

伝票番号	発行日	取引先	商品	単価	数量	金額
1	2018/4/24	サンプル調査センター	デスクトップパソコン	85,000	3	255,000
1	2018/4/24	サンプル調査センター	ノートパソコン	124,000	2	248,000
1	2018/4/24	サンプル調査センター	プリンタ・スキャナ複合機	22,000	1	22,000

これで一通り完成です。うまく実際のデータが転記できたら、データが見やすいように書式やセル幅を調整します。

マクロをボタンに登録する

最後に、作成したマクロを呼び出しやすいように、「入力」シートに**ボタン**を配置してマクロを登録してみましょう。

▶ボタンを用意すると「それっぽく」なる

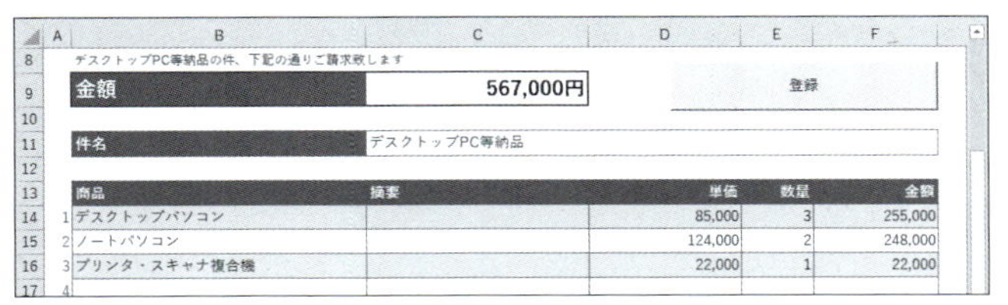

リボンの**開発→挿入**を選択します。表示される「フォームコントロール」から**ボタン**をクリックした状態でシート上をドラッグすると、「マクロの登録」ダイアログが表示され、登録するマクロを選択することができます。

▶ボタンの追加とマクロの登録

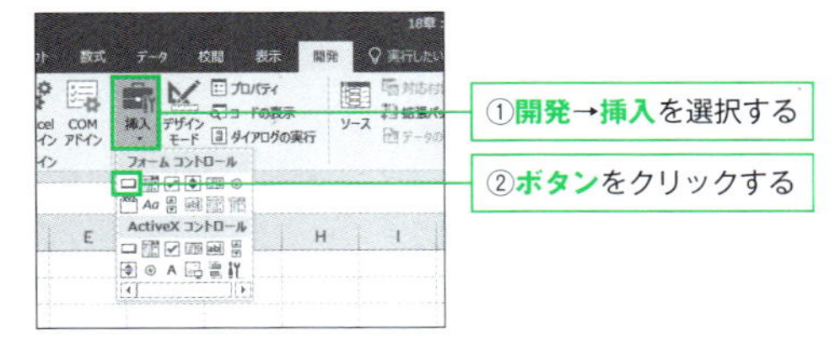

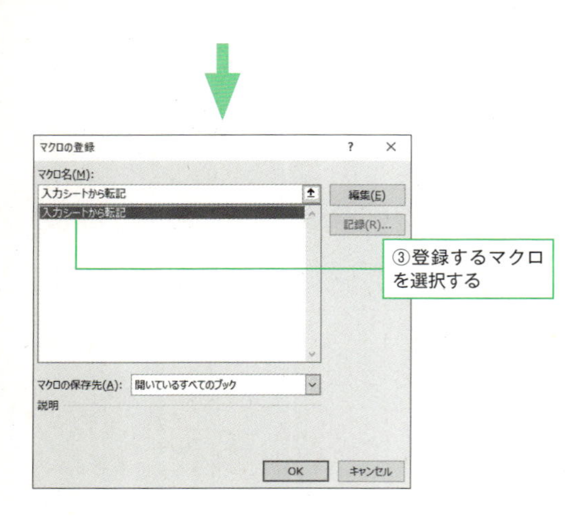

ボタンの位置や大きさの調整は、作成されたボタンを右クリックで選択状態にすれば行えます。

これで、入力用シートは完成です。あとは、値をチェックする処理や、新規データを入力する際の既存の値を消去する処理、重複しない新しい伝票番号を自動取得する処理等を個別に考えて付け加えていけば、より使いやすいシートに仕上げられるでしょう。

その際にも、「まずは機能ごとに小さなマクロを作成し、最後に繋ぎ合わせる」スタイルで作成すると、スムースに開発を進められるでしょう。

Column シート上にボタンを配置するもう1つの効果

シート上に配置したボタンからマクロを呼び出す仕組みの作成は、「マクロ実行時のアクティブなシートを固定できる」という効果があります。想定外のシートからマクロを実行され、思わぬエラーを産み出してしまう確率を下げられるのです。

とはいえ、直接VBEから実行したり、「マクロ」ダイアログから実行したりはできてしまいます（本文中のサンプルも「入力」シート以外から実行すると、妙な結果となるでしょう）。「アクティブなシートに依存しない操作対象の指定方法」でマクロが組めるのであれば、それがベストです。

18-3 フォームコントロールの特徴

データ入力用のワークシートを作成していく際に、知っておくと便利な仕組みが、リボンの「開発」タブの「挿入」から開く「**フォームコントロール**」セクションに用意されている、各種の**コントロール**です。

▶フォームコントロール

このコントロールをVBAから扱う方法をざっとご紹介します。

フォームコントロールに共通の仕組み

各種のフォームコントロールは、シート上に配置後、右クリックして表示されるメニューから**コントロールの書式設定**を選択すると、コントロールの種類に応じた設定をダイアログ上で行うことができます。この画面だけでも、かなりの設定が行えます。以下の図は、**リストボックス**の「コントロールの書式設定」を開いたところです。

▶各種設定はダイアログで行える

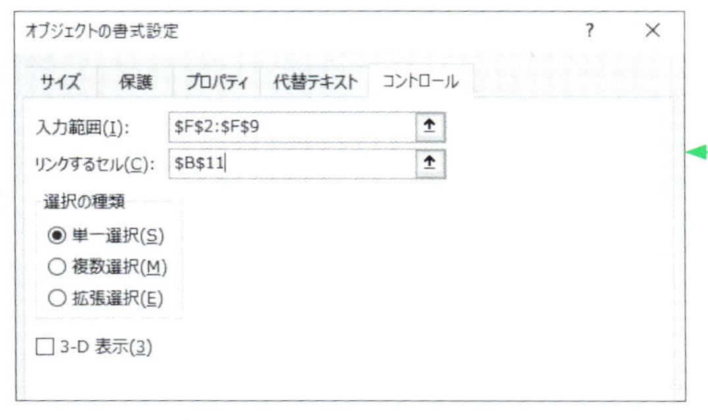

リストボックスの「コントロールの書式設定」を開いたところ。リスト表示したい値の入力されているセルの指定や、選択状態を出力するセルの設定等が行える

VBAから対象のコントロールにアクセスするには、2つの方法が用意されています。1つは、「図形」として**Shapesプロパティ**経由で取得後、その**ControlFormatプロパティ**を利用してアクセスする方法です。

例えば、次の図のようにシート上にコントロール(ここではチェックボックス)を配置した際に、ControlFormatプロパティの値は名前ボックスに表示されます。この値を利用して、任意のコントロールへとアクセスできます。

▶シート上のチェックボックス

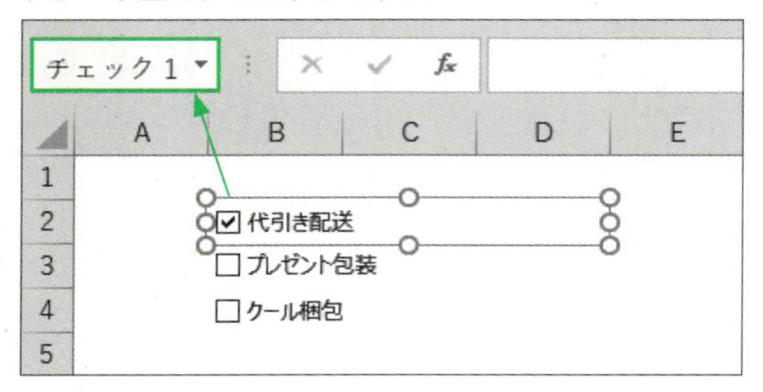

次のコード は、シート上のチェックボックス(チェック1)のチェック状態を出力します。

マクロ18-5

```
Debug.Print ActiveSheet.Shapes("チェック 1").ControlFormat.Value
```

実行例 コントロールの情報を取得

チェックボックスがチェックされていると「1」を、チェックされていない場合は「-4146」を返します。

ControlFormatプロパティからアクセスできる各コントロールは、**ControlFormatオブジェクト**に用意されている各種のプロパティ/メソッドが利用できます。

▶ControlFormatオブジェクトのプロパティ(抜粋)

プロパティ	用途
Enabled	フォームの利用可否。Falseにした場合はグレーアウトして使用不可になる(表示はされる)
PrintObject	Falseを指定すると印刷対象外となる
Value	チェックボックスやラジオボタンの選択状態
DropDownLines	コンボボックスのリスト表示数
LinkedCell	選択結果を表示するセルへのアドレス文字列
ListCount	リストの総数
ListFillRange	リストの元となる値のセルへのアドレス文字列
ListIndex	選択されているリストのインデックス番号
Max	スピンボタン等の最大値
Min	スピンボタン等の最小値
SmallChange	スピンボタン等のボタン操作時の変化値

また、ControlFormatオブジェクトは、「全ての種類のコントロールをざっくりまとめて利用できるようにしたオブジェクト」という、結構いいかげんなオブジェクトであり、用意されているプロパティやメソッドの中には、コントロールによっては利用できないものもあります。

各コントロール特有の取得方法と利用方法

実は、Shapes経由で各種コントロールにアクセスした場合、各コントロールが個別に持っている固有機能を利用することまではできません。

固有機能まで利用するには、Worksheetオブジェクトに用意されていた、各種のコントロールに対応した専用メソッドを利用してアクセスします。

1 2 3 4 5 6 7 8 9 10 11 12 13 14 15 16 17 18 19

▶コントロールと対応メソッド(抜粋)

メソッド	コントロール
Buttons	ボタン
CheckBoxes	チェックボックス
DropDowns	ドロップダウンリストボックス
ListBoxes	リストボックス
OptionButtons	オプションボタン
Spinners	スピンボタン

各メソッドには引数として、インデックス番号もしくは名前(名前ボックスに表示される値)を指定します。

次のコードは、1つ目のリストボックスの、3番目のリストの選択状態を表示します。

マクロ18-6

```
Debug.Print Worksheets(1).ListBoxes(1).Selected(3)
```

実行例 リストの選択状態を表示

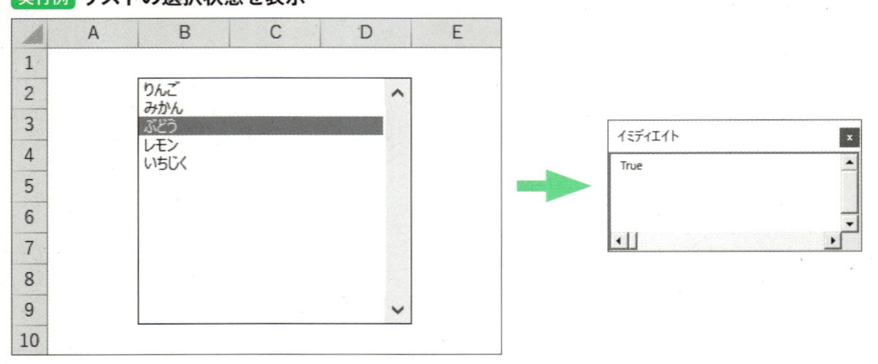

コントロールは、シート上に配置した順番で、種類ごとに番号が設定されます。また、リストボックスの項目は、選択されていると「True」、選択されていない場合は「False」を返します。

次のコードは、チェックボックス(チェック1)の選択状態を出力します。

マクロ18-7

```
Debug.Print Worksheets(1).CheckBoxes("チェック 1").Value
```

実行例 チェックボックスの選択状態

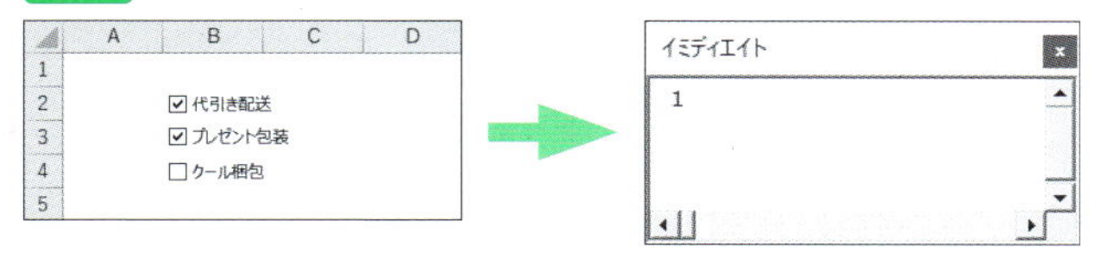

チェックボックスのValueプロパティは、選択状態の情報を返します。チェックボックスがチェックされていると「1」を、チェックされていない場合は「-4146」を返します。

ちなみに2018年現在では、これらのプロパティは、「隠し機能(過去に用意されていた機能だが、現在は利用されなくなった機能等)」となっています。

代表的なコントロール

以下に、代表的なコントロールと、操作する際に利用するプロパティを列記します。

●リストボックス

リストボックスは、複数の選択項目のリストを表示し、そこから1つ、あるいは複数の項目を選択する際に利用します。

▶リストボックスを操作する際に利用できるプロパティ(抜粋)

プロパティ/メソッド	用途
List	表示するリストの配列
ListCount	リスト数
ListIndex	選択されているリストのインデックス番号
MultiSelect	複数選択モードをxlNone(単独)、xlSimple(複数選択)、xlExtended(拡張選択)で指定
Selected	複数選択モードをオンにしている場合、選択状態を配列で返す

次のコードは、1番目のリストボックスのリストを設定します。

マクロ18-8

```
Worksheets(1).ListBoxes(1) _
    .List = Array("りんご", "みかん", "ぶどう", "レモン", "いちじく")
```

次のコードは、1番目のリストボックスから選択されている値を表示します。リストボックスの項目を選択した状態で実行してください。

マクロ18-9

```
With Worksheets(1).ListBoxes(1)
    MsgBox .List(.ListIndex)
End With
```

次のコードは、複数選択可能なリストボックスの選択状態を表示します。

マクロ18-10

```
MsgBox "選択状態：" & vbCrLf & _
    Join(Worksheets(1).ListBoxes(1).Selected, vbCrLf)
```

実行例 **リストボックスの設定状態**

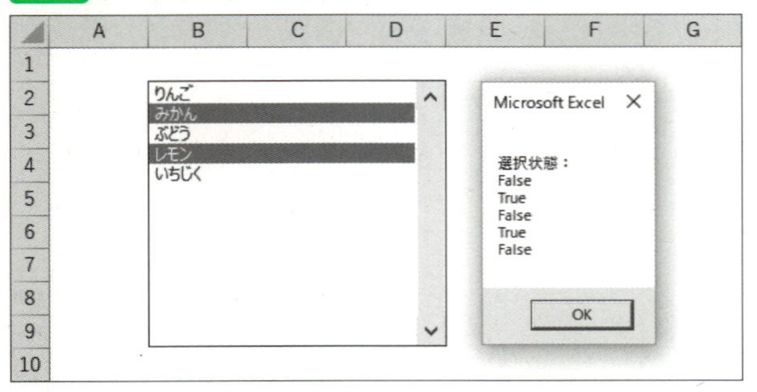

「コントロールの書式設定」ダイアログ（コントロールを右クリックして、**コントロールの書式設定**を選択）の「コントロール」タブで**複数選択**をチェックすることで、リストボックス内の項目を複数選択することが可能になります。項目をチェックしたうえで、コードを実行してみてください。

●ドロップダウンリストボックス

ドロップダウンリストボックスは、「▼」ボタンを押してドロップダウン表示される複数の選択項目から、1つを選択します。なお、「フォーム」欄で表示される名前は「コンボボックス」となっています。

▶ドロップダウンリストボックスを操作する際に利用できるプロパティ（抜粋）

プロパティ	用途
List	表示するリストの配列
DropDownLines	表示リスト数
ListIndex	選択されているリストのインデックス番号
Value	選択されているリストのインデックス番号（ListIndexと同じ）

次のコードは、1番目のドロップダウンリストボックスの表示リストを設定し、そのうえで同時表示数を「4」に設定します。

マクロ18-11

```
With Worksheets(1).DropDowns(1)
    .List = Array("りんご", "みかん", "ぶどう", "レモン", "いちじく")
    .DropDownLines = 4
End With
```

次のコードは、ドロップダウンリストボックスに表示される値を、表示リストの2番目のものに設定します。

マクロ18-12

```
Worksheets(1).DropDowns(1).ListIndex = 2
```

次のコードは、現在選択されている値を表示します。

マクロ18-13

```
With Worksheets(1).DropDowns(1)
    MsgBox .List(.Value)
End With
```

実行例 ドロップダウンリストボックス

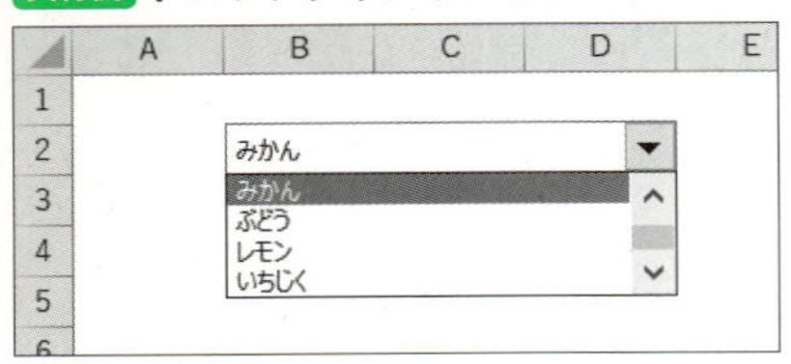

●チェックボタンとオプションボタン

チェックボックスとオプションボタンはともに、設定項目のオン/オフを指定する際に利用できるボタンです。チェックボックスは「個々の項目のオン/オフを指定する」際に利用し、オプションボタンは「1つの項目に関して複数の選択肢を表示し、そのうちの1つだけをオンにする」際に利用します。

▶チェックボックス/オプションボタンを操作する際に利用できるプロパティ（抜粋）

プロパティ	用途
Caption	表示するキャプション
Value	選択状態を1（選択）、-4146（未選択）で返す

次のコードは、1番目のチェックボックスの表示キャプションを設定します。

マクロ18-14

```
Worksheets(1).CheckBoxes(1).Caption = "代引き配送"
```

次のコードは、3つのチェックボックスとオプションボタンの選択状態を出力します。

マクロ18-15

```
With Worksheets(1)
    Debug.Print "チェック1:", .CheckBoxes(1).Value
    Debug.Print "チェック2:", .CheckBoxes(2).Value
    Debug.Print "チェック3:", .CheckBoxes(3).Value

    Debug.Print "オプション1:", .OptionButtons(1).Value
    Debug.Print "オプション2:", .OptionButtons(2).Value
    Debug.Print "オプション3:", .OptionButtons(3).Value
End With
```

実行例 チェックボックスとオプションボタン

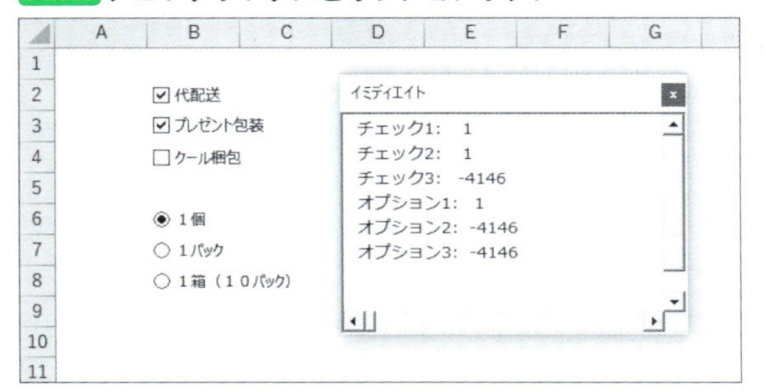

Column 複数のオプション選択を作成するにはグループボックスを併用

オプションボタンをシート上に複数配置した場合、1つのオプションボタンをオンにすると、他のボタンの選択はオフになります。「複数の候補から1つだけ選択する（オプション選択）」という用途を想定しているわけですね。

同一のシートの上で、複数の「オプション選択」を配置したい場合には、まず、グループボックスを配置し、その中にオプションボタンを配置しましょう。すると、オプションボタンは同じグループボックス内のボタンのみに影響を与えるようになります。

●スピンボタン

スピンボタンは、任意のセルへ入力した値の増減を、ボタンを使って行いたい場合に利用します。

■ スピンボタンを操作する際に利用できるプロパティ（抜粋）

プロパティ	用途
Max	最大値
Min	最小値
SmallChange	ボタン操作時の変化量
LinkedCell	値をリンクするセルのアドレス文字列
Value	値

次のコードは、1番目のスピンボタンの最大値「1000」・最小値「0」・ボタンを押した時の変化量「10」・初期値「100」・値をリンクするセルは「B2」という設定を行います。

マクロ18-16

```
With Worksheets(1).Spinners(1)
    .Max = 1000
    .Min = 0
    .SmallChange = 10
    .LinkedCell = "$B$2"
    .Value = 100
End With
```

次のコードは、現在の値を出力します。

マクロ18-17

```
MsgBox Worksheets(1).Spinners(1).Value
```

実行例 スピンボタン

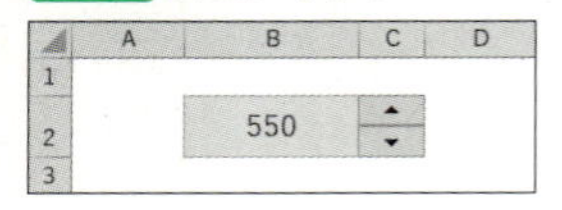

実践編

Chapter19

ユーザーフォームの利用

本章では、VBAに用意された「ユーザーフォーム」の利用方法をご紹介します。ユーザーフォームは、自分独自の「カスタムダイアログ」を自由に作成できる仕組みです。ユーザーフォームの作成から、各コントロールの使い方までを見ていきましょう。

19-1 ユーザーフォームの基本

ユーザーフォームとは、オリジナルの「フォーム」を作成できる機能です。自分の好きなようにボタンやコンボボックス、チェックボックス等を配置して、ユーザーの入力や選択を補助することができるようになります。

▶ユーザーフォーム

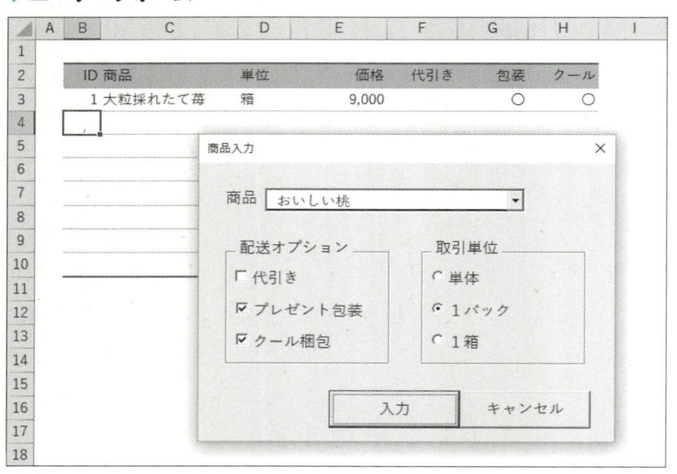

このユーザーフォームを作成・利用する方法を見ていきましょう。

ユーザーフォームを作成する

ユーザーフォームは、VBE上で**挿入→ユーザーフォーム**を選択することで、新規ユーザーフォーム「**UserForm1**」がプロジェクトエクスプローラーに追加されます。追加されたユーザーフォームをダブルクリックすると、コードウィンドウにユーザーフォームのプレビューが表示されるとともに、「ツールボックス」ダイアログが表示されます。

「ツールボックス」には、ラベルやボタン等の各種コントロールが用意されており、この中から利用したいものをクリックし、ユーザーフォーム上でドラッグすると、その位置にコントロールが配置されます。

▶ユーザーフォームのプレビュー

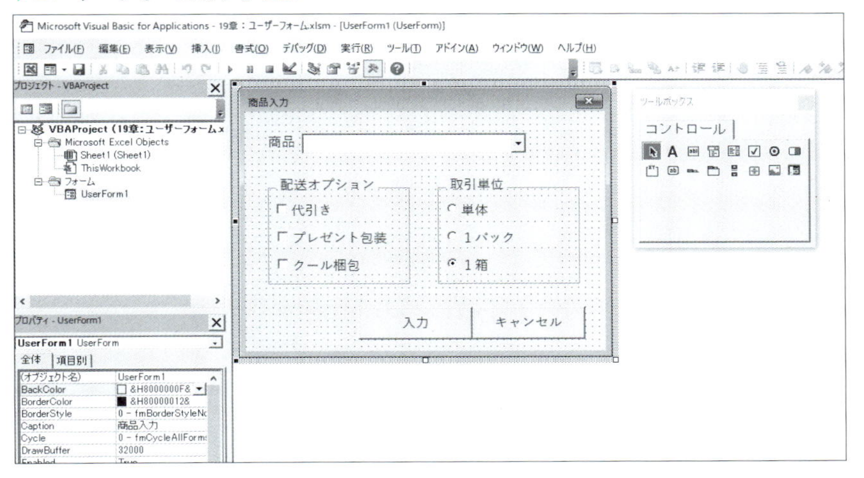

配置したコントロールは、マウス操作で位置や大きさを変更できる他、VBE画面左下のプロパティウィンドウを利用して、各種のプロパティを確認/設定可能です。

▶プロパティウィンドウ

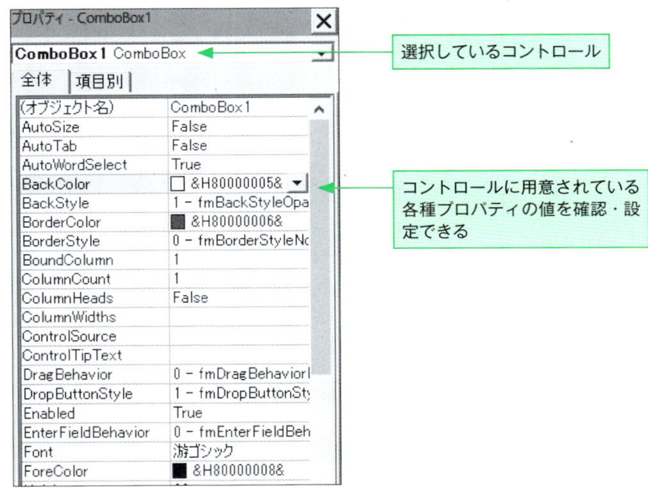

ユーザーフォームは複数作成が可能です。「新規ユーザーフォーム作成」→「必要なコントロールを配置」という流れで、好みのユーザーフォームに仕上げていきます。

Column ツールボックスが表示されない場合には

表示→ツールボックスを選択すると、ツールボックスの表示/非表示が切り替わります。

Column まずはユーザーフォームのフォントを設定しよう

コントロールを配置する前に、ユーザーフォーム自体のプロパティにおいてフォント設定を行っておくと、以降、配置するコントロールにそのフォント設定が引き継がれます。

ユーザーフォームを表示する

作成したユーザーフォームをとりあえず表示してみたい場合には、プロジェクトエクスプローラーでユーザーフォームを選択し、ツールバーの**Sub/ユーザーフォームの実行ボタン**を押します。すると、Excel画面上に実際にユーザーフォームが表示されます。VBEでの作成段階では、妙に角が丸かったり、位置確認用のグリッドの粒々が表示された状態ですが、実際に表示すると、既存の各種ダイアログのようなスッキリした見た目となりますね。プレビューしたユーザーフォームを消去するには、ユーザーフォーム右上の**×**ボタンを押します。

▶ユーザーフォームの表示例

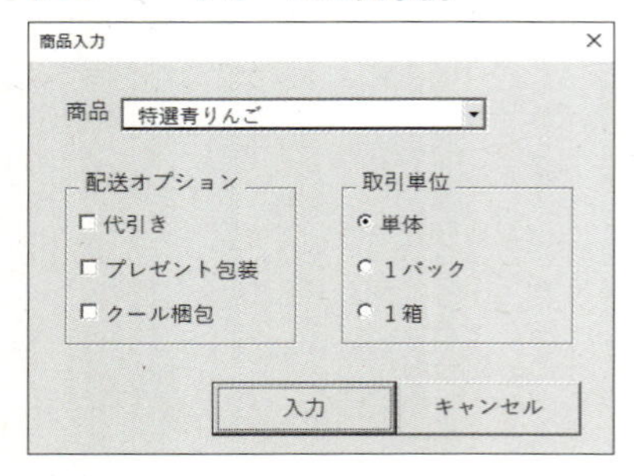

また、マクロからユーザーフォームを表示するには、ユーザーフォームのオブジェクト名を利用して表示したいユーザーフォームを指定し、**Showメソッド**を実行します。

■ **Showメソッド**

```
ユーザーフォーム.Show [表示モード]
```

Showメソッド実行時に、表示モードとして「vbModeless」を指定すると「モードレス表示(ユーザーフォーム表示中もセル等を操作できる状態)」となります。引数を指定しない、もしくは「vbModal」を指定すると、「モーダル表示(ユーザーフォーム表示中はセル等の操作ができない状態)」となります。

次のコードは、ユーザーフォーム(UserForm1)をモードレス表示します。

マクロ19-1

```
UserForm1.Show vbModeless
```

ユーザーフォームを消去する

表示中のユーザーフォームを一時的に消去するには、**Hideメソッド**を使用します。次のコードは、ユーザーフォーム(UserForm1)を一時的に消去します。ユーザーフォームを表示している状態で実行してください。

マクロ19-2

```
UserForm1.Hide
```

この時、ユーザーフォームは「非表示状態になっているだけ」です。そのため、Showメソッドで再表示すれば、以前入力した値や、選択した状態を保っています。

一方、Unloadステートメントを利用しても、ユーザーフォームを消去できます。次のコードは、ユーザーフォーム(UserForm1)を消去します。

マクロ19-3

```
Unload UserForm1
```

この場合、ユーザーフォームは選択内容も含め、いったんメモリ内から完全消去されます。再表示した際には、VBE上で指定した初期状態となります。

ユーザーフォームの初期化はどこに書く？

VBE画面で、ユーザーフォームの任意の位置をダブルクリックすると、コードウィンドウの表示が、ユーザーフォームのプレビューからモジュール表示(コードの表示)に切り替わります(プレビューに戻したい時は、プロジェクトエクスプローラー内のユーザーフォームをダブルクリックします)。

このモジュールは、各ユーザーフォームに固有のオブジェクトモジュールとなっています。ユーザーフォームやユーザーフォーム上に配置した各コントロールのイベント処理はここに記述していきます。

シートやブックのイベント処理の作成時と同じように、コードウィンドウ上端の、「オブジェクト」「プロシージャ」の2つのドロップダウンリストボックスから、オブジェクトとイベント名を選択することで、イベント処理のひな型が入力されます。このひな型の中に実行したいコードを記述すれば、イベント発生時にそのコードが実行されます。

▶オブジェクトモジュール表示

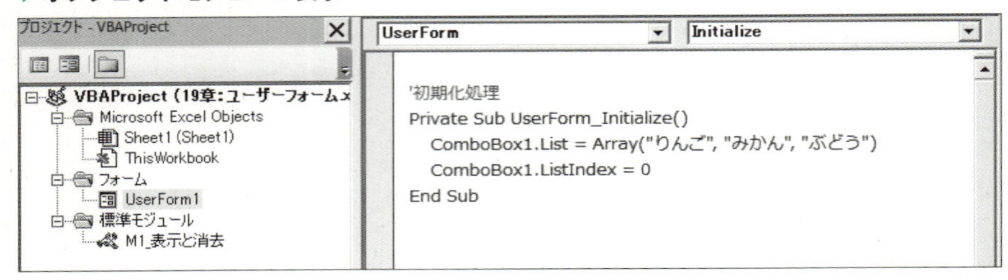

例えば、よくある「初期化処理」や「終了処理」を作成したい場合には、ユーザーフォームに用意されているイベントのうち、以下のものが利用できます。

▶**ユーザーフォームのイベント（抜粋）**

イベント	イベント発生タイミング等
Initialize	初期化時
Activate	アクティブになった時
QueryClose	閉じられようとしている時（引数Cancelでキャンセル可）
Terminate	消去時（キャンセル不可）

「初回表示時に、初期設定を行いたい」という場合には、**Initializeイベント**を利用します。次のコードは、初期化時にコンボボックスのリストをコードから設定します。ユーザーフォームにコンボボックスを追加した状態で実行してください。

マクロ19-4

```
Private Sub UserForm_Initialize()
    ComboBox1.List = Array("りんご", "みかん", "ぶどう")
    ComboBox1.ListIndex = 0
End Sub
```

「何らかの要因でユーザーフォームを閉じようとしている際に処理を実行したい」という場合には、**QueryClose**メソッドを利用します。次のコードは、ユーザーフォームを閉じようとする際に確認メッセージ表示します。

マクロ19-5

```
Private Sub UserForm_QueryClose(Cancel As Integer, CloseMode As Integer)
    If MsgBox("本当に閉じてもいいんですか？", vbYesNo) = vbNo Then
        Cancel = 1    'キャンセルは「True」ではなく「1」を指定する
    End If
End Sub
```

ちなみに、QueryCloseイベントは、「×」ボタンを押したり、Unloadステートメントを実行した際には発生しますが、Hideメソッドでは実行されません。特にキャンセルしなくてもよい場合には、Terminateイベントを利用してもよいでしょう。

Column 呼び出し時に各種コントロールの値を設定してもよい

「同じユーザーフォームだけど、選択しているセルに応じて表示する内容を変化させたい」というようなケースでは、Initializeイベントを利用して画一的な初期化を行うよりも、ケースに応じて各コントロールの値を設定してからユーザーフォームを表示する方が便利でしょう。

次のコードは、Showメソッドでユーザーフォームを表示する前に、アクティブなセルに応じて、3パターンのリストをコンボボックスに設定してから表示します。

マクロ19-6

```
If Not Application.Intersect(ActiveCell, Range("B3:B10")) Is Nothing Then
    'セル範囲B3:B10内の場合
    UserForm1.ComboBox1.List = Array("りんご", "みかん", "ぶどう")
ElseIf Not Application.Intersect(ActiveCell, Range("C3:C10")) Is Nothing
Then
    'セル範囲C3:C10内の場合
    UserForm1.ComboBox1.List = Array("レモン", "パイナップル", "キウイ")
Else
    '上記以外の場合
    UserForm1.ComboBox1.List = Array("桃", "無花果", "梨")
End If
'共通の設定
UserForm1.ComboBox1.ListIndex = 0
'表示
UserForm1.Show
```

また、特に場合分けしない場合でも、「初期化処理だけ別のモジュールに記述するのは、コードの流れを把握し難くなる」という観点から、「ユーザーフォーム表示時に初期化処理を記述する」というルールで運用してもよいでしょう。このあたりは、好みです。

1 2 3 4 5 6 7 8 9 10 11 12 13 14 15 16 17 18 19

19-2 各コントロールの使い方

　ユーザーフォーム上に配置した各コントロールは、プロパティウィンドウで各種設定を行える他、VBAからも操作可能です。

　以下、主要なコントロールを利用する方法を一通りご紹介します。なお、ページと字数の関係から、各コントロールの詳細なプロパティ・メソッド・イベントの解説までは踏み込みません。あらかじめご了承ください。

多くのコントロールに共通の設定

　マクロから任意のユーザーフォーム上のコントロールにアクセスする場合には、「**ユーザーフォームのオブジェクト名.コントロールのオブジェクト名**」という形でアクセスできます。「UserForm1」上の「Label1」の縦位置を変更するのであれば、

```
UserForm1.Label1.Top = 0
```

のようにコードを記述します。

　また、ユーザーフォーム上の各コントロールには、**Controlsプロパティ**経由でもアクセス可能です。Controlsプロパティの引数には、「0」から始まるインデックス番号、もしくはオブジェクト名の文字列を指定します。

```
UserForm1.Controls("Label1").Top = 0
```

　多くのコントロールは、共通して下記のプロパティを持っています。プロパティウィンドウからも設定できますが、VBAからも設定可能です。

▶多くのコントロールに共通のプロパティ（抜粋）

プロパティ	用途
Top	縦位置
Left	横位置
Width	幅
Height	高さ

Font	フォント設定
Visble	表示/非表示
Enabled	使用可能/使用不可（表示はされるがグレーアウトする状態）
TabStop	「Tab」キーによる移動対象とする/しない
TabIndex	「Tab」キーで移動する際の移動順番号

ラベルとテキストボックス

ラベル（Labelオブジェクト）はガイドとなる文字列の表示に利用するコントロールです。表示するキャプションを指定するには、**Captionプロパティ**を利用します。

次のコードは、ユーザーフォーム（LabelForm）上にあるラベル（Label1）のフォント、サイズ、表示するキャプションを設定します。ユーザーフォームの名前を「LabelForm」に変更したうえで実行してください。

マクロ19-7

```
With LabelForm.Label1
    .Font.Name = "メイリオ"
    .Font.Size = 18
    .Caption = "ラベルのキャプション"
End With
'ユーザーフォームを表示
LabelForm.Show
```

実行例 ラベル

テキストボックス（TextBoxオブジェクト）も同じく文字を扱うコントロールですが、こちらはユーザーに値の入力をしてもらいたい際に利用できます。値の設定/取得は**Textプロパティ**で行います。

次のコードは、ユーザーフォーム（TextBoxForm）上にあるテキストボックス

(TextBox1とTextBox2) に初期値を設定します。ユーザーフォームの名前を「TextBoxForm」に変更したうえで実行してください。

マクロ19-8

```
With TextBoxForm
    '値を設定
    .TextBox1.Text = "初期値"
    '複数行入力が可能な設定を行う
    With .TextBox2
        .MultiLine = True
        .WordWrap = True
        .EnterKeyBehavior = True
        .Text = "1行目" & vbCrLf & "2行目"
    End With
    'ユーザーフォームを表示
    .Show
End With
```

実行例 **テキストボックス**

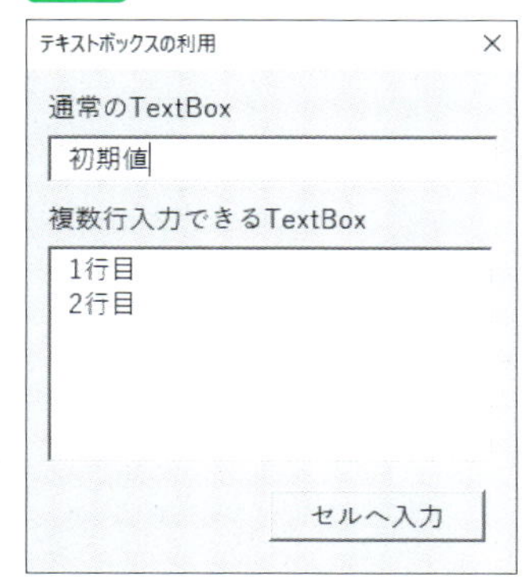

ユーザーフォーム上で入力した値をセルへ転記したい場合には、Textプロパティの値を、セルのValueプロパティへと代入します。

例えば、ユーザーフォーム上に配置したボタン押下時に、アクティブセルとその下のセルに、2つのテキストボックス (TextBox1とTextBox2) の値を入力するには、ユーザーフォームのモジュールに、次のようなボタンクリック時のイベント処理のコードを記述します。

マクロ19-9

```
Private Sub CommandButton1_Click()
    ActiveCell.Value = TextBox1.Text
    ActiveCell.Offset(1).Value = TextBox2.Text
End Sub
```

ユーザーフォームのオブジェクトモジュールから、自身に配置されたコントロールへアクセスする場合には、いきなり「TextBox1」や「TextBox2」等のオブジェクト名から対象を指定可能です。

もしくは、ユーザーフォーム自身を指すキーワードである「**Me**」を利用し、「Me.TextBox1」「Me.TextBox2」と記述することも可能です。「Me.」まで入力した時点で、ユーザーフォーム上に配置されたコントロール名がコードヒントとして表示されるので、入力が簡単になります。

Column ユーザーフォームの名前の変更

作成したユーザーフォームの名前を変更するには、プロジェクトエクスプローラーでユーザーフォームを選択し、プロパティウィンドウの「(オブジェクト名)」欄の値を変更します。

ボタン

ボタン(CommandButtonオブジェクト)は、その名の通りボタンです。ユーザーフォーム上に配置してダブルクリックすると、そのボタンの**Clickイベント**のひな型が自動入力されます。ここにボタンクリック時に実行したい処理を記述していきます。

次のコードは、「入力」ボタン(CommandButton1)と「キャンセル」ボタン(CommanButton2)を押した際の、それぞれのイベント処理を記述したものです。「入力」ボタンを押すと、テキストボックス(TextBox1)の値をアクティブセルに転記したうえでユーザーフォームを閉じます。「キャンセル」ボタンを押すと、何もせずにユーザーフォームを閉じます。

マクロ19-10

```
Private Sub CommandButton1_Click()
    'アクティブセルにテキストボックスの値を入力して閉じる
    ActiveCell.Value = TextBox1.Value
    'ユーザーフォームを閉じる
    Unload Me
End Sub
Private Sub CommandButton2_Click()
    '何もせずにユーザーフォームを閉じる
    Unload Me
End Sub
```

実行例 **ボタン**

また、ユーザーフォーム上のボタンには、「既定のボタン」と「キャンセルボタン」を設定できます。既定のボタンとは、「Enter」キーを押すとClickイベントが発生したと見なすボタンのことです。一方、キャンセルボタンとは、「Esc」キーを押した時にClickイベントが発生したと見なすボタンです。キーボードによる操作をしやすくする仕組みなわけですね。

任意のボタンを「既定のボタン」にするには、**Defaultプロパティ**の値を「True」に設定します。同じく、キャンセルボタンにするには、**Cancelプロパティ**の値を「True」に設定します。この設定はプロパティウィンドウで行いますが、コードで指定しても構いません。

次のコードは、CommandButton1を既定のボタン、CommandButton2をキャンセルボタンに設定しています。ユーザーフォームの名前を「ButtonForm」に変更したうえで実行してください。

マクロ19-11

```
With ButtonForm
    '既定のボタン/キャンセルボタンを設定
    .CommandButton1.Default = True
    .CommandButton2.Cancel = True
    'ユーザーフォームを表示
    .Show vbModeless
End With
```

Column 既定のボタンを設定した場合のテキストボックスの設定

既定のボタンを設定した場合、複数行入力可能なテキストボックス内で改行のつもりで「Enter」キーを押しても、既定のボタンのClickイベントが発生してしまいます。

これを防ぐには、テキストボックスの「EnterKeyBehaviorプロパティ」に「True」を設定します。こうしておけば、そのテキストボックス内で「Enter」を押してもClickイベントは発生せずに改行が行えます。

チェックボックス

チェックボックス(CheckBoxオブジェクト)は、ユーザーに「オン/オフ」「あり/なし」等の2択で指定できる選択肢を提示し、選択をしてもらう際に利用します。

各チェックボックスに表示するキャプションは**Captionプロパティ**で取得/設定し、チェック状態は**Valueプロパティ**で取得/設定します。

次のコードは、3つのチェックボックス(CheckBox1 ～ CheckBox3)のキャプションと選択状態を出力します。ユーザーフォーム上に配置したボタンのClickイベント等から実行します。

マクロ19-12

```
Dim cbIndex As Long, cb As MSForms.CheckBox
'3つのチェックボックスに対するループ処理
For cbIndex = 1 To 3
    '「CheckBox1」等のオブジェクト名からチェックボックスを取得
    Set cb = Me.Controls("CheckBox" & cbIndex)
    'キャプションと選択状態を出力
    Debug.Print cb.Caption, cb.Value
```

```
Next
```

実行例 チェックボックス

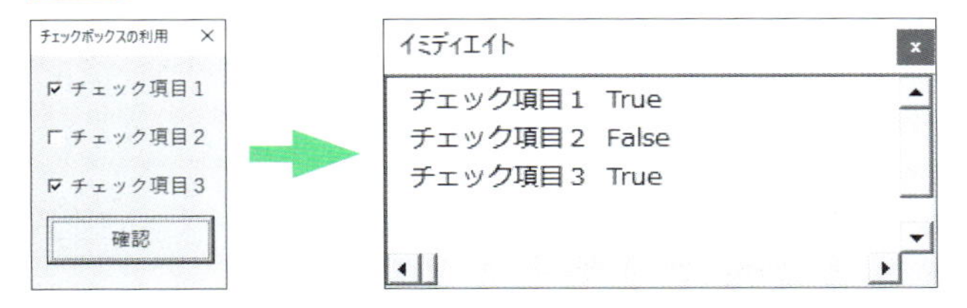

オプションボタン

オプションボタン(OptionButtonオブジェクト)は、複数の選択肢の中から1つだけを選んでもらいたい場合に利用します。ユーザーフォーム上に複数のオプションボタンを配置した場合、自動的に1つのみが選択可能な状態となります。

同一のユーザーフォーム上で異なる項目の選択を行いたい場合には、まず、**フレーム(Frameオブジェクト)**を配置し、その中にオプションボタンを配置します。こうすると、フレーム内のオプションボタンの選択は、同じフレーム内のオプションボタンにのみ影響を与えます。オプションボタンの選択状態は、**Valueプロパティ**で取得します。

次のコードは、ユーザーフォーム上に直接配置された3つのオプションボタン(OptionButton1 ～ OptionButton3)の選択と、フレーム(Frame1)内に配置された3つのオプションボタンの選択の状態をチェックし、選択されている項目名を出力します。ユーザーフォーム上に配置したボタンのClickイベント等から実行します。

マクロ19-13

```
'インデックス番号でアクセスして値を確認
Dim opIndex As Long
For opIndex = 1 To 3
    If Me.Controls("OptionButton" & opIndex).Value = True Then
        Exit For
    End If
Next
'特定フレーム内のコントロールを走査して値を確認
Dim op As MSForms.OptionButton
For Each op In Frame1.Controls
```

```
    If op.Value = True Then Exit For
  Next
Debug.Print "選択されたオプション：", _
    Controls("OptionButton" & opIndex).Caption
Debug.Print "Frame1内で選択されたオプション", op.Caption
```

実行例 **オプションボタン**

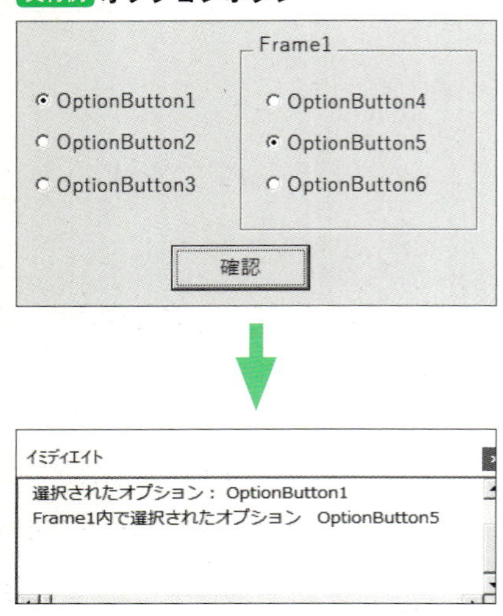

コンボボックス

コンボボックス（ComboBoxオブジェクト）は、ボタンを押すと選択項目のリストがドロップダウン表示され、その中から1つを選ぶことのできるコントロールです。

表示するリストを設定するには、**Listプロパティ**にリスト項目の1次元配列を設定します。また、現在の選択項目は、**ListIndexプロパティ**に「0」から始まるインデックス番号で設定/取得します。

次のコードは、コンボボックス（ComboBox1）にリスト項目を設定したうえで、1番目の項目を選択状態にします。ユーザーフォームの名前を「ComboBoxForm」に変更したうえで実行してください。

マクロ19-14

```
With ComboBoxForm.ComboBox1
    .List = Array("りんご", "みかん", "ぶどう", "レモン", "苺")
    .ListIndex = 0
    'ユーザーフォームを表示
     ComboBoxForm.Show
End With
```

実行例 コンボボックス

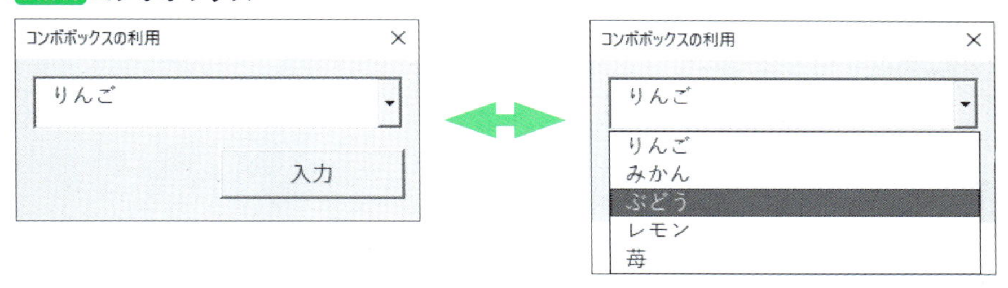

選択された値を取得するには、Textプロパティを利用します。また、コンボボックスはリストの値のみから選択するだけでなく、直接リスト外の値を入力することも可能です。その際にはListIndexプロパティは「-1」を返します。

```
'入力されている値を出力
Debug.Print Me.ComboBox1.Text
'リストから選択している場合はインデックス番号を出力
Debug.Print Me.ComboBox1.ListIndex
```

ユーザーフォーム上に配置したボタンのClickイベント等から実行してみてください。

リストボックス

リストボックス（ListBoxオブジェクト）は、長めのリストを表示する際に利用できます。表示するリスト項目は、**Listプロパティ**に1次元配列もしくは2次元配列の形で指定します。

次のコードは、リストボックス（ListBox1）にリストを設定します。ユーザーフォームの名前を「ListBoxForm」に変更したうえで実行してください。

マクロ19-15

```
ListBoxForm.ListBox1.List = _
    Array("りんご", "みかん", "ぶどう", "レモン", "苺")
'ユーザーフォームを表示
ListBoxForm.Show
```

実行例 **リストボックス**

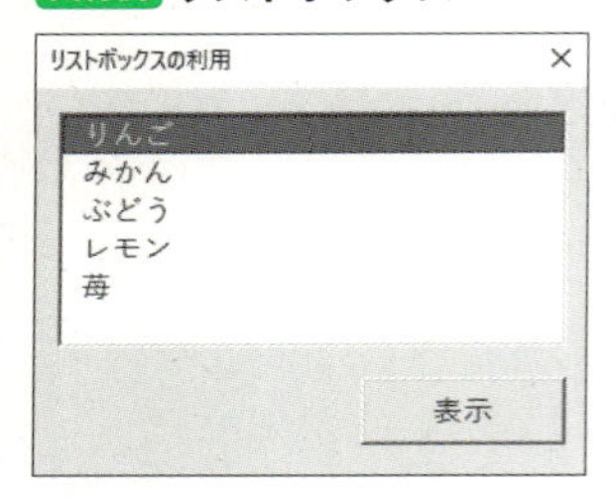

また、2次元配列で指定する際には、任意のセル範囲のValueプロパティの値を**Listプロパティ**として設定すると、セル上の値をそのままリスト表示することも可能です。

例えば、次のように値が入力されているセル範囲があるとします。

▶**セル上の値**

	A	B	C	D	E	F	G
1							
2		商品		ID	商品	在庫数	
3		ビール		1	りんご	504	
4		乾燥ナシ		2	みかん	549	
5		チャイ		3	ぶどう	460	
6		ホワイトチョコ		4	レモン	784	
7		チョコレート		5	苺	149	
8		ピリカラタバスコ		6	パイナップル	383	
9		クラムチャウダー					
10		カレーソース					
11		コーヒー					

この時、セル範囲B3:B22の値をリストボックスでリスト表示するには、次のようにコードを記述します。

マクロ19-16

```
ListBoxForm.ListBox1.List = Range("B3:B22").Value
'ユーザーフォームを表示
ListBoxForm.Show
```

実行例 セルの値をリストに設定

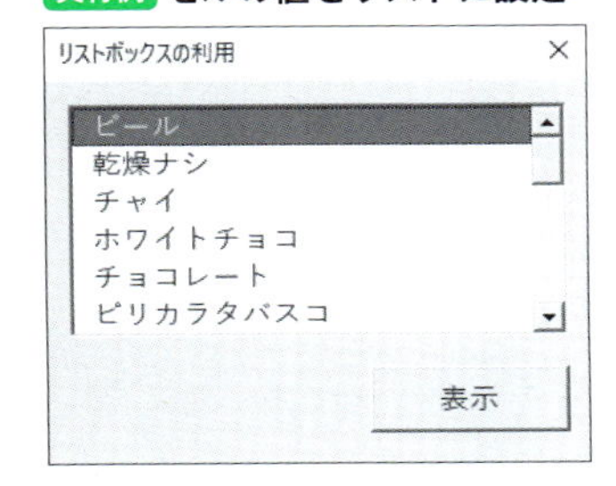

セル範囲D3:F8をリストボックスにリスト表示するには、列数と列幅の設定を付け加え、次のようにコードを記述します。

マクロ19-17

```
With ListBoxForm.ListBox1
    .ColumnCount = 3                  '列数設定
    .ColumnWidths = "20;120;50"       '3列の列幅をそれぞれ設定
    .List = Range("D3:F8").Value      'リストを設定
End With
'ユーザーフォームを表示
ListBoxForm.Show
```

実行例 複数列の値をリストに設定

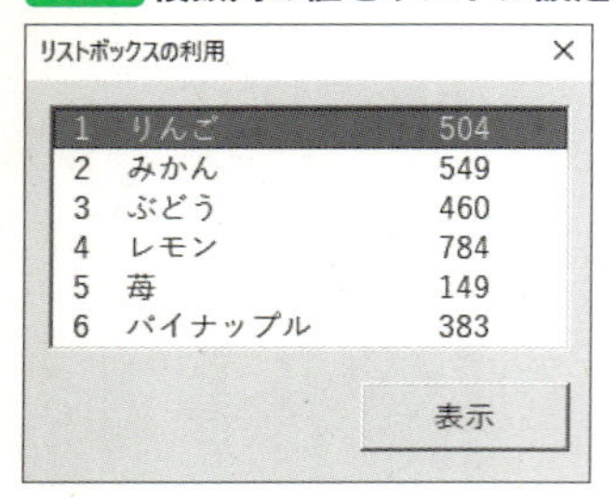

リストボックス内で選択されている項目のインデックス番号は、**ListIndexプロパティ**で取得/設定します。選択項目の値を取得したい場合は、ListIndexプロパティの値と、**Listプロパティ**から得られるリストの配列を組み合わせて取り出します。

次のコードは、リストボックス(ListBox1)のリストから選択した項目を取得して表示します。リストボックスにリスト項目を設定したうえで、ユーザーフォーム上に配置したボタンのClickイベント等から実行します。

マクロ19-18

```
Dim colIndex As Long, values() As Variant
With Me.ListBox1
    '未選択なら処理を抜ける
    If .ListIndex = -1 Then
        MsgBox "未選択です"
        Exit Sub
    End If
    '列数分の要素数の配列を用意
    ReDim values(.ColumnCount - 1)
    '列数分だけループして各列の値を格納
    For colIndex = 0 To .ColumnCount - 1
        values(colIndex) = .List(.ListIndex, colIndex)
    Next
    '表示
    MsgBox Join(values, ",")
End With
```

実行例 リストボックスの選択項目を表示

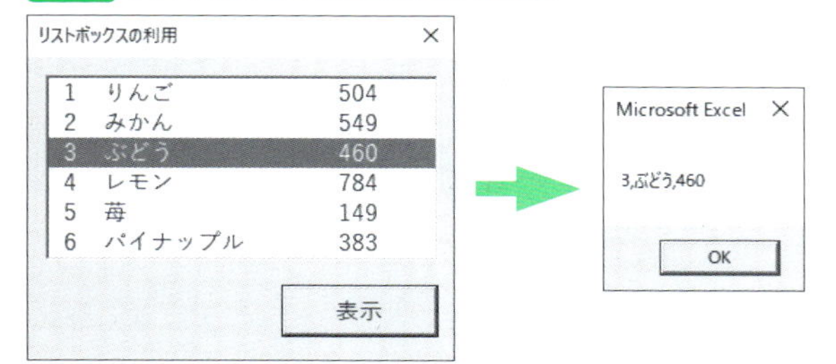

●複数選択を可能にする

複数選択が可能なリストボックスとするには、**MultiSelectプロパティ**を**fmMultiSelect列挙**の定数で設定します。

▶fmMultiSelect列挙の定数

定数	値	設定
fmMultiSelectSingle	0	単一選択
fmMultiSelectMulti	1	複数選択（クリックするたびに選択/解除が切り替わる）
fmMultiSelectExtended	2	拡張選択（ShitキーやCtrlキーを利用した複数選択）

次のコードは、複数選択可能なリストボックス（ListBox1）として設定します。ユーザーフォームの名前を「MultiListBoxForm」に変更したうえで実行してください。

マクロ19-19

```
With MultiListBoxForm.ListBox1
    .List = Array("りんご", "みかん", "ぶどう", "レモン", "苺")
    .MultiSelect = fmMultiSelectExtended
    'ユーザーフォームを表示
    MultiListBoxForm.Show
End With
```

個々のリスト項目の選択状態は、**Selectedプロパティ**に配列の形で保持されます。全ての選択されている項目の値を得るためには、ループ処理でSelectedプロパティの値を走査します。

次のコードは、複数選択可能なリストボックス内で選択された項目を取得して表示します。リストボックスにリスト項目を設定したうえで、ユーザーフォーム上に配置したボタンのClickイベント等から実行します。

マクロ19-20

```
Dim tmpIndex As Long
With Me.ListBox1
    '個別のリストの選択状態をチェック
    For tmpIndex = 0 To .ListCount - 1
        If .Selected(tmpIndex) = True Then
            Debug.Print "選択：", .List(tmpIndex)
        End If
    Next
End With
```

実行例 **複数選択可能なリストボックス**

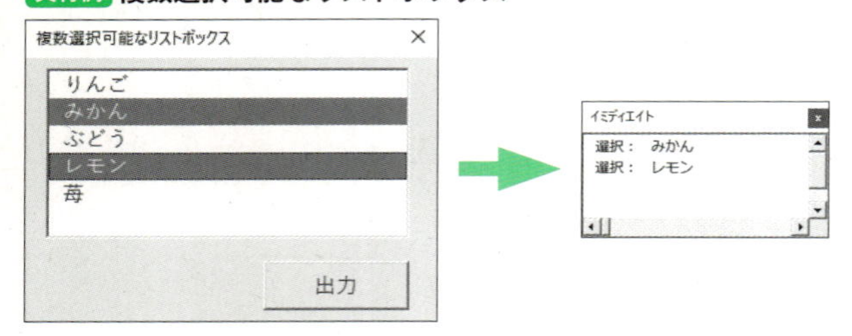

●リストの動的更新

リスト項目は、**AddItemメソッド**で追加し、**RemoveItemメソッド**で削除可能です。

次のコードは、左側のリスト（ListBox1）から選択しているリスト項目を削除し、右側のリスト（ListBox2）へと追加します。ユーザーフォーム上に配置したボタンのClickイベント等から実行します。

マクロ19-21

```
'ListBox2にListBox1の選択リストの値を追加
ListBox2.AddItem ListBox1.List(ListBox1.ListIndex)
'ListBox1から選択中のリスト項目削除
ListBox1.RemoveItem ListBox1.ListIndex
```

実行例 **リスト項目の追加と削除**

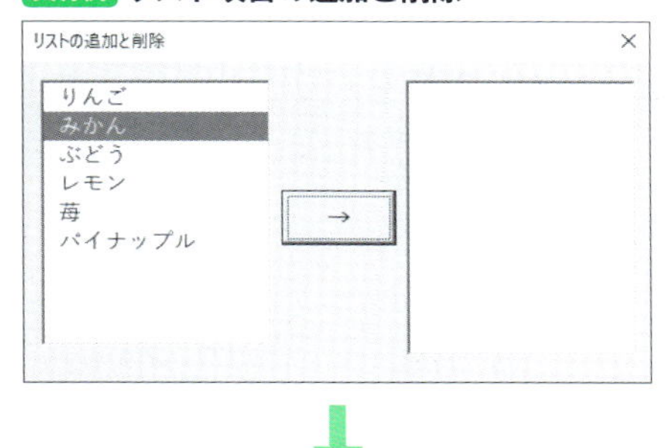

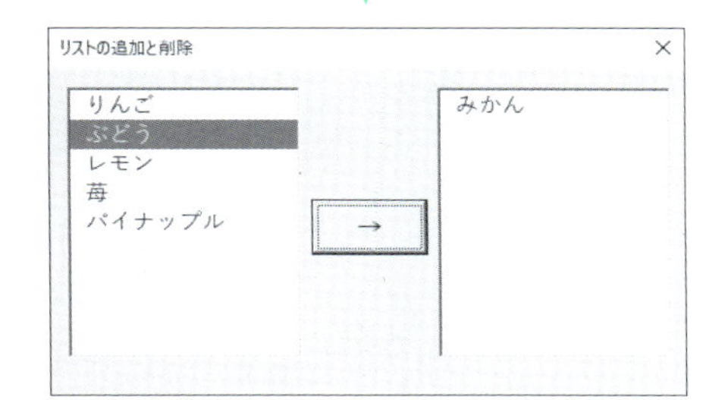

AddItemメソッドの引数にはリストに追加する値を指定し、RemoveItemメソッドの引数には、削除したいリスト項目のインデックス番号を指定します。

Column **リストを全てクリアしたい場合には**

設定ずみのリストを全てクリアしたい場合には、リストボックス(ListBoxオブジェクト)に対してClearメソッドを実行します。

タブオーダーの設定

複数のコントロールをユーザーフォーム上に配置した場合、各コントロールを操作中に、Tabキーを押すと「次のコントロール」へ移動し、Shift+Tabキーを押すと「前のコントロール」へ移動します。つまり、キーボードのみで操作できるようになっているわけですね。この時、各コントロールを移動する順番が、**タブオーダー**です。

タブオーダーに関して各コントロールの設定を行うには、まず、「Tab」キーによる移動の対象としたい各コントロールの**TabStopプロパティ**の値を「True」に設定します。この時、フレームのTabStopプロパティの値を「False」に設定すると、そのフレーム内のコントロールは全て「Tab」キーによる移動の対象外となります。

次に、**TabIndexプロパティ**に、「0」から始まる連番（タブオーダー）を振っていきます。また、フレーム内のコントロールは、そのフレーム内でのタブオーダーを「0」から指定していきます。

この設定をしておくと、「Tab」キーによるコントロール間の移動がスムーズになります。ちなみに、チェックボックスやオプションボタンは、選択中にスペースキーを押すと、オン/オフを切り替えられます。

「既定のボタン」の仕組み（501ページ）も併用すれば、完全にキーボードのみで操作できるユーザーフォームとすることもできますね。キーボード操作派の多い現場では、是非ともキッチリ設定しておきましょう。

おわりに

これにて本書での学習は終了です。お疲れ様でした。VBAの仕組みや、具体的なコードを一通りご紹介させていただきましたが、皆さまの業務に直結するものはありましたでしょうか。ひとつでもお役に立てていれば幸いです。

また、本書では紹介しきれないExcelの機能やVBAのコードに関しては、「Webで検索してみる」「VBEのオブジェクトブラウザーで調べてみる」という、2つの軸で学習を深められることをお勧めします。そして、もちろん、「書籍で調べてみる」という手段も。本文中でも触れましたが、学習を始めたばかりの頃は、ざっとリファレンス系の書籍を一通り眺めるのがお勧めです。

そして現在は、Web上で「やりたい業務　VBA」や「やりたい業務　できない　VBA」等のキーワードで検索すれば、多くの先駆者の方々の作成したサンプルコードへとアクセスできる時代です。目的のコードが見つからない場合には、MicrosoftのVBAをテーマにしたMSDNフォーラム（https://social.msdn.microsoft.com/Forums/ja-JP/home?forum=vbajp）を始めとした、Q&Aコミュニティで質問してみるのもよいでしょう。

そうそう、学習を深めるのに有効な方法がもう1つあります。それは、「誰かに説明してみる」ことです。VBAに限ったことではありませんが、何かを人に説明する際には、説明する対象をより深く、体系的に捉えていないと、うまく説明できません。Q&Aコミュニティの質問に答える形や、社内の誰かに説明するためのドキュメント等を自作するような形で、解説するテキストを作成してみてください（実際に回答や説明をしなくても構いません）。すると、自分の理解が曖昧だった部分が明確になり、そこを埋める形で知識が深まっていくのです。その過程で、誰かの悩んでいた問題が解決するのであれば、それに越したことはありませんものね。質問をしていた側が、やがて質問に答える側になるというサイクルは、とても素敵な仕組みとなることでしょう。

本書をお読みいただいた皆様や周りの方々が、VBAを活用し、そして、楽しんでいただけるようになることがあれば、筆者として、これに勝る幸せはありません。

Index

記号・数字

A・B・C

D・E・F

■ G·H·I

■ J・K・L

■ M・N・O

■P・Q・R

■S・T・U

■V・W・X・Y・Z

■ あ行

■ か行

■ さ行

た行

な行

は行

■ま行

■や行

■ら行

■わ行

古川順平
静岡大学大学院人文社会科学研究科法律経済専攻卒。
富士山麓でテクニカルライター兼インストラクターとして活躍中。

■本書サポートページ
https://isbn.sbcr.jp/96980/
本書をお読みいただいたご感想、ご意見を上記URLよりお寄せください。

Excel VBAの教科書

2018年 7 月30日　初版第1刷発行
2019年 9 月24日　初版第5刷発行

著者　古川 順平

発行者　小川 淳
発行所　SBクリエイティブ株式会社
〒106-0032　東京都港区六本木2-4-5
TEL 03-5549-1201(営業)
https://www.sbcr.jp

印刷　株式会社シナノ
本文デザイン/組版　株式会社エストール
装丁　米倉英弘(株式会社　細山田デザイン事務所)

落丁本、乱丁本は小社営業部にてお取り替えいたします。
定価はカバーに記載されております。

Printed In Japan　ISBN978-4-7973-9698-0